国防科技图书出版基金

现代计算气动弹性力学

Modern Computational Aeroelasticity

徐　敏　安效民　康　伟　李广宁　等著

国防工业出版社

·北京·

图书在版编目(CIP)数据

现代计算气动弹性力学 / 徐敏等著. —北京: 国防工业出版社,2016.11

ISBN 978-7-118-10921-4

Ⅰ.①现... Ⅱ.①徐... Ⅲ.①航空器-空气弹性动力学-研究 Ⅳ.①V215.3

中国版本图书馆 CIP 数据核字(2016)第 269548 号

※

国防工業出版社出版发行

(北京市海淀区紫竹院南路 23 号　邮政编码 100048)

北京嘉恒彩色印刷有限责任公司印刷

新华书店经售

*

开本 710×1000　1/16　**插页** 6　**印张** 16¼　**字数** 300 千字

2016 年 11 月第 1 版第 1 次印刷　**印数** 1—2000 册　**定价** 89.00 元

国防书店:(010)88540777　发行邮购:(010)88540776

发行传真:(010)88540755　发行业务:(010)88540717

致 读 者

本书由国防科技图书出版基金资助出版。

国防科技图书出版工作是国防科技事业的一个重要方面。优秀的国防科技图书既是国防科技成果的一部分,又是国防科技水平的重要标志。为了促进国防科技和武器装备建设事业的发展,加强社会主义物质文明和精神文明建设,培养优秀科技人才,确保国防科技优秀图书的出版,原国防科工委于1988年年初决定每年拨出专款,设立国防科技图书出版基金,成立评审委员会,扶持、审定出版国防科技优秀图书。

国防科技图书出版基金资助的对象是:

1. 在国防科学技术领域中,学术水平高,内容有创见,在学科上居领先地位的基础科学理论图书;在工程技术理论方面有突破的应用科学专著。

2. 学术思想新颖,内容具体、实用,对国防科技和武器装备发展具有较大推动作用的专著;密切结合国防现代化和武器装备现代化需要的高新技术内容的专著。

3. 有重要发展前景和有重大开拓使用价值,密切结合国防现代化和武器装备现代化需要的新工艺、新材料内容的专著。

4. 填补目前我国科技领域空白并具有军事应用前景的薄弱学科和边缘学科的科技图书。

国防科技图书出版基金评审委员会在总装备部的领导下开展工作,负责掌握出版基金的使用方向,评审受理的图书选题,决定资助的图书选题和资助金额,以及决定中断或取消资助等。经评审给予资助的图书,由总装备部国防工业出版社列选出版。

国防科技事业已经取得了举世瞩目的成就。国防科技图书承担着记载和弘扬这些成就,积累和传播科技知识的使命。在改革开放的新形势下,原国防科工委率先设立出版基金,扶持出版科技图书,这是一项具有深远意义的创举。此举势必促使国防科技图书的出版随着国防科技事业的发展更加兴旺。

设立出版基金是一件新生事物,是对出版工作的一项改革。因而,评审工作需要不断地摸索、认真地总结和及时地改进,这样,才能使有限的基金发挥出巨大的效能。评审工作更需要国防科技和武器装备建设战线广大科技工作者、专家、教授,以及社会各界朋友的热情支持。

让我们携起手来,为祖国昌盛、科技腾飞、出版繁荣而共同奋斗!

国防科技图书出版基金

评审委员会

前言

随着飞行器速度的不断提高和飞行器结构质量及刚度的不断减小，飞行器气动弹性和载荷问题在飞行器设计中越来越突出。特别是近年来，我国航空航天事业的蓬勃发展，极大地推动了我国飞行器气动弹性力学及其有关问题的研究和发展，也对飞行器气动弹性力学的研究提出了很多新的课题和要求。

目前，国内外计算流体动力学(Computational Fluid Dynamics，CFD)/计算结构动力学(Computational Structure Dynamics，CSD)耦合计算技术成为分析非线性气动弹性力学特性的主要手段，并在工程设计中逐步得到应用。在CFD/CSD耦合计算技术的基础上，人们在不断扩展研究，如结构优化设计、气动优化设计、控制系统优化设计等。

本书的目的是介绍最新的非线性气动弹性和载荷分析的理论方法与计算，阐释非线性气动弹性数值模拟所需的关键技术和CFD/CSD耦合求解的基本原理。

本书内容分7章介绍：

第1章(徐敏执笔)介绍非线性气动弹性分析方法及问题。

第2章(徐敏、李广宁执笔)主要介绍非定常流场CFD求解技术。

第3章(安效民、康伟执笔)主要介绍几何非线性结构响应求解技术。

第4章(安效民、徐敏执笔)介绍CFD/CSD耦合插值与动网格技术。

第5章(安效民、徐敏执笔)介绍耦合系统求解技术。

第6章(徐敏、康伟执笔)主要介绍非线性气动弹性系统降阶技术。

第7章(徐敏、谢亮执笔)介绍基于CFD/CSD耦合计算软件的设计及其应用。

书中算例计算及软件界面设计参与者有：姚伟刚博士、蔡天星博士、窦怡彬博士、张子健博士、谢亮博士、陈浩博士、陈涛博士、张斌博士、谢丹博士、王雅彬硕士等。

全书由徐敏教授统稿及校对。

本书内容主要来自作者本人、学科组和博士研究生们多年的研究成果。本书的部分研究工作得到了国家自然科学基金项目的资助，包括面上项目、青年基金项目和《空天飞行器的若干重大基础问题》重大研究计划项目（批准号分别为:11402212,11202165,10272090,90405002,90816008）。

在本书的写作过程中得到了陈士橹院士、于本水院士的大力支持和帮助。本书大量参考了国内外文献资料,在此,对原作者深表谢意。

本书能顺利出版,得益于国防科技图书出版基金的支持和资助,以及牛旭东编辑的帮助,在此表示感谢。

最后,希望本书能成为从事该领域的研究人员、工程师和研究生的参考书,对非线性气动弹性计算技术的发展起到推动作用。

由于作者水平有限,书中的缺点和不足之处在所难免,欢迎读者批评指正。

著 者

2016 年 3 月

目录

第1章 绪论

1.1 气动弹性力学发展历史 …… 2
1.2 计算气动弹性力学方法 …… 3
1.3 计算气动弹性应用软件 …… 5
1.4 CFD/CSD耦合求解气动弹性问题的关键技术 …… 7
1.4.1 流体域和固体域的非线性特征模拟 …… 7
1.4.2 动网格运动策略 …… 7
1.4.3 流体和结构界面的连续及相容性条件 …… 8
1.4.4 流体和结构耦合的计算效率 …… 8

第2章 非定常流场CFD求解技术

2.1 引言 …… 9
2.2 积分形式的N-S方程 …… 9
2.3 有限体积法 …… 11
2.4 空间离散格式 …… 12
2.4.1 中心差分格式 …… 13
2.4.2 通量矢量分裂FVS-Van Leer格式 …… 15
2.4.3 通量差分分裂FDS-Roe格式 …… 16
2.4.4 对流迎风分裂AUSM格式 …… 17
2.5 通量限制器和MUSCL插值 …… 20
2.6 时间推进格式 …… 22
2.6.1 显示格式 …… 23
2.6.2 隐式格式 …… 24
2.6.3 二阶时间精度隐式时间推进格式 …… 26

2.7 湍流模型…… 28
2.7.1 Baldwin - Lomax 代数模型 …… 28
2.7.2 Spalart - Allmaras 方程模型 …… 29
2.7.3 K - ω SST 两方程模型 …… 30
2.7.4 DES 方法 …… 31
2.8 几何守恒律…… 33
2.9 CFD 计算实例 …… 33
2.9.1 RAE2822 二维翼型 CFD 计算算例…… 33
2.9.2 NASA CRM 机翼/机身/平尾组合体 CFD 计算算例…… 34
2.9.3 DLR - F6 带短舱挂架的跨声速宽体运输类飞机 CFD 计算算例 …… 36
2.9.4 AGARD CT - 5 非定常计算算例…… 39

第3章 几何非线性结构响应求解技术

3.1 引言…… 42
3.2 变形和运动…… 43
3.2.1 变量及坐标系定义 …… 43
3.2.2 应变度量 …… 47
3.2.3 应力度量 …… 49
3.2.4 拉格朗日守恒方程 …… 50
3.3 变分原理…… 52
3.3.1 弹性理论经典变分原理 …… 52
3.3.2 弹性理论广义变分原理 …… 55
3.4 实体壳多变量单元…… 59
3.4.1 三场 Fraeijs de Veubeke - Hu - Washizu(FHW)变分原理 …… 59
3.4.2 非线性有限元离散 …… 59
3.4.3 求解算法流程 …… 60
3.4.4 算例分析 …… 61
3.5 基于 CR 理论的梁壳单元几何非线性的有限元建模…… 63
3.5.1 二维梁单元切线刚度矩阵推导 …… 64
3.5.2 基于 CR 法的三维壳单元切线刚阵推导 …… 67
3.6 非线性有限元方程组求解方法…… 70

3.6.1 结构静力分析的非线性求解技术 …… 71
3.6.2 结构动力分析的非线性求解技术 …… 73
3.6.3 算例分析 …… 80

第4章 CFD/CSD耦合插值与动网格技术

4.1 引言 …… 84
4.2 常用插值方法 …… 86
4.2.1 无限平板样条法(IPS) …… 86
4.2.2 有限平板样条法(FPS) …… 88
4.2.3 多重二次曲面的双调和法(MQ) …… 88
4.2.4 薄板样条法(TPS) …… 88
4.2.5 反函数同变量转换法(IIM) …… 89
4.2.6 非均匀B样条方法(NUBS) …… 89
4.2.7 载荷参数空间插值方法 …… 89
4.3 耦合接口设计 …… 89
4.3.1 基于CVT方法的界面映射技术 …… 90
4.3.2 基于BEM方法的界面映射技术 …… 96
4.3.3 算例分析 …… 99
4.4 动网格技术 …… 105
4.4.1 几何插值动网格算法 …… 106
4.4.2 TFI方法 …… 107
4.4.3 RBF方法 …… 109
4.4.4 保形动网格方法 …… 113
4.4.5 动网格算例分析 …… 115

第5章 耦合系统求解技术

5.1 引言 …… 122
5.2 CFD/CSD耦合常用算法精度分析 …… 123
5.2.1 常用耦合方法简介 …… 123
5.2.2 基于能量传递的精度分析 …… 126
5.3 CFD/CSD高精度耦合格式设计 …… 131
5.3.1 改进耦合格式的设计 …… 131

5.3.2 改进耦合格式的精度分析 …… 133
5.4 CFD/CSD 耦合格式算例分析 …… 135
5.4.1 ISOGAI 机翼剖面气动弹性算例 …… 135
5.4.2 AGARD 445.6 机翼气动弹性响应分析 …… 137

第6章 非线性气动弹性系统降阶技术

6.1 引言 …… 141
6.2 基于 Volterra 级数的非定常气动力降阶模型 …… 141
6.2.1 多小波和多分辨分析 …… 142
6.2.2 分段二次正交多小波构造 …… 142
6.2.3 边界自适应尺度函数和小波 …… 149
6.2.4 正交多小波多分辨分析 …… 150
6.2.5 Volterra 核近似 …… 153
6.2.6 自适应 QR 分解递推最小二乘算法 …… 157
6.2.7 算例分析 …… 159
6.3 基于状态空间的非定常气动力降阶模型 …… 163
6.3.1 脉冲/ERA 方法 …… 163
6.3.2 SCI/ERA 方法 …… 164
6.3.3 算例分析 …… 167
6.4 基于 POD 方法的气动弹性系统降阶模型 …… 168
6.4.1 POD 基快照求解方法 …… 169
6.4.2 基于 POD 方法的气动弹性系统降阶 …… 170
6.5 基于 BPOD 方法的气动弹性系统降阶 …… 173
6.5.1 平衡截断降阶理论 …… 173
6.5.2 变换矩阵的构造 …… 174
6.5.3 POD 快照与 Gramian 矩阵的联系 …… 174
6.5.4 算例分析 …… 175
6.6 基于 POD - Galerkin 映射的非线性气动力降阶模型 …… 179
6.6.1 流场控制方程修改 …… 180
6.6.2 网格速度定义 …… 180
6.6.3 POD - Galerkin 映射 …… 181
6.6.4 校正方法 …… 182

6.6.5 算例分析 …… 183

第7章 基于CFD/CSD耦合计算软件的设计及其应用

7.1 引言 …… 187
7.2 计算气动弹性软件简介 …… 187
7.2.1 软件功能简介 …… 187
7.2.2 软件总体设计方案 …… 188
7.2.3 软件系统总体框架 …… 191
7.2.4 数据使用者及其子类 …… 193
7.3 软件应用流程简介 …… 195
7.3.1 前处理软件 …… 195
7.3.2 求解器界面 …… 200
7.3.3 数据显示与处理 …… 200
7.4 基于CFD/CSD耦合的气动弹性软件应用 …… 202
7.4.1 大展弦比机翼静气动弹性分析 …… 202
7.4.2 超声速气动舵面颤振分析 …… 207
7.4.3 气动弹性动载荷分析 …… 211
7.4.4 动态扰动对气动弹性的影响 …… 218
7.4.5 复杂外形飞行器气动弹性分析 …… 223
参考文献 …… 233

Contents

Chapter 1 Introduction

1.1 Development of computational aeroelasticity ········ 2
1.2 Methodology of computational aeroelasticity ········ 3
1.3 Introduction of computational aeroelastic software ········ 5
1.4 Key techniques for CFD/CSD coupling ········ 7
1.4.1 Modeling of nonlinear Features for fluid and structure ········ 7
1.4.2 Moving mesh techniques ········ 7
1.4.3 Continua and coherent condition of the coupling interface ········ 8
1.4.4 Computation efficiency on the coupling ········ 8

Chapter 2 Computational fluid dynamics for unsteady flow

2.1 Introduction ········ 9
2.2 Navier – Stokes equations in integral conservative form ········ 9
2.3 Finite volume method ········ 11
2.4 Spatial discretization ········ 12
2.4.1 Central differential scheme ········ 13
2.4.2 FVS – Van Leer scheme ········ 15
2.4.3 FDS – Roe scheme ········ 16
2.4.4 AUSM scheme ········ 17
2.5 Limiter and MUSCL scheme ········ 20
2.6 Time advancing technique ········ 22
2.6.1 Explicit method ········ 23
2.6.2 Implicit method ········ 24
2.6.3 Second order implicit time advancing technique ········ 26

2.7 Turbulent model ······ 28
2.7.1 Baldwin – Lomax model ······ 28
2.7.2 Spalart – Allmaras one – equation model ······ 29
2.7.3 K – ω SST two – equation model ······ 30
2.7.4 Detached eddy simulation ······ 31
2.8 Geometric conservation law ······ 33
2.9 Numerical examples of CFD ······ 33
2.9.1 CFD computation of flow past RAE2822 airfoil ······ 33
2.9.2 Computation of NASA CRM wing – fuselage – tail combination ······ 34
2.9.3 Computation of flow around transonic DLR – F6 airplane ······ 36
2.9.4 Unsteady computation of AGRAD CT – 5 wing ······ 39

Chapter 3 Computation of dynamic response of structures with nonlinear geometry

3.1 Introduction ······ 42
3.2 Deformation and displacement ······ 43
3.2.1 Definition of variables and coordinates ······ 43
3.2.2 Metrics of strain ······ 47
3.2.3 Metrics of stress ······ 49
3.2.4 Lagrangian's conservation equations ······ 50
3.3 Variational principle ······ 52
3.3.1 Classic variational principle ······ 52
3.3.2 Generalized variational principle ······ 55
3.4 Multi – variable solid – shell element ······ 59
3.4.1 Fraeijs de Veubeke – Hu – Washizu (FHW) variational principle ······ 59
3.4.2 Discretization of nonlinear finite element method ······ 59
3.4.3 Computational procedure ······ 60
3.4.4 Numerical examples of multi – variable solid – shell element ······ 61
3.5 Modeling of nonlinear geometric beam and shell element ······ 63
3.5.1 Tangential stiffness matrix of co – rotational two – dimensional

beam element ························ 64
3. 5. 2 Tangential stiffness matrix of co – rotational three – dimensional shell element ························ 67
3. 6 Numerical method of nonlinear finite element solution ························ 70
3. 6. 1 Nonlinear solution of static analysis for the structure ························ 71
3. 6. 2 Nonlinear solution of dynamic analysis for the structure ························ 73
3. 6. 3 Numerical examples of co – rotational beam and shell elements ························ 80

Chapter 4 Interpolation and mesh moving technique for CFD/CSD coupling

4. 1 Introduction ························ 84
4. 2 Interpolation methods ························ 86
4. 2. 1 Infinite – Plate Splines method ························ 86
4. 2. 2 Finite – Plate Splines method ························ 88
4. 2. 3 Multiquadric – Biharmonic method ························ 88
4. 2. 4 Thin – Plate Splines method ························ 88
4. 2. 5 Inverse Isoparametric Mapping method ························ 89
4. 2. 6 Nonuniform B Splines method ························ 89
4. 2. 7 Load interpolation transfer method in parametric space ························ 89
4. 3 Coupling interface design ························ 89
4. 3. 1 Interface mapping based on Constant Volume Transformation method ························ 90
4. 3. 2 Interface mapping based on Boundary Element Method ························ 96
4. 3. 3 Numerical examples ························ 99
4. 4 Mesh moving technique ························ 105
4. 4. 1 Geometric interpolation method ························ 106
4. 4. 2 Transfinite interpolation method ························ 107
4. 4. 3 Radial basis function method ························ 109
4. 4. 4 Shape Preserving Mesh moving method ························ 113
4. 4. 5 Numerical examples of mesh moving techniques ························ 115

Chapter 5 Coupling strategy of CFD and CSD

5.1 Introduction ························ 122
5.2 Accuracy analysis of CFD/CSD coupling strategies ························ 123
5.2.1 Introduction to traditional coupling method ························ 123
5.2.2 Accuracy analysis of traditional coupling method based on energy transfer ························ 126
5.3 Design of high-precision CFD/CSD coupling strategy ························ 131
5.3.1 Improvement of CFD/CSD coupling strategy ························ 131
5.3.2 Accuracy analysis of improved CFD/CSD coupling strategy ······ 133
5.4 Numerical example of CFD/CSD coupling ························ 135
5.4.1 Aeroelastic computation of ISOGAI airfoil ························ 135
5.4.2 Aeroelastic response of AGARD 445.6 wing ························ 137

Chapter 6 Reduced order modeling of nonlinear aeroelastic system

6.1 Introduction ························ 141
6.2 Reduced order model of unsteady Aerodynamic forces using volterra series ························ 141
6.2.1 Multi wavelet and multi resolution analysis ························ 142
6.2.2 Piecewise second-order orthogonal multi wavelet construction ························ 142
6.2.3 Boundary adaptive scale function and wavelet analysis ············ 149
6.2.4 Orthogonal multi wavelet multi resolution analysis ························ 150
6.2.5 Volterra core approximation ························ 153
6.2.6 Adaptive QR decomposition recursive least square algorithm ··· 157
6.2.7 Numerical examples ························ 159
6.3 Reduced order model of unsteady Aerodynamic forces using state space ························ 163
6.3.1 Impulse/ERA method ························ 163
6.3.2 SCI/ERA method ························ 164
6.3.3 Numerical examples ························ 167
6.4 Reduced order model of aeroelastic system using POD method ············ 168
6.4.1 Derivation of POD basis ························ 169
6.4.2 Reduced order modeling of aeroelastic system based on

POD method ························ 170
6.5 Reduced order model of aeroelastic system using BPOD method ········· 173
6.5.1 Reduced order method based on BPOD ························ 173
6.5.2 Construction of transformation matrix ························ 174
6.5.3 Relation between POD snapshot and Gramian matrix ············ 174
6.5.4 Numerical examples ························ 175
6.6 Reduced order model of unsteady Aerodynamic forces using POD – Galerkin method ························ 179
6.6.1 Governing equation of flow for POD – Galerkin method ··········· 180
6.6.2 Definition of grid velocity ························ 180
6.6.3 POD – Galerkin method ························ 181
6.6.4 Correction method ························ 182
6.6.5 Numerical examples ························ 183

Chapter 7 Development and application of aeroelastic software based on CFD/CSD coupling

7.1 Introduction ························ 187
7.2 Computational aeroelastic software ························ 187
7.2.1 Features ························ 187
7.2.2 Software overall design ························ 188
7.2.3 Software system layout ························ 191
7.2.4 Data structure ························ 193
7.3 Software application process ························ 195
7.3.1 Preprocess ························ 195
7.3.2 Solver interface ························ 200
7.3.3 Postprocess ························ 200
7.4 Application of aeroelastic software ························ 202
7.4.1 Static aeroelastic analysis of high aspect ratio wing ·············· 202
7.4.2 Flutter analysis of supersonic fin ························ 207
7.4.3 Analysis of aeroelastic dynamic loads ························ 211
7.4.4 Effect of dynamic perturbation on aeroelastic response ··········· 218
7.4.5 Aeroelastic analysis of complex geometric aerocraft ············· 223
References ························ 233

第1章 绪论

气动弹性力学是研究气动力、弹性力以及惯性力相互作用的一门学科。弹性结构在气动载荷作用下会发生变形,而弹性结构的变形反过来又会影响气动载荷的大小和分布。气流和结构的这种相互作用,在不同条件下会产生各种各样的气动弹性现象,在不断的相互作用下,这种现象可能达到一种平衡状态,也可能趋于发散而导致结构破坏。气动弹性力学根据研究对象不同主要分为两大分支,即建筑结构气动弹性力学和飞行器气动弹性力学,前者主要研究诸如高层建筑、桥梁等建筑物的气动弹性问题,后者主要研究诸如飞机、导弹等飞行器的气动弹性问题,本书仅讨论后者。

气动弹性力学主要分两个领域:静气动弹性和动气动弹性。静气动弹性主要研究受定常气动力作用下的飞行器结构变形和结构静不稳定,以及结构变形后的气动力分布、气动导数、控制面效率的改变特性。动气动弹性主要研究结构动稳定性问题,包括非定常气动力与结构相互干扰下的颤振特性、结构响应以及瞬态气动载荷、瞬态惯性力和瞬态结构内部应力特性。

一般飞行器还将承受一定范围的静载荷和动载荷。它们来自飞行机动载荷、着陆机动载荷以及飞行中遭遇的阵风和湍流载荷。这些载荷与主要载荷的综合一般作为飞行器结构临界载荷,直接影响飞行器结构设计。确定这些载荷应考虑气动载荷、弹性载荷和惯性载荷响应。因此,气动弹性和载荷有着很紧密的联系。

当飞行器作为自动控制对象时,保证飞行器有效飞行的自动控制和稳定系统必然与弹性振动、变形发生耦合。一方面,现代大型飞行器的普遍特征之一就是具有较低的结构固有频率,往往处于控制系统的正常工作频率带宽之内,控制力可能激励弹性自由度的运动;另一方面,反馈稳定系统受到弹性变形的干扰,观测元件不仅检测飞行器受干扰后的运动参数变化,同时也将结构变形作为附加的反馈信号引入回路中,因此,就产生了气动伺服弹性力学。

传统的气动弹性分析研究方法主要在频域内进行,它包含了较多线性化假设,较难处理跨声速、大迎角等气动力非线性问题。计算流体力学(CFD)以及计算结构动力学(CSD)技术的发展,为实现 CFD/CSD 耦合技术的气动弹性系统的时域仿真奠定了基础。直接在时域内进行气动弹性的数值分析,可以得到结构的瞬态响应、结构内外载荷的瞬态变化规律和稳定性特性。特别是在跨声速区,这种数值仿真能很好地从物理本质去分析激波与激波干扰、激波与涡干扰、涡与涡干扰及激波与边界层干扰现象对气动弹性特性的影响。CFD/CSD 耦合作为流固耦合这门交叉学科的求解技术,对研究和解决众多工业领域中面临的复杂力学问题不仅具有重要的学术意义,而且具有广阔的工程应用前景和价值。但是,直接 CFD/CSD 耦合仿真导致计算规模庞大,计算资源耗费大,工程气动弹性设计周期长。因此,有必要建立高精度、高保真的低阶非定常气动力模型。

飞行器的气动弹性问题还将影响飞行器的飞行性能和乘坐舒适性,严重时还会造成飞行器结构破坏,威胁乘员生命安全。随着飞行器速度的不断提高和飞行器结构质量及刚度的不断减小,飞行器气动弹性问题在飞行器设计中也越来越突出。特别是近年来,随着我国航空航天事业的蓬勃发展,飞行器设计中的气动弹性问题得到了前所未有的重视,极大地推动了我国飞行器气动弹性力学的研究和发展,也对飞行器气动弹性力学的研究提出了更多新的课题和要求。

1.1 气动弹性力学发展历史

气动弹性问题在航空技术的发展初期就已经出现了,并随着航空工业的发展不断涌现出各种不同的气动弹性问题。最早的一次由气动弹性问题引发的事故发生在 1903 年 12 月 8 日,即在莱特(Wright)兄弟有动力载人飞机首次成功飞行的前九天,兰利(Langley)教授驾驶“空中旅行者”号单翼飞机做有动力飞行试验时,发生了机翼断裂并骤然坠落的事故,其中气动弹性效应起着决定性的作用。当时,G. Brewer 就以某种方式说明了机翼断裂是一种典型的气动弹性静力学中的扭转发散问题。

不久,又出现了由于机身与尾翼的扭转刚度不够而引发的尾翼颤振问题。1916 年一架英国的 Handley Page 双引擎轰炸机发生剧烈的尾翼颤振而坠毁;一年后,在 DH-9 飞机上又发生了类似的尾翼颤振事故,促使 F. W. 兰切斯特等进行了第一次有目的气动弹性颤振研究。

1927 年,英国的一架双引擎大展弦比飞机在飞行速度增加时,副翼效率随之降低而变为零,继而变为反向作用而发生事故。这种控制能力丧失并且反向作用的现象,就是现在气动弹性力学所说的副翼反效现象。

第二次世界大战爆发后,航空工业迅猛发展,飞机的飞行速度提高到跨声速范围,由此提出了许多新的、富有挑战性的气动弹性问题。1944 年,当 NACA

(美国国家航空航天局)飞行员驾驶新型 P-80 飞机做高速飞行试验时,发生了一种剧烈的副翼振动,该振动是由副翼偏转与机翼上激波的弦向运动耦合引起的一种单自由度颤振,这种现象称为"副翼翁鸣"。

1947 年,由 Charles Yeager 驾驶的 X-1 验证机首次实现了超声速飞行,同时超声速颤振问题也开始得到重视,这时又出现了一种新形式的颤振——壁板颤振。

1946 年,英国学者 Collar 绘制出了表明气动弹性力学所涉及的各个学科间相互联系的"气动弹性力三角形",形象地描述了气动弹性系统中各种力之间的联系,从而区分了各学科的研究范畴,使气动弹性问题有了明确的分类,如图 1.1所示。Collar 三角形的三个顶点分别代表气动力(A)、弹性力(E)和惯性力(I)。把三角形任意两个顶点联系起来,都可形成一个重要的学科。由弹性力和惯性力的相互作用构成了"振动力学";由气动力和惯性力的相互作用构成了"飞行力学";以气动力和弹性力的相互作用为研究对象构成了气动弹性静力学;以气动力、弹性力和惯性力三者的耦合作用为研究对象就构成了气动弹性动力学。

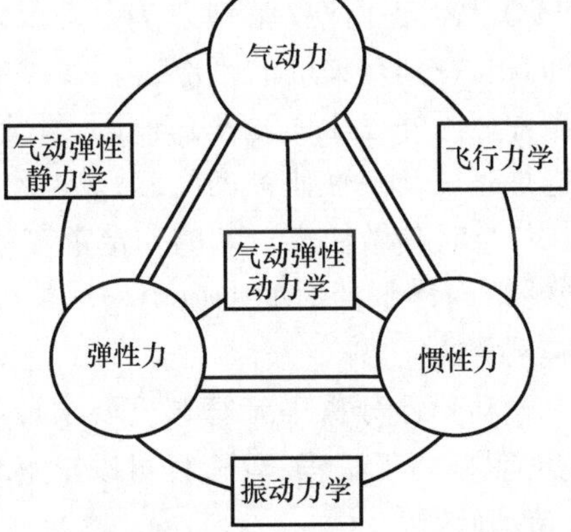

图 1.1 Collar 气动弹性力三角形

1.2 计算气动弹性力学方法

飞行器气动弹性力学属于多学科交叉的耦合学科,其研究的问题同时涉及流体力学、结构力学以及控制理论等多个学科的难点,因此飞行器气动弹性问题一直以来都是飞行器设计工作者必须面对的重要研究课题。

传统的气动弹性数值研究主要在频域内进行,它的基本思想是:发生颤振的翼面做简谐振动,这样就只需要计算频域内的气动力。在气动弹性稳定性分析中，大部分只需考察小振幅振动情况，因此频域分析在这样的线性结构和线性化气动力模型的使用范围内是可行的。在亚声速和超声速范围且结构小变形的情况下，由于流场的非线性较弱，可以选用一些经典的小扰动线化理论来求解非定常气动力，例如泰奥多森（Theodorson）理论、细长体理论、偶极子格网法（DLM）以及活塞理论等。这些理论建立起来的非定常气动力模型都较为简单，计算方便、快速。市场上也形成了一些商用软件，其中应用最广泛的是 MSC. NASTRAN 的 FlightLoads 模块，该模块可以基于频域方法求解飞行器静气弹和颤振问题，其非定常气动力模型是基于线性理论的偶极子格网法，无法处理飞行器真实外形和跨声速气动力非线性等问题。

气动弹性的频域分析法包含了较多线化假设，气动模型是以小迎角的势流理论为基础的，较难处理跨声速、大迎角等气动力非线性问题。另外，频域方法不能实现气动弹性问题的静动态一体化分析，一般仅能提供机翼临界信息，不能准确计算机翼的亚、超临界响应问题。

20 世纪 90 年代中后期以来，由于计算流体动力学（CFD）和计算结构动力学（CSD）的发展，特别是 CFD 中基于欧拉方程、雷诺平均纳维 - 斯托克斯（Navier - Stokes）方程的数值模拟，计算结构力学中有限元计算方法的日益成熟，为飞行器气动弹性问题，特别是关键的跨声速、结构大变形等非线性气动弹性问题的研究提供了条件。国外也陆续发表了基于计算流体动力学和计算结构动力学耦合对飞行器进行时域动弹性研究的文献，其基本思路是：通过 CFD 求解器直接计算弹性体在任意时刻做任意运动的非定常气动载荷，在时域内推进结构运动方程，给出弹性结构详细的时间响应历程。采用 CFD/CSD 耦合方法求解气动弹性问题具有显著的优势：

（1）计算精度高。气动弹性分析中计算精度要求最高的非定常气动力由 CFD 程序求解，计算精度明显高于工程算法，且可以求解复杂外形飞行器及跨声速、高超声速等复杂流动问题。

（2）信息量丰富。时域分析的特点使得计算过程中可以输出任意时刻飞行器上受到的各种载荷和结构响应，可以更好地分析各种气动弹性现象发生的机理。

（3）可扩展性强。通过模块化编程可以将不同层次的 CFD 和 CSD 求解技术耦合求解，从而方便地利用两个学科的最新技术；同时，可以耦合其他学科进行多学科耦合的综合力学环境分析。

CFD/CSD 耦合的发展是建立在计算流体动力学和计算结构动力学的基础之上的。这两个学科的发展和演变如图 1.2 所示。非定常流场计算，经历了查表法、小扰动速度势法、跨声速小扰动非线性速度势法、线性化速度势法、完全

(非线性)速度势法、线性化欧拉(Euler)法、非线性欧拉法、线性化 N－S(纳维－斯托克斯)法、非线性 N－S 法、大涡模拟(Large Eddy Simulation, LES)、直接数值模拟(Direct Numerical Simulation, DNS)等。CSD 的有限元模型,先后经历了梁类单元(直梁、扭曲梁)、板壳单元(薄壳、厚壳)和三维实体单元。耦合计算的模型也由最早的二自由度刚性机翼加非定常气动力函数(图 1.3)发展到流体采用三维非定常黏性可压流、结构采用三维体单元的有限元模型,目前已经发展到考虑一系列非线性气动影响因素(如激波、激波与边界层耦合、流动分离等)和非线性结构因素(如大变形、接触、弹塑性、摩擦阻尼等)的求解问题。最近,CFD 技术从计算格式和方法、网格生成、湍流模型及计算可视化等多方面已有了相当的改善,有限元的线性 CSD 求解早已解决,非线性的 CSD 也有了很大的进展。另外计算设备的运算速度、存储和体系结构也有了很大的改进。因此,国外在非线性气动弹性方面的研究方兴未艾,其相关理论也已经成功应用于核工程中武器的爆炸和分裂,机械工程中的管道、容器、涡轮机、发动机叶片内流场模拟,降落伞的下降过程,桥梁、大坝、高楼等建筑工程,船舶等水力学问题,医用流体力学和人体器官学等方面。

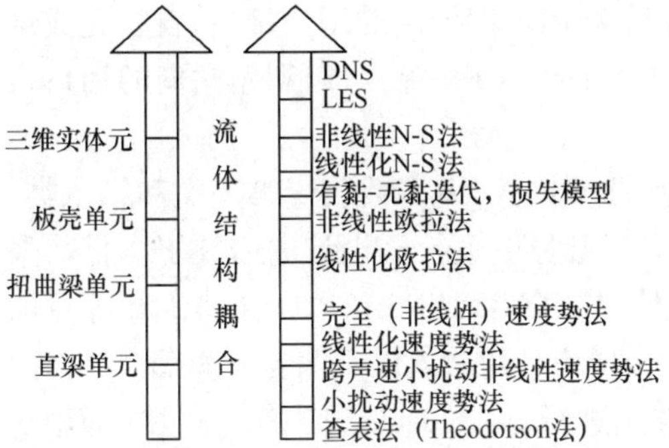

图 1.2　CFD/CSD 耦合中的模型及其演变

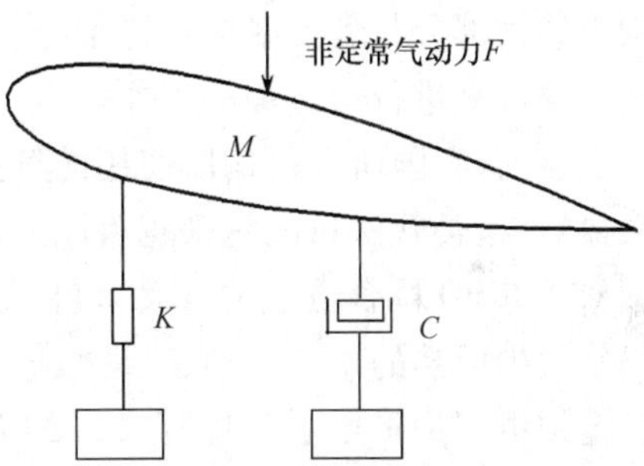

图 1.3　二维气动弹性模型

CFD/CSD 耦合作为流固耦合这门交叉学科的求解技术,对研究和解决众多工业领域中面临的复杂力学问题不仅具有重要的学术意义,而且具有广阔的工程应用前景和价值。借助 CFD/CSD 耦合系统,建立一套求解非线性气动弹性问题的方法,不仅可以更精确地模拟飞行器飞行中的气动弹性效应,而且可以发展成为一种新型的设计理念。

1.3　计算气动弹性应用软件

基于 CFD/CSD 耦合的气动弹性分析逐渐走向集成化和软件化的发展道

路。美国的 ZONA 公司开发了目前较为完整的气动弹性分析软件 ZAERO、ZONAIR、ASTROS 等。CFDRC 公司也将流固耦合模块嵌入了求解器 CFDRC - Fastran 中。ANSYS 借助 CFX 在流体力学分析方面的领先优势，与 CFX 联合推出了流固耦合（FSI）仿真系统。此外，NASA（美国国家航空航天局）的开源程序 CFL3D V6.0 版本也开始引入气动弹性分析模块。美国斯坦福大学 Charbel Farhat 教授和德国宇航院开始研究基于 CFD/CSD 耦合的气动弹性计算技术，并发展了 CFD/CSD 耦合求解气动弹性力学的程序，且在工程中进行了应用。

目前，国际上较为成熟的气动弹性分析软件层出不穷，主要分为四类。

第一类：采用经典求解方法以及无图形用户界面（Graphical User Interface，GUI），如 FLEXSTA，DYLOFLEX。由于不具备完善的图形界面，建模功能几乎没有，完全靠用户指定模型数据，这样造成这些软件不但算法本身误差大，而且还因要对模型进行简化，进一步减弱了结果的可靠性与精度。

第二类：采用经典求解方法，并且有完善的 GUI 界面，如 Flds 和 ZAERO。

第三类：基于 CFD/CSD 耦合的现代气动弹性求解器，如 STARS，ENSAERO，CFL3DV6。然而，这些都不具备完善的 GUI 界面。

第四类：在单纯的 CFD 软件基础上，利用软件提供的用户接口，自行完成结构求解器部分与气弹时域推进部分，如 Fluent，CFX 等，可以利用它们的用户自定义接口来进行这方面的工作。

目前，我国研究机构所使用的气弹求解软件，大多数属于第一类和第二类，很显然，这类软件目前越来越难以适应新形势下飞行器设计的需要了。目前采用 CFD/CSD 耦合方法的气动弹性软件中，STARS，ENSAERO，CFL3DV6 等目前仍然缺少成熟的用户界面，气动数据、结构信息的输入以及两者之间耦合界面的指定须由用户采用手工填写文件的方式进行，而 Fluent、CFX 等单纯的 CFD 求解器，虽然拥有良好的 GUI，但是原有的 GUI 中没有考虑到气动弹性求解器的特点，即不具备指定耦合界面等功能，而且结构求解与 CFD/CSD 耦合推进的过程更是需要用户自己完成，显得困难重重，即使开发完成，也存在通用性差、重复工作量大的问题。

自从 20 世纪 90 年代以来，国内多所高校、研究院所进行了基于 CFD/CSD 耦合算法进行气动弹性时域仿真的探索，取得了许多不错的成果。这些研究成果主要集中在两个方面：应用型和自主开发软件型。①应用型：主要靠直接购买国外商业软件开展研究，如 Nastran、ZAERO 等，或者采用国外独立学科商业软件（如气动计算采用 CFX、Fluent，结构计算采用 Ansys 等）进行二次开发，将 CFD 和 CSD 组合成耦合形式，获得流固耦合计算的效果，这种思路和流程在工程应用中已得到广泛应用。②自主开发软件型：就是完全采用自主开发 CFD、

CSD 程序和界面程序,构成流固耦合计算系统,在工程应用中进行应用。直接购买具有流固耦合的商业软件存在输出信息量少,建模过于简化,线性化程度大,来流速度的范围有较大的限制等缺点。商业软件的二次开发和自主开发软件都存在计算鲁棒性和通用性问题。另外,所开发的代码迟迟未能成功地进行软件化、平台化,存在操作烦琐、学习困难的问题,难以适应工程单位的需要。另外,国内的 CFD、FEM 软件技术本身就起步较晚,和国外优秀软件相比还有较大差距,主要体现在:①多数软件仍然采用 Fortran 语言的结构化体系结构,软件的通用性、可扩展性和可维护性差,软件架构相对落后,升级换代困难;②软件开发模式有待提高,项目管理手段简单,难以保证软件质量;③CFD 软件接口没有统一标准,限制了不同软件之间的数据共享和交流;④界面设计相对落后,人机交互手段简单、不能方便地满足工程人员使用的需要。

1.4 CFD/CSD 耦合求解气动弹性问题的关键技术

非线性气动弹性问题中,结构场和气动场两个不同性质的物理场在耦合界面上相互作用,彼此影响。一方面,流体问题本身涉及大量的非线性现象,如复杂湍流运动,高速运动产生的激波,激波导致的边界层分离,非定常涡脱落,运动及演化,结构变形或振动导致的非定常流体运动等;另一方面,结构问题中涉及非线性几何大变形、弹塑性材料非线性和接触面不定的界面非线性问题等。另外,即使各自的物理场是线性的,CFD 和 CSD 的共同界面上的不确定耦合也会引起新的非线性问题。因此,研究 CFD 和 CSD 的耦合不是这两个问题的简单叠加。通过界面上的连续性相容条件进行耦合的 CFD/CSD 系统是一个高度非线性的问题,处理不当会使整个系统的计算失败。下面讨论基于 CFD/CSD 耦合求解非线性气动弹性问题的关键技术。

1.4.1 流体域和固体域的非线性特征模拟

针对结构域的非线性和流场域的非线性问题,国外在该方面的研究已经取得较大的进展,运用了诸多不同的求解模型,流场求解器从简单的势流模型到三维雷诺平均 N-S 方程,结构求解器从线性梁理论到非线性有限元理论。当前比较典型的气动弹性时域耦合求解的研究方法组合有三种:①线性气动力求解器 + 线性结构求解器;②非线性气动力求解器 + 线性结构求解器;③非线性气动力求解器 + 非线性结构求解器。

1.4.2 动网格运动策略

CFD 方法在求解非定常气动载荷过程中,需要考虑动网格技术,当前常用的动网格形式有两种:针对结构网格的无限插值方法和针对非结构网格的弹簧类推法。其他网格运动方法都是基于这两种方法在计算效率、精度以及稳定性方面的改进,并满足流体网格运动与流体积分求解方法之间的一致性和相容性条件。

1.4.3 流体和结构界面的连续及相容性条件

首先是流场和结构两个独立域求解的时间同步推进技术。当前针对 CFD/CSD 耦合已经发展了全耦合、紧耦合和松耦合三种耦合方式,分别对应不同的时间推进方法,确保物理时间和计算时间的协调和减小耦合误差是研究的关键。另外一个研究重点在于界面的信息转换,以确保耦合界面上质量、动量、能量的守恒及耦合方程的求解。当前比较成熟的方法有两类:一种表面装配法,用已知点得到表面样条函数来插值未知点,如无限平板插值(Infinite - Plate Splines, IPS)方法;另一种是表面跟踪法,用局部有限单元的形状函数插值得到未知点的信息,如常体积转换(Constant Volume Transformation, CVT)方法。

1.4.4 流体和结构耦合的计算效率

耦合时域计算的特点之一就是需要大量的时间步来推进求解,若空间域离散网格数量巨大,计算往往比较耗时,当前研究的热点之一将整个耦合计算进行多块、并行化处理,该技术得益于分布式处理的通信技术发展,算法设计时不仅对两个物理域进行分块,还要对耦合界面、动网格技术及耦合方式等进行并行化的处理。

另外提高气动弹性计算效率的研究热点在于非定常气动力的降阶模型技术,研究整个耦合系统的本质特征,高效进行系统分析,以便应用于控制系统设计和多学科优化,当前已发展的技术主要有沃尔泰拉(Volterra)级数、正则正交分解(POD)技术、谐函数(HB)技术、人工神经网络(ANN)等。这些方法有着各自的优点,但也存在不足,如果将这些方法组合使用,将会得到更好的效果。

总之,非线性气动弹性问题的研究对于飞行器设计与分析具有重要的理论价值和现实意义,用 CFD/CSD 耦合求解技术是实现非线性气动弹性分析的一条重要途径。由以上分析可以看出,CFD/CSD 时域耦合求解非线性气动弹性问题是一项复杂的非线性系统技术,其中的任何一个环节都值得深入研究和分析。

第2章 非定常流场 CFD 求解技术

2.1 引　　言

本章在有限体积框架下,讨论定常与非定常流场数值模拟中的关键技术,包括空间离散格式、时间推进格式、湍流模型以及非定常计算中的几何守恒定律等,为本书的气动弹性时域仿真系统奠定 CFD 求解基础。最后,给出工程应用中的几个具体的定常、非定常算例,以便读者对流场数值模拟中的 CFD 应用有较为直观的了解和认识。

2.2 积分形式的 N-S 方程

直角坐标系下的三维可压缩非定常 N-S 方程的守恒积分形式为

$$\frac{\partial}{\partial t}\iiint_{\Omega}\boldsymbol{Q}\mathrm{d}V+\oiint_{\partial\Omega}\boldsymbol{F}\cdot\boldsymbol{n}\mathrm{d}s=0 \tag{2.1}$$

式中,$\boldsymbol{Q}=(\rho,\rho u,\rho v,\rho w,\rho e)^{\mathrm{T}}$为解矢量;$\partial\Omega$ 为流体域 Ω 的边界;$\boldsymbol{n}$ 为边界的外法向矢量;矢通量 $\boldsymbol{F}$ 可以分解为对流矢通量 $\boldsymbol{F}_{\mathrm{c}}$和黏性矢通量 $\boldsymbol{F}_{\mathrm{v}}$两部分,即

$$\boldsymbol{F}=\boldsymbol{F}_{\mathrm{c}}-\boldsymbol{F}_{\mathrm{v}} \tag{2.2}$$

式中

$$\boldsymbol{F}_{\mathrm{c}}=\begin{bmatrix}\rho u\boldsymbol{i}+\rho v\boldsymbol{j}+\rho w\boldsymbol{k}\\(\rho u^{2}+p)\boldsymbol{i}+\rho uv\boldsymbol{j}+\rho uw\boldsymbol{k}\\\rho uv\boldsymbol{i}+(\rho v^{2}+p)\boldsymbol{j}+\rho vw\boldsymbol{k}\\\rho uw\boldsymbol{i}+\rho vw\boldsymbol{j}+(\rho w^{2}+p)\boldsymbol{k}\\(\rho ue+up)\boldsymbol{i}+(\rho ve+vp)\boldsymbol{j}+(\rho we+wp)\boldsymbol{k}\end{bmatrix} \tag{2.3}$$

$$\boldsymbol{F}_{\mathrm{v}}=\begin{bmatrix}0\\ \tau_{xx}\boldsymbol{i}+\tau_{xy}\boldsymbol{j}+\tau_{xz}\boldsymbol{k}\\ \tau_{yx}\boldsymbol{i}+\tau_{yy}\boldsymbol{j}+\tau_{yz}\boldsymbol{k}\\ \tau_{zx}\boldsymbol{i}+\tau_{zy}\boldsymbol{j}+\tau_{zz}\boldsymbol{k}\\ \Pi_{x}\boldsymbol{i}+\Pi_{y}\boldsymbol{j}+\Pi_{z}\boldsymbol{k}\end{bmatrix} \tag{2.4}$$

其中

$$\begin{cases}\Pi_x = u\tau_{xx}+v\tau_{xy}+w\tau_{xz}-q_x\\ \Pi_y = u\tau_{yx}+v\tau_{yy}+w\tau_{yz}-q_y\\ \Pi_z = u\tau_{zx}+v\tau_{zy}+w\tau_{zz}-q_z\end{cases} \tag{2.5}$$

黏性应力项分别为

$$\begin{cases}\tau_{xx}=2\mu u_x-\dfrac{2}{3}\mu(u_x+v_y+w_z)\\ \tau_{yy}=2\mu v_y-\dfrac{2}{3}\mu(u_x+v_y+w_z)\\ \tau_{zz}=2\mu w_z-\dfrac{2}{3}\mu(u_x+v_y+w_z)\\ \tau_{xy}=\tau_{yx}=\mu(u_y+v_x)\\ \tau_{xz}=\tau_{zx}=\mu(u_z+w_x)\\ \tau_{yz}=\tau_{zy}=\mu(v_z+w_y)\end{cases} \tag{2.6}$$

热流分量 q_x、q_y、q_z 与温度的关系遵循傅里叶定律，即

$$\begin{cases}q_x=-k\dfrac{\partial T}{\partial x}\\ q_y=-k\dfrac{\partial T}{\partial y}\\ q_z=-k\dfrac{\partial T}{\partial z}\end{cases} \tag{2.7}$$

为封闭 N－S 方程组，需要引入完全气体状态方程，即

$$\begin{cases}p=\rho RT\\ h=c_{\mathrm{p}}T\end{cases} \tag{2.8}$$

基于涡黏假设，黏性系数 $\mu=\mu_{\mathrm{l}}+\mu_{\mathrm{t}}$，层流黏性系数 μ_{l} 由 Sutherland 公式得到，即

$$\mu_{\mathrm{l}}=\frac{1+C_{\mathrm{s}}}{T+C_{\mathrm{s}}}T^{1.5} \tag{2.9}$$

式中，$C_{\mathrm{s}}=\dfrac{117}{T_\infty}$。湍流黏性系数 μ_{t} 由湍流模型给出，具体见 2.7 节。k 为热传导

系数,可表示为

$$k=\frac{\gamma R}{\gamma-1}\left(\frac{\mu_{\mathrm{l}}}{Pr_{\mathrm{l}}}+\frac{\mu_{\mathrm{t}}}{Pr_{\mathrm{t}}}\right) \tag{2.10}$$

式中,γ 为比热比,取值 1.4;R 为气体常数,对空气 $R=287.02\mathrm{J/(kg\cdot K)}$;层流普朗特数和湍流普朗特数分别为 $Pr_{\mathrm{l}}=0.72$,$Pr_{\mathrm{t}}=0.9$。

2.3 有限体积法

有限体积法(Finite Volume Method,FVM)是目前 CFD 技术中广泛采用的一种空间离散方法,许多商用 CFD 软件都采用了这种方法。根据高斯散度理论,假设取定一个不随时间而变的控制体 Ω – 网格单元,其边界为$\partial\Omega$。在每个控制体 $\Omega_{i,j,k}$将 N – S 方程空间离散,如图 2.1 所示,即

$$\frac{\mathrm{d}}{\mathrm{d}t}\int_{\Omega_{i,j,k}}\boldsymbol{Q}\mathrm{d}\Omega+\int_{\partial\Omega_{i,j,k}}\boldsymbol{F}_{\mathrm{c}}\cdot\boldsymbol{n}\mathrm{d}s+\int_{\partial\Omega_{i,j,k}}\boldsymbol{F}_{\mathrm{v}}\cdot\boldsymbol{n}\mathrm{d}s=0 \tag{2.11}$$

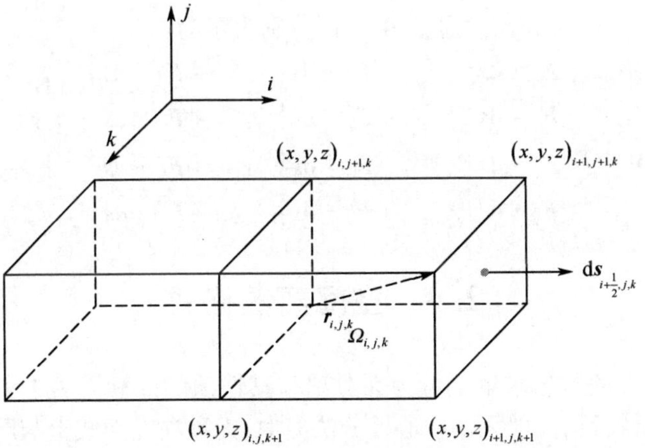

图 2.1 控制体单元 $\Omega_{i,j,k}$

式中,边界$\partial\Omega_{i,j,k}$由以下网格单元面构成:

$$\partial\Omega_{i,j,k}=\mathrm{d}\boldsymbol{s}_{i-\frac{1}{2},j,k}+\mathrm{d}\boldsymbol{s}_{i+\frac{1}{2},j,k}+\mathrm{d}\boldsymbol{s}_{i,j-\frac{1}{2},k}+\mathrm{d}\boldsymbol{s}_{i,j+\frac{1}{2},k}+\mathrm{d}\boldsymbol{s}_{i,j,k-\frac{1}{2}}+\mathrm{d}\boldsymbol{s}_{i,j,k+\frac{1}{2}} \tag{2.12}$$

以 $\Omega_{i,j,k}$形成半离散形式的控制方程,流场解矢量 $\boldsymbol{Q}_{i,j,k}$取单元中心的体积平均,$vol_{i,j,k}$为单元体积,即

$$\boldsymbol{Q}_{i,j,k}=\frac{1}{vol_{i,j,k}}\int_{\Omega_{i,j,k}}\boldsymbol{Q}\mathrm{d}\Omega \tag{2.13}$$

单元体积可以用三个面矢量及其主对角线进行计算,即

$$\begin{cases} \boldsymbol{r}_{i,j,k}=(x_{i+1,j+1,k+1}-x_{i,j,k})\boldsymbol{i}_x+(y_{i+1,j+1,k+1}-y_{i,j,k})\boldsymbol{i}_y+(z_{i+1,j+1,k+1}-z_{i,j,k})\boldsymbol{i}_z \\ vol_{i,j,k}=\dfrac{1}{3}\boldsymbol{r}_{i,j,k}\cdot\left(\mathrm{d}\boldsymbol{s}_{i-\frac{1}{2},j,k}+\mathrm{d}\boldsymbol{s}_{i,j-\frac{1}{2},k}+\mathrm{d}\boldsymbol{s}_{i,j,k-\frac{1}{2}}\right) \end{cases} \tag{2.14}$$

式中，$\mathrm{d}\boldsymbol{s}$ 为单元面积矢量；$\boldsymbol{r}_{i,j,k}$为主对角线矢量。其中 $\mathrm{d}\boldsymbol{s}_{i-\frac{1}{2},j,k}$可表示为

$$\mathrm{d}\boldsymbol{s}_{i-\frac{1}{2},j,k}=\frac{1}{2}\left(\boldsymbol{a}_{i-\frac{1}{2},j,k}\times\boldsymbol{b}_{i-\frac{1}{2},j,k}\right) \tag{2.15}$$

式中，$\boldsymbol{a}$ 和 $\boldsymbol{b}$ 分别为面矢量 $\mathrm{d}\boldsymbol{s}_{i-\frac{1}{2},j,k}$的两个对角线矢量，表示为

$$\begin{cases} \boldsymbol{a}_{i-\frac{1}{2},j,k}=(x_{i,j+1,k+1}-x_{i,j,k})\boldsymbol{i}_x+(y_{i,j+1,k+1}-y_{i,j,k})\boldsymbol{i}_y+(z_{i,j+1,k+1}-z_{i,j,k})\boldsymbol{i}_z \\ \boldsymbol{b}_{i-\frac{1}{2},j,k}=(x_{i,j,k+1}-x_{i,j+1,k})\boldsymbol{i}_x+(y_{i,j,k+1}-y_{i,j+1,k})\boldsymbol{i}_y+(z_{i,j,k+1}-z_{i,j+1,k})\boldsymbol{i}_z \end{cases} \tag{2.16}$$

则 N－S 方程的半离散形式为

$$vol_{i,j,k}\frac{\mathrm{d}}{\mathrm{d}t}\boldsymbol{Q}_{i,j,k}+\boldsymbol{W}^{\mathrm{c}}_{i,j,k}-\boldsymbol{W}^{\mathrm{v}}_{i,j,k}=\boldsymbol{0} \tag{2.17}$$

式中，无黏通量 $\boldsymbol{W}^{\mathrm{c}}_{i,j,k}$和黏性通量 $\boldsymbol{W}^{\mathrm{v}}_{i,j,k}$可分别表示为

$$\begin{aligned} \boldsymbol{W}^{\mathrm{c}}_{i,j,k}=&\boldsymbol{F}_{\mathrm{c}}\cdot\mathrm{d}\boldsymbol{s}\big|_{i+\frac{1}{2},j,k}-\boldsymbol{F}_{\mathrm{c}}\cdot\mathrm{d}\boldsymbol{s}\big|_{i-\frac{1}{2},j,k}+\boldsymbol{F}_{\mathrm{c}}\cdot\mathrm{d}\boldsymbol{s}\big|_{i,j+\frac{1}{2},k}- \\ &\boldsymbol{F}_{\mathrm{c}}\cdot\mathrm{d}\boldsymbol{s}\big|_{i,j-\frac{1}{2},k}+\boldsymbol{F}_{\mathrm{c}}\cdot\mathrm{d}\boldsymbol{s}\big|_{i,j,k+\frac{1}{2}}+\boldsymbol{F}_{\mathrm{c}}\cdot\mathrm{d}\boldsymbol{s}\big|_{i,j,k-\frac{1}{2}} \\ \boldsymbol{W}^{\mathrm{v}}_{i,j,k}=&\boldsymbol{F}_{\mathrm{v}}\cdot\mathrm{d}\boldsymbol{s}\big|_{i+\frac{1}{2},j,k}-\boldsymbol{F}_{\mathrm{v}}\cdot\mathrm{d}\boldsymbol{s}\big|_{i-\frac{1}{2},j,k}+\boldsymbol{F}_{\mathrm{v}}\cdot\mathrm{d}\boldsymbol{s}\big|_{i,j+\frac{1}{2},k}- \\ &\boldsymbol{F}_{\mathrm{v}}\cdot\mathrm{d}\boldsymbol{s}\big|_{i,j-\frac{1}{2},k}+\boldsymbol{F}_{\mathrm{v}}\cdot\mathrm{d}\boldsymbol{s}\big|_{i,j,k+\frac{1}{2}}+\boldsymbol{F}_{\mathrm{v}}\cdot\mathrm{d}\boldsymbol{s}\big|_{i,j,k-\frac{1}{2}} \end{aligned} \tag{2.18}$$

2.4 空间离散格式

N－S 方程的数值求解可分为无黏项和黏性项的处理。由于黏性项具有线性形式和椭圆特征，一般采用中心差分法离散；无黏项在形式上与欧拉方程是一致的，所以解决好欧拉方程组的计算方法，也就奠定了 N－S 方程的数值求解基础，因此本节主要针对无黏通量的数值计算展开讨论。目前较为成熟且应用广泛的空间离散格式一般分为中心差分格式和迎风格式两大类。

中心差分格式的逻辑关系简单，计算量小，但是其格式本身不具有耗散特性，直接应用会产生数值振荡，需要引入人工黏性来抑制这种非物理振荡。中心差分格式在整个流场中采用连续性处理方法，利用人工黏性的耗散效应对流场中的间断面进行光顺处理，从而实现流场主控方程的顺利求解。中心差分格式以 Jameson 中心差分格式为主要代表，它使用二、四阶混合差分形式的人工黏性。二阶差分项是非线性的，其目的是引入一个类熵修正，以抑制激波附近的非物理数值振荡。四阶差分项基本是线性的，用于衰减计算中的高频误差，以保证

格式收敛。

通过对欧拉方程组进行特征值分析和扰动传播方向特性研究后，人们提出了迎风格式。迎风格式的发展主要有两个方向，即黎曼（Riemann）问题求解和通量矢量分裂（Flux Vector Splitting，FVS）格式，其中黎曼问题求解逐渐向以通量微分分裂（Flux Difference Splitting，FDS）格式为代表的方向发展，也即根据 Godunov 方法发展的近似黎曼解。所以，目前迎风格式的代表是 FDS 格式和 FVS 格式。其中以 Van Leer 提出的 FVS－Van Leer 格式和 Roe 提出的 FDS－Roe 格式最具代表性。FVS－Van Leer 格式捕捉激波能力强，鲁棒性强，理论上不会出现非物理解，格式简单，计算量小，计算效率高。但是其耗散大，黏性分辨率低，即便对于精确的接触间断条件，仍然存在数值通量，从而抹平间断，导致显著的黏性区计算误差。FDS－Roe 格式具有天然的高分辨率，相比 FVS－Van Leer 计算量大。当其通量雅可比（Jacobian）特征值很小时，会违反熵条件，产生非物理解，故必须引入熵修正。随着 N－S 方程求解问题的深入，人们不仅关心激波的分辨率，还越来越关心黏性分辨率。FDS－Roe 不仅具有很好的激波间断分辨率，而且黏性分辨率也表现非常突出，因此 FDS－Roe 格式是近年来评价很高的迎风格式，出现了各种各样的熵修正方法，以提高其计算精度和稳定性。

Liou 和 Stefen 结合 FVS－Van Leer 和 FDS－Roe 格式的优点，于 1991 年提出了 AUSM（Advection Upstream Splitting Method）格式，随后又提出了较成熟的 AUSMDV 和 AUSM＋格式。AUSM 格式的基本思想是：对流波（与特征速度 u 有关）与声波（与特征速度 $u+c$ 以及 $u-c$ 有关）是物理上的不同过程，因此 AUSM 格式在计算无黏通量时，将其分为对流通量项和压力通量项分别进行处理。从格式构造上来讲，AUSM 格式是 FVS－Van Leer 格式的发展改进；从其耗散特性上分析，是一种 FVS 和 FDS 复合格式。AUSM 兼有 Roe 格式的高间断分辨率和 Van Leer 格式的高计算效率，其数值耗散小，无需熵修正，具有较高的激波与接触间断的分辨率，计算量与 Van Leer 格式相近，同时还具有标量的正值保证性。因此，越来越受到广大 CFD 工作者的重视和关注，并发展了很多新的变种和修正，如 AUSM＋，AUSMpw 等。

2.4.1 中心差分格式

采用 Jameson 提出的有限体积法对 N－S 方程进行空间半离散后可以得到常微分方程

$$\frac{\mathrm{d}}{\mathrm{d}t}(vol_{i,j,k}\boldsymbol{W}_{i,j,k}) + \boldsymbol{Q}^{\mathrm{c}}_{i,j,k} - \boldsymbol{Q}^{\mathrm{v}}_{i,j,k} = \boldsymbol{0} \tag{2.19}$$

式中，$\boldsymbol{W}_{i,j,k} = (\rho, \rho u, \rho v, \rho w, \rho e)^{\mathrm{T}}_{i,j,k}$；$vol_{i,j,k}$ 为网格单元体积；$\boldsymbol{Q}^{\mathrm{c}}_{i,j,k}$ 和 $\boldsymbol{Q}^{\mathrm{v}}_{i,j,k}$ 分别为流出网格单元的净无黏通量和净黏性通量。净无黏通量为

$$
\begin{aligned}
\boldsymbol{Q}^{c}_{i,j,k} &= \sum \boldsymbol{F}_{c} \cdot \mathrm{d}\boldsymbol{s} \\
&= \boldsymbol{F}^{c}_{i+\frac{1}{2},j,k}\mathrm{d}\boldsymbol{s}_{i+\frac{1}{2},j,k} - \boldsymbol{F}^{c}_{i-\frac{1}{2},j,k}\mathrm{d}\boldsymbol{s}_{i-\frac{1}{2},j,k} + \\
&\quad \boldsymbol{F}^{c}_{i,j+\frac{1}{2},k}\mathrm{d}\boldsymbol{s}_{i,j+\frac{1}{2},k} - \boldsymbol{F}^{c}_{i,j-\frac{1}{2},k}\mathrm{d}\boldsymbol{s}_{i,j-\frac{1}{2},k} + \\
&\quad \boldsymbol{F}^{c}_{i,j,k+\frac{1}{2}}\mathrm{d}\boldsymbol{s}_{i,j,k+\frac{1}{2}} - \boldsymbol{F}^{c}_{i,j,k-\frac{1}{2}}\mathrm{d}\boldsymbol{s}_{i,j,k-\frac{1}{2}}
\end{aligned} \tag{2.20}
$$

采用 Jameson 中心差分格式求解时，$\boldsymbol{F}_{c}$ 为相邻两个单元上的平均值，即

$$
\begin{cases}
\boldsymbol{F}^{c}_{i\pm\frac{1}{2},j,k} = \dfrac{1}{2}(\boldsymbol{F}^{c}_{i,j,k} + \boldsymbol{F}^{c}_{i\pm1,j,k}) \\
\boldsymbol{F}^{c}_{i,j\pm\frac{1}{2},k} = \dfrac{1}{2}(\boldsymbol{F}^{c}_{i,j,k} + \boldsymbol{F}^{c}_{i,j\pm1,k}) \\
\boldsymbol{F}^{c}_{i,j,k\pm\frac{1}{2}} = \dfrac{1}{2}(\boldsymbol{F}^{c}_{i,j,k} + \boldsymbol{F}^{c}_{i,j,k\pm1})
\end{cases} \tag{2.21}
$$

为了抑制数值振荡，保证中心差分格式计算稳定、收敛，Jameson 提出了人工黏性的概念，其最初提出的人工黏性是各向同性的，是二阶、四阶差分项的组合形式，即

$$
\boldsymbol{D}_{i,j,k} = D\boldsymbol{W}_{i,j,k} \tag{2.22}
$$

式中，D 为耗散算子，定义为

$$
\begin{aligned}
D = {} & \delta_i^-[\alpha_{i,j,k}(\varepsilon^{2i}_{i,j,k}\delta_i^+ - \varepsilon^{4i}_{i,j,k}\delta_i^{+3})] + \\
& \delta_j^-[\alpha_{i,j,k}(\varepsilon^{2j}_{i,j,k}\delta_j^+ - \varepsilon^{4j}_{i,j,k}\delta_j^{+3})] + \\
& \delta_k^-[\alpha_{i,j,k}(\varepsilon^{2k}_{i,j,k}\delta_k^+ - \varepsilon^{4k}_{i,j,k}\delta_k^{+3})]
\end{aligned} \tag{2.23}
$$

式中，δ^+，δ^- 分别为一阶前差和后差算子；δ^{+3} 为三阶前差算子，即

$$
\begin{cases}
\delta_i^+(\,)_{i,j,k} = (\,)_{i+1,j,k} - (\,)_{i,j,k} \\
\delta_i^-(\,)_{i,j,k} = (\,)_{i,j,k} - (\,)_{i-1,j,k} \\
\delta_i^{+3}(\,)_{i,j,k} = (\,)_{i+2,j,k} - 3(\,)_{i+1,j,k} + 3(\,)_{i,j,k} - (\,)_{i-1,j,k}
\end{cases} \tag{2.24}
$$

$\alpha_{i,j,k}$是耗散通量的权，定义为

$$
\alpha_{i,j,k} = \frac{1}{2}\left(\frac{vol_{i,j,k}}{\Delta t_{i,j,k}} + \frac{vol_{i+1,j,k}}{\Delta t_{i+1,j,k}}\right) \tag{2.25}
$$

式中，$\Delta t_{i,j,k}$为单元体 $vol_{i,j,k}$ 所允许的当地最大时间步长。ε^{2i}，ε^{2j}，ε^{2k}和 ε^{4i}，ε^{4j}，ε^{4k}分别为与流场梯度相关的沿网格线 $\boldsymbol{i}$，$\boldsymbol{j}$，$\boldsymbol{k}$ 方向的自适应系数。

$$
\varepsilon^{2i}_{i,j,k} = \mu^{2i}\max(v_{i+1,j,k}, v_{i,j,k})
$$

$$\varepsilon_{i,j,k}^{4i}=\max(0,\mu^{4i}-\varepsilon_{i,j,k}^{2i})\tag{2.26}$$

式中，μ^{2i}，μ^{4i}分别称为 i 方向的二阶、四阶人工黏性系数；$v_{i,j,k}$为与压力梯度变化有关的参数，表示为

$$v_{i,j,k}=\frac{|p_{i+1,j,k}-2p_{i,j,k}+p_{i-1,j,k}|}{p_{i+1,j,k}+2p_{i,j,k}+p_{i-1,j,k}}\tag{2.27}$$

一般情况可取 $\mu^{2i}=\frac{1}{2}$，$\frac{1}{128}\leqslant\mu^{4i}\leqslant\frac{1}{64}$。

为了将 Jameson 中心格式从亚、跨声速流动推广到超声速、高超声速流动计算，Turkel 等根据通量限制概念引入类 TVD（Total Variation Diminishing）修正，将压力感受因子修正为

$$v_{i,j,k}=\frac{|p_{i+1,j,k}-2p_{i,j,k}+p_{i-1,j,k}|}{(1-\omega)(P_{\text{tvd}})_{i,j,k}+\omega p_{i,j,k}}\tag{2.28}$$

式中

$$\begin{cases}(p_{\text{tvd}})_{i,j,k}=|p_{i+1,j,k}-p_{i,j,k}|+|p_{i,j,k}-p_{i-1,j,k}|\\ p_{i,j,k}=p_{i+1,j,k}+2p_{i,j,k}+p_{i-1,j,k}\end{cases}\tag{2.29}$$

参数 ω 的取值范围为 $0<\omega\leqslant1.0$。

2.4.2 通量矢量分裂 FVS – Van Leer 格式

采用 FVS – Van Leer 格式，流场控制方程的无黏通量可以表示为

$$\delta_{\xi}\boldsymbol{F}=\delta_{\xi}^{-}\boldsymbol{F}^{+}+\delta_{\xi}^{+}\boldsymbol{F}^{-}\tag{2.30}$$

式中，δ_{ξ}^{-}、δ_{ξ}^{+}分别为向后、向前差分算子。定义 ξ 方向的逆变马赫数 Ma_{ξ}为

$$Ma_{\xi}=\frac{\bar{u}}{c}\tag{2.31}$$

式中，$\bar{u}=\frac{U}{|\text{grad}\,\xi|}$，$U=u\xi_x+v\xi_y+w\xi_z+\xi_t$ 为 ξ 方向的逆变速度，$|\text{grad}\xi|=\sqrt{\xi_x^2+\xi_y^2+\xi_z^2}$。

根据 Van Leer 的通量矢量分裂方法，有：

当 $|Ma_{\xi}|\geqslant1$ 时，当地流动为超声速流动：

$$\begin{cases}\boldsymbol{F}^{+}=\boldsymbol{F},\quad \boldsymbol{F}^{-}=\boldsymbol{0}\quad (Ma_{\xi}\geqslant+1)\\ \boldsymbol{F}^{-}=\boldsymbol{F},\quad \boldsymbol{F}^{+}=\boldsymbol{0}\quad (Ma_{\xi}\leqslant-1)\end{cases}\tag{2.32}$$

当 $|Ma_{\xi}|<1$ 时，当地流动为亚声速流动：

$$
\boldsymbol{F}^{\pm}=\frac{|\mathrm{grad}\ \xi|}{J}\begin{bmatrix} f_{\mathrm{mass}}^{\pm} \\ f_{\mathrm{mass}}^{\pm}[\hat{k}_x(-\bar{u}\pm 2c)/\gamma+u] \\ f_{\mathrm{mass}}^{\pm}[\hat{k}_y(-\bar{u}\pm 2c)/\gamma+v] \\ f_{\mathrm{mass}}^{\pm}[\hat{k}_z(-\bar{u}\pm 2c)/\gamma+w] \\ f_{\mathrm{energy}}^{\pm} \end{bmatrix} \tag{2.33}
$$

式中

$$
f_{\mathrm{mass}}^{\pm}=\pm\rho c(Ma_{\xi}\pm 1)^2/4
$$

$$
f_{\mathrm{energy}}^{\pm}=f_{\mathrm{mass}}^{\pm}\left[\frac{(1-\gamma)\bar{u}^2\pm 2(\gamma-1)\bar{u}c+2c^2}{\gamma^2-1}+\frac{u^2+v^2+w^2}{2}-\frac{\hat{k}_{\mathrm{t}}}{\gamma}(-\bar{u}\pm 2c)\right]
$$

$$
\hat{k}_x=\xi_x/|\mathrm{grad}\ \xi|
$$

$$
\hat{k}_y=\xi_y/|\mathrm{grad}\ \xi|
$$

$$
\hat{k}_z=\xi_z/|\mathrm{grad}\ \xi|
$$

$$
\hat{k}_{\mathrm{t}}=\xi_{\mathrm{t}}/|\mathrm{grad}\ \xi|
$$

2.4.3 通量差分分裂 FDS－Roe 格式

采用 FDS－Roe 对流动控制方程进行离散，则网格单元界面 $i+\frac{1}{2}$处的无黏通量为

$$
\boldsymbol{F}_{i+\frac{1}{2}}=\frac{1}{2}\left[\boldsymbol{F}(\boldsymbol{Q}_{\mathrm{l}})+\boldsymbol{F}(\boldsymbol{Q}_{\mathrm{r}})-|\boldsymbol{A}|(\boldsymbol{Q}_{\mathrm{r}}-\boldsymbol{Q}_{\mathrm{l}})\right]_{i+\frac{1}{2}} \tag{2.34}
$$

式中，Q_{l} 和 Q_{r}分别为网格单元界面 $i+\frac{1}{2}$左、右两侧的解变量；$|A|(Q_{\mathrm{r}}-Q_{\mathrm{l}})$为

$$
|\boldsymbol{A}|(\boldsymbol{Q}_{\mathrm{r}}-\boldsymbol{Q}_{\mathrm{l}})=|\boldsymbol{A}|\Delta\boldsymbol{Q}=
$$

$$
\begin{bmatrix} \alpha_4 \\ \tilde{u}\alpha_4+\hat{k}_x\alpha_5+\alpha_6 \\ \tilde{v}\alpha_4+\hat{k}_y\alpha_5+\alpha_7 \\ \tilde{w}\alpha_4+\hat{k}_z\alpha_5+\alpha_8 \\ \tilde{H}\alpha_4+(\tilde{\bar{u}}-\hat{k}_{\mathrm{t}})\alpha_5+\tilde{u}\alpha_6+\tilde{v}\alpha_7+\tilde{w}\alpha_8-\left(\frac{\tilde{c}^2}{\gamma-1}\right)\alpha_1 \end{bmatrix} \tag{2.35}
$$

式中，上标“～”表示 Roe 平均，定义为

$$
\begin{cases}
\tilde{\rho} = \sqrt{\rho_{\mathrm{r}}\rho_{1}} \\
\tilde{u} = (u_{1} + u_{\mathrm{r}}\ \sqrt{\rho_{\mathrm{r}}/\rho_{1}})/(1 + \sqrt{\rho_{\mathrm{r}}/\rho_{1}}) \\
\tilde{v} = (v_{1} + v_{\mathrm{r}}\ \sqrt{\rho_{\mathrm{r}}/\rho_{1}})/(1 + \sqrt{\rho_{\mathrm{r}}/\rho_{1}}) \\
\tilde{w} = (w_{1} + w_{\mathrm{r}}\ \sqrt{\rho_{\mathrm{r}}/\rho_{1}})/(1 + \sqrt{\rho_{\mathrm{r}}/\rho_{1}}) \\
\widetilde{H} = (H_{1} + H_{\mathrm{r}}\ \sqrt{\rho_{\mathrm{r}}/\rho_{1}})/(1 + \sqrt{\rho_{\mathrm{r}}/\rho_{1}}) \\
\tilde{c}^{2} = (\gamma - 1)[\widetilde{H} - (\tilde{u}^{2} + \tilde{v}^{2} + \tilde{w}^{2})/2]
\end{cases}
\tag{2.36}
$$

$\hat{k}_x,\hat{k}_y,\hat{k}_z$和 $\tilde{\bar{u}}$ 定义为

$$
\begin{cases}
(\hat{k}_x, \hat{k}_y, \hat{k}_z, \hat{k}_t) = -(\xi_x, \xi_y, \xi_z, \xi_t)/|\mathrm{grad}\ \xi| \\
\tilde{\bar{u}} = \hat{k}_x\tilde{u} + \hat{k}_y\tilde{v} + \hat{k}_z\tilde{w} + \hat{k}_{\mathrm{t}}
\end{cases}
\tag{2.37}
$$

系数 $\alpha_1 \sim \alpha_8$定义为

$$
\begin{cases}
\alpha_1 = \left|\dfrac{\mathrm{grad}\ \xi}{J}\right| |\tilde{\bar{u}}| \left(\Delta\rho - \dfrac{\Delta p}{\tilde{c}^2}\right) \\
\alpha_2 = \dfrac{1}{2\ \tilde{c}^2}\left|\dfrac{\mathrm{grad}\ \xi}{J}\right| |\tilde{\bar{u}} + \tilde{c}| (\Delta p + \tilde{\rho}\ \tilde{c}\Delta\bar{u}) \\
\alpha_2 = \dfrac{1}{2\ \tilde{c}^2}\left|\dfrac{\mathrm{grad}\ \xi}{J}\right| |\tilde{\bar{u}} - \tilde{c}| (\Delta p - \tilde{\rho}\ \tilde{c}\Delta\bar{u}) \\
\alpha_4 = \alpha_1 + \alpha_2 + \alpha_3 \\
\alpha_5 = \tilde{c}(\alpha_2 - \alpha_3) \\
\alpha_6 = \left|\dfrac{\mathrm{grad}\ \xi}{J}\right| |\tilde{\bar{u}}| (\tilde{\rho}\Delta u - k_x\tilde{\rho}\Delta\bar{u}) \\
\alpha_7 = \left|\dfrac{\mathrm{grad}\ \xi}{J}\right| |\tilde{\bar{u}}| (\tilde{\rho}\Delta v - k_y\tilde{\rho}\Delta\bar{u}) \\
\alpha_8 = \left|\dfrac{\mathrm{grad}\ \xi}{J}\right| |\tilde{\bar{u}}| (\tilde{\rho}\Delta w - k_z\tilde{\rho}\Delta\bar{u})
\end{cases}
\tag{2.38}
$$

2.4.4 对流迎风分裂 AUSM 格式

Liou 和 Steffen 提出的 AUSM 格式首先将无黏通量项分裂为对流项和压力项,即

$$
\boldsymbol{F}=\begin{bmatrix}\rho u\\ \rho u^2+p\\ \rho uv\\ \rho uw\\ (\rho e+p)u\end{bmatrix}=u\begin{bmatrix}\rho\\ \rho u\\ \rho v\\ \rho w\\ (\rho e+p)\end{bmatrix}+\begin{bmatrix}0\\ p\\ 0\\ 0\\ 0\end{bmatrix} \tag{2.39}
$$

网格单元界面处的对流通量可以表示为

$$
\boldsymbol{F}^{c}_{i+\frac{1}{2}}=m_{i+\frac{1}{2}}\boldsymbol{\Phi}_{i+\frac{1}{2}} \tag{2.40}
$$

式中

$$
\boldsymbol{\Phi}_{i+\frac{1}{2}}=\begin{bmatrix}\rho\\ \rho u\\ \rho v\\ \rho w\\ (\rho e+p)\end{bmatrix}_{i+\frac{1}{2}}=\begin{cases}\boldsymbol{\Phi}_i & (m_{i+\frac{1}{2}}\geqslant 0)\\ \boldsymbol{\Phi}_{i+1} & (m_{i+\frac{1}{2}}<0)\end{cases} \tag{2.41}
$$

$$
m_{i+\frac{1}{2}}=c_{i+\frac{1}{2}}Ma_{i+\frac{1}{2}} \tag{2.42}
$$

其中,网格单元界面统一声速是

$$
c_{i+\frac{1}{2}}=\begin{cases}c_i & (Ma_{i+\frac{1}{2}}\geqslant 0)\\ c_{i+1} & (Ma_{i+\frac{1}{2}}<0)\end{cases} \tag{2.43}
$$

单元界面处马赫数是

$$
Ma_{i+\frac{1}{2}}=\bar{\lambda}_i^{+}+\bar{\lambda}_{i+1}^{-},\quad \bar{\lambda}_i^{\pm}=\bar{\lambda}^{\pm}(Ma_i) \tag{2.44}
$$

马赫数分裂采用 Van Leer 方法,定义如下:

$$
\bar{\lambda}^{\pm}(Ma)=\begin{cases}\pm\dfrac{1}{4}(Ma\pm 1)^2 & (|Ma|\leqslant 1)\\ \pm\dfrac{1}{2}(Ma\pm|Ma|) & (|Ma|>1)\end{cases} \tag{2.45}
$$

界面压力项可以分裂为

$$
\boldsymbol{p}_{i+\frac{1}{2}}=\psi_i^{+}\begin{bmatrix}0\\ p\\ 0\\ 0\\ 0\end{bmatrix}_i+\psi_{i+1}^{-}\begin{bmatrix}0\\ p\\ 0\\ 0\\ 0\end{bmatrix}_{i+1}=\psi_i^{+}p_i+\psi_{i+1}^{-}p_{i+1} \tag{2.46}
$$

式中,$\psi_i^{\pm}=\psi^{\pm}(Ma_i)$,压力项分裂函数为

$$
\psi^{\pm}(Ma)=\begin{cases}\dfrac{1}{2}\dfrac{Ma\pm|Ma|}{Ma} & (|Ma|>1)\\ \dfrac{1}{4}(Ma\pm 1)^2(2\mp Ma) & (|Ma|\leqslant 1)\end{cases} \tag{2.47}
$$

AUSM 格式单元界面处的无黏通量最终表示为

$$\boldsymbol{F}_{i+\frac{1}{2}}=\boldsymbol{F}^{c}_{i+\frac{1}{2}}+\boldsymbol{p}_{i+\frac{1}{2}} \tag{2.48}$$

AUSM + 格式对马赫数分裂、压力项分裂修正如下：

$$\bar{\lambda}^{\pm}(Ma)=\begin{cases}\pm\frac{1}{4}(Ma\pm1)^2\pm\beta(Ma^2-1)^2 & \left(|Ma|\leqslant1,\ -\frac{1}{16}\leqslant\beta\leqslant\frac{1}{2}\right)\\ \pm\frac{1}{2}(Ma\pm|Ma|) & (|Ma|>1)\end{cases} \tag{2.49}$$

$$\psi^{\pm}(Ma)=\begin{cases}\frac{1}{2}\frac{Ma\pm|Ma|}{Ma} & (|Ma|>1)\\ \frac{1}{4}(Ma\pm1)^2(2\mp Ma)\pm\alpha Ma(Ma^2-1)^2 & \left(|Ma|\leqslant1,\ -\frac{3}{4}\leqslant\alpha\leqslant\frac{3}{16}\right)\end{cases} \tag{2.50}$$

网格单元界面处统一声速的表述修正为

$$\begin{cases}c_{j+\frac{1}{2}}=\frac{(c_j^*)^2}{u_j} & (u_j>c_j^*)\\ c_{j+\frac{1}{2}}=\min(\tilde{c}_j,\tilde{c}_{j+1}) & (u_j\leqslant c_j^*)\end{cases} \tag{2.51}$$

式中，$\tilde{c}=\frac{(c^*)^2}{\max(c^*,|u|)}$，$c^*$ 为临界声速，由总焓 h_t 确定，可表述为

$$h_t=\frac{c^2}{\gamma-1}+\frac{1}{2}u^2=\frac{(\gamma+1)(c^*)^2}{2(\gamma-1)} \tag{2.52}$$

AUSM + 格式得到的无黏通量可以表述为

$$\boldsymbol{F}_{i+\frac{1}{2}}=m^{+}_{i+\frac{1}{2}}\begin{bmatrix}\rho\\ \rho u\\ \rho v\\ \rho w\\ \rho h\end{bmatrix}_l+m^{-}_{i+\frac{1}{2}}\begin{bmatrix}\rho\\ \rho u\\ \rho v\\ \rho w\\ \rho h\end{bmatrix}_R+\Psi^{+}_{i}\begin{bmatrix}0\\ p\\ 0\\ 0\\ 0\end{bmatrix}_l+\Psi^{-}_{i+1}\begin{bmatrix}0\\ p\\ 0\\ 0\\ 0\end{bmatrix}_R \tag{2.53}$$

AUSM + 格式存在近壁面数值振荡，特别是在黏性边界层内振荡尤为明显。为保证在 AUSM + 格式具备优越性的同时，能有效抑制近壁面区域的数值振荡，近年来出现了一种改进的 AUSMpw + 格式。

改进后 AUSMpw + 格式得到的无黏通量可以表述为

$$\boldsymbol{F}_{\frac{1}{2}}=\overline{m}_{\frac{1}{2}}^{+}c_{\frac{1}{2}}\begin{bmatrix}\rho\\\rho u\\\rho v\\\rho w\\\rho h\end{bmatrix}_{l}+\overline{m}_{\frac{1}{2}}^{-}c_{\frac{1}{2}}\begin{bmatrix}\rho\\\rho u\\\rho v\\\rho w\\\rho h\end{bmatrix}_{R}+\boldsymbol{\Psi}_{i}^{+}\begin{bmatrix}0\\p\\0\\0\\0\end{bmatrix}_{l}+\boldsymbol{\Psi}_{i+1}^{-}\begin{bmatrix}0\\p\\0\\0\\0\end{bmatrix}_{R} \tag{2.54}$$

在 AUSM + 格式马赫数分裂的基础上定义 $\overline{m}_{\frac{1}{2}}^{+}$，$\overline{m}_{\frac{1}{2}}^{-}$ 如下：

当 $m_{\frac{1}{2}}>0$ 时，有

$$\begin{cases}\overline{m}_{\frac{1}{2}}^{+}=m_{\frac{1}{2}}^{+}+m_{\frac{1}{2}}^{-}[(1-\omega)(1+f_R)-f_l]\\\overline{m}_{\frac{1}{2}}^{-}=m_{\frac{1}{2}}^{-}\cdot\omega(1+f_R)\end{cases} \tag{2.55}$$

当 $m_{\frac{1}{2}}<0$ 时，有

$$\begin{cases}\overline{m}_{\frac{1}{2}}^{+}=m_{\frac{1}{2}}^{+}\cdot\omega(1+f_l)\\\overline{m}_{\frac{1}{2}}^{-}=m_{\frac{1}{2}}^{-}+m_{\frac{1}{2}}^{+}[(1-\omega)(1+f_l)-f_R]\end{cases} \tag{2.56}$$

式中，参数 ω 定义为

$$\omega=1-\min\left(\frac{p_l}{p_R},\frac{p_R}{p_l}\right) \tag{2.57}$$

改进的权函数 f 定义为

$$f_{l,R}=\begin{cases}\dfrac{p_{l,R}}{p_s}-1 & (|M_{l,R}|<1)\\0 & (|M_{l,R}|\geqslant 1)\end{cases} \tag{2.58}$$

式中，p_s 为 AUSM + 取定的压力项。改进权函数形式简单、易于实现。

2.5 通量限制器和 MUSCL 插值

采用迎风格式求解流场控制方程，为提高计算精度，首先要对网格单元界面两侧状态变量做多项式插值逼近。因此，空间离散精度取决于状态变量的插值精度。一阶精度的近似插值可以表示为

$$\begin{cases}q_{i+\frac{1}{2}}^{l}=q_{i,j,k}\\q_{i+\frac{1}{2}}^{R}=q_{i+1,j,k}\end{cases} \tag{2.59}$$

Van Leer 1979 年提出了通过状态变量插值获得二阶精度的 MUSCL（Monotone Upstream-centered Scheme for Conservation Laws）逼近，其可以表述为

$$\begin{cases}q_{i+\frac{1}{2},j,k}^{l}=q_{i,j,k}+\dfrac{1}{4}[(1-k)\Delta_{-}+(1+k)\Delta_{+}]_{i,j,k}\\q_{i+\frac{1}{2},j,k}^{R}=q_{i+1,j,k}-\dfrac{1}{4}[(1-k)\Delta_{+}+(1+k)\Delta_{-}]_{i+,j,k}\end{cases} \tag{2.60}$$

式中，Δ_- 和 Δ_+ 分别为后向和前向差分算子。

$k\in[-1,1]$ 取不同值可以得到不同形式的差分格式。$k=-1$ 对应二阶迎风差分格式；$k=1$ 对应中心差分格式；$k=\frac{1}{3}$ 对应为三阶迎风差分格式。

采用 MUSCL 插值提高计算精度的同时，需要引入通量限制器（斜率限制器）以抑制计算过程中的数值振荡，提高格式鲁棒性。限制器的变量可以是守恒变量或原始变量。研究表明，使用原始变量比使用守恒变量效果要好。限制器的一般表达式可写为

$$\begin{cases}\boldsymbol{Q}_{\mathrm{l}}=\boldsymbol{Q}_i+\dfrac{1}{2}\varphi_{\mathrm{l}}\Delta\boldsymbol{Q}_i\\[2ex]\boldsymbol{Q}_{\mathrm{r}}=\boldsymbol{Q}_{i+1}-\dfrac{1}{2}\varphi_{\mathrm{r}}\Delta\boldsymbol{Q}_{i+1}\end{cases}\tag{2.61}$$

式中，下标 l，r 分别为网格界面左、右两侧；$\Delta\boldsymbol{Q}_i=\boldsymbol{Q}_i-\boldsymbol{Q}_{i-1}$；$\varphi$ 为限制器函数，可表示为

$$\begin{cases}\varphi_{\mathrm{l}}=\dfrac{1}{2}\left[(1-k)\phi(r_{\mathrm{l}})+(1+k)r_{\mathrm{l}}\phi\left(\dfrac{1}{r_{\mathrm{l}}}\right)\right]\\[2ex]\varphi_{\mathrm{r}}=\dfrac{1}{2}\left[(1-k)\phi(r_{\mathrm{r}})/r_{\mathrm{r}}+(1+k)\phi\left(\dfrac{1}{r_{\mathrm{r}}}\right)\right]\end{cases}\tag{2.62}$$

采用 MUSCL 插值实现格式的二阶精度，并且使格式具有 TVD 性质的充分条件是限制器位于图 2.2 的 TVD 区域内。限制器的 TVD 区域由 superbee 限制器和 minmod 限制器围成。所选限制器越靠近 TVD 区域的上边界，数值耗散越小，分辨率越高，鲁棒性越差。反之，越靠近 TVD 区域的下边界，数值耗散越大，分辨率越差，鲁棒性越好。目前很多商用 CFD 软件，如 Fluent，CFDRC－Fastran 都以 minmod 限制器为默认限制器，以提高软件鲁棒性。

除了 superbee 和 minmod 限制器外，目前最常用的限制器还有 Van Leer，Van Albada，它们的具体表述式为

$$\begin{cases}\text{superbee}:\varphi(r)=\max[\min(2r,1),\min(r,2)]\\[1ex]\text{minmod}:\varphi(r)=\begin{cases}\min(r,1) & (r>0)\\0 & (r\leqslant 0)\end{cases}\\[2ex]\text{Van Leer}:\varphi(r)=\dfrac{r+|r|}{1+r}\\[2ex]\text{Van Albada}:\varphi(r)=\dfrac{r+r^2}{1+r^2}\end{cases}\tag{2.63}$$

从图 2.3 中可以看出 Van Leer 和 Van Albada 限制器都是连续可微型限制器，其中 Van Albada 限制器的耗散性略大于 Van Leer 限制器。minmod 限制器和 superbee 限制器都是不可微型限制器。

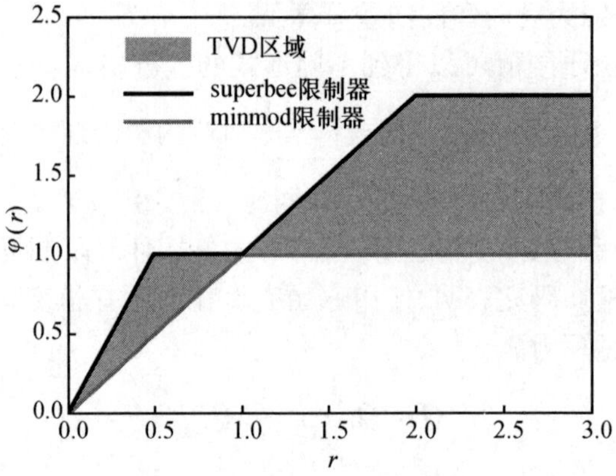

图 2.2　限制器 TVD 区域

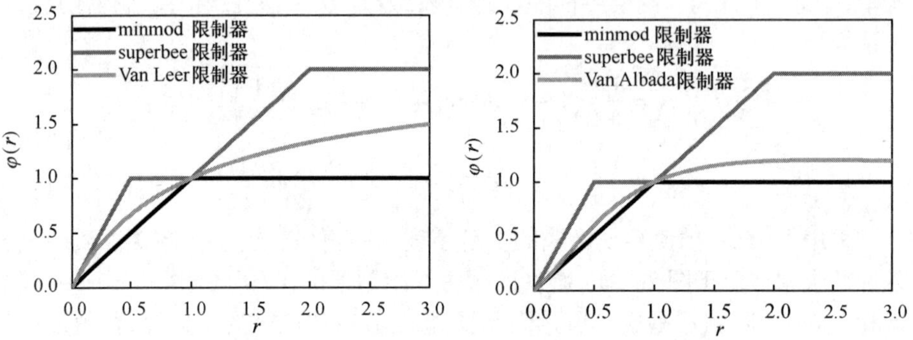

图 2.3　Van Leer 和 Van Albada 限制器通过 TVD 区域情况

2.6　时间推进格式

半离散形式的控制方程(2.17)可以写为如下紧凑形式:

$$\left(\frac{\mathrm{d}\hat{\boldsymbol{Q}}}{\mathrm{d}t}\right)_{i,j,k}+\boldsymbol{RHS}=0 \tag{2.64}$$

式中,***RHS*** 为方程残差。对式(2.64)的求解可以分为显示方法和隐式方法两种。显示方法的优点是程序简单,每一步的存储空间和计算量小;缺点则是推进的时间步长受到稳定性限制,因此计算效率较低。目前使用最广泛的显示时间推进方法就是龙格－库塔(Runge－Kutta)方法。

隐式方法的优点则是时间步长的限制较小,实际计算中可以取较大步长以提高计算效率;缺点则是隐式方法每一个时间步的求解都需要求解一次线性方程组,因此计算量和存储空间都较大,编程复杂并且不易应用到非结构网格计算中。目前用的最多的隐式方法包括：近似因子分解方法（Approximate Factorization Method，AF）及其改进的对角化近似因子分解方法（AF－ADI）；LU－SGS（Lower－Upper Symmetric Gauss－Seidel）方法、LU－ADI 方法以及基于它们的各种改进方法。

2.6.1 显示格式

显示时间推进中，经典的方法是龙格－库塔四步方法。对式(2.64)使用龙格－库塔方法，具体表达式为

$$\begin{cases} \boldsymbol{Q}^0 = \boldsymbol{Q}^n \\ \boldsymbol{Q}^1 = \boldsymbol{Q}^0 - \dfrac{J\Delta t}{2}\boldsymbol{RHS}^0 \\ \boldsymbol{Q}^2 = \boldsymbol{Q}^0 - \dfrac{J\Delta t}{2}\boldsymbol{RHS}^1 \\ \boldsymbol{Q}^3 = \boldsymbol{Q}^0 - J\Delta t\boldsymbol{RHS}^2 \\ \boldsymbol{Q}^4 = \boldsymbol{Q}^0 - \dfrac{J\Delta t}{6}(\boldsymbol{RHS}^0 + 2\boldsymbol{RHS}^1 + 2\boldsymbol{RHS}^2 + \boldsymbol{RHS}^3) \\ \boldsymbol{Q}^{n+1} = \boldsymbol{Q}^4 \end{cases} \tag{2.65}$$

采用上式计算时，要保存每一步的残差，内存开销较大。因此，需要对其进行简化以提高计算效率。常用的改进方法是 Jamson 等提出的简化多步龙格－库塔方法（以四步为例）：

$$\begin{cases} \boldsymbol{Q}^0 = \boldsymbol{Q}^n \\ \boldsymbol{Q}^1 = \boldsymbol{Q}^0 - k_1 J\Delta t\boldsymbol{RHS}^0 \\ \boldsymbol{Q}^2 = \boldsymbol{Q}^0 - k_2 J\Delta t\boldsymbol{RHS}^1 \\ \boldsymbol{Q}^3 = \boldsymbol{Q}^0 - k_3 J\Delta t\boldsymbol{RHS}^2 \\ \boldsymbol{Q}^4 = \boldsymbol{Q}^0 - k_4 J\Delta t\boldsymbol{RHS}^3 \\ \boldsymbol{Q}^{n+1} = \boldsymbol{Q}^4 \end{cases} \tag{2.66}$$

式中，$k_m(m=1,2,3,4)$为龙格－库塔系数。改进后的方法只需存储上一个物理时刻的流场变量和当前迭代步的残差，减少了存储空间。通过调整 k 值可以实现增加最大时间步长和改善格式稳定性的效果。对于 m 步龙格－库塔方法而言，要求 $k_m=1$。如果 $k_{m-1}=0.5$ 则格式具有时间二阶精度，否则为时间一阶精度。对于迎风格式，取的四个系数为

$$\begin{cases} k_1 = 0.25 \\ k_2 = 0.3333 \\ k_3 = 0.5 \\ k_4 = 1.0000 \end{cases} \tag{2.67}$$

2.6.2 隐式格式

应用显式时间推进方法进行 N-S 方程的数值求解时，受稳定性条件（Courant 数，即 CFL 条件）限制，时间步长取值很小。尤其是为了模拟黏性边界层附近的黏性效应，物面附近计算网格通常布置得很密，导致 CFL 条件允许的时间步长非常小，致使整体的计算时间难以忍受，所以目前的 N-S 方程通常采用隐式时间推进求解。式(2.17)进行隐式离散后，可以写成如下的一般形式（为了书写方便略去上标）：

$$\Delta \boldsymbol{Q}^n + J\Delta t\left[\frac{\partial}{\partial \xi}(\boldsymbol{A}\Delta \boldsymbol{Q}^n) + \frac{\partial}{\partial \eta}(\boldsymbol{B}\Delta \boldsymbol{Q}^n) + \frac{\partial}{\partial \zeta}(\boldsymbol{C}\Delta \boldsymbol{Q}^n)\right] = -J\Delta t\boldsymbol{RHS}^n \tag{2.68}$$

或者为

$$[\boldsymbol{I} + J\Delta t(\mathrm{D}_\xi \boldsymbol{A} + \mathrm{D}_\eta \boldsymbol{B} + \mathrm{D}_\zeta \boldsymbol{C})]\Delta \boldsymbol{Q}^n = -J\Delta t\boldsymbol{RHS}^n \tag{2.69}$$

式中：D_ξ、D_η、D_ζ为微分算子。

1. AF-ADI 方法

Pulliam 等在 Beam 和 Wage 的基础上，提出了对角化近似因子分解方法。由于近似因子分解中，块三对角矩阵的求解占了整个算法的绝大部分时间。原方法中每个块单元是一个 5×5 的矩阵，对角化方法就是要将每个块用标量对角矩阵代替，这样就大大减少了计算量。式(2.68)通过近似因子分解并略去高阶项，得到

$$(\boldsymbol{I} + J\Delta t\mathrm{D}_\xi \boldsymbol{A}^n)(\boldsymbol{I} + J\Delta t\mathrm{D}_\eta \boldsymbol{B}^n)(\boldsymbol{I} + J\Delta t\mathrm{D}_\zeta \boldsymbol{C}^n)\Delta \boldsymbol{Q}^n = -J\Delta t\boldsymbol{RHS}^n \tag{2.70}$$

以网格(i,j,k)的ξ方向为例（为简化书写只保留下标i），该方向的因式可以表示为

$$\begin{aligned}(\boldsymbol{I} + J\Delta t\mathrm{D}_\xi \boldsymbol{A}^n)_i &\approx \boldsymbol{T}_{\xi,i}(\boldsymbol{I} + J\Delta t\delta_\xi \boldsymbol{\Lambda}_\xi^n)_i \boldsymbol{T}_{\xi,i}^{-1} \\ &= \boldsymbol{T}_{\xi,i}(\boldsymbol{I} + 0.5J_{\xi,i}\Delta t_{\xi,i}\boldsymbol{\Lambda}_{\xi,i+1}^n - 0.5J_{\xi,i}\Delta t_{\xi,i}\boldsymbol{\Lambda}_{\xi,i-1}^n)\boldsymbol{T}_{\xi,i}^{-1}\end{aligned} \tag{2.71}$$

其中，微分算子用二阶中心差分代替。$(\boldsymbol{I} + 0.5J_{\xi,i}\Delta t_{\xi,i}\boldsymbol{\Lambda}_{\xi,i+1}^n - 0.5J_{\xi,i}\Delta t_{\xi,i}\boldsymbol{\Lambda}_{\xi,i-1}^n)$在所有网格点上均列出，写成矩阵形式为

$$\begin{bmatrix} 1 & 0.5J_2\Delta t_2\Lambda_2 & 0 & \cdots & 0 \\ -0.5J_1\Delta t_1\Lambda_1 & 1 & 0.5J_3\Delta t_3\Lambda_3 & 0 & 0 \\ \vdots & \ddots & \ddots & \ddots & \vdots \\ 0 & \ddots & \ddots & \ddots & 0.5J_{i\max-1}\Delta t_{i\max-1}\Lambda_{i\max-1} \\ 0 & \cdots & 0 & -0.5J_{i\max-2}\Delta t_{i\max-2}\Lambda_{i\max-2} & 1 \end{bmatrix}^{\xi,n} \tag{2.72}$$

式(2.72)是一个三对角矩阵，求解这类矩阵最有效的方法就是追赶法。为了增加求解过程的稳定性，按照迎风差分思想，将式(2.71)中的中心差分改写

成正、负特征值的向后差分和向前差分，使得到的矩阵对角线元素同时包含有正、负特征值：

$$
\begin{aligned}
(\boldsymbol{I}+J\Delta t\mathrm{D}_{\xi}\boldsymbol{A}^{n})_{i} &\approx \boldsymbol{T}_{\xi,i}(\boldsymbol{I}+J\Delta t\delta_{\xi}^{-}\boldsymbol{\Lambda}_{\xi}^{+}+J\Delta t\delta_{\xi}^{+}\boldsymbol{\Lambda}_{\xi}^{-})_{i}\boldsymbol{T}_{\xi,i}^{-1} \\
&= \boldsymbol{T}_{\xi,i}(\boldsymbol{I}+J_{i}\Delta t_{i}\boldsymbol{\Lambda}_{\xi,i}^{+}-J_{i}\Delta t_{i}\boldsymbol{\Lambda}_{\xi,i-1}^{+}+J_{i}\Delta t_{i}\boldsymbol{\Lambda}_{\xi,i+1}^{-}-J_{i}\Delta t_{i}\boldsymbol{\Lambda}_{\xi,i}^{-})\boldsymbol{T}_{\xi,i}^{-1} \\
&= \boldsymbol{T}_{\xi,i}(-J_{i}\Delta t_{i}\boldsymbol{\Lambda}_{\xi,i-1}^{+}+\boldsymbol{I}+J_{i}\Delta t_{i}\boldsymbol{\Lambda}_{\xi,i}^{+}-J_{i}\Delta t_{i}\boldsymbol{\Lambda}_{\xi,i}^{-}+J_{i}\Delta t_{i}\boldsymbol{\Lambda}_{\xi,i+1}^{-})\boldsymbol{T}_{\xi,i}^{-1}
\end{aligned}
\tag{2.73}
$$

同理，可依次对 η 和 ζ 方向进行求解。

2. LU-SGS 方法

为了能够得到一种稳定性好的隐式推进方法，Yoon 提出了 LU-SGS 方法，其凭借着良好的稳定性在 CFD 计算领域中被得到广泛的应用。以式(2.68)为例，其雅可比矩阵可分裂为

$$
\begin{cases}
\boldsymbol{A}=\boldsymbol{A}^{+}+\boldsymbol{A}^{-} \\
\boldsymbol{B}=\boldsymbol{B}^{+}+\boldsymbol{B}^{-} \\
\boldsymbol{C}=\boldsymbol{C}^{+}+\boldsymbol{C}^{-}
\end{cases}
\tag{2.74}
$$

将上式代入式(2.68)得到

$$
\begin{aligned}
\Delta\boldsymbol{Q}^{n}+J\Delta t\ \Big[&\frac{\partial}{\partial\xi}(\boldsymbol{A}^{+}\Delta\boldsymbol{Q}^{n})+\frac{\partial}{\partial\xi}(\boldsymbol{A}^{-}\Delta\boldsymbol{Q}^{n})+\frac{\partial}{\partial\eta}(\boldsymbol{B}^{+}\Delta\boldsymbol{Q}^{n})+\frac{\partial}{\partial\eta}(\boldsymbol{B}^{-}\Delta\boldsymbol{Q}^{n})+ \\
&\frac{\partial}{\partial\zeta}(\boldsymbol{C}^{+}\Delta\boldsymbol{Q}^{n})+\frac{\partial}{\partial\zeta}(\boldsymbol{C}^{-}\Delta\boldsymbol{Q}^{n})\Big]=-J\Delta t\boldsymbol{RHS}^{n}
\end{aligned}
\tag{2.75}
$$

对式(2.75)的正、负雅可比矩阵分别采用后向差分和前向差分，即

$$
\begin{aligned}
&\Delta\boldsymbol{Q}^{n}+J\Delta t\ [(\boldsymbol{A}_{i}^{+}\Delta\boldsymbol{Q}_{i}^{n}-\boldsymbol{A}_{i-1}^{+}\Delta\boldsymbol{Q}_{i-1}^{n})+(\boldsymbol{A}_{i+1}^{-}\Delta\boldsymbol{Q}_{i+1}^{n}-\boldsymbol{A}_{i}^{-}\Delta\boldsymbol{Q}_{i}^{n})+ \\
&(\boldsymbol{B}_{j}^{+}\Delta\boldsymbol{Q}_{j}^{n}-\boldsymbol{B}_{j-1}^{+}\Delta\boldsymbol{Q}_{j-1}^{n})+(\boldsymbol{B}_{j+1}^{-}\Delta\boldsymbol{Q}_{j+1}^{n}-\boldsymbol{B}_{j}^{-}\Delta\boldsymbol{Q}_{j}^{n})+ \\
&(\boldsymbol{C}_{k}^{+}\Delta\boldsymbol{Q}_{k}^{n}-\boldsymbol{C}_{k-1}^{+}\Delta\boldsymbol{Q}_{k-1}^{n})+(\boldsymbol{C}_{k+1}^{-}\Delta\boldsymbol{Q}_{k+1}^{n}-\boldsymbol{C}_{k}^{-}\Delta\boldsymbol{Q}_{k}^{n})]=-J\Delta t\boldsymbol{RHS}^{n}
\end{aligned}
\tag{2.76}
$$

整理后得到

$$
\begin{aligned}
&[\boldsymbol{I}+J\Delta t(\boldsymbol{A}_{i}^{+}-\boldsymbol{A}_{i}^{-}+\boldsymbol{B}_{j}^{+}-\boldsymbol{B}_{j}^{-}+\boldsymbol{C}_{k}^{+}-\boldsymbol{C}_{k}^{-})]\Delta\boldsymbol{Q}^{n}+J\Delta t(\boldsymbol{A}_{i+1}^{-}\Delta\boldsymbol{Q}_{i+1}^{n}-\boldsymbol{A}_{i-1}^{+}\Delta\boldsymbol{Q}_{i-1}^{n}+ \\
&\quad\boldsymbol{B}_{j+1}^{-}\Delta\boldsymbol{Q}_{j+1}^{n}-\boldsymbol{B}_{j-1}^{+}\Delta\boldsymbol{Q}_{j-1}^{n}+\boldsymbol{C}_{k+1}^{-}\Delta\boldsymbol{Q}_{k+1}^{n}-\boldsymbol{C}_{k-1}^{+}\Delta\boldsymbol{Q}_{k-1}^{n})=-J\Delta t\boldsymbol{RHS}^{n}
\end{aligned}
\tag{2.77}
$$

为了提高方程的稳定性，将上式中的雅可比矩阵修改为如下近似雅可比矩阵：

$$
\begin{cases}
\boldsymbol{A}^{\pm}=\dfrac{1}{2}[\boldsymbol{A}\pm\rho(\boldsymbol{A})\boldsymbol{I}] \\
\boldsymbol{B}^{\pm}=\dfrac{1}{2}[\boldsymbol{B}\pm\rho(\boldsymbol{B})\boldsymbol{I}] \\
\boldsymbol{C}^{\pm}=\dfrac{1}{2}[\boldsymbol{C}\pm\rho(\boldsymbol{C})\boldsymbol{I}] \\
\rho(\boldsymbol{A})=k\max[\,|\lambda(\boldsymbol{A})|\,]\quad(k\geqslant1)
\end{cases}
\tag{2.78}
$$

按照式(2.78)定义的雅可比矩阵是对角占优矩阵。式中的 k 用来调整稳定性和收敛性;$\lambda(\boldsymbol{A})$是矩阵 $\boldsymbol{A}$ 的特征值。定义矩阵 $\boldsymbol{D}$、$\overline{\boldsymbol{L}}\Delta\boldsymbol{Q}^n$ 和 $\overline{\boldsymbol{U}}\Delta\boldsymbol{Q}^n$ 为

$$\begin{cases}\boldsymbol{D}=\boldsymbol{I}+J\Delta t(\boldsymbol{A}_i^+-\boldsymbol{A}_i^-+\boldsymbol{B}_j^+-\boldsymbol{B}_j^-+\boldsymbol{C}_k^+-\boldsymbol{C}_k^-)\\ \overline{\boldsymbol{L}}\Delta\boldsymbol{Q}^n=-J\Delta t(\boldsymbol{A}_{i-1}^+\Delta\boldsymbol{Q}_{i-1}^n+\boldsymbol{B}_{j-1}^+\Delta\boldsymbol{Q}_{j-1}^n+\boldsymbol{C}_{k-1}^+\Delta\boldsymbol{Q}_{k-1}^n)\\ \overline{\boldsymbol{U}}\Delta\boldsymbol{Q}^n=J\Delta t(\boldsymbol{A}_{i+1}^-\Delta\boldsymbol{Q}_{i+1}^n+\boldsymbol{B}_{j+1}^-\Delta\boldsymbol{Q}_{j+1}^n+\boldsymbol{C}_{k+1}^-\Delta\boldsymbol{Q}_{k+1}^n)\end{cases}\tag{2.79}$$

这里需要说明的是式(2.79)中的 $\Delta\boldsymbol{Q}^n$ 只是为了标记方便,它分别表示三个方向上的变量。矩阵 $\boldsymbol{D}$,$\overline{\boldsymbol{L}}\Delta\boldsymbol{Q}^n$ 和 $\overline{\boldsymbol{U}}\Delta\boldsymbol{Q}^n$ 分别是对角、下三角和上三角矩阵。将式(2.79)代入式(2.77)有

$$(\boldsymbol{D}+\overline{\boldsymbol{L}}+\overline{\boldsymbol{U}})\Delta\boldsymbol{Q}^n=(\boldsymbol{D}+\overline{\boldsymbol{L}})\boldsymbol{D}^{-1}(\boldsymbol{D}+\overline{\boldsymbol{U}})\Delta\boldsymbol{Q}^n=\boldsymbol{L}\boldsymbol{D}^{-1}\boldsymbol{U}\Delta\boldsymbol{Q}^n=-J\Delta t\boldsymbol{RHS}^n\tag{2.80}$$

由式(2.79)可知,矩阵 $\boldsymbol{D}$,$\boldsymbol{L}$,$\boldsymbol{U}$ 可分别简化为

$$\begin{cases}\boldsymbol{D}=\boldsymbol{I}+J\Delta t[\rho(\boldsymbol{A})\boldsymbol{I}+\rho(\boldsymbol{B})\boldsymbol{I}+\rho(\boldsymbol{C})\boldsymbol{I}]\\ \boldsymbol{L}=\boldsymbol{I}+J\Delta t(\rho(\boldsymbol{A})\boldsymbol{I}+\rho(\boldsymbol{B})\boldsymbol{I}+\rho(\boldsymbol{C})\boldsymbol{I}-\boldsymbol{A}_{i-1}^+-\boldsymbol{B}_{j-1}^+-\boldsymbol{C}_{k-1}^+)\\ \boldsymbol{U}=\boldsymbol{I}+J\Delta t(\rho(\boldsymbol{A})\boldsymbol{I}+\rho(\boldsymbol{B})\boldsymbol{I}+\rho(\boldsymbol{C})\boldsymbol{I}+\boldsymbol{A}_{i+1}^-+\boldsymbol{B}_{j+1}^-+\boldsymbol{C}_{k+1}^-)\end{cases}\tag{2.81}$$

式(2.81)的求解可分为两步进行:

L 块向前扫描:

$$\boldsymbol{L}\Delta\boldsymbol{Q}^*=-J\Delta t\boldsymbol{RHS}^n\tag{2.82}$$

U 块向后扫描:

$$\boldsymbol{U}\Delta\boldsymbol{Q}=\boldsymbol{D}\Delta\boldsymbol{Q}^*\tag{2.83}$$

2.6.3 二阶时间精度隐式时间推进格式

前面三个小节给出了半离散方程的时间推进格式,但是它们都只有一阶时间精度,当时间步长较大时会造成时间离散精度不足。采用 Jamson 提出的双时间推进方法,引入伪时间迭代过程概念,可以将时间离散精度扩展到二阶。对半离散方程式(2.19)采用二阶三点后向差分,有如下表达式:

$$\frac{1}{J}\frac{3\boldsymbol{Q}_{i,j,k}^{n+1}-4\boldsymbol{Q}_{i,j,k}^{n}+\boldsymbol{Q}_{i,j,k}^{n-1}}{2\Delta t}+\boldsymbol{Q}_{i,j,k}^{n+1}\frac{\partial J^{-1}}{\partial t}+\boldsymbol{RHS}=0\tag{2.84}$$

为了提高第 n 层到第 $n+1$ 层的时间精度,在式(2.84)中引入伪时间步长 τ,则其变为

$$\frac{1}{J}\frac{\mathrm{d}\boldsymbol{Q}_{i,j,k}}{\mathrm{d}\tau}+\frac{1}{J}\frac{3\boldsymbol{Q}_{i,j,k}^{n+1}-4\boldsymbol{Q}_{i,j,k}^{n}+\boldsymbol{Q}_{i,j,k}^{n-1}}{2\Delta t}+\boldsymbol{Q}_{i,j,k}^{n+1}\frac{\partial J^{-1}}{\partial t}+\boldsymbol{RHS}=0\tag{2.85}$$

对引入的伪时间项采用一阶前向差分近似。当 $m\to\infty$ 时,伪时间项趋于 0,$\boldsymbol{Q}_{i,j,k}^{m+1}\to\boldsymbol{Q}_{i,j,k}^{n+1}$。式(2.85)变为

$$\frac{1}{J}\frac{\boldsymbol{Q}_{i,j,k}^{m+1}-\boldsymbol{Q}_{i,j,k}^{m}}{\Delta\tau}+\frac{1}{J}\frac{3\boldsymbol{Q}_{i,j,k}^{m+1}-4\boldsymbol{Q}_{i,j,k}^{n}+\boldsymbol{Q}_{i,j,k}^{n-1}}{2\Delta t}+\boldsymbol{Q}_{i,j,k}^{m+1}\frac{\partial J^{-1}}{\partial t}+\boldsymbol{RHS}=0\tag{2.86}$$

1）显示时间推进

对于显示 Runge – Kutta 时间推进方法，式(2.86)可简化为

$$\frac{1}{J}\frac{\boldsymbol{Q}_{i,j,k}^{m+1}-\boldsymbol{Q}_{i,j,k}^{m}}{\Delta\tau}=-\boldsymbol{RHS}-\frac{1}{J}\frac{3\boldsymbol{Q}_{i,j,k}^{m}-4\boldsymbol{Q}_{i,j,k}^{n}+\boldsymbol{Q}_{i,j,k}^{n-1}}{2\Delta t}-\boldsymbol{Q}_{i,j,k}^{m}\frac{\partial J^{-1}}{\partial t} \tag{2.87}$$

对式(2.87)直接采用2.6.1小节中的方法就可得到显示二阶时间精度推进方法。

2）AF – ADI – τTs 隐式时间推进

对于隐式 AF – ADI 方法，对式(2.86)整理有

$$\left(\frac{1}{J\Delta\tau}+\frac{3}{2J\Delta t}+\frac{\partial J^{-1}}{\partial t}\right)\Delta\boldsymbol{Q}_{i,j,k}^{m}+\frac{1}{J}\frac{3\boldsymbol{Q}_{i,j,k}^{m}-4\boldsymbol{Q}_{i,j,k}^{n}+\boldsymbol{Q}_{i,j,k}^{n-1}}{2\Delta t}+\boldsymbol{Q}_{i,j,k}^{m}\frac{\partial J^{-1}}{\partial t}+\boldsymbol{RHS}=0 \tag{2.88}$$

对残差项进行线性化有

$$\boldsymbol{RHS}(\boldsymbol{Q}_{i,j,k}^{m+1})\cong\boldsymbol{RHS}(\boldsymbol{Q}_{i,j,k}^{m})+\frac{\partial\boldsymbol{RHS}}{\partial\boldsymbol{Q}}\Delta\boldsymbol{Q}_{i,j,k}^{m} \tag{2.89}$$

将式(2.89)代入式(2.88)，类似式(2.87)我们得到如下方程：

$$\begin{aligned}&\left[\left(\frac{1}{J\Delta\tau}+\frac{3}{2J\Delta t}+\frac{\partial J^{-1}}{\partial t}\right)\boldsymbol{I}+(\mathrm{D}_{\xi}\boldsymbol{A}+\mathrm{D}_{\eta}\boldsymbol{B}+\mathrm{D}_{\zeta}\boldsymbol{C})\right]\Delta\boldsymbol{Q}^{m}\\&=-\boldsymbol{RHS}(\boldsymbol{Q}_{i,j,k}^{m})-\frac{1}{J}\frac{3\boldsymbol{Q}_{i,j,k}^{m}-4\boldsymbol{Q}_{i,j,k}^{n}+\boldsymbol{Q}_{i,j,k}^{n-1}}{2\Delta t}-\boldsymbol{Q}_{i,j,k}^{m}\frac{\partial J^{-1}}{\partial t}\end{aligned} \tag{2.90}$$

式(2.90)的求解方法同2.6.2小节的 AF – ADI 方法。

3）LU – SGS – τTs 隐式时间推进

$$\begin{aligned}&\left(\frac{1}{J\Delta\tau}+\frac{3}{2J\Delta t}+\frac{\partial J^{-1}}{\partial t}\right)\Delta\boldsymbol{Q}^{m}+\frac{\partial}{\partial\xi}(\boldsymbol{A}\Delta\boldsymbol{Q}^{m})+\frac{\partial}{\partial\eta}(\boldsymbol{B}\Delta\boldsymbol{Q}^{m})+\frac{\partial}{\partial\zeta}(\boldsymbol{C}\Delta\boldsymbol{Q}^{m})\\&=-\boldsymbol{RHS}(\boldsymbol{Q}_{i,j,k}^{m})-\frac{1}{J}\frac{3\boldsymbol{Q}_{i,j,k}^{m}-4\boldsymbol{Q}_{i,j,k}^{n}+\boldsymbol{Q}_{i,j,k}^{n-1}}{2\Delta t}-\boldsymbol{Q}_{i,j,k}^{m}\frac{\partial J^{-1}}{\partial t}\end{aligned} \tag{2.91}$$

类似一阶时间精度 LU – SGS 方法，引入伪时间步后，式(2.79)中的 $\boldsymbol{L}$,$\boldsymbol{D}$ 和 $\boldsymbol{U}$ 矩阵变为

$$\begin{cases}\boldsymbol{D}=\left[\frac{1}{J\Delta\tau}+\frac{3}{2J\Delta t}+\frac{\partial J^{-1}}{\partial t}+\rho(\boldsymbol{A})+\rho(\boldsymbol{B})+\rho(\boldsymbol{C})\right]\boldsymbol{I}\\\boldsymbol{L}=\left[\frac{1}{J\Delta\tau}+\frac{3}{2J\Delta t}+\frac{\partial J^{-1}}{\partial t}+\rho(\boldsymbol{A})+\rho(\boldsymbol{B})+\rho(\boldsymbol{C})\right]\boldsymbol{I}-\boldsymbol{A}_{i-1}^{+}-\boldsymbol{B}_{j-1}^{+}-\boldsymbol{C}_{k-1}^{+}\\\boldsymbol{U}=\left[\frac{1}{J\Delta\tau}+\frac{3}{2J\Delta t}+\frac{\partial J^{-1}}{\partial t}+\rho(\boldsymbol{A})+\rho(\boldsymbol{B})+\rho(\boldsymbol{C})\right]\boldsymbol{I}+\boldsymbol{A}_{i+1}^{-}+\boldsymbol{B}_{j+1}^{-}+\boldsymbol{C}_{k+1}^{-}\end{cases} \tag{2.92}$$

式(2.92)的求解方法同2.6.2小节的LU-SGS方法。

2.7 湍流模型

根据研究湍流的不同目的,湍流数值模拟的精细程度有不同的层次。为了对湍流物理性质进行深入的了解,需要最精细的数值计算,这时必须从完全精确的流动控制方程出发,对所有尺度的湍流运动进行数值模拟,这种最精细的数值模拟称为直接数值模拟(Direct Numerical Simulation,DNS)。对于工程问题,通常只需要预测湍流的平均速度场、平均标量场和平均作用力,这时可以从雷诺平均N-S方程出发,采用湍流模式理论使方程组封闭以求解,这一层次的数值模拟称为雷诺平均数值模拟(Reynolds Averaged Numerical Simulation,RANS)。基本思想是引入雷诺应力的的各种假设,使雷诺平均方程封闭,从而解出平均流场。涡黏模式是目前工程中常用的模式,基于涡黏假设的湍流模型大致可以分为以下几类:代数模型(Baldwin-Lomax模式为代表);一方程模型(Spalart-Allmaras模式为代表);二方程模型(K-ω SST模式为代表)。

2.7.1 Baldwin-Lomax代数模型

B-L湍流模型对湍流边界层的内层和外层采用不同的混合长度假设,具体描述为

$$\mu_t=\begin{cases}(\mu_t)_{\text{inn}} & (y\leqslant y_c)\\ (\mu_t)_{\text{out}} & (y>y_c)\end{cases}\tag{2.93}$$

式中,y_c为$(\mu_t)_{\text{inn}}=(\mu_t)_{\text{out}}$时壁面法向距离。

$$(\mu_t)_{\text{inn}}=\rho l^2\Omega\frac{Re}{M_\infty}\quad(y\leqslant y_c)\tag{2.94}$$

式中,Ω为涡量,l为尺度函数,表示为

$$\begin{aligned}&l=ky[1-\exp(-y^+/A^+)]\\&\Omega=\sqrt{(w_y-v_z)^2+(u_z-w_x)^2+(v_x-u_y)^2}\end{aligned}\tag{2.95}$$

式中,$k=0.4\quad A^+=26.0$,y^+是无量纲的法向距离,其公式为

$$\begin{cases}y^+=u_\tau y\rho/\mu_w(Re/M_\infty)=\dfrac{\sqrt{\rho\tau_w}}{\mu_w}y\left(\dfrac{Re}{M_\infty}\right)^{\frac{1}{2}}\\ u_\tau=\sqrt{\left|\dfrac{\mu}{\rho}\dfrac{\partial u}{\partial y}\right|_w\dfrac{M_\infty}{Re}}\end{cases}\tag{2.96}$$

式中，下标 w 为壁面。

对于外层，即 $y > y_c$ 有

$$(\mu_t)_{out} = 0.0168(1.6)F_{wake}F_{kleb}(y)\frac{Re}{M_\infty} \tag{2.97}$$

式中

$$F_{wake} = \min(y_{max}F_{max}, C_{wk}y_{max}u_{dif}^2/F_{max}) \tag{2.98}$$

其中，$C_{wk} = 1.0$；y_{max} 和 F_{max} 是函数 $F(y)$ 的最大值位置和最大值，$F(y)$ 函数定义如下：

$$F(y) = y\Omega[1 - \exp(-y^+/A^+)] \tag{2.99}$$

Klebanoff 间歇函数 $F_{kleb}(y)$ 可表示为

$$F_{kleb}(y) = \left[1 + 5.5\left(\frac{C_{kleb} \cdot y}{y_{max}}\right)^6\right]^{-1} \tag{2.100}$$

式中，$C_{kleb} = 0.3$。

2.7.2 Spalart – Allmaras 方程模型

Spalart – Allmaras(S – A)湍流模型通过求解一个涡黏系数相关变量 $\hat{\nu}$ 的方程，来获得湍流涡黏系数 μ_t，具体表述如下：

$$\mu_t = \rho\hat{\nu}f_{\nu_1} \tag{2.101}$$

式中

$$f_{\nu_1} = \frac{\chi^3}{\chi^3 + C_{\nu_1}^3} \tag{2.102}$$

$$\chi = \frac{\hat{\nu}}{\nu} \tag{2.103}$$

其中，$\hat{\nu}$ 为待求的 S – A 模型涡黏变量；ν 为层流运动学黏性系数。

S – A 方程可以写成如下一般形式：

$$\frac{\partial}{\partial t}(X) + u_j\frac{\partial}{\partial x_j}(X) = S_P + S_D + D \tag{2.104}$$

式中，X 为 S – A 方程的涡黏变量；S_P 为“产生”项；S_D 为“破坏”项；D 为耗散项。表示为

$$\begin{cases} S_P = C_{b_1}(1 - f_{t_2})\Omega\hat{\nu} \\ S_D = \dfrac{M_\infty}{Re}\left\{C_{b_1}[(1 - f_{t_2})f_{\nu_2} + f_{t_2}]\dfrac{1}{\kappa^2} - C_{w_1}f_w\right\}\left(\dfrac{\hat{\nu}}{d}\right)^2 \\ D = -\dfrac{M_\infty}{Re}\dfrac{C_{b_2}}{\sigma}\hat{\nu}\dfrac{\partial\hat{\nu}}{\partial x_j^2} + \dfrac{M_\infty}{Re}\dfrac{1}{\sigma}\dfrac{\partial}{\partial x_j}\left\{[\nu + (1 + C_{b_2})\hat{\nu}]\dfrac{\partial\hat{\nu}}{\partial x_j}\right\} \end{cases} \tag{2.105}$$

式中，d 为网格点到物面的最近距离，其他函数表述为

$$f_{\nu_2}=1-\frac{\chi}{1+\chi f_{\nu_1}} \tag{2.106}$$

$$\hat{S}=\Omega+\frac{\hat{\nu}f_{\nu_2}}{\left(\frac{Re}{M_\infty}\right)\kappa^2 d^2} \tag{2.107}$$

$$\begin{cases} f_{t_2}=C_{t_3}\exp(-C_{t_4}\chi^2) \\ f_{\mathrm{w}}=g\left(\frac{1+C_{w_3}^6}{g^6+C_{w_3}^6}\right) \\ g=r+C_{w_2}(r^6-r) \end{cases} \tag{2.108}$$

式中

$$r=\frac{\hat{\nu}}{\hat{\mathrm{S}}\left(\frac{Re}{M_\infty}\right)\kappa^2 d^2} \tag{2.109}$$

各常数为

$$C_{b_1}=0.1355, \sigma=\frac{2}{3}, C_{b_2}=0.622, \kappa=0.41$$

$$C_{w_3}=2.0, C_{\nu_1}=7.1, C_{t_3}=1.2, C_{t_4}=0.5$$

$$C_{w_2}=0.3, C_{w_1}=\frac{C_{b_1}}{\kappa^2}+\frac{(1+C_{b_2})}{\sigma}$$

2.7.3 K－ω SST 两方程模型

K－ω SST 模型中，湍流涡黏系数 μ_{t} 定义为

$$\mu_{\mathrm{t}}=\min\left[\frac{\rho k}{\omega},\frac{a_1\rho k}{\Omega F_2}\left(\frac{Re}{M_\infty}\right)\right] \tag{2.110}$$

K－ω SST 模型可以写成如下一般形式

$$\frac{\partial}{\partial t}(X)+u_j\frac{\partial}{\partial x_j}(X)=S_{\mathrm{P}}+S_{\mathrm{D}}+D \tag{2.111}$$

则模型可以表述为

$$
\begin{cases}
X = k \\
S_{\mathrm{P},k} = \dfrac{1}{\rho}\mu_{\mathrm{t}}\Omega^2\left(\dfrac{M_\infty}{Re}\right) \\
S_{\mathrm{D},k} = -\beta' k\omega\left(\dfrac{Re}{M_\infty}\right) \\
D_k = \dfrac{1}{\rho}\dfrac{\partial}{\partial x_j}\left[\left(\mu + \dfrac{\mu_{\mathrm{t}}}{\sigma_k}\right)\dfrac{\partial k}{\partial x_j}\right]\left(\dfrac{M_\infty}{Re}\right)
\end{cases}
\tag{2.112}
$$

$$
\begin{cases}
X = \omega \\
S_{\mathrm{P},\omega} = \gamma\Omega^2\left(\dfrac{M_\infty}{Re}\right) \\
S_{\mathrm{D},\omega} = -\beta\omega^2\left(\dfrac{Re}{M_\infty}\right) + 2(1-F_1)\sigma_{\omega 2}\dfrac{1}{\omega}\dfrac{\partial k}{\partial x_j}\dfrac{\partial \omega}{\partial x_j}\left(\dfrac{M_\infty}{Re}\right) \\
D_k = \dfrac{1}{\rho}\dfrac{\partial}{\partial x_j}\left[\left(\mu + \dfrac{\mu_{\mathrm{t}}}{\sigma_\omega}\right)\dfrac{\partial \omega}{\partial x_j}\right]\left(\dfrac{M_\infty}{Re}\right)
\end{cases}
\tag{2.113}
$$

式中，$F_2 = \tanh(\Pi^2)$，$\Pi = \max(2\Gamma_3, \Gamma_1)$；$F_1 = \tanh(\Gamma^4)$，$\Gamma = \min[\max(\Gamma_1, \Gamma_3), \Gamma_2]$，$\Gamma_1$、$\Gamma_2$、$\Gamma_3$ 可表示为

$$
\begin{cases}
\Gamma_1 = \dfrac{500\nu}{d^2\omega}\left(\dfrac{M_\infty}{Re}\right)^2 \\
\Gamma_2 = \dfrac{4\rho\sigma_{\omega_2}k}{d^2(CD_{k-\omega})} \\
\Gamma_3 = \dfrac{\sqrt{k}}{C_\mu \omega d}\left(\dfrac{M_\infty}{Re}\right)
\end{cases}
\tag{2.114}
$$

式中，$CD_{k-\omega} = \max\left(\rho\dfrac{2\sigma_{\omega_2}}{\omega}\dfrac{\partial k}{\partial x_j}\dfrac{\partial \omega}{\partial x_j}, 1\times 10^{-20}\right)$；参数 $\gamma, \sigma_k, \sigma_\omega, \beta$ 可表述为

$$
\phi_l = F_1\phi_1 + (1-\phi_1)F_2,\ \phi_l = \{\gamma, \sigma_k, \sigma_\omega, \beta\}_l
\tag{2.115}
$$

其他参数为 $\sigma_{k_1} = 1/0.85$；$\sigma_{k_2} = 1.0$；$\sigma_{\omega_1} = 1/0.5$；$\sigma_{\omega_2} = 1/0.856$；$\beta_1 = 0.075$；$\beta_2 = 0.0828$；$\kappa = 0.41$；$a_1 = 0.31$；$\gamma_1, \gamma_2$ 可表示为

$$
\begin{cases}
\gamma_1 = \dfrac{\beta_1}{C_\mu} - \dfrac{\kappa^2}{\sigma_{\omega_1}\sqrt{C_\mu}} \\
\gamma_2 = \dfrac{\beta_2}{C_\mu} - \dfrac{\kappa^2}{\sigma_{\omega_2}\sqrt{C_\mu}}
\end{cases}
\tag{2.116}
$$

2.7.4 DES 方法

飞行器处于大迎角状态时，漩涡的生成和破裂产生了极强的非定常气动力，

这种非定常气动力对结构将产生扰动并足以使气动弹性发散提前。DES(Detached Eddy Simulation)方法用于模拟脱体涡是目前最为快速理想的手段。

RANS/LES 混合方法的代表作是 1997 年 Spalart 提出的 DES 方法。DES 方法定义为一种基于单个湍流模型的三维非定常数值模拟方法,该方法在网格密度达到大涡模拟要求的区域表现为亚格子模型,在其他区域表现为雷诺平均模型。

SA - DES 是基于 SA 方程模型构造的。SA 模型中包含一个与$(\tilde{\nu}/d)^2$成比例的破坏项,其中 d 是到物面的距离。破坏项与生成项相互平衡,使得涡黏性与当地变形率 S 和距离 d 成比例:$\tilde{\nu} \propto Sd^2$。在亚格子(SGS)中,涡黏性与 S 和网格间距 Δ 成比例:$\nu_{SGS} \propto S\Delta^2$。因此,将 SA 中的 d 替换成 Δ,就得到了 SA 形式下的亚格子模型。标准 SA 模型使用到物面的最近距离 d 作为长度尺度。DES 模型中使用了一个新的长度尺度,定义为

$$\tilde{d} = \min(d, C_{\mathrm{des}}\Delta_{\max}) \tag{2.117}$$

式中,$\Delta_{\max}$为网格间距,取三个方向的最大值,常数 C_{des} 取 0.65。

RANS 模拟中,平行于物面的网格间距通常与边界层厚度处于同一量级,大于垂直于物面的网格间距。选取当地网格间距的最大值 Δ 作为 DES 的长度尺度,保证了边界层流动是用 RANS 来模拟的。靠近物面的区域,$d \ll \Delta$,DES 表现为 SA,远离物面的区域,$\Delta \ll d$,DES 表现为 LES。

DES 的这种构造形式简单,采用统一的方程,不显式的区分 RANS 和 LES。但会造成破坏项中长度尺度梯度的不连续,这一点可以通过改进 min 函数得到解决。长度尺度中考虑网格间距,这也与 LES 中存在滤波尺度的特点相一致。在 DES 中,网格加密所起的作用是增加滤波尺度范围,提高模型的分辨率,这与网格加密在 RANS 中的作用有很大不同,在 RANS 中,即使网格无限加密,湍流模型依然起主要作用。在长度尺度中包含网格间距也凸显出了网格在 RANS/LES 混合方法中的重要性。

由于 DES 的长度尺度同网格尺寸相关,在某些网格中,可能存在这样的区域,$\Delta_{\max} < \delta$,此时 DES 限制器使得边界层的一部分工作在 LES 模式,而此处的网格密度又不足以进行 LES 计算,因此出现模化应力不足(Modeled Stress Depletion,MSD)问题。针对此问题,Spalart 提出了 DDES(Delayed DES)。DES 长度尺度修改为

$$\tilde{d} = d - f_{\mathrm{d}}\max(0, d - C_{\mathrm{des}}\Delta_{\max}) \tag{2.118}$$

式中,f_{d} 为

$$f_{\mathrm{d}} = 1 - \tanh[(8r_{\mathrm{d}})^3] \tag{2.119}$$

$$r_{\mathrm{d}} = \frac{\nu_{\mathrm{t}} + \nu}{\sqrt{U_{i,j}U_{i,j}\kappa^2 d^2}};\kappa = 0.41 \tag{2.120}$$

DDES 相比 DES 是很大的进步：模型的长度尺度从单纯的依靠网格变为综合考虑网格和涡黏性场，且是时变的；缩小了 RANS 区和 LES 区之间的灰区；模型削弱网格的影响，但是这并不意味着网格生成对 DES 不重要，尤其是对于复杂外形扰流流动情况；此外网格无关性也很重要。

2.8 几何守恒律

由 2.6.3 小节的推导可知，考虑网格运动时，非定常流场控制方程的数值求解涉及网格体积变化率$\partial J^{-1}/\partial t$的计算。一般来说为了保证流场求解的精确性，不易直接用差分方法求解体积变化率，而是通过几何守恒律来求解，否则不能保证方程的质量守恒，可能会引入人工质量源。假设单位质量流体流动速度为零，则质量方程有

$$\frac{\mathrm{d}}{\mathrm{d}t}\int_V \mathrm{d}V - \int_S \boldsymbol{u}_{\mathrm{b}} \cdot \mathrm{d}\boldsymbol{s} = 0 \tag{2.121}$$

由式(2.121)可知网格体积的变化率等于网格各表面在单位时间内扫略过的体积之和，因此有如下方程：

$$\frac{\partial J^{-1}}{\partial t} = \sum_{i=1}^{6} (\boldsymbol{u}_{\mathrm{b}} \cdot \mathrm{d}\boldsymbol{s})_i \tag{2.122}$$

几何守恒定律可以保证由几何计算引起的误差与由流动方程积分引起的误差相一致。

2.9 CFD 计算实例

结合本章前面所讲述的内容，这里给出了几个 CFD 技术应用的实际算例，所采用的算例均来自工程实际和标准模型。

2.9.1 RAE2822 二维翼型 CFD 计算算例

图 2.4 给出了针对 RAE 2822 翼型进行 CFD 计算得到的表面压力分布与试验结果对比。计算状态：$M_\infty = 0.73$，$\alpha = 3.19°$，$Re = 6.5 \times 106$，空间离散采用 Roe，Van Leer，AUSMpw + 三种格式，时间推进采用隐式 LU – SGS 格式，湍流模型采用零方程代数 B – L 模型。从图 2.4 的表面压力系数分布来看，Roe、AUSMpw + 和 Van Leer 三种格式得到的压力系数分布都与试验结果吻合很好。相比较而言，Roe 格式和 AUSMpw + 格式计算得到的激波位置与试验更接近，计算结

果更准确，Van Leer 格式的激波位置较试验结果靠前。说明 Roe 格式和 AUS-Mpw + 格式具有比 Van Leer 格式更优异的激波间断分辨率。

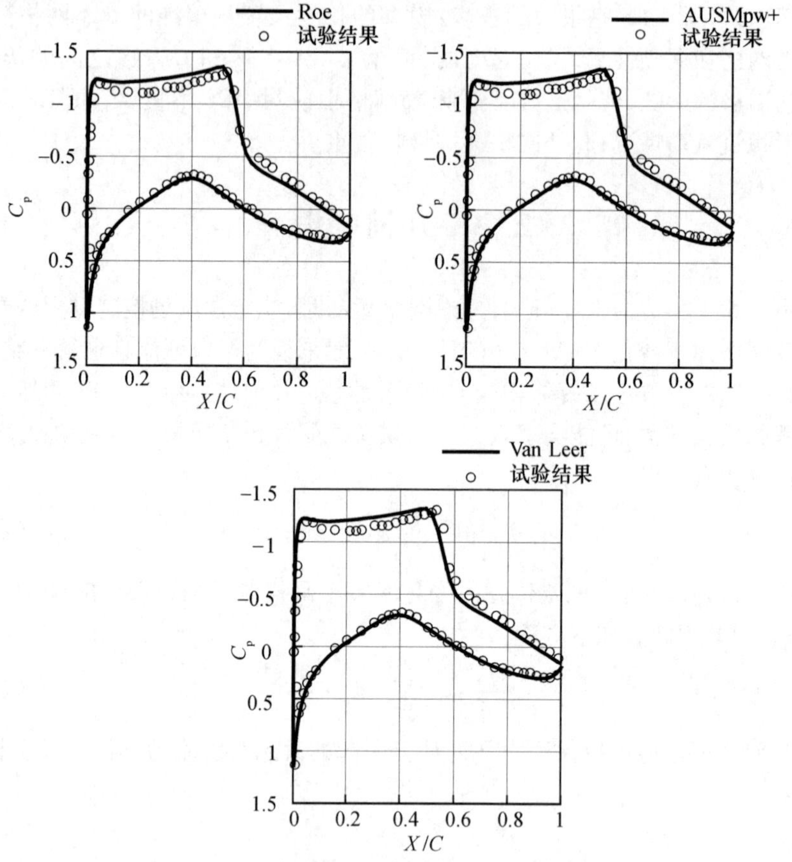

图 2.4　RAE 2822 翼型压力分布与实验对比

2.9.2　NASA CRM 机翼/机身/平尾组合体 CFD 计算算例

NASA CRM 是 DPW－4 会议上采用的标准测试模型，如图 2.5 所示。计算网格采用 ICEM 软件生成，共 54 个网格块，约 380 万网格点。空间离散采用中心格式，湍流模型采用 S－A 模型。计算状态：$M_\infty = 0.85$，$C_L = 0.500 \pm 0.001$，模型平尾偏角为 0°，雷诺数 $Re = 5.0 \times 10^6$（基于均气动弦长）。

对于当前计算状态，当升力系数为 $C_L = 0.5$ 时，计算迎角为 2.31°。图 2.6 给出了沿机翼翼展方向 6 个截面上的压力分布。图中同时给出了 CFL3D 软件计算得到的机翼压力分布结果，计算结果由 B. J. Rider 和 E. N. Tinoco 提供，采用中等密度网格，网格点数大约 470 万。从图 2.6 上可以看出，计算得到的压

图 2.5　NASA CRM 机翼/机身平尾组合体模型

力分布与 CFL3D 计算结果非常接近。

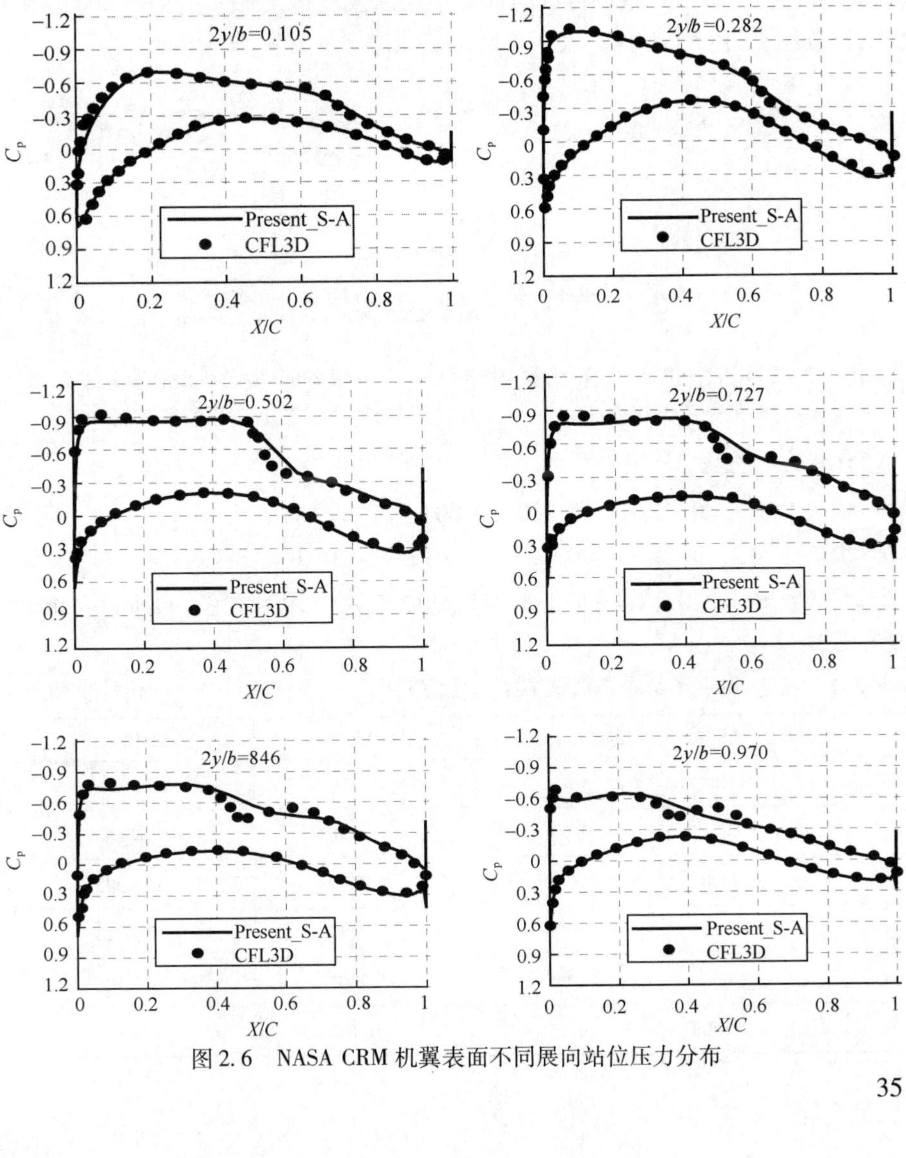

图 2.6　NASA CRM 机翼表面不同展向站位压力分布

2.9.3 DLR – F6 带短舱挂架的跨声速宽体运输类飞机 CFD 计算算例

运输类飞机 DLR – F6 机翼/机身/短舱/挂架复杂组合体几何构型如图 2.7 所示，计算网格来自于 DPW – 2，由 ICEM 软件生成，为结构化多块对接网格。网格分为粗网格、中等网格和细网格三种，其中粗网格节点数约为 515 万，中等网格节点数约为 888 万，细网格节点数约为 1427 万。CFL3D、TRIP2.0 和本课题组采用粗网格模型进行数值模拟和计算。图 2.8 给出了发动机短舱表面构型以及测压特征截面示意图。计算结果与法国 ONERA S2MA 跨声速风洞试验结果、Rumsey 等采用 CFL3D 软件得到的计算结果以及王运涛等采用 TRIP2.0 软件得到的计算结果进行了对比。表 2.1 给出了状态 1 的计算结果统计。

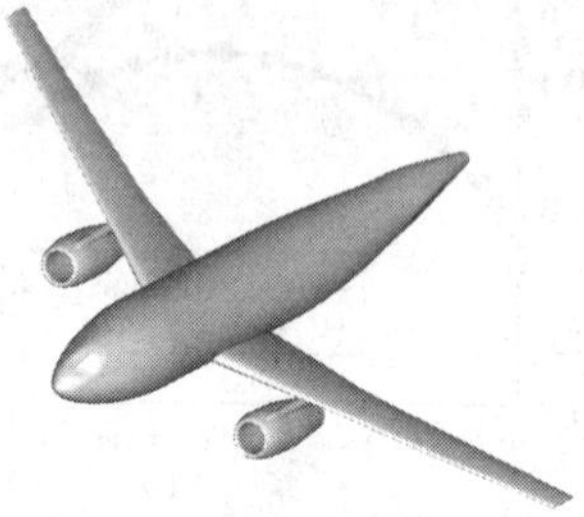

图 2.7　DLR – F6 机翼/机身/短舱/挂架复杂组合体构型

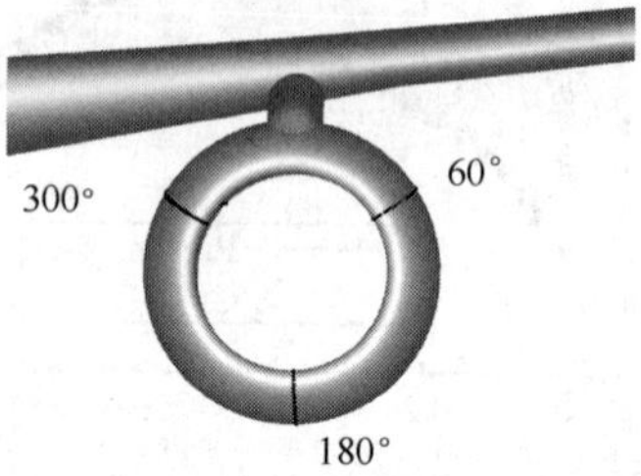

图 2.8　发动机短舱表面构型以及测压特征截面

计算状态如下。

状态 1：$M_\infty = 0.75$，$C_L = 0.500 \pm 0.001$；

状态 2：$M_\infty = 0.75$，$\alpha = -3°, -2°, -1.5°, -1°, 0°, 1°, 1.5°$。

雷诺数 $Re = 3.0 \times 10^6$（基于平均气动弦长），采用一方程 Sparlat – Allmaras 湍流模型。

表 2.1　状态 1 计算结果统计表（$M_\infty = 0.75$，$C_L = 0.500$，$Re = 3.0 \times 10^6$，粗网格）

	试验	本课题组开发软件	CFL3D	TRIP2.0
α	1.0	0.712	0.577	1.036
C_L	0.500	0.500	0.500	0.499
$C_{D\ Total}$	0.0338	0.0347	0.0349	0.0393
$C_{D\ Pressure}$	—	0.0194	0.0187	0.0212
$C_{D\ Viscous}$	—	0.0153	0.0161	0.0181
C_M	-0.1303	-0.1453	-0.1420	-0.1270

由表 2.1 可以看出，CFL3D 计算的阻力比试验值大 11 个阻力单位（1 个阻力单位 $=1.0\times10^{-4}$），TRIP2.0 计算的阻力比试验值大 55 个阻力单位，本课题组开发软件的阻力计算结果比试验值大 9 个阻力单位。证明本课题组所开发 CFD 软件的计算能力是可以接受的，其计算精度与国外同类软件相当。

图 2.9 给出了本课题组所得的升力曲线与风洞试验、CFL3D、TRIP2.0 结果的对比。图 2.10 给出了三种 CFD 计算结果与风洞试验结果的极曲线。

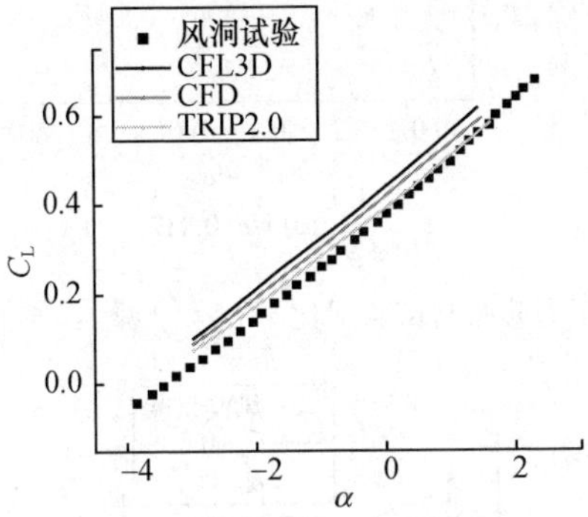

图 2.9　升力曲线对比

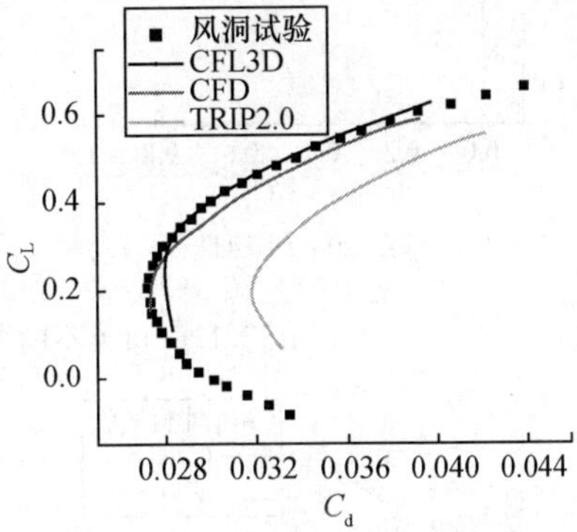

图 2.10　极曲线对比

选取 2 种状态的计算结果与风洞（法国 ONERA S2MA 跨声速风洞）试验进行压力分布比较。计算状态：$\alpha=0.712°$，$C_L=0.500$ 和 $\alpha=1.0°$，$C_L=0.534$，计算采用粗网格。试验测试迎角为 $\alpha=1.003°$，升力系数为 $C_L=0.4981$。图 2.11 给出了机翼 4 个典型站位的压力分布与试验结果的对比，可见相同迎角条件下计算所得的压力分布明显好于相同升力条件下计算所得的压力分布。图 2.12 给出了发动机短舱三个典型截面的压力分布与试验结果对比，由图可以看出，2 种计算状态下短舱不同站位上的压力分布趋势一致。

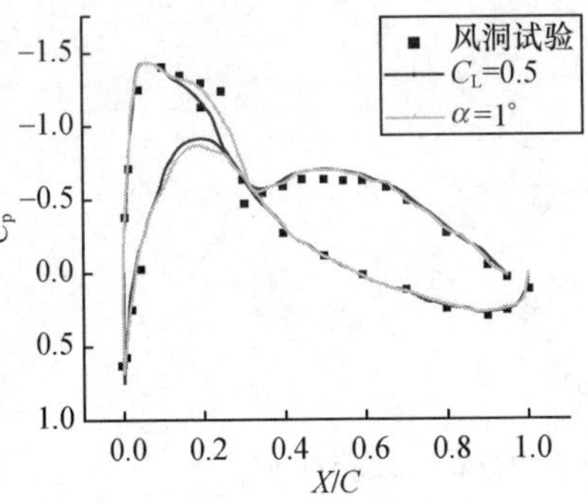

(a) y/b=0.331

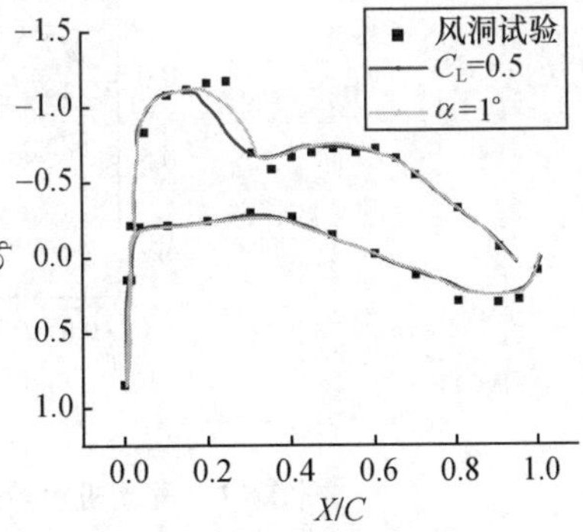

(b) y/b=0.377

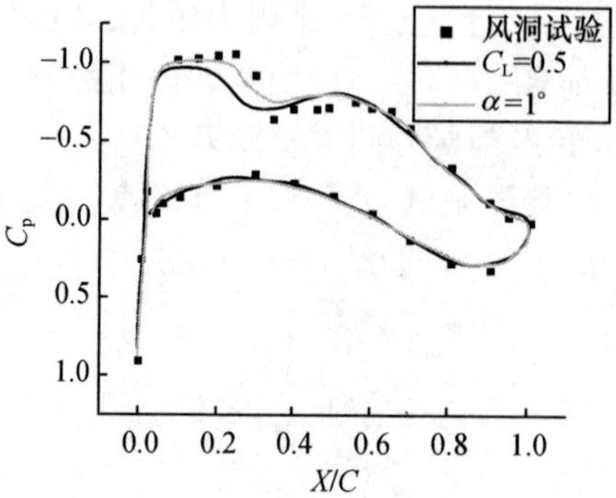

(c) y/b=0.411

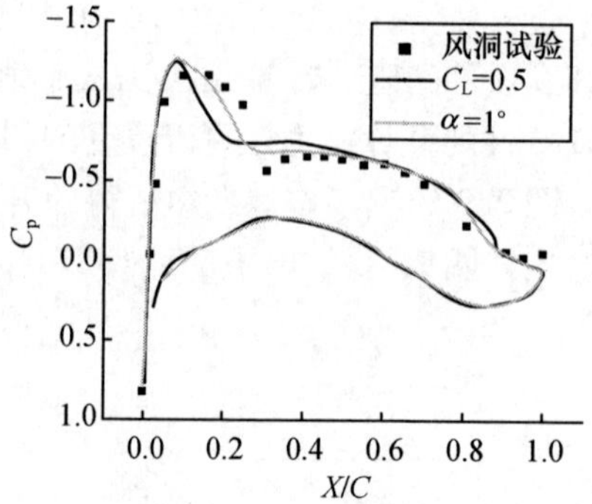

(d) y/b=0.847

图 2.11　机翼不同站位压力分布与试验对比

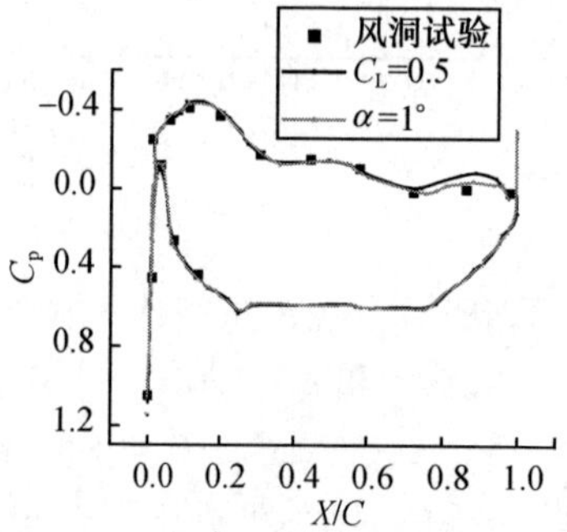

(a) 60°

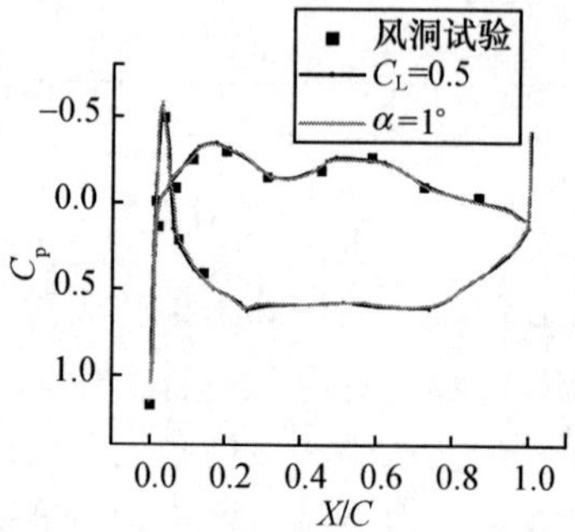

(b) 180°

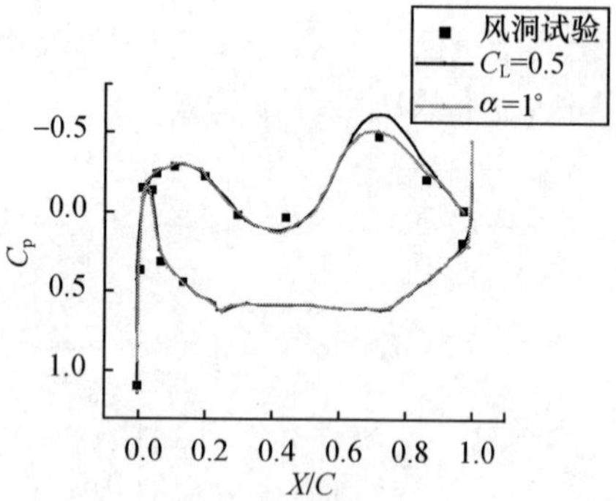

(c) 300°

图 2.12　发动机短舱不同站位压力分布与试验对比

2.9.4 AGARD CT－5 非定常计算算例

非定常气动力求解是气动弹性时域仿真的关键，直接影响到气动弹性数值仿真精度。AGARD CT5 是常用的非定常算例，本节采用 AGARD CT5 对程序进行验证，虽然是二维算例，但是考核效果是一样的。NACA 0012 翼型绕 1/4 弦线处做俯仰振荡，其迎角变化规律为

$$\alpha = \alpha_0 + \Delta\alpha \times \sin(2kt^*)$$

式中，α_0 为平衡迎角；$\Delta\alpha$ 为振幅角；k 为减缩频率；t^* 为无量纲时间。各参数的取值为 $\alpha_0 = 0.016°$，$\Delta\alpha = 2.51°$，$k = 0.814$。

采用 AUSMpw＋格式离散无黏通量，LUSGS－τTS 隐式时间推进，通过无限插值法（TFI）实现网格的变形。图 2.13 给出了 AGARD CT－5 算例验证所采用的 C 型网格，网格维数为 199×40。图 2.14 给出升力和力矩系数随迎角变化曲线，计算结果与试验值吻合。图 2.15～图 2.19 给出了翼型振荡过程中，不同攻角处的表面压力系数分布和流场压力云图分布。从图中可以看出，CFD 计算结果能够反映出流场中的激波非定常变化，且不同攻角（即不同时刻）时的翼型表面压力系数分布与试验结果吻合很好，同样能够反映振荡过程中激波位置的非定常变化。

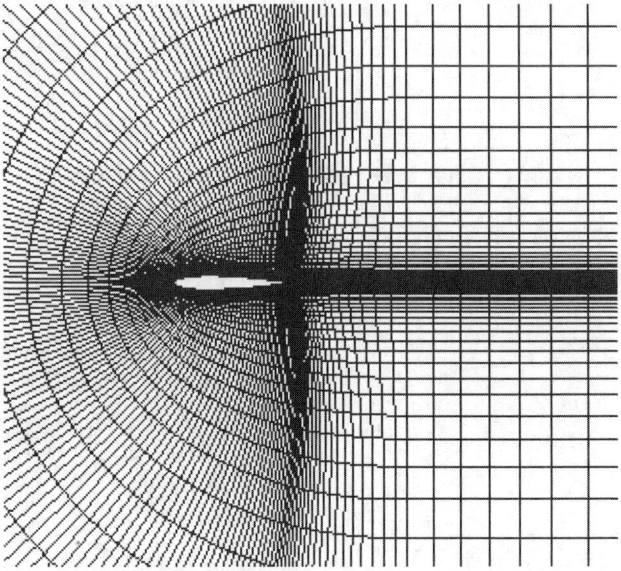

图 2.13　AGARD CT－5 算例网格示意图

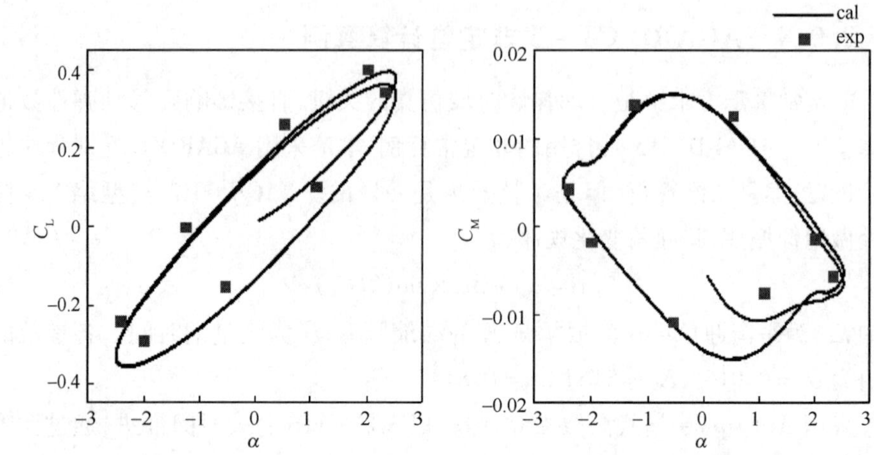

图 2.14　AGARD CT－5 算例结果与试验数据比较

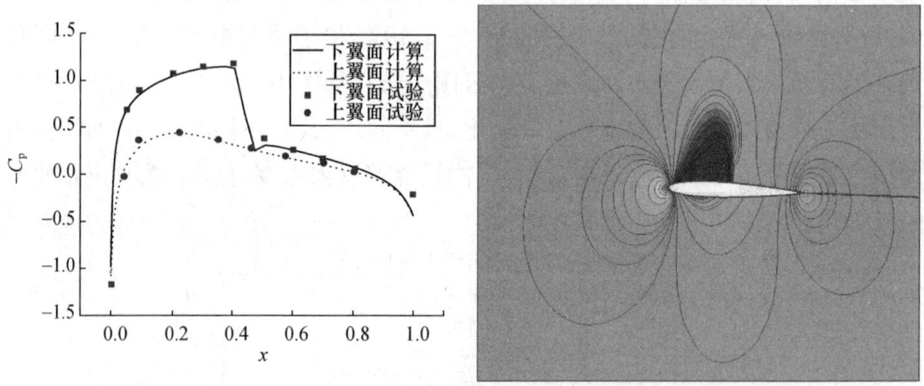

图 2.15　迎角为 2.34°上仰时表面压力系数和压力云图

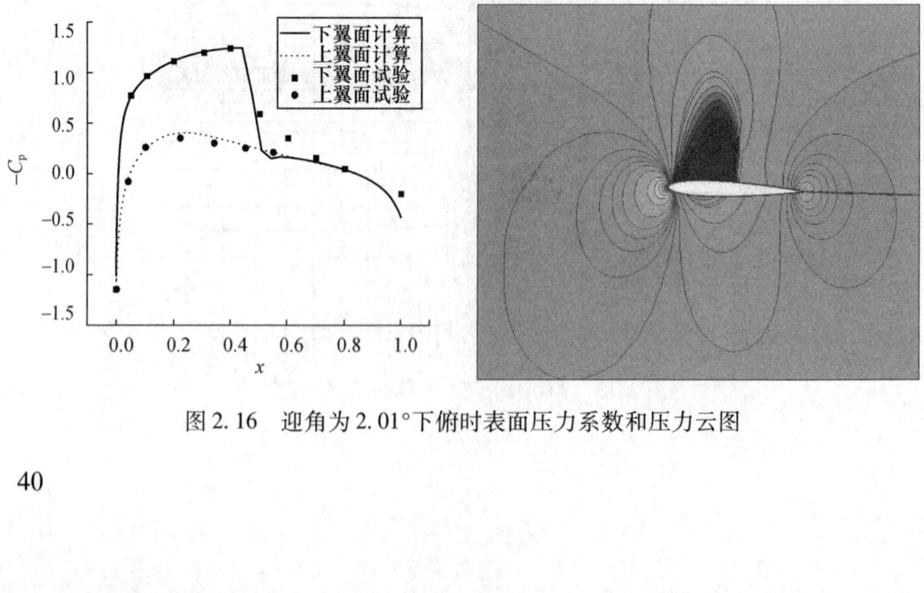

图 2.16　迎角为 2.01°下俯时表面压力系数和压力云图

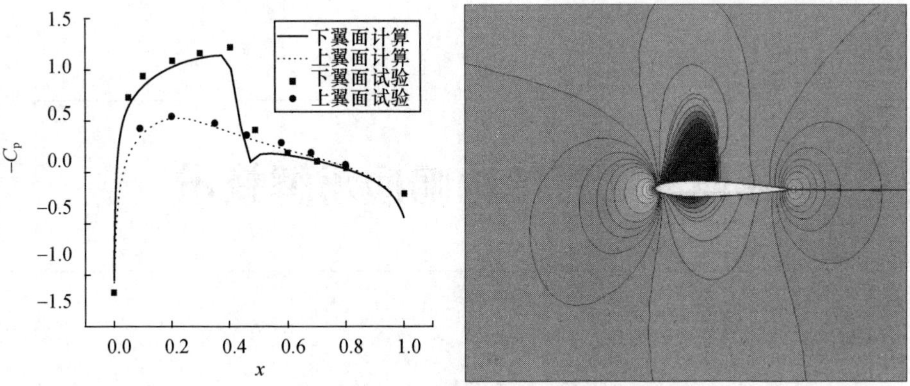

图 2.17　迎角为 0.52°下俯时表面压力系数和压力云图

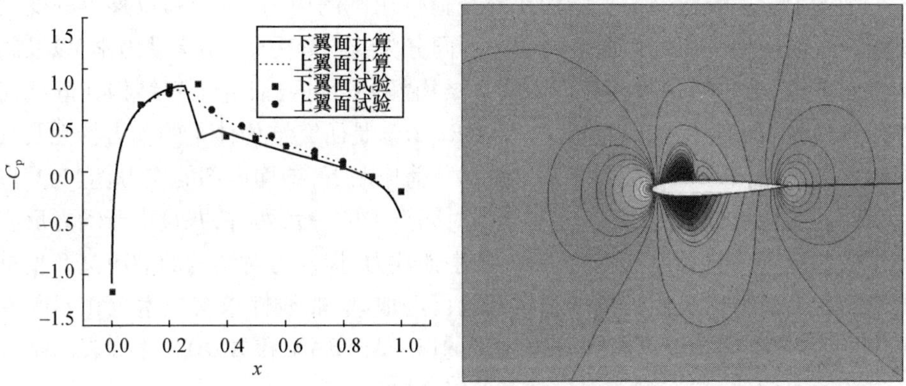

图 2.18　迎角为 −1.25°下俯时表面压力系数和压力云图

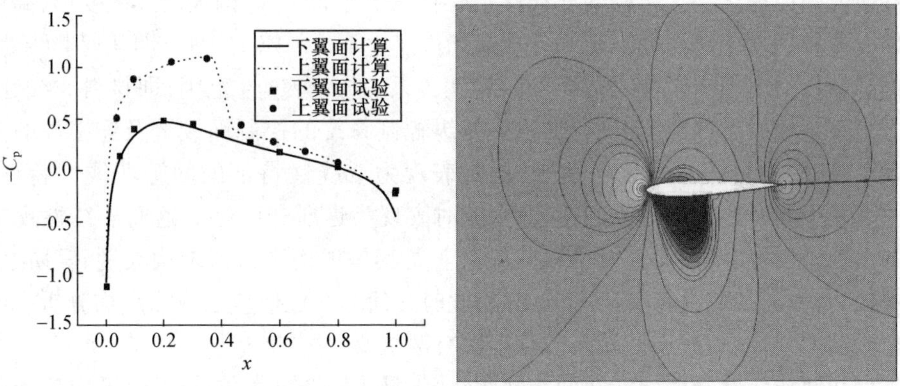

图 2.19　迎角为 −2.41°下俯时表面压力系数和压力云图

第3章 几何非线性结构响应求解技术

3.1 引　言

结构力学主要研究工程结构在外载荷作用下的应力、应变和位移等的变化规律。一般根据其研究性质和对象的不同分为结构静力学、结构动力学,以及结构稳定理论、结构断裂和疲劳理论等。结构静力学主要研究工程结构在静载荷作用下的弹塑性变形和应力状态。结构动力学是研究结构体系的动力特性及其在动载荷作用下的动力反应分析。在动载荷作用下,结构内部的应力、应变及位移是时间的函数,动力反应要计算全部时间点上的一系列解,并且由于动力反应中结构的位置随时间迅速变化,从而产生惯性力,惯性力对结构的响应又产生重要影响。当前结构线性分析的基本理论已经成熟,非线性求解技术也在不断发展中,借助这些理论已开发了许多大型的以 NASTRAN 和 ANSYS 为代表的结构分析的商业软件,在许多工程领域有了广泛地应用。

在非线性气动弹性研究中,结构分析中的非线性往往是引起非线性气动弹性研究的原因之一。结构的非线性主要有三个方面:①结构大的弹性变形,结构单元形状的变化对内力平衡和外载荷条件产生不可忽略的影响,即几何非线性;而当结构反应超出了应力与应变的线性关系,进入弹塑性范围,即材料非线性;②由于结构的不连续,如飞行器机械操纵控制系统的控制面铰链及连接件的安装间隙,结构元件的老化松动等,通常表现为双线性特征的间隙非线性特性;③系统中同时存在间隙和固体摩擦,此时表现为迟滞非线性。这些非线性现象的出现,使得问题的研究变得极其复杂。尤其是现代飞行器结构大型、轻质、变参数的特点,其柔性特征已十分明显,此时几何非线性效应已成为结构分析不可忽略的因素,对其静态及动态的稳定性有着重要的影响。

几何非线性分析中涉及两类问题:一类是小应变 - 大位移关系,此时应力和应变关系仍然保持为线性,而应变和位移之间则是非线性的关系;另一类是大应变 - 大位移关系,此时不仅应变和位移之间是非线性关系,应力和应变之间也为非线性的关系。传统飞行器的结构大变形的过程,往往属于第一类的几何非线性问题,由于应变和位移之间的非线性关系,导致结构刚度矩阵不再保持为常值,而是随着结构位移的变化而变化,从而构成了非线性的结构平衡方程,为了求解该非线性方程,需要获得每个平衡时刻的切线刚度矩阵和单元内力。

本章主要对非线性结构有限元方法进行阐述。首先,定义描述弹性力学基本变量的坐标系和非线性应力、应变。然后,介绍传统有限元方法的基础 - 弹性力学变分原理,通过分析传统变分原理方法的不足,介绍改进的变分原理方法——多变量变分原理。基于多变量变分原理的多变量有限元方法将结构应力、应变和位移场同时当作独立变量进行处理,克服了传统基于位移的有限元方法中应力、应变依赖于位移的情况,能对应力、应变和位移同时假设形状函数,提高各变量的求解精度,这种优点使得多变量有限元方法特别适合求解非线性问题。

然后针对杆系结构和薄壁结构的几何非线性问题,就二维梁单元和三维壳单元,基于 Corotational 理论,推导和发展几何非线性的刚度矩阵和内力列式,和传统的全局增量方法进行比较,并讨论结构静力分析的两种非线性增量求解方法。基于动态过程的能量守恒,引入预估 - 校正步发展一种近似能量守恒的结构几何非线性的动态求解技术,与传统 Newmark 动力求解技术相比稳定性和计算精度明显提高,可以很方便地应用于非线性气动弹性的求解当中。

3.2 变形和运动

3.2.1 变量及坐标系定义

考虑一个物体在 $t=0$ 时的初始状态,如图 3.1 所示。物体在初始状态的域用 Ω_0 表示,称为初始构形。在描述物体的运动和变形时,还需要一个构形作为各种方程式的参考,称之为参考构形。通常都是使用初始构型作为参考构形,参考构形的意义在于事实上的运动是参考这个构形而定义的。

除此之外,还需要指定一个未变形构形,它占据整个 Ω_0 域。通常情况下认为“未变形”构形与初始构形是相同的。“未变形”构形应该视为是理想化的,因为未变形的物体在实际中是不存在的。大多数物体预先就有不同的构形,并随着变形而变化,未变形构形仅是相对的,它表示度量变形的参考构形。

物体的当前构形域用 Ω 表示,通常也称为变形构形。这个域可以是一维、二维或三维的。相应地,Ω 代表一条线、一个面积或一个体积。域的边界用 Γ 表示,对应于在一维中是一条线段的两个端点,在二维中是一条曲线,在三维中是一个表面。

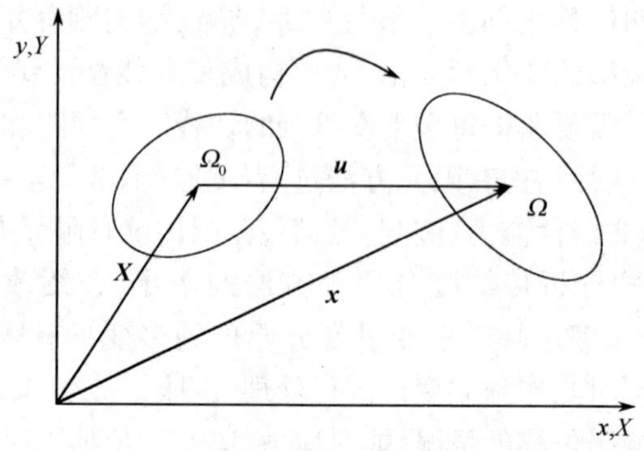

图 3.1　一个物体的未变形(初始)构形和变形(当前)构形

在参考构形中材料点的位置矢量用 $\boldsymbol{X}$ 表示

$$\boldsymbol{X} = X_i e_i \tag{3.1}$$

式中,X_i 为在参考构形中位置矢量的分量;e_i 为笛卡儿(Cartesian)直角坐标系的单位基矢量。需要注意,这里使用了爱因斯坦(Einstein)求和约定。

对于一个给定的材料点,矢量变量 $\boldsymbol{X}$ 并不随时间而变化。变量 $\boldsymbol{X}$ 称为材料坐标或拉格朗日(Lagrangian)坐标,它提供了材料标识点。因此,如果希望跟踪某一给定材料点上的函数 $f(\boldsymbol{X},t)$,既可以简单地以 $\boldsymbol{X}$ 为常值跟踪这个函数。一个点在当前构形中的位置为

$$\boldsymbol{x} = x_i e_i \tag{3.2}$$

式中,x_i 为位置矢量在当前构形中的分量。

物体的运动描述为

$$\boldsymbol{x} = \phi(\boldsymbol{X},t) \tag{3.3}$$

式中,$\boldsymbol{x}$ 为材料点 $\boldsymbol{X}$ 在时间 t 的位置,其分量 x_i 给出了在空间的位置,称为空间坐标或欧拉坐标。函数 $\phi(\boldsymbol{X},t)$ 将参考构形映射到 t 时刻的当前构形,称为映射,或称作从初始构形到当前构形的映射。

当参考构形与初始构形一致时,在 $t=0$ 时刻任意点处的位置矢量 $\boldsymbol{x}$ 与其材料坐标一致,即

$$\boldsymbol{X} = \boldsymbol{x}(\boldsymbol{X},0) = \phi(\boldsymbol{X},0) \tag{3.4}$$

这样,映射 $\phi(\boldsymbol{X},t)$ 成为了一致映射。

描述连续体的变形和响应有两种方式。在第一种方式中,独立变量是材料坐标和时间,这种描述方式为材料描述或拉格朗日描述。在第二种描述方式中,独立变量是空间坐标和时间,称为空间描述或欧拉描述。在固体力学中应力一般依赖于变形和它的历史,所以必须指定一个为变形构形。因为大多数固体的

历史依赖性,在固体力学中普遍采用拉格朗日描述。

在数学上,对于同样的场变量,当用不同的独立变量表示时经常使用不同的符号,即用 Eulerian 或 Lagrangian 描述。按照这个约定,函数在 Eulerian 描述中为 $f(\boldsymbol{x},t)$,而在 Lagrangian 描述中则表示为 $F(\boldsymbol{X},t)$。这两个函数之间的关系为

$$F(\boldsymbol{X},t)=f[\boldsymbol{\phi}(\boldsymbol{X},t),t] \tag{3.5}$$

在有限元方法中,由于需要指定三组或三组以上的独立变量,将一个符号与一个场相联系,并通过指定独立变量定义函数。这样,$f(\boldsymbol{x},t)$ 就是描述场 f 对独立变量 $\boldsymbol{x}$ 和 t 的函数,而 $f(\boldsymbol{X},t)$ 是不同的函数,它以材料坐标的形式描述了同一个场 f。

通过材料点当前位置和初始位置之间的差(图 3.1)给出其位移为

$$\boldsymbol{u}(\boldsymbol{X},t)=\boldsymbol{\phi}(\boldsymbol{X},t)-\boldsymbol{\phi}(\boldsymbol{X},0)=\boldsymbol{\phi}(\boldsymbol{X},t)-\boldsymbol{X}$$

$$\boldsymbol{u}_i=\boldsymbol{\phi}_i(\boldsymbol{X}_j,t)-\boldsymbol{X}_i \tag{3.6}$$

式中,$\boldsymbol{u}(\boldsymbol{X},t)=u_i\boldsymbol{e}_i$。

速度指的是一个材料点位置矢量的变化率,如当 $\boldsymbol{X}$ 保持不变时对时间的导数。$\boldsymbol{X}$ 保持不变的时间导数称为材料时间导数,或者称为材料导数。材料时间导数也称作全导数,速度可以写成多种形式

$$\boldsymbol{v}(\boldsymbol{X},t)=\frac{\partial\boldsymbol{\phi}(\boldsymbol{X},t)}{\partial t}=\frac{\partial\boldsymbol{u}(\boldsymbol{X},t)}{\partial t}\equiv\dot{\boldsymbol{u}} \tag{3.7}$$

在式(3.7)中,由于 $\boldsymbol{X}$ 与时间无关,因此第三项中的运动被位移 $\boldsymbol{u}$ 替代。当变量仅为时间的函数时它也用作普通的时间导数。

加速度是材料点速度的变化率,即为速度的材料时间导数,其形式可以写为

$$\boldsymbol{a}(\boldsymbol{X},t)=\frac{\partial\boldsymbol{v}(\boldsymbol{X},t)}{\partial t}=\frac{\partial^2\boldsymbol{u}(\boldsymbol{X},t)}{\partial t^2}\equiv\dot{\boldsymbol{v}} \tag{3.8}$$

称为加速度的材料形式。

当将速度表示为空间坐标和时间的形式时,比如在 Eulerian 描述中为 $\boldsymbol{v}(\boldsymbol{x},t)$,将按链式求导法则得到材料时间导数

$$\frac{\mathrm{D}v_i(\boldsymbol{x},t)}{\mathrm{D}t}=\frac{\partial v_i(\boldsymbol{x},t)}{\partial t}+\frac{\partial v_i(\boldsymbol{x},t)}{\partial x_j}\frac{\partial\phi_j(\boldsymbol{X},t)}{\partial t}=$$

$$\frac{\partial v_i}{\partial t}+\frac{\partial v_i}{\partial x_j}v_j \tag{3.9}$$

式中,右端第二项为对流项,也称为迁移项;$\frac{\partial v_i}{\partial t}$为空间时间导数。式(3.9)用张量的形式表示为

$$\frac{\mathrm{D}\boldsymbol{v}(\boldsymbol{x},t)}{\mathrm{D}t}=\frac{\partial\boldsymbol{v}(\boldsymbol{x},t)}{\partial t}+\boldsymbol{v}\cdot\boldsymbol{\nabla}\boldsymbol{v}=$$

$$\frac{\partial \boldsymbol{v}}{\partial t}+\boldsymbol{v}\cdot \text{grad } \boldsymbol{v} \tag{3.10}$$

式中，$\boldsymbol{\nabla v}$ 和 grad $\boldsymbol{v}$ 为矢量场的左梯度，左梯度的矩阵为

$$[\boldsymbol{\nabla v}]=[\text{grad } \boldsymbol{v}]=\begin{bmatrix} v_{x,x} & v_{y,x} \\ v_{x,y} & v_{y,y} \end{bmatrix} \tag{3.11}$$

空间变量 $\boldsymbol{x}$ 和时间 t 的任何函数的材料时间导数可以类似地通过链式求导法则得到。因此对于标量函数 $f(\boldsymbol{x},t)$ 和张量函数 $\sigma_{ij}(\boldsymbol{x},t)$，其材料时间导数为

$$\begin{aligned}\frac{\mathrm{D}f}{\mathrm{D}t}&=\frac{\partial f}{\partial t}+v_i\frac{\partial f}{\partial x_i}=\\ &\frac{\partial f}{\partial t}+\boldsymbol{v}\cdot\boldsymbol{\nabla} f\\ &=\frac{\partial f}{\partial t}+\boldsymbol{v}\cdot \text{grad } f\end{aligned} \tag{3.12}$$

$$\begin{aligned}\frac{\mathrm{D}\sigma_{ij}}{\mathrm{D}t}&=\frac{\partial \sigma_{ij}}{\partial t}+v_k\frac{\partial \sigma_{ij}}{\partial x_k}\\ &=\frac{\partial \boldsymbol{\sigma}}{\partial t}+\boldsymbol{v}\cdot\boldsymbol{\nabla\sigma}\\ &=\frac{\partial \boldsymbol{\sigma}}{\partial t}+\boldsymbol{v}\cdot \text{grad } \boldsymbol{\sigma}\end{aligned} \tag{3.13}$$

在 Eulerian 描述中，建立材料时间导数不需要运动的完整描述。每一瞬时的运动也可以在参考构形与固定时刻 t 的构形相重合时进行描述。为此，令固定时刻 $t=\tau$ 的构形等于参考构形，此时材料点的位置矢量用参考坐标 $\boldsymbol{X}^\tau$ 表示，这些参考坐标为

$$\boldsymbol{X}^\tau=\boldsymbol{\phi}(\boldsymbol{X},\tau) \tag{3.14}$$

用 $\boldsymbol{X}^\tau$ 表示 τ 时刻的位置矢量，上角标 τ 将这些参考坐标系与初始参考坐标系相区别。运动可以用这些参考坐标系描述为

$$\boldsymbol{x}=\boldsymbol{\phi}^\tau(\boldsymbol{X}^\tau,t),\ t\geqslant\tau \tag{3.15}$$

将当前构形看作参考构形，就可以得到加速度的另一个表达式

$$\begin{aligned}\frac{\mathrm{D}v_i}{\mathrm{D}t}&=\frac{\partial v_i(\boldsymbol{x},t)}{\partial t}+\frac{\partial v_i(\boldsymbol{x},t)}{\partial x_j}\frac{\partial \phi_j^\tau}{\partial t}=\\ &\frac{\partial v_i}{\partial t}+\frac{\partial v_i}{\partial x_j}v_j\end{aligned} \tag{3.16}$$

变形和应变度量的描述是非线性有限元的基础，变形特征的一个重要变量是变形梯度，变形梯度张量定义为

$$F_{ij}=\frac{\partial \phi_i}{\partial X_j}=\frac{\partial x_i}{\partial X_j} \tag{3.17}$$

从数学上来看,变形梯度 $\boldsymbol{F}$ 是运动 $\boldsymbol{\phi}(\boldsymbol{X},t)$ 的雅可比矩阵,在式(3.17)中 F_{ij}的第一个指标代表运动,第二个指标代表偏导数。

在参考构形中考虑一个无限小的线段 d$\boldsymbol{X}$,在当前构形中的对应线段 d$\boldsymbol{x}$ 可表示为

$$\mathrm{d}\boldsymbol{x} = \boldsymbol{F} \cdot \mathrm{d}\boldsymbol{X}$$

$$\mathrm{d}x_i = F_{ij}\mathrm{d}X_j \tag{3.18}$$

在二维中,直角坐标系下的变形梯度为

$$\boldsymbol{F} = \begin{bmatrix} \dfrac{\partial x_1}{\partial X_1} & \dfrac{\partial x_1}{\partial X_2} \\ \dfrac{\partial x_2}{\partial X_1} & \dfrac{\partial x_2}{\partial X_2} \end{bmatrix} = \begin{bmatrix} \dfrac{\partial x}{\partial X} & \dfrac{\partial x}{\partial Y} \\ \dfrac{\partial y}{\partial X} & \dfrac{\partial y}{\partial Y} \end{bmatrix} \tag{3.19}$$

假设描述运动和物体变形的映射 $\boldsymbol{\phi}(\boldsymbol{X},t)$ 满足以下条件:

(1) 函数 $\boldsymbol{\phi}(\boldsymbol{X},t)$ 是连续可微的。

(2) 函数 $\boldsymbol{\phi}(\boldsymbol{X},t)$ 是一对一的。

(3) 雅可比行列式满足条件 $J>0$。

这些条件保证 $\boldsymbol{\phi}(\boldsymbol{X},t)$ 足够平滑以至于满足协调性,即在变形物体中不存在缝隙和重叠。其中第(2)个条件要求对于在参考构形 Ω_0上的每一点,在 Ω 中有位移的点与它对应,反之亦然。这是 $\boldsymbol{F}$ 规则的必要条件,即 $\boldsymbol{F}$ 是可逆的。第(3)个条件是为了遵循质量守恒。

刚体转动在非线性有限元中起着至关重要的作用,一个刚体的运动包括平动 $\boldsymbol{x}_{\mathrm{T}}(t)$ 和绕原点的转动,可以写为

$$\boldsymbol{x}(\boldsymbol{X},t) = \boldsymbol{R}(t) \cdot \boldsymbol{X} + \boldsymbol{x}_{\mathrm{T}}(t)$$

$$x_i(\boldsymbol{X},t) = R_{ij}(t)X_j + x_{\mathrm{T}i}(t) \tag{3.20}$$

式中,$\boldsymbol{R}(t)$ 为转动张量,也称为转动矩阵,是一个正交矩阵。

3.2.2 应变度量

对比线弹性,在非线性有限元中有很多不同的应变和应变率度量,现只考虑其中的两种:

(1) 格林(Green)(格林－拉格朗日)应变 $\boldsymbol{E}$。

(2) 变形率张量 $\boldsymbol{D}$。

格林应变张量定义为

$$\mathrm{d}s^2 - \mathrm{d}S^2 = 2\mathrm{d}\boldsymbol{X} \cdot \boldsymbol{E} \cdot \mathrm{d}\boldsymbol{X} \tag{3.21}$$

或

$$\mathrm{d}x_i\mathrm{d}x_i - \mathrm{d}X_i\mathrm{d}X_i = 2\mathrm{d}X_iE_{ij}\mathrm{d}X_j \tag{3.22}$$

它给出了材料矢量 d$\boldsymbol{X}$ 长度平方的变化。Green 应变度量了当前(变形)构

形和参考(未变形)构形中一个微小线段的平方差,利用变形梯度张量式(3.22)可改写为

$$\begin{aligned}\mathrm{d}\boldsymbol{x}\cdot\mathrm{d}\boldsymbol{x} &= (\boldsymbol{F}\cdot\mathrm{d}\boldsymbol{X})\cdot(\boldsymbol{F}\cdot\mathrm{d}\boldsymbol{X}) = \\ &(\boldsymbol{F}\mathrm{d}\boldsymbol{X})^{\mathrm{T}}(\boldsymbol{F}\mathrm{d}\boldsymbol{X}) = \\ &\mathrm{d}\boldsymbol{X}^{\mathrm{T}}\boldsymbol{F}^{\mathrm{T}}\boldsymbol{F}\mathrm{d}\boldsymbol{X} = \\ &\mathrm{d}\boldsymbol{X}\cdot(\boldsymbol{F}^{\mathrm{T}}\cdot\boldsymbol{F})\cdot\mathrm{d}\boldsymbol{X}\end{aligned} \tag{3.23}$$

将式(3.23)写为指标标记形式

$$\begin{aligned}\mathrm{d}\boldsymbol{x}\cdot\mathrm{d}\boldsymbol{x} &= \mathrm{d}x_i\mathrm{d}x_i = \\ &F_{ij}\mathrm{d}X_jF_{ik}\mathrm{d}X_k = \\ &\mathrm{d}X_jF_{ji}^{\mathrm{T}}F_{ik}\mathrm{d}X_k\end{aligned} \tag{3.24}$$

应用式(3.24),并结合式(3.19)可以得到

$$\mathrm{d}\boldsymbol{X}\cdot\boldsymbol{F}^{\mathrm{T}}\cdot\boldsymbol{F}\cdot\mathrm{d}\boldsymbol{X}-\mathrm{d}\boldsymbol{X}\cdot\boldsymbol{I}\cdot\mathrm{d}\boldsymbol{X}-\mathrm{d}\boldsymbol{X}\cdot 2\boldsymbol{E}\cdot\mathrm{d}\boldsymbol{X}=\boldsymbol{0} \tag{3.25}$$

经过整理可以得到

$$\mathrm{d}\boldsymbol{X}\cdot(\boldsymbol{F}^{\mathrm{T}}\cdot\boldsymbol{F}-\boldsymbol{I}-2\boldsymbol{E})\cdot\mathrm{d}\boldsymbol{X}=\boldsymbol{0} \tag{3.26}$$

由于式(3.26)对任意 $\mathrm{d}\boldsymbol{X}$ 都成立,则有

$$\boldsymbol{E}=\frac{1}{2}(\boldsymbol{F}^{\mathrm{T}}\cdot\boldsymbol{F}-\boldsymbol{I}) \tag{3.27}$$

$$E_{ij}=\frac{1}{2}(F_{ik}^{\mathrm{T}}\cdot F_{kj}-\delta_{ij}) \tag{3.28}$$

格林应变张量也可以表示为位移梯度的形式

$$\boldsymbol{E}=\frac{1}{2}[(\nabla\boldsymbol{u})^{\mathrm{T}}+\nabla\boldsymbol{u}+\nabla\boldsymbol{u}(\nabla\boldsymbol{u})^{\mathrm{T}}] \tag{3.29}$$

变形率 $\boldsymbol{D}$ 也成为速度应变,是变形的率度量,为了建立变形率的表达式,首先定义速度梯度为

$$\begin{aligned}&\boldsymbol{L}=\frac{\partial\boldsymbol{V}}{\partial x}=(\nabla\boldsymbol{v})^{\mathrm{T}}=(\mathrm{grad}\quad\boldsymbol{v})^{\mathrm{T}}\\ &\mathrm{d}\boldsymbol{v}=\boldsymbol{L}\cdot\mathrm{d}\boldsymbol{x}\end{aligned} \tag{3.30}$$

速度梯度张量可以分解为对称部分和偏对称部分

$$\boldsymbol{L}=\frac{1}{2}(\boldsymbol{L}+\boldsymbol{L}^{\mathrm{T}})+\frac{1}{2}(\boldsymbol{L}-\boldsymbol{L}^{\mathrm{T}}) \tag{3.31}$$

这是一个二阶张量或方阵的标准分解,变形率张量 $\boldsymbol{D}$ 定义为 $\boldsymbol{L}$ 的对称部分,转动张量 $\boldsymbol{W}$ 定义为 $\boldsymbol{L}$ 的偏对称部分,根据这种定义可知

$$\boldsymbol{L}=(\nabla\boldsymbol{v})^{\mathrm{T}}=\boldsymbol{D}+\boldsymbol{W}$$

$$\boldsymbol{D}=\frac{1}{2}(\boldsymbol{L}+\boldsymbol{L}^{\mathrm{T}})$$

$$\boldsymbol{W}=\frac{1}{2}(\boldsymbol{L}-\boldsymbol{L}^{\mathrm{T}}) \tag{3.32}$$

变形率就是微小材料线段长度平方的变化率的度量

$$\begin{aligned}\frac{\partial}{\partial t}(\mathrm{d}s^2) &= \frac{\partial}{\partial t}[\mathrm{d}\boldsymbol{x}(\boldsymbol{X},t)\cdot\mathrm{d}\boldsymbol{x}(\boldsymbol{X},t)]\\ &= 2\mathrm{d}\boldsymbol{x}\cdot\boldsymbol{D}\cdot\mathrm{d}\boldsymbol{x}\end{aligned} \tag{3.33}$$

变形率可以和格林应变张量联系起来,首先得到速度场的材料梯度

$$\boldsymbol{L}=\frac{\partial\boldsymbol{v}}{\partial\boldsymbol{x}}=\frac{\partial v}{\partial\boldsymbol{X}}\cdot\frac{\partial\boldsymbol{X}}{\partial x} \tag{3.34}$$

然后,取变形梯度的时间导数

$$\dot{\boldsymbol{F}}=\frac{\partial}{\partial t}\left[\frac{\partial\boldsymbol{\phi}(\boldsymbol{X},t)}{\partial\boldsymbol{X}}\right]=\frac{\partial\boldsymbol{v}}{\partial\boldsymbol{X}} \tag{3.35}$$

根据上式可得下列关系式

$$\boldsymbol{L}=\dot{\boldsymbol{F}}\cdot\boldsymbol{F}^{-1} \tag{3.36}$$

$$\boldsymbol{D}=\frac{1}{2}(\dot{\boldsymbol{F}}\cdot\boldsymbol{F}^{-1}+\boldsymbol{F}^{-\mathrm{T}}\cdot\dot{\boldsymbol{F}}^{\mathrm{T}}) \tag{3.37}$$

$$\dot{\boldsymbol{E}}=\frac{1}{2}\frac{\mathrm{D}}{\mathrm{D}t}(\boldsymbol{F}^{\mathrm{T}}\cdot\boldsymbol{F}-\boldsymbol{I})=\frac{1}{2}(\boldsymbol{F}^{\mathrm{T}}\cdot\dot{\boldsymbol{F}}+\dot{\boldsymbol{F}}^{\mathrm{T}}\cdot\boldsymbol{F}) \tag{3.38}$$

3.2.3 应力度量

在非线性问题中,可以定义各种各样的应力度量,只考虑三种应力度量:

(1) 柯西(Cauchy)应力 $\boldsymbol{\sigma}$。

(2) 名义应力张量 $\boldsymbol{P}$。

(3) 第二类皮奥拉-基尔霍夫(Piola-Kirchhoff)(PK2)应力张量 $\boldsymbol{S}$。

应力通过柯西定理来定义(图 3.2),即

$$\boldsymbol{n}\cdot\boldsymbol{\sigma}\mathrm{d}\Gamma=\boldsymbol{t}\mathrm{d}\Gamma \tag{3.39}$$

名义应力的定义为

$$\boldsymbol{n}_0\cdot\boldsymbol{P}\mathrm{d}\Gamma_0=\mathrm{d}\boldsymbol{f}=\boldsymbol{t}_0\mathrm{d}\Gamma_0 \tag{3.40}$$

第二类皮奥拉-基尔霍夫应力定义为

$$\begin{aligned}\boldsymbol{n}_0\cdot\boldsymbol{S}\mathrm{d}\Gamma_0 &= \boldsymbol{F}^{-1}\cdot\mathrm{d}\boldsymbol{f}\\ &= \boldsymbol{F}^{-1}\cdot\boldsymbol{t}_0\mathrm{d}\Gamma_0\\ \mathrm{d}\boldsymbol{f} &= \boldsymbol{t}\mathrm{d}\Gamma=\boldsymbol{t}_0\mathrm{d}\Gamma_0\end{aligned} \tag{3.41}$$

不同的应力张量之间是相互关联的,各应力张量之间有如下的转换关系:

$$\boldsymbol{P}=J\boldsymbol{F}^{-1}\cdot\boldsymbol{\sigma} \tag{3.42}$$

$$\boldsymbol{P}=\boldsymbol{S}\cdot\boldsymbol{F}^{\mathrm{T}} \tag{3.43}$$

$$\boldsymbol{\sigma} = J^{-1}\boldsymbol{F}\cdot\boldsymbol{S}\cdot\boldsymbol{F}^{\mathrm{T}} \tag{3.44}$$

$$\boldsymbol{S} = J\boldsymbol{F}^{-1}\cdot\boldsymbol{\sigma}\cdot\boldsymbol{F}^{-\mathrm{T}} \tag{3.45}$$

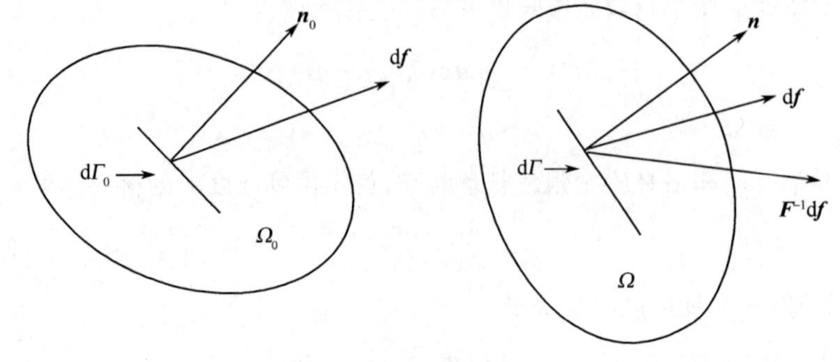

(a) 参考构形　　(b) 当前构形

图 3.2　应力度量的定义

3.2.4　拉格朗日守恒方程

以应力和应变的拉格朗日度量形式，在参考构形中直接建立守恒方程，这些方程称为拉格朗日描述或拉格朗日格式。在完全的拉格朗日格式中，独立变量是拉格朗日（材料）坐标 $\boldsymbol{X}$ 和时间 t，主要相关变量是初始密度 $\rho_0(\boldsymbol{X},t)$、位移 $\boldsymbol{u}(\boldsymbol{X},t)$ 以及应力和应变的拉格朗日度量。在参考构形中定义施加的载荷，定义面力为 t_0，体积力用 $\boldsymbol{b}$ 表示。

1. 动量守恒

在拉格朗日描述中，一个物体的线动量给定为在整个参考构形上的积分形式，即

$$\boldsymbol{p}(t) = \int_{\Omega_0}\rho_0\boldsymbol{v}(\boldsymbol{X},t)\,\mathrm{d}\Omega_0 \tag{3.46}$$

通过体积力在整个参考域上的积分和面力在整个参考边界上的积分得到物体上的全部力

$$\boldsymbol{f}(t) = \int_{\Omega_0}\rho_0\boldsymbol{b}(\boldsymbol{X},t)\,\mathrm{d}\Omega_0 + \int_{\Gamma_0}\boldsymbol{t}_0(\boldsymbol{X},t)\,\mathrm{d}\Gamma_0 \tag{3.47}$$

牛顿（Newton）第二定律说明

$$\frac{\mathrm{d}\boldsymbol{p}}{\mathrm{d}t} = \boldsymbol{f} \tag{3.48}$$

将式（3.46）和式（3.47）代入式（3.48）得到

$$\frac{\mathrm{d}}{\mathrm{d}t}\int_{\Omega_0}\rho_0\boldsymbol{v}\,\mathrm{d}\Omega_0 = \int_{\Omega_0}\rho_0\boldsymbol{b}\,\mathrm{d}\Omega_0 + \int_{\Gamma_0}\boldsymbol{t}_0\,\mathrm{d}\Gamma_0 \tag{3.49}$$

应用柯西法则和高斯（Gauss）定理可得

$$\int_{\Gamma_0} \boldsymbol{t}_0 \mathrm{d}\Gamma_0 = \int_{\Gamma_0} \boldsymbol{n} \cdot \boldsymbol{p} \mathrm{d}\Gamma_0 = \int_{\Omega_0} \boldsymbol{\nabla} \cdot \boldsymbol{p} \mathrm{d}\Omega_0 \tag{3.50}$$

将式(3.50)代入式(3.49)得到

$$\int_{\Omega_0} \left[\rho_0 \frac{\partial \boldsymbol{v}(\boldsymbol{X},t)}{\partial t} - \rho_0 \boldsymbol{b} - \boldsymbol{\nabla} \cdot \boldsymbol{p}\right] \mathrm{d}\Omega_0 = 0 \tag{3.51}$$

由于 Ω_0 的任意性,可以得到

$$\rho_0 \frac{\partial \boldsymbol{v}(\boldsymbol{X},t)}{\partial t} = \rho_0 \boldsymbol{b} + \boldsymbol{\nabla} \cdot \boldsymbol{p} \tag{3.52}$$

式(3.52)称为动量方程的拉格朗日形式。

2. 能量守恒

在物体中总能量的变化率为

$$p^{\mathrm{tot}} = p^{\mathrm{int}} + p^{\mathrm{kin}}$$

$$p^{\mathrm{int}} = \frac{\mathrm{D}}{\mathrm{D}t} \int_{\Omega} \rho w^{\mathrm{int}} \mathrm{d}\Omega$$

$$p^{\mathrm{kin}} = \frac{\mathrm{D}}{\mathrm{D}t} \int_{\Omega} \frac{1}{2} \rho v \cdot v \mathrm{d}\Omega \tag{3.53}$$

式中,p^{int} 为内能的变化率;p^{kin} 为动能的变化率;w^{int} 为每单位质量的内能。在域内由体积力和在表面上的面力做功为

$$p^{\mathrm{ext}} = \int_{\Omega} \boldsymbol{v} \cdot \rho \boldsymbol{b} \mathrm{d}\Omega + \int_{\Gamma} \boldsymbol{v} \cdot \boldsymbol{t} \mathrm{d}\Gamma \tag{3.54}$$

由热源 s 和热流 $\boldsymbol{q}$ 提供的功率为

$$p^{\mathrm{heat}} = \int_{\Omega} \rho s \mathrm{d}\Omega - \int_{\Gamma} \boldsymbol{n} \cdot \boldsymbol{q} \mathrm{d}\Gamma \tag{3.55}$$

能量守恒的表达式为

$$p^{\mathrm{tot}} = p^{\mathrm{ext}} + p^{\mathrm{heat}} \tag{3.56}$$

将式(3.53)~式(3.55)代入式(3.56)得到

$$\begin{aligned} &\frac{\mathrm{d}}{\mathrm{d}t} \int_{\Omega_0} \left(\rho w^{\mathrm{int}} + \frac{1}{2} \rho_0 \boldsymbol{v} \cdot \boldsymbol{v}\right) \mathrm{d}\Omega_0 \\ &= \int_{\Omega_0} \boldsymbol{v} \cdot \rho_0 \boldsymbol{b} \mathrm{d}\Omega_0 + \int_{\Gamma_0} \boldsymbol{v} \cdot \boldsymbol{t}_0 \mathrm{d}\Gamma_0 + \int_{\Omega_0} \rho_0 s \mathrm{d}\Omega_0 - \int_{\Gamma_0} \boldsymbol{n}_0 \cdot \tilde{\boldsymbol{q}} \mathrm{d}\Gamma_0 \end{aligned} \tag{3.57}$$

式中,$\tilde{\boldsymbol{q}}$ 定义为参考构形中每单位面积的热流。

应用 Gauss 定理可将式(3.57)变换为如下形式

$$\int_{\Omega_0} \left[\rho_0 \frac{\partial w^{\mathrm{int}}}{\partial t} - \frac{\partial \boldsymbol{F}^{\mathrm{T}}}{\partial t} : \boldsymbol{P} + \boldsymbol{\nabla}_0 \cdot \tilde{\boldsymbol{q}} - \rho_0 s + \left(\rho_0 \frac{\partial \boldsymbol{v}(\boldsymbol{X},t)}{\partial t} - \rho_0 \boldsymbol{b} - \boldsymbol{\nabla}_0 \cdot \boldsymbol{p}\right) \cdot \boldsymbol{v}\right] \mathrm{d}\Omega_0 = 0 \tag{3.58}$$

对式(3.58)使用动量守恒定理,可得

$$\rho_0 \dot{w}^{\text{int}} = \dot{\boldsymbol{F}}^{\mathrm{T}} : \boldsymbol{P} - \boldsymbol{\nabla}_0 \cdot \tilde{\boldsymbol{q}} + \rho_0 s \tag{3.59}$$

式(3.59)表明名义应力与变形梯度的材料时间导数在功率上是耦合的。进一步推导可知 Green 应变张量的率与 PK2 在功率上也是耦合的。

3.3 变分原理

3.3.1 弹性理论经典变分原理

对于给定的微分方程边值问题,变分解法有时不仅可以提供一种与之等价的易于求解的方法,更重要的是当所给问题不能精确求解时,变分解法可以提供近似解法,去找得待求问题的近似解,这对于一些工程问题有重要意义。将弹性理论的微分方程边值问题转化成泛函的极值问题称为弹性理论的变分原理。变分原理不仅是找弹性力学问题解的有力工具,而且是多种类型有限元方法建立的数学基础。

求解弹性理论问题时需要求得三类变量:应力、应变及位移。但在实际问题中常常根据需要,先求这三类变量中的一部分,然后再求其余部分。这样就出现先选三类变量中的一类或两类作为独立变量进行求解。基于先选的变量不同,经典变分原理分为最小势能原理及最小余能原理。

1. 最小势能原理

由虚位移原理可知,当弹性体处于平衡状态时,对任何满足连续条件的允许位移 δu_i及允许应变 $\delta \varepsilon_{ij}$,应满足

$$\int_V \sigma_{ij} \delta \varepsilon_{ij} \mathrm{d}V = \int_V \bar{F}_i \delta u_i \mathrm{d}V + \int_{S_\sigma} \bar{T}_i \delta u_i \mathrm{d}S \tag{3.60}$$

同时,由应力应变关系可知

$$\sigma_{ij} \delta \varepsilon_{ij} = \frac{\partial A}{\partial \varepsilon_{ij}} \delta \varepsilon_{ij} = \delta A(\varepsilon) \tag{3.61}$$

式中,$A(\varepsilon)$为应变能密度。于是,虚功原理可以写为

$$\delta \int_V A(\varepsilon) \mathrm{d}V - \int_V \bar{F}_i \delta u_i \mathrm{d}V - \int_{S_\sigma} \bar{T}_i \delta u_i \mathrm{d}S = 0 \tag{3.62}$$

当体积力及面力均可由势函数 $\phi(u)$ 和 $\psi(u)$ 导出时,即

$$\begin{aligned} -\delta\phi &= \bar{F}_i \delta u_i \\ -\delta\psi &= \bar{T}_i \delta u_i \end{aligned} \tag{3.63}$$

虚位移原理成为

$$\begin{aligned} \delta\pi &= 0 \\ \pi &= \int_V (A + \phi) \mathrm{d}V + \int_{S_\sigma} \psi \mathrm{d}S \end{aligned} \tag{3.64}$$

对于小位移变形弹性理论问题，假定其体积力 $\overline{\boldsymbol{F}}$、面力 $\overline{\boldsymbol{T}}$ 及表面位移 $\overline{\boldsymbol{u}}$ 在变分时大小及方向均不变，对这样的外力，其势函数为

$$
\begin{aligned}
-\phi &= \overline{\boldsymbol{F}}_i \boldsymbol{u}_i \\
-\psi &= \overline{\boldsymbol{T}}_i \boldsymbol{u}_i
\end{aligned}
\tag{3.65}
$$

于是虚位移原理等价于

$$
\begin{aligned}
\delta\pi &= 0 \\
\pi &= \int_V (A - \overline{F}_i u_i)\,\mathrm{d}V - \int_{S_\sigma} \overline{T}_i u_i \mathrm{d}S
\end{aligned}
\tag{3.66}
$$

式(3.66)即为最小势能原理。

在一切具有足够光滑性并满足应变位移方程和位移已知边界条件的允许应变 ε_{ij}及允许位移 u_i中，实际的 ε_{ij}及 u_i必定使弹性体的总势能为极小。最小势能原理的变分泛函为

$$
\pi_{\mathrm{p}} = \int_V [A(\varepsilon) - \overline{F}_i u_i]\,\mathrm{d}V - \int_{S_\sigma} \overline{T}_i u_i \mathrm{d}S = \min \tag{3.67}
$$

其变分约束条件为

$$
\varepsilon_{ij} = \frac{1}{2}(u_{i,j} + u_{j,i}) \ (V\text{内})
$$

$$
u_i = \overline{u}_i (S_\sigma\text{上})
$$

对于这个变分原理，真实的位移与变形可能的位移区别在于真实的位移满足平衡条件，所以最小势能原理可视为平衡条件的变分表达形式。另外，在这个变分原理中应力不参与变分运算，只是在最后需要计算应力时才用到应力应变关系式。最小势能原理是瑞利－里兹（Rayleigh－Ritz）近似法的基础。现在广为应用的假定位移有限元，就是建立在离散化的最小势能原理的基础上的。

2. 最小余能原理

由虚应力原理可知，处于平衡状态的弹性体，对于任何满足平衡条件的允许应力 $\delta\sigma_{ij}$及允许面力 δT_i，应满足

$$
\int_V \varepsilon_{ij} \delta\sigma_{ij} \mathrm{d}V - \int_{S_u} \overline{u}_i \delta T_i \mathrm{d}S = 0 \tag{3.68}
$$

由应力应变关系可以得到

$$
\varepsilon_{ij}\delta\sigma_{ij} = \frac{\partial B}{\partial \sigma_{ij}} \delta\sigma_{ij} = \delta B(\sigma) \tag{3.69}
$$

式中，$B(\sigma)$为应变余能，于是虚应力原理可写为

$$
\begin{aligned}
\delta\pi &= 0 \\
\pi &= \int_V B(\sigma)\,\mathrm{d}V - \int_{S_u} \overline{u}_i \delta T_i \mathrm{d}S
\end{aligned}
\tag{3.70}
$$

在一切具有足够光滑性并满足平衡方程及外力已知边界条件的允许应力 σ

中，真实的应力 σ 必定使弹性体系统的总余能为最小。最小余能原理的泛函为

$$\pi_{C} = \int_{V} B(\sigma)\mathrm{d}V - \int_{S_u} \bar{u}_i \sigma_{ij} \nu_j \mathrm{d}S = \min \tag{3.71}$$

变分约束条件为

$$\sigma_{ij,j} + \bar{F}_i = 0 \ (V\text{内})$$
$$\sigma_{ij}\nu_j - \bar{T}_i = 0 \ (S_\sigma\text{上})$$

这个变分原理表明，真实的应力与静力可能的应力之间的区别在于真实的应力满足变形连续条件。因此，可以认为最小余能原理是连续条件的变分表达式，是从应变位移方程及位移已知边界条件中解出位移的充分必要条件。余能原理只与应力 σ 有关，变分所得欧拉方程及自然边界条件也只涉及应力及位移。应变 ε 不参与变分，如果不需要求应变，则不需要使用应力应变关系式。应力应变关系也不参与这个原理的运算，只是作为求应变的一个附加条件，所以应力应变关系是这个变分原理的非变分约束条件。应用这个变分原理，开始选择允许应力时，要求 σ 既满足外力已知边界条件又满足平衡方程，有时是比较困难的，为此可以引入应力分量的应力函数表达式使平衡方程自动满足。余能原理为弹性理论近似分析提供了另一条有效途径，当用这个原理求得应力 σ 的近似解以后，如果还需要求应变 ε，则可以利用应力应变关系。但是如果还需要求位移 $\boldsymbol{u}$，这一步将是困难的，而且实际上往往行不通，因为这时找到的 σ 是近似值，再求得的 ε 也是近似值，一般 ε 不能严格满足应变协调方程，所以不能由 ε 求 $\boldsymbol{u}$，为了求得位移，需要采用其他方法，如单位虚载荷等方法。

对于小位移变形弹性理论静力问题，上述导出的最小势能原理及最小余能原理统称为弹性理论的经典变分原理。最小势能原理是从一切允许的位移场中找出真正的位移场，而最小余能原理则是从一切允许的应力场中找真正的应力场，它们都是将求解小位移变形弹性问题转化为求泛函的极小值问题。在这两个变分原理中，任一个泛函中参加变分的变量都是 9 个，不参加变分的变量也都是 6 个，而且应力应变关系均为其非变分约束条件。非变分约束方程是对该变分原理的补充，当求不包含在泛函中的变量时，可以用非变分约束条件，也可以用其他方法。如果用这两个变分原理求近似解时，变分前的约束条件必须严格满足，而变分后的欧拉方程及自然边界条件就自然近似得到了满足。同样两个变分原理的泛函都没有全部包含弹性问题的三类场变量。所以它们均有不足之处，即比较对象都有一定的限制：π_p 只比较变形可能的 $\boldsymbol{u}$ 及 ε，而 π_C 只比较静力可能的应力 σ。弹性理论变分原理的优点在于：①变分泛函通常具有明确的物理含义，而且在坐标变换中保持不变；②变分原理把给定问题转换成一个比原来更易于求解的等价问题；③变分原理有时可以得出所研究问题精确解的上界或下界；④当弹性理论问题不能求得精确解时，变分原理常常可以提供近似解。

3.3.2 弹性理论广义变分原理

前面所述弹性理论经典变分原理,其自变函数在变分时均需满足不同的约束条件,下面将进一步讨论建立具有新泛函的变分原理。应用3.3.1小节所讨论的经典变分原理,常常可以简单地寻找某些微分方程边值问题的近似解。但是,它们都是在一定的约束条件下求总势能或总余能的极小值,而在一些情况下,如存在复杂的边界条件时,要事先满足这两个变分原理的约束条件并不容易。因此,自然想到能否利用某些处理方法解除泛函变分原理的约束条件,这种解除了约束的泛函变分原理我国称为广义变分原理,美国称为修正的变分原理或扩展的变分原理,Zienkiewiez 称它们为混合变分原理,这些都是20世纪在弹性理论中开始使用的一个新词汇。

一般来说,所谓广义变分原理,是用拉格朗日乘子法或其他方法解除原有基本变分原理的约束条件,从而建立比基本变分原理少约束条件或者无约束条件的变分原理。广义变分原理是将基本变分原理的部分或全部约束条件解除,所得到的变分原理。广义是相对于基本变分原理而言,广义的程度也有其相对性。如果一个广义变分原理完全解除它所对应的基本变分原理的约束,则相对于这个基本变分原理而言,它就是完全的广义变分原理,或者称为无约束条件的变分原理。如果只解除了基本变分原理中一部分约束条件,则称为不完全的广义变分原理。早在1759年,拉格朗日就提出了现在称之为拉格朗日乘子法的方法,以解决约束条件下函数的极值问题。Courant 及 Hilert 从数学上阐述了利用拉格朗日乘子法解除变分法中的约束条件。但把这些方法引入到力学中来,逐级解除弹性理论中原有经典变分原理的各种约束条件,从而系统地建立各级不完全的广义变分原理及完全的变分原理,却是近50年来成就,但到目前为止,人们对广义变分原理仍在进行深入的探讨,对拉格朗日乘子法还有若干不理解的地方,这将推动广义变分原理的进一步发展。

1. 赫林格-赖斯纳(Hellinger-Reissner)变分原理

赫林格-赖斯纳变分原理可以通过用拉格朗日乘子法解除最小余能原理的变分约束条件——域内的平衡方程及外力已知边界条件来建立。

最小余能原理的变分约束条件如下:

平衡方程

$$\sigma_{ij,j}+\overline{F}_i=0\ (V\text{内})$$

外力已知边界条件

$$\sigma_{ij}\nu_j-\overline{T}_i=0\ (S_\sigma\text{上})$$

泛函为

$$\pi_C(\sigma_{ij}) = \int_V B(\sigma)\mathrm{d}V - \int_{S_u} \sigma_{ij}\nu_j\bar{u}_i\mathrm{d}S = \min$$

变分后给出欧拉方程：以应力表示的变形协调条件

$$\frac{\partial B}{\partial \sigma_{ij}} = \frac{1}{2}(u_{i,j} + u_{j,i}) \ (V\text{内})$$

自然边界条件：位移已知边界条件

$$u_i = \bar{u}_i (S_\sigma\text{上})$$

应力应变关系是此变分原理的非变分约束条件

$$\frac{\partial B}{\partial \sigma_{ij}} = \varepsilon_{ij} \tag{3.72}$$

将应力应变关系代入变形协调方程即得出应变位移方程

$$\varepsilon_{ij} = \frac{1}{2}(u_{i,j} + u_{j,i}) \tag{3.73}$$

现在引入两类拉格朗日乘子 $\lambda_i(x_i)$ 及 $\eta_i(x_i)(i=1,2,3)$ 来解除 π_C 的两类约束，从而构成新泛函 π^*

$$\pi^*(\sigma_{ij},\lambda_i,\eta_i) = \int_V [B(\sigma) + \lambda_i(\sigma_{ij,j} + \bar{F}_i)]\mathrm{d}V - \int_{S_u} \sigma_{ij}\nu_j\bar{u}_i\mathrm{d}S + \int_{S_\sigma} \eta_i(\sigma_{ij}\nu_j - \bar{T}_i)\mathrm{d}S \tag{3.74}$$

注意到 $\lambda_i(x_i)$ 及 $\eta_i(x_i)$ 也是新泛函 π^* 的独立自变量，所以 π^* 有三类独立变量：σ_{ij}、$\lambda_i(x_i)$ 及 $\eta_i(x_i)$。

令式(3.74)的变分为零，得到

$$\delta\pi^* = \int_V \left[\frac{\partial B(\sigma)}{\partial \sigma_{ij}}\delta\sigma_{ij} + \lambda_i\delta\sigma_{ij,j} + (\sigma_{ij,j} + \bar{F}_i)\delta\lambda_i\right]\mathrm{d}V - \int_{S_u} \bar{u}_i\delta(\sigma_{ij}\nu_j)\mathrm{d}S + \int_{S_\sigma} [\eta_i\delta(\sigma_{ij}\nu_j) + (\sigma_{ij}\nu_j - \bar{T}_i)\delta\eta_i]\mathrm{d}S = 0 \tag{3.75}$$

式中

$$\int_V \lambda_i\delta\sigma_{ij,j}\mathrm{d}V = \int_{S_u+S_\sigma} \lambda_i\delta(\sigma_{ij}\nu_j)\mathrm{d}S - \int_V \lambda_{i,j}\delta\sigma_{ij}\mathrm{d}V \tag{3.76}$$

将式(3.76)代入式(3.75)，并利用哑标置换，可以得到

$$\delta\pi^* = \int_V \left\{\left[\frac{\partial B}{\partial \sigma_{ij}} - \frac{1}{2}(\lambda_{i,j} + \lambda_{j,i})\right]\delta\sigma_{ij} + (\sigma_{ij,j} + \bar{F}_i)\delta\lambda_i\right\}\mathrm{d}V + \int_{S_u} (\lambda_i - \bar{u}_i)\delta(\sigma_{ij}\nu_j)\mathrm{d}S + \int_{S_\sigma} [(\eta_i + \lambda_i)\delta(\sigma_{ij}\nu_j) + (\sigma_{ij}\nu_j - \bar{T}_i)\delta\eta_i]\mathrm{d}S = 0 \tag{3.77}$$

由于在 V 内的 $\delta\sigma_{ij}$ 及 $\delta\lambda_i$，在 S_u 上的 $\delta(\sigma_{ij}\nu_j)$，在 S_σ 上的 $\delta(\sigma_{ij}\nu_j)$ 及 $\delta\eta_i$ 都是独立变分，所以要使变分为零，必须有：

欧拉方程

$$\begin{cases}\dfrac{\partial B}{\partial\sigma_{ij}}-\dfrac{1}{2}(\lambda_{i,j}+\lambda_{j,i})=0 \\ \sigma_{ij,j}+\overline{F}_i=0\end{cases}\quad (V\text{内})$$

自然边界条件

$$\begin{cases}\lambda_i-\overline{u}_i=0(S_u\text{上}) \\ \eta_i+\lambda_i=0(S_\sigma\text{上}) \\ \sigma_{ij}\nu_j-\overline{T}_i=0\end{cases}$$

经过识别拉格朗日乘子得到

$$\begin{cases}\lambda_i=u_i(V\text{内}) \\ \eta_i=-u_i(S_\sigma\text{上})\end{cases}$$

将已识别的拉格朗日乘子代入新泛函 π^* 即得到赫林格－赖斯纳变分原理

$$\pi_{\mathrm{HR}}(\boldsymbol{\sigma},\boldsymbol{u})=\int_V[B(\sigma)+(\sigma_{ij,j}+\overline{F}_i)u_i]\mathrm{d}V-\int_{S_u}\sigma_{ij}\nu_j\overline{u}_i\mathrm{d}S-\int_{S_\sigma}(\sigma_{ij}\nu_j-\overline{T}_i)u_i\mathrm{d}S=\text{驻值}\tag{3.78}$$

关于这个广义变分原理，需要注意的是，由于引入了拉格朗日乘子解除了平衡方程的约束条件，所以6个应力分量全是独立的自变函数。π_{HR} 较 π_{C} 的推广在于 $\boldsymbol{u}$ 可以不必事先满足位移边界条件及外力已知边界条件，位移不再限于可能的位移，同时 $\boldsymbol{\sigma}$ 也可以不事先满足平衡方程及外力已知边界条件，即应力不再限于静力可能的应力，$\boldsymbol{u}$ 与 $\boldsymbol{\sigma}$ 之间事先也不必满足任何关系，同时 $\boldsymbol{u}$ 与 $\boldsymbol{\sigma}$ 可以是广义函数，允许它们有某些不连续。需要注意的是由最小余能原理得到赫格林－赖斯纳变分原理时并没有引入拉格朗日乘子消除应力应变关系，所以应力应变关系仍然是赫格林－赖斯纳变分原理的非变分约束条件。

2. 胡－鹫津(Hu－Washizu)变分原理

这个广义变分原理的泛函是胡海昌于1954年首先提出的，他用试算法得到了这个泛函，后来鹫津久一郎用拉格朗日乘子法得到了同样的泛函。首先，引入两个拉格朗日乘子 λ_{ij} 及 β_i 解除最小势能的两组约束条件：域内的应变位移方程及边界上的位移已知条件，则可得到如下新泛函 π^*

$$\pi^*(\boldsymbol{u},\boldsymbol{\varepsilon},\boldsymbol{\lambda},\boldsymbol{\beta})=\int_V\left[A(\varepsilon)+\lambda_{ij}\left(\varepsilon_{ij}-\frac{1}{2}u_{i,j}-\frac{1}{2}u_{j,i}\right)-\overline{F}_iu_i\right]\mathrm{d}V+\int_{S_u}\beta_i(u-\overline{u}_i)\mathrm{d}S-\int_{S_\sigma}\overline{T}_iu_i\mathrm{d}S\tag{3.79}$$

π^*的变分驻值条件给出

$$\delta\pi^* = \int_V \left[\left(\frac{\partial A}{\partial \varepsilon_{ij}} + \lambda_{ij}\right)\delta\varepsilon_{ij} + \left(\varepsilon_{ij} - \frac{1}{2}u_{i,j} - \frac{1}{2}u_{j,i}\right)\delta\lambda_{ij} + (\lambda_{ij,j} - \overline{F}_i)\delta u_i\right]\mathrm{d}V +$$

$$\int_{S_u}[(u - \overline{u}_i)\delta\beta_i + (\beta_i - \lambda_{ij}\nu_j)\delta u_i]\mathrm{d}S -$$

$$\int_{S_\sigma}(\lambda_{ij}\nu_j + \overline{T}_i)\delta u_i \mathrm{d}S = 0 \tag{3.80}$$

由于在 V 内的 $\delta\varepsilon_{ij}$、$\delta\lambda_{ij}$、δu_i，在 S_u 上的 δu_i、$\delta\beta_i$ 以及在 S_σ 上的 δu_i 都是独立变分，所以可得欧拉方程

$$\begin{cases}\dfrac{\partial A}{\partial \varepsilon_{ij}} + \lambda_{ij} = 0 \\ \varepsilon_{ij} = \dfrac{1}{2}(u_{i,j} + u_{j,i}) \quad (V\text{内}) \\ \lambda_{ij,j} - \overline{F} = 0\end{cases}$$

自然边界条件

$$\begin{cases}u - \overline{u}_i = 0 \ (S_u\text{上}) \\ \beta_i - \lambda_{ij}\nu_j = 0 \\ \lambda_{ij}\nu_j + \overline{T}_i = 0 \ (S_\sigma\text{上})\end{cases}$$

通过识别拉格朗日乘子可得

$$\begin{cases}\lambda_{ij} = -\sigma_{ij} \\ \beta_i = -\lambda_{ij}\nu_j\end{cases}$$

将已识别的拉格朗日乘子代入泛函 π^*，可得如下胡-鹫津广义变分原理

$$\pi_{\mathrm{HW}}(\boldsymbol{\sigma}, \boldsymbol{\varepsilon}, \boldsymbol{u}) = \int_V \left[A(\varepsilon) - \sigma_{ij}\left(\varepsilon_{ij} - \frac{1}{2}u_{i,j} - \frac{1}{2}u_{j,i}\right) - \overline{F}_i u_i\right]\mathrm{d}V -$$

$$\int_{S_u}\sigma_{ij}\nu_j(u - \overline{u}_i)\mathrm{d}S - \int_{S_\sigma}\overline{T}_i u_i \mathrm{d}S = \text{驻值} \tag{3.81}$$

胡-鹫津广义变分原理是具有三类独立自变函数 $\boldsymbol{u}$、$\boldsymbol{\varepsilon}$ 及 $\boldsymbol{\sigma}$ 的广义变分原理。一般情况下，胡-鹫津广义变分原理并不等于赫林格-赖斯纳变分原理，只有当应变 ε 按应力应变关系依赖于应力 σ，从而失去它的独立性之后，才有 $\pi_{\mathrm{HW}} = \pi_{\mathrm{HR}}$，即只有在服从应力应变关系的条件下，胡-鹫津广义变分原理才退化为 Hellinger - Reissner 原理。泛函 π_{HW} 有三类独立变量，应力应变关系是 π_{HW} 取驻值变分后的欧拉方程，Hu - Washizu 变分原理是弹性力学中最为一般的变分原理，其他的变分原理都是它的特殊情况。从应用上看，如果用瑞利-里兹法找近似解，而又想近似满足应力应变关系时，则只能用瑞利-里兹广义变分原理，例如工程上的梁板壳理论，因为它们计入了横向剪切应力而忽略横向剪切应

力，所以从弹性理论来看，它们是不满足应力应变关系的近似理论。这种近似理论长期被排斥在能量法之外，只有在建立胡－鹫津广义变分原理后，才能使用瑞利－里兹法从弹性理论空间问题推导出梁板壳的经典理论，完成弹性理论精确理论与近似的经典理论在能量法上的统一。

3.4 实体壳多变量单元

3.4.1 三场 Fraeijs de Veubeke－Hu－Washizu（FHW）变分原理

变分原理的泛函表达式为

$$\Pi(\boldsymbol{u},\boldsymbol{E},\boldsymbol{S}) = \int_{B_0} W_s(\boldsymbol{E})\mathrm{d}V + \int_{B_0} \boldsymbol{S}:[\boldsymbol{E}^{\mathrm{c}}(\boldsymbol{u}) - \boldsymbol{E}]\mathrm{d}V - \int_{B_0} \boldsymbol{u}\cdot(\boldsymbol{b}^* - \ddot{\boldsymbol{u}})\rho\mathrm{d}V + \int_{S_u}(\boldsymbol{u}^* - \boldsymbol{u})\cdot\boldsymbol{t}\mathrm{d}S - \int_{S_\sigma}\boldsymbol{u}\cdot\boldsymbol{t}^*\mathrm{d}S \tag{3.82}$$

在实体壳单元的有限元列式中采用了两种特殊的处理方式使得这种单元能不受各种锁住现象的影响，并且通过分片实验检验。这两种方法分别是增强假设应变法（Enhanced Assumed Strain）和假设自然应变法（Assumed Natural Strain）。其中，增强假设应变法表述如下：

$$\boldsymbol{E} = \boldsymbol{E}^{\mathrm{c}} + \tilde{\boldsymbol{E}} \tag{3.83}$$

假设自然应变法为

$$\begin{Bmatrix} E_{13}^{\mathrm{ANS}} \\ E_{23}^{\mathrm{ANS}} \\ E_{33}^{\mathrm{ANS}} \end{Bmatrix} = \begin{Bmatrix} (1-\xi^2)E_{13}^{\mathrm{c}}(\xi_{\mathrm{A}}) + (1+\xi^2)E_{13}^{\mathrm{c}}(\xi_{\mathrm{C}}) \\ (1-\xi^1)E_{23}^{\mathrm{c}}(\xi_{\mathrm{D}}) + (1+\xi^1)E_{23}^{\mathrm{c}}(\xi_{\mathrm{B}}) \\ \sum_{i=1}^{4} N_i(\xi^1,\xi^2)E_{33}^{\mathrm{c}}(\xi_i) \end{Bmatrix} \tag{3.84}$$

将式(3.83)和式(3.84)式代入 Fraeijs de Veubeke－Hu－Washizu 变分原理的泛函得到

$$\Pi(\boldsymbol{u},\tilde{\boldsymbol{E}},\boldsymbol{S}) = \int_{B_0} W_s(\boldsymbol{E}^{\mathrm{c}} + \tilde{\boldsymbol{E}})\mathrm{d}V - \int_{B_0} \boldsymbol{S}:\tilde{\boldsymbol{E}}\mathrm{d}V - \int_{B_0} \boldsymbol{u}\cdot(\boldsymbol{b}^* - \ddot{\boldsymbol{u}})\rho\mathrm{d}V + \int_{S_u}(\boldsymbol{u}^* - \boldsymbol{u})\cdot\boldsymbol{t}(\boldsymbol{S})\mathrm{d}S - \int_{S_\sigma}\boldsymbol{u}\cdot\boldsymbol{t}^*\mathrm{d}S \tag{3.85}$$

3.4.2 非线性有限元离散

在实体壳单元的动力学非线性方程组求解方法上，采用经典的 Newton 法，

首先对泛函表达式(3.85)两边变分得到

$$\delta\pi(\boldsymbol{u},\tilde{\boldsymbol{E}}) = \delta\pi_{\text{mass}}(\boldsymbol{u}) + \delta\pi_{\text{stiff}}(\boldsymbol{u},\tilde{\boldsymbol{E}}) + \delta\pi_{\text{ext}}(\boldsymbol{u}) = 0 \tag{3.86}$$

式中

$$\delta\pi_{\text{mass}} = \int_{B_0} \delta\boldsymbol{u} \cdot \ddot{\boldsymbol{u}}\rho \mathrm{d}V$$

$$\delta\pi_{\text{stiff}} = \int_{B_0} (\delta\tilde{\boldsymbol{E}}^{\text{c}} + \delta\tilde{\boldsymbol{E}}) : \frac{\partial}{\partial \boldsymbol{E}} W_s(\boldsymbol{E}^{\text{c}}(\boldsymbol{u}) + \tilde{\boldsymbol{E}}) \mathrm{d}V$$

$$\delta\pi_{\text{ext}}(\boldsymbol{u}) = -\int_{B_0} \delta\boldsymbol{u} \cdot \boldsymbol{b}^* \rho \mathrm{d}V - \int_{S_\sigma} \delta\boldsymbol{u} \cdot \boldsymbol{t}^* \mathrm{d}S$$

然后,将变分后的表达式线性化

$$\mathrm{D}\delta\Pi_{\text{stiff}}^{(e)} \cdot (\Delta\boldsymbol{d}^{(e)}, \Delta\alpha^{(e)}) + \mathrm{D}\delta\Pi_{\text{mass}}^{(e)} \cdot \Delta\boldsymbol{d}^{(e)} + \delta\Pi_{\text{stiff}}^{(e)} + \delta\Pi_{\text{mass}}^{(e)} + \delta\Pi_{\text{ext}}^{(e)} = 0 \tag{3.87}$$

经过整体可得

$$\begin{bmatrix} \boldsymbol{k}_{uu}^{(e)} + \dfrac{\alpha_m}{\beta\Delta t^2}\boldsymbol{m}^{(e)} & \boldsymbol{k}_{u\alpha}^{(e)} \\ \boldsymbol{k}_{\alpha u}^{(e)} & \boldsymbol{k}_{\alpha\alpha}^{(e)} \end{bmatrix} \begin{Bmatrix} \Delta\boldsymbol{d}^{(e)} \\ \Delta\alpha^{(e)} \end{Bmatrix} = \begin{Bmatrix} \boldsymbol{f}_{\text{ext}}^{(e)} - \boldsymbol{f}_{\text{stiff}}^{(e)} - \boldsymbol{f}_{\text{mass}}^{(e)} \\ -\boldsymbol{f}_{\text{EAS}}^{(e)} \end{Bmatrix} \tag{3.88}$$

式(3.88)记为待求方程组。

3.4.3 求解算法流程

实体壳单元非线性有限元求解方法是一种增量求解的方法,在求解过程中,同时得到单元的位移场、应力场和应变场,其具体求解流程如下图3.3所示。

实体壳单元的优势在于这种单元是基于多变量变分原理的,具体来说是一种三场变量的单元,即位移场、应力场和应变场互为独立变量。可以对这三种变量同时假设形函数,这样就能大大提高各变量的精度,特别是应力和应变的精度。在传统的基于位移的有限元法中,只有位移场是独立变量,其他物理量,如应力和应变都是基于位移场而得出的,由于应变和应力场的求解需要对位移求导,而位移场本身是一种数值解,这样求出的应变和应力精度会降低。实体壳单元的另一个优势在于,当使用了三场变量的变分原理后,可以对应力和应变等物理量采用特殊的修正或改进,使之能更好地满足精度要求。通常情况下,弹性体的几何大变形会伴随各种锁住现象的发生,如体积锁住、薄膜锁住、剪切锁住等,这些锁住现象使得有限元结构刚度矩阵中的某些项变得非常大,结构表现出很大的刚度,以至于在外载荷作用下的变形量非常小,结构好像被锁住了一样。这种情况当然不会在实际中发生,而是由于有限元列式时采用的求解方式不合理造成的。针对这些问题,实体壳单元采用增强假设应变法和假设自然应变法来消除各种锁住现象,从而使几何非线性问题中的解非常接近真实结果。此外,实

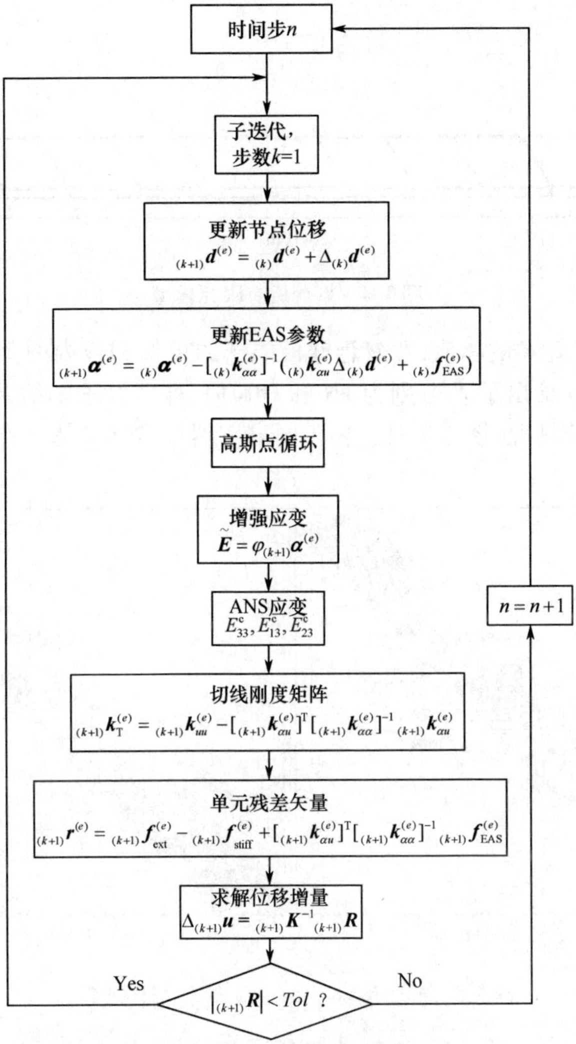

图 3.3　实体壳非线性有限元求解流程

体壳单元还具有同时模拟实体单元、板单元、壳单元和梁单元的能力。考虑到上述各种优点，采用实体壳单元作为气动弹性模型中结构建模单元。

3.4.4　算例分析

这里以悬臂板为例，来验证实体壳单元模拟板、壳结构的能力，同时验证采用多变量有限元方法模拟几何非线性问题的能力。悬臂板有限元模型如图 3.4 所示，弹性模量为 1.0E+007MPa，泊松比为 0.4。

分别采用实体壳单元方法、Nastran 的线性求解器和非线性求解器进行计

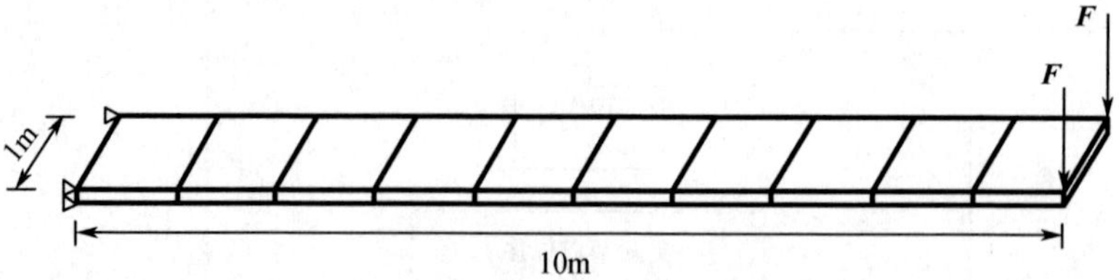

图 3.4　悬臂板有限元模型

算,逐渐增大载荷 **F** 的幅值,考察悬臂板端部的位移和板内的 Von Mises 应力。图 3.5 和图 3.6 给出了 **F** 分别为 1N 和 10N 时,非线性求解结果中悬臂板的位移及应力的变化情况,图 3.7 对三种不同求解器板端部位移的计算结果进行了对比。

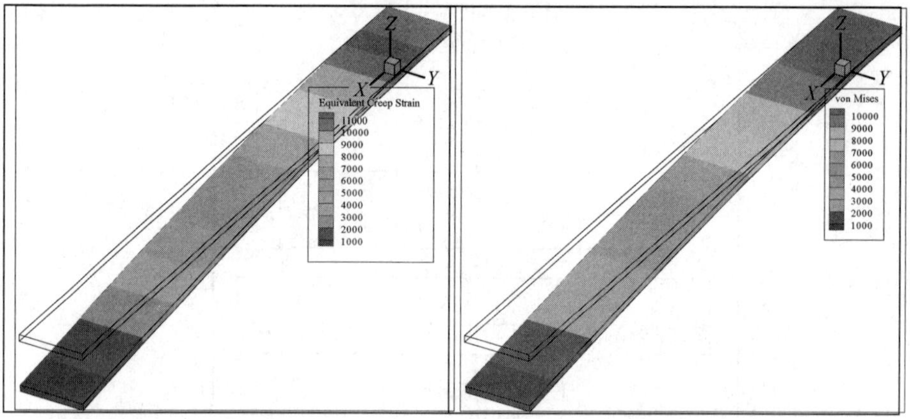

(a) Nastran　　(b) 实体壳单元

图 3.5　$F = 1$N Von Mises 应力计算结果(Pa)

由图 3.5 和图 3.6 可知,各种载荷条件下,实体壳单元与 Nastran 计算的结构位移和 Von Mises 等效应力非常接近。说明,实体壳单元的计算结果是可信的。图 3.7(a)中板端部 x 方向的位移计算结果表明,采用线性有限元算法,板端部沿 x 方向的位移很小,这说明在载荷不断增加的过程中,板的长度和面积在逐渐增加,这是不太符合实际情况的,而采用非线性有限元算法时,板端部在 x 方向发生了较大的位移,表明在逐渐加载过程中,板由于弯曲变形在长度方向的投影不断减小。图 3.7(b)的计算表明,随着载荷不断增大,线性有限元的计算结果呈线性增大的趋势,而非线性有限元的计算结果呈非线性的增长趋势,且增长幅度随载荷增加而不断减小。这表明,几何非线性的作用是使结构刚度增大。

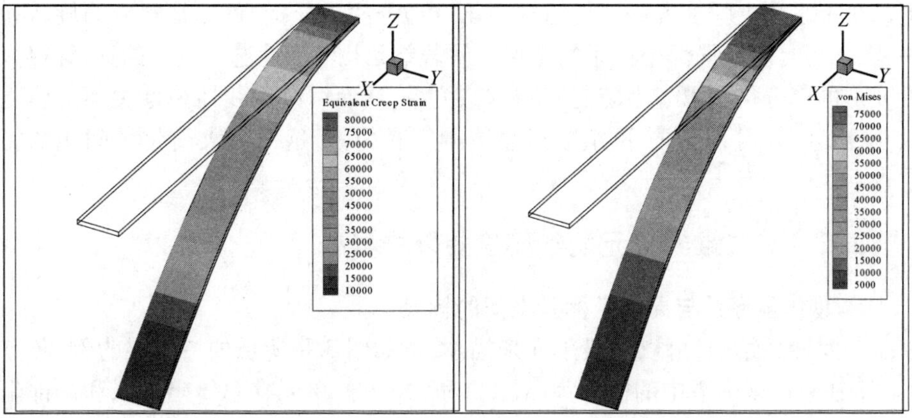

(a) Nastran　　(b) 实体壳单元

图 3.6　$F=10$N Von Mises 应力计算结果(Pa)

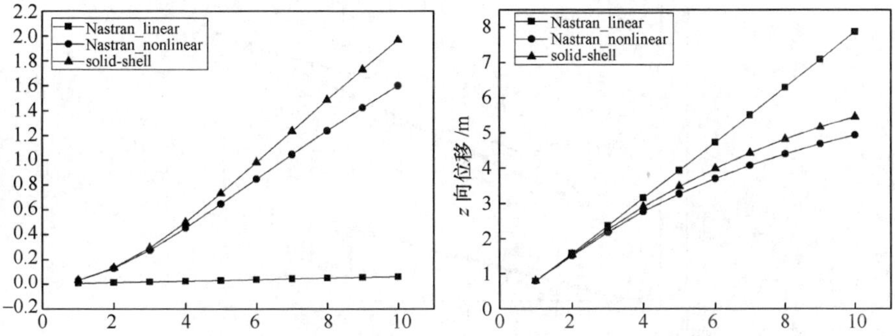

(a) x 方向位移的绝对值　　(b) z 方向位移的绝对值

图 3.7　三种不同求解器板端部位移的计算结果

3.5　基于 CR 理论的梁壳单元几何非线性的有限元建模

当前,针对几何非线性问题的描述,按照参考构型的不同大体上可以分为三类:①TL(Total Lagrangian)法;②UL(Updated Lagrangian)法;③CR(Corotational)法。其中,CR 方法由 Belytschko 于 20 世纪 70 年代首次应用到有限元结构分析中,随后,Horrigmoe 和 Bergan 应用 CR 体系建立了单个单元的有限元模型,后来 Crisfield 基于连续的 CR 公式,对各种单元的几何非线性 CR 列式提出了一致的方法,使得 CR 方法在有限元建模中有了飞跃性地发展,Battini 和 Pacoste 等基于连续 CR 公式推导了针对不同单元的有限元刚阵,进行了几何非线性的分析。CR 方法的主要思想是:将结构的运动分解为刚体运动和纯粹的弹性变形,基于局部坐标系建立弹性方程。将结构变化过程分两步分析，首先是刚体的旋转和平移，然后是基于局部坐标系的变形。假若单元几何特性选择适当的话，纯粹弹性变形的部分仍然属于小应变－小位移关系，从而可以用线性弹性关系来建立其刚度矩阵和内力列式，再组装成总体刚度和内力，这样大大简化了问题的复杂性。

3.5.1 二维梁单元切线刚度矩阵推导

1. 总体坐标系与局部坐标系之间的转换

空间杆系结构，可以用梁单元来描述，以如图 3.8 所示的二维梁为例，节点 1 和 2 在总体坐标系中的坐标为(x_1, z_1)和(x_2, z_2)，单元在总体坐标系和局部坐标下的位移矢量定义为

$$\boldsymbol{d} = [u_1 \quad w_1 \quad \theta_1 \quad u_2 \quad w_2 \quad \theta_2]^{\mathrm{T}}, \quad \boldsymbol{d}_l = [\bar{u} \quad \bar{\theta}_1 \quad \bar{\theta}_2]^{\mathrm{T}} \tag{3.89}$$

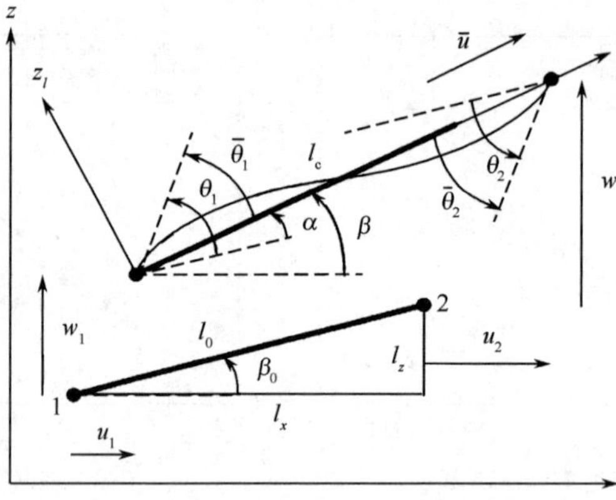

图 3.8 二维梁的变形示意图

由图几何关系可得

$$\begin{cases} \bar{u} = l_c - l_0 \\ \bar{\theta}_1 = \theta_1 - \alpha \\ \bar{\theta}_2 = \theta_2 - \alpha \end{cases} \tag{3.90}$$

式中，l_0，l_c 和 α 分别为变形前后的单元长度和变形转角，定义如下：

$$l_0 = \sqrt{l_x^2 + l_z^2}, l_c = \sqrt{(l_x + u_2 - u_1)^2 + (l_z + w_2 - w_1)^2}, \alpha = \beta - \beta_0 \tag{3.91}$$

并且有

$$\tan\beta_0 = l_z / l_x, \quad \tan\beta = (l_z + w_2 - w_1)/(l_x + u_2 - u_1) \tag{3.92}$$

令 $c = \cos\beta$，$s = \sin\beta$，对式(3.90)求微分，并利用式(3.91)有

$$\begin{cases}\delta\bar{u}=c(\delta u_2-\delta u_1)+s(\delta w_2-\delta w_1)=[-c\quad -s\quad 0\quad c\quad s\quad 0]\delta d\\ \delta\bar{\theta}_1=\delta\theta_1-\delta\alpha=\delta\theta_1-\delta\beta\\ \delta\bar{\theta}_2=\delta\theta_2-\delta\alpha=\delta\theta_2-\delta\beta\end{cases}\tag{3.93}$$

对式(3.92)求微分,并利用式(3.91)和式(3.92),推导化简后有

$$\delta\boldsymbol{\beta}=1/l_{\mathrm{c}}[s\quad -c\quad 0\quad -s\quad c\quad 0]\delta\boldsymbol{d}\tag{3.94}$$

将式(3.94)代入式(3.93)中,得

$$\delta\boldsymbol{d}_l=\boldsymbol{T}\delta\boldsymbol{d}\tag{3.95}$$

式中

$$\boldsymbol{T}=\begin{bmatrix}-c & -s & 0 & c & s & 0\\ -s/l_{\mathrm{c}} & c/l_{\mathrm{c}} & 1 & s/l_{\mathrm{c}} & -c/l_{\mathrm{c}} & 0\\ -s/l_{\mathrm{c}} & c/l_{\mathrm{c}} & 0 & s/l_{\mathrm{c}} & -c/l_{\mathrm{c}} & 1\end{bmatrix}\tag{3.96}$$

2. 单元内力推导

局部坐标系下和总体坐标系下的内力定义为

$$\boldsymbol{f}_l=[\bar{N}\quad \bar{M}_1\quad \bar{M}_2]^{\mathrm{T}},\quad \boldsymbol{F}_i=[X_1\quad Z_1\quad M_1\quad X_2\quad Z_2\quad M_2]^{\mathrm{T}}\tag{3.97}$$

若材料仍为线性关系,则局部坐标系下的内力可以用局部位移的线性关系来描述,即

$$\begin{cases}\bar{N}=EA/l_{\mathrm{c}}\cdot\bar{u}\\ \bar{M}_1=EI_z/l_{\mathrm{c}}\cdot(4\bar{\theta}_1+2\bar{\theta}_2)\\ \bar{M}_2=EI_z/l_{\mathrm{c}}\cdot(2\bar{\theta}_1+4\bar{\theta}_2)\end{cases}\tag{3.98}$$

两者之间的关系可以通过虚功原理得到

$$\boldsymbol{F}_i=\boldsymbol{T}^{\mathrm{T}}\boldsymbol{f}_l\tag{3.99}$$

3. 切线刚度矩阵推导

总体坐标系下的切线刚度矩阵定义为

$$\delta\boldsymbol{F}_i=\boldsymbol{K}_{\mathrm{t}}\delta\boldsymbol{d}\tag{3.100}$$

对式(3.99)求微分,可得

$$\delta\boldsymbol{F}_i=\boldsymbol{T}^{\mathrm{T}}\delta\boldsymbol{f}_l+\boldsymbol{f}_l^{\mathrm{T}}\delta\boldsymbol{T}=\boldsymbol{T}^{\mathrm{T}}\delta\boldsymbol{f}_l+\bar{N}\delta\boldsymbol{T}_1+\bar{M}_1\delta\boldsymbol{T}_2+\bar{M}_2\delta\boldsymbol{T}_3\tag{3.101}$$

式中,$\boldsymbol{T}_1$、$\boldsymbol{T}_2$和$\boldsymbol{T}_3$分别为$\boldsymbol{T}$的三个行矢量。引入

$$\begin{cases}\boldsymbol{r}=[-c\quad -s\quad 0\quad c\quad s\quad 0]^{\mathrm{T}}\\ \boldsymbol{p}=[s\quad -c\quad 0\quad -s\quad c\quad 0]^{\mathrm{T}}\end{cases}\tag{3.102}$$

则$\boldsymbol{T}$可以表示为

$$\begin{cases}\boldsymbol{T}_1=\boldsymbol{r}\\ \boldsymbol{T}_2=-[0\quad 0\quad 1\quad 0\quad 0\quad 0]^{\mathrm{T}}\boldsymbol{p}/l_{\mathrm{c}}\\ \boldsymbol{T}_3=-[0\quad 0\quad 0\quad 0\quad 0\quad 1]^{\mathrm{T}}\boldsymbol{p}/l_{\mathrm{c}}\end{cases}\tag{3.103}$$

对式(3.102)微分,得到

$$\delta \boldsymbol{r} = \boldsymbol{p}\delta\boldsymbol{\beta}, \qquad \delta \boldsymbol{p} = -\boldsymbol{r}\delta\boldsymbol{\beta} \tag{3.104}$$

利用式(3.103)和式(3.104)则有

$$\begin{cases} \delta \boldsymbol{T}_1 = \delta \boldsymbol{r} = (\boldsymbol{p}\boldsymbol{p}^{\mathrm{T}})/l_{\mathrm{c}} \cdot \delta \boldsymbol{d} \\ \delta \boldsymbol{T}_2 = \delta \boldsymbol{T}_3 = 1/l_{\mathrm{c}}^2 \cdot (\boldsymbol{r}\boldsymbol{p}^{\mathrm{T}} + \boldsymbol{p}\boldsymbol{r}^{\mathrm{T}})\delta \boldsymbol{d} \end{cases} \tag{3.105}$$

将式(3.102)~式(3.104)代入到式(3.101)右端第二项中可得

$$\boldsymbol{f}_l^{\mathrm{T}}\delta \boldsymbol{T} = [(\boldsymbol{p}\boldsymbol{p}^{\mathrm{T}})/l_{\mathrm{c}} \cdot \overline{N} + 1/l_{\mathrm{c}}^2 \cdot (\boldsymbol{r}\boldsymbol{p}^{\mathrm{T}} + \boldsymbol{p}\boldsymbol{r}^{\mathrm{T}})(\overline{M}_1 + \overline{M}_2)]\delta \boldsymbol{d} \tag{3.106}$$

在局部坐标系中,由于是小应变-小位移关系,所以可以用线性弹性结构关系:

$$\delta \boldsymbol{f}_l = \boldsymbol{K}_l \delta \boldsymbol{d}_l = \boldsymbol{K}_l \boldsymbol{T} \delta \boldsymbol{d} \tag{3.107}$$

式中,$\boldsymbol{K}_l$ 为局部坐标下的单元线性刚度矩阵。将式(3.106)代入式(3.101)中,并利用式(3.97)和式(3.107),得到式(3.100)中总体坐标系下的切线刚度矩阵为

$$\boldsymbol{K}_{\mathrm{t}} = \boldsymbol{K}_{\mathrm{t}l} + \boldsymbol{K}_{\mathrm{t}\sigma} = \boldsymbol{T}^{\mathrm{T}}\boldsymbol{K}_l\boldsymbol{T} + [\overline{N}/l_{\mathrm{c}} \cdot \boldsymbol{p}\boldsymbol{p}^{\mathrm{T}} + (\overline{M}_1 + \overline{M}_2)/l_{\mathrm{c}}^2 \cdot (\boldsymbol{r}\boldsymbol{p}^{\mathrm{T}} + \boldsymbol{p}\boldsymbol{r}^{\mathrm{T}})] \tag{3.108}$$

式中,$\boldsymbol{K}_{\mathrm{t}l}$和 $\boldsymbol{K}_{\mathrm{t}\sigma}$分别为线弹性刚度矩阵和几何刚度矩阵,可见引入局部随动坐标系后,不需要求解传统 TL 法中的大位移矩阵,而且总体切线刚度矩阵仍然保持为对称矩阵,可以很方便存储和求解。而其中 $\boldsymbol{K}_l$ 为传统线性二维梁单元的刚度矩阵,只是刚度矩阵所对应的自由度为 $\bar{u},\bar{\theta}_1,\bar{\theta}_2$

$$\boldsymbol{K}_l = \begin{bmatrix} EA/l_{\mathrm{c}} & 0 & 0 \\ 0 & 4EI_z/l_{\mathrm{c}} & 1EI_z/l_{\mathrm{c}} \\ 0 & 2EI_z/l_{\mathrm{c}} & 4EI_z/l_{\mathrm{c}} \end{bmatrix} \tag{3.109}$$

将式(3.109)代入式(3.108)中,记 $\overline{A} = EA/l_{\mathrm{c}}$,$\overline{B} = 12EI_z/l_{\mathrm{c}}^3$,$\overline{C} = 6EI_z/l_{\mathrm{c}}^2$,$\overline{D} = 4EI_z/l_{\mathrm{c}}^2$,则有

$$\boldsymbol{K}_{\mathrm{t}l} = \begin{bmatrix} \overline{A}c^2 + \overline{B}s^2 & & & & & \\ \overline{A}sc - \overline{B}sc & \overline{A}s^2 + \overline{B}c^2 & \text{对} & & & \\ -\overline{C}s & \overline{C}c & \overline{D} & & & \\ -\overline{A}c^2 - \overline{B}s^2 & -\overline{A}sc + \overline{B}sc & \overline{C}s & \overline{A}c^2 + \overline{B}s^2 & \text{称} & \\ -\overline{A}sc + \overline{B}sc & -\overline{A}s^2 - \overline{B}c^2 & -\overline{C}c & \overline{A}sc - \overline{B}sc & \overline{A}s^2 + \overline{B}c^2 & \\ -\overline{C}s & \overline{C}c & 1/2\overline{D} & \overline{C}s & -\overline{C}c & \overline{D} \end{bmatrix} \tag{3.110}$$

记 $Q_1 = \overline{N}/l_{\mathrm{c}}$,$Q_2 = (\overline{M}_1 + \overline{M}_2)/l_{\mathrm{c}}^2$,则几何刚度矩阵的表达式为

$$
\boldsymbol{K}_{\mathrm{t}\sigma}=\begin{bmatrix}
Q_1 s^2-2Q_2 sc & & & & & \\
-Q_1 sc-Q_2(s^2-c^2) & Q_1 c^2+2Q_2 sc & \text{对} & & & \\
0 & 0 & 0 & 0 & & \\
-Q_1 s^2+2Q_2 sc & Q_1 sc+Q_2(s^2-c^2) & 0 & Q_1 s^2-2Q_2 sc & \text{称} & \\
Q_1 sc+Q_2(s^2-c^2) & -Q_1 c^2-2Q_2 sc & 0 & -Q_1 sc-Q_2(s^2-c^2) & Q_1 c^2+2Q_2 sc & \\
0 & 0 & 0 & 0 & 0 & 0
\end{bmatrix}
\tag{3.111}
$$

3.5.2 基于 CR 法的三维壳单元切线刚阵推导

对于飞行器的大部分薄壁结构而言,可以用壳单元来描述,本节基于 CR 理论,推导和发展了三节点壳单元几何非线性的切线刚度矩阵。

1. 三节点壳单元的 CR 局部体系的建立

CR 方法定义局部坐标系随着单元的旋转和平移而连续变化,如图 3.9 所示,局部坐标系的初始原点位置位于三角单元的几何中心 C 点,其局部坐标轴定义为

$$
\boldsymbol{e}_1=\boldsymbol{r}_{12}^{\mathrm{g}}/\|\boldsymbol{r}_{12}^{\mathrm{g}}\|,\ \boldsymbol{e}_3=\boldsymbol{r}_{12}^{\mathrm{g}}\times\boldsymbol{r}_{13}^{\mathrm{g}}/\|\boldsymbol{r}_{12}^{\mathrm{g}}\times\boldsymbol{r}_{13}^{\mathrm{g}}\|,\ \boldsymbol{e}_2=\boldsymbol{e}_3\times\boldsymbol{e}_1 \tag{3.112}
$$

式中,$\boldsymbol{r}_{12}^{\mathrm{g}}=\boldsymbol{r}_2^{\mathrm{g}}-\boldsymbol{r}_1^{\mathrm{g}}$,$\boldsymbol{r}_1^{\mathrm{g}}$为三角单元第一个顶点在总体坐标系 $\boldsymbol{X}^{\mathrm{g}}$下的坐标。定义有

$$
\boldsymbol{R}_0=[\boldsymbol{e}_1\quad \boldsymbol{e}_2\quad \boldsymbol{e}_3] \tag{3.113}
$$

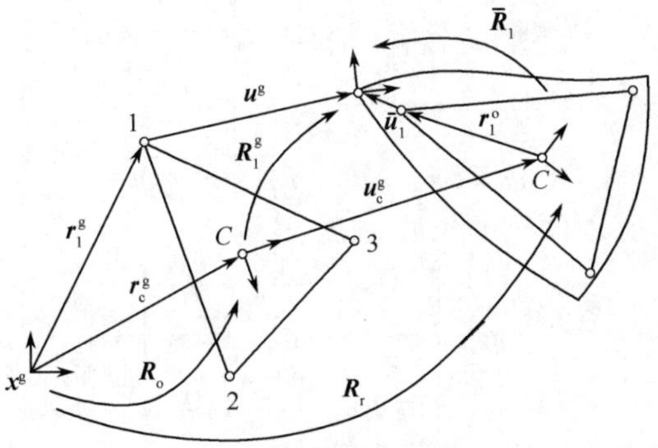

图 3.9　三维壳单元的变形示意图

单元从初始状态运动到当前状态,需要两步:第一步是刚体的平移和旋转,刚体平移由点 C 在总体坐标下的位移 $\boldsymbol{u}_{\mathrm{c}}^{\mathrm{g}}$ 来描述,刚体旋转由正交矩阵 $\boldsymbol{R}_{\mathrm{r}}$ 来描述,由变形后的局部坐标系来定义,表达式与式(3.112)相似,只是其中的顶点坐标换为变形后的顶点在总体坐标下的位置。既然 $\boldsymbol{R}_{\mathrm{r}}$ 是由变形后的局部坐标系来定义,则可以将局部坐标系和总体坐标系通过 $\boldsymbol{R}_{\mathrm{r}}$ 联系起来。如局部坐标下

的矢量和矩阵可以由总体坐标下的矢量和矩阵表示为

$$\begin{cases} \boldsymbol{V}^{\mathrm{e}} = \boldsymbol{R}_{\mathrm{r}}^{\mathrm{T}} \boldsymbol{V}^{\mathrm{g}} \\ \tilde{\boldsymbol{V}}^{\mathrm{e}} = \boldsymbol{R}_{\mathrm{r}}^{\mathrm{T}} \tilde{\boldsymbol{V}}^{\mathrm{g}} \boldsymbol{R}_{\mathrm{r}} \end{cases} \tag{3.114}$$

式中,上标 e 和 g 分别为局部和总体坐标系。第二步是局部坐标系下的局部变形,节点局部位移由 $\bar{\boldsymbol{u}}_i, i=1,2,3$ 描述,如图 3.9 所示,节点局部旋转量由正交矩阵 $\overline{\boldsymbol{R}}_i, i=1,2,3$ 来描述。以上两步就将整个变形过程分为刚体变形量和局部变形量。

传统的旋转量由空间角度变化来描述,限制了其在矩阵运算中的应用。Pacoste 提出的参数化方法,将旋转变量由轴矢量来表示。任意的有限旋转可以由沿轴 L(单位矢量 $\boldsymbol{e}$ 定义)的唯一角度 $\boldsymbol{\psi}$ 来描述,如图 3.10 所示。

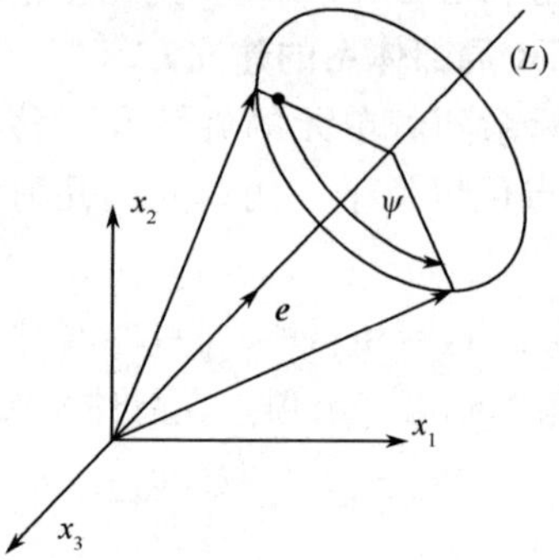

图 3.10 空间旋转量的参数化示意图

将其表示为

$$\boldsymbol{\psi} = \boldsymbol{e}\psi, \quad \psi = \sqrt{q_1^2 + q_2^2 + q_3^2} \tag{3.115}$$

式中,$q_i, i=1,2,3$ 是 $\boldsymbol{\psi}$ 的三个分量。记

$$\tilde{\boldsymbol{\psi}} = \begin{bmatrix} 0 & -q_3 & q_2 \\ q_3 & 0 & -q_1 \\ -q_2 & q_1 & 0 \end{bmatrix} \tag{3.116}$$

将旋转的量由正交矩阵参数化表示如下:

$$\boldsymbol{R}_i^{\mathrm{g}} = \exp(\tilde{\boldsymbol{\psi}}_i) = \boldsymbol{I} + \frac{\sin(\psi)}{\psi} \tilde{\boldsymbol{\psi}}_i + \frac{1}{2} \left[\frac{\sin(\psi/2)}{\psi/2} \right]^2 \tilde{\boldsymbol{\psi}}_i \tag{3.117}$$

推导可以得到

$$\boldsymbol{R}_i^{\mathrm{g}} = 2 \begin{bmatrix} q_0^2 + q_1^2 - 1/2 & q_1 q_2 - q_3 q_0 & q_1 q_3 + q_2 q_0 \\ q_2 q_1 + q_3 q_0 & q_0^2 + q_2^2 - 1/2 & q_2 q_3 - q_1 q_0 \\ q_3 q_1 - q_2 q_0 & q_3 q_2 + q_1 q_0 & q_0^2 + q_3^2 - 1/2 \end{bmatrix} \tag{3.118}$$

式中，$q_0^2+q_1^2+q_2^2+q_3^2=1$，由此，局部变形可以推导得到

$$\bar{\boldsymbol{u}}_i=\boldsymbol{R}_{\mathrm{r}}^{\mathrm{T}}(\boldsymbol{r}_i^{\mathrm{g}}+\boldsymbol{u}_i^{g}-\boldsymbol{r}_{\mathrm{c}}^{\mathrm{g}}-\boldsymbol{u}_{\mathrm{c}}^{\mathrm{g}})-\boldsymbol{r}_i^0 \qquad i=1,2,3 \tag{3.119}$$

式中，$\boldsymbol{u}_i^{\mathrm{g}}$，$i=1,2,3$ 为总体坐标下的节点位移；$\boldsymbol{r}_{\mathrm{c}}^{\mathrm{g}}$ 为初始时刻点 C 的坐标；$\boldsymbol{r}_i^0$，$i=1,2,3$ 为初始时刻三角形顶点到几何中心 C 的矢量值，定义如下：

$$\boldsymbol{r}_i^0=\boldsymbol{R}_0^{\mathrm{T}}(\boldsymbol{r}_i^{\mathrm{g}}-\boldsymbol{r}_{\mathrm{c}}^{\mathrm{g}}) \quad i=1,2,3 \tag{3.120}$$

由图 3.9 可知，有如下关系：

$$\begin{cases}\boldsymbol{R}_{\mathrm{r}}\overline{\boldsymbol{R}}_i=\boldsymbol{R}_i^{\mathrm{g}}\boldsymbol{R}_0\\ \overline{\boldsymbol{R}}_i=\boldsymbol{R}_{\mathrm{r}}^{\mathrm{T}}\boldsymbol{R}_i^{\mathrm{g}}\boldsymbol{R}_0\end{cases} \quad i=1,2,3 \tag{3.121}$$

由 Pacoste 的推导，有如下微分表达式

$$\begin{cases}\delta\boldsymbol{R}_{\mathrm{r}}=\delta\tilde{\boldsymbol{\theta}}_{\mathrm{r}}^{\mathrm{g}}\boldsymbol{R}_{\mathrm{r}}\\ \delta\boldsymbol{R}_i^{\mathrm{g}}=\delta\tilde{\boldsymbol{\theta}}_i^{\mathrm{g}}\boldsymbol{R}_i^{\mathrm{g}}\\ \delta\overline{\boldsymbol{R}}_i=\delta\,\tilde{\overline{\boldsymbol{\theta}}}_i\overline{\boldsymbol{R}}_i\end{cases} \tag{3.122}$$

式中，$\delta\tilde{\boldsymbol{\theta}}_{\mathrm{r}}^{\mathrm{g}}$、$\delta\tilde{\boldsymbol{\theta}}_i^{\mathrm{g}}$和 $\delta\,\tilde{\overline{\boldsymbol{\theta}}}_i$分别为由刚体旋转的空间角度增量 $\delta\boldsymbol{\theta}_{\mathrm{r}}^{\mathrm{g}}$、节点变形的旋转空间角度增量 $\delta\boldsymbol{\theta}_i^{\mathrm{g}}$和局部节点变形旋转的空间角度增量 $\delta\overline{\boldsymbol{\theta}}_i$组成的反对称矩阵，定义如式(3.116)的形式。由此，对局部变形式(3.119)微分得到

$$\delta\bar{\boldsymbol{u}}_i=\delta\boldsymbol{R}_{\mathrm{r}}^{\mathrm{T}}(\boldsymbol{r}_i^{g}+\boldsymbol{u}_i^{\mathrm{g}}-\boldsymbol{r}_{\mathrm{c}}^{\mathrm{g}}-\boldsymbol{u}_{\mathrm{c}}^{g})+\boldsymbol{R}_{\mathrm{r}}^{\mathrm{T}}(\delta\boldsymbol{u}_i^{\mathrm{g}}-\delta\boldsymbol{u}_{\mathrm{c}}^{\mathrm{g}}) \tag{3.123}$$

在局部坐标系中，变形增量 $\boldsymbol{R}_{\mathrm{r}}^{\mathrm{T}}\delta\boldsymbol{u}_{\mathrm{c}}^{\mathrm{g}}\approx 0$，可以忽略，利用式(3.122)，上式变为

$$\begin{aligned}\delta\bar{\boldsymbol{u}}_i&=-\boldsymbol{R}_{\mathrm{r}}^{\mathrm{T}}\delta\tilde{\boldsymbol{\theta}}_{\mathrm{r}}^{\mathrm{g}}(\boldsymbol{r}_i^{\mathrm{g}}+\boldsymbol{u}_i^{g}-\boldsymbol{r}_{\mathrm{c}}^{\mathrm{g}}-\boldsymbol{u}_{\mathrm{c}}^{\mathrm{g}})+\boldsymbol{R}_{\mathrm{r}}^{\mathrm{T}}\delta\boldsymbol{u}_i^{\mathrm{g}}\\&=\boldsymbol{R}_{\mathrm{r}}^{\mathrm{T}}\delta\tilde{\boldsymbol{\theta}}_{\mathrm{r}}^{\mathrm{g}}\boldsymbol{R}_{\mathrm{r}}\boldsymbol{R}_{\mathrm{r}}^{\mathrm{T}}(\boldsymbol{r}_i^{\mathrm{g}}+\boldsymbol{u}_i^{\mathrm{g}}-\boldsymbol{r}_{\mathrm{c}}^{\mathrm{g}}-\boldsymbol{u}_{\mathrm{c}}^{\mathrm{g}})+\boldsymbol{R}_{\mathrm{r}}^{\mathrm{T}}\delta\boldsymbol{u}_i^{\mathrm{g}}\end{aligned} \tag{3.124}$$

考虑式(3.114)和式(3.119)，定义 $\boldsymbol{a}_i=\bar{\boldsymbol{u}}_i+\boldsymbol{r}_i^0$，且有 $-\delta\tilde{\boldsymbol{\theta}}_{\mathrm{r}}^{\mathrm{e}}\boldsymbol{a}_i=\tilde{\boldsymbol{a}}_i\delta\boldsymbol{\theta}_{\mathrm{r}}^{\mathrm{e}}$，则上式可以写为

$$\delta\bar{\boldsymbol{u}}_i=\tilde{\boldsymbol{a}}_i\delta\boldsymbol{\theta}_{\mathrm{r}}^{\mathrm{e}}+\delta\boldsymbol{u}_i^{\mathrm{e}} \tag{3.125}$$

对式(3.121)第一式求微分有

$$\delta\overline{\boldsymbol{R}}_i=\delta\boldsymbol{R}_{\mathrm{r}}^{\mathrm{T}}\boldsymbol{R}_i^{\mathrm{g}}\boldsymbol{R}_0+\boldsymbol{R}_{\mathrm{r}}^{\mathrm{T}}\delta\boldsymbol{R}_i^{\mathrm{g}}\boldsymbol{R}_0 \tag{3.126}$$

将式(3.122)代入式(3.126)得

$$\begin{aligned}\delta\overline{\boldsymbol{R}}_i&=\delta\tilde{\boldsymbol{\theta}}_{\mathrm{r}}^{\mathrm{g}}\boldsymbol{R}_{\mathrm{r}}^{\mathrm{T}}\boldsymbol{R}_i^{\mathrm{g}}\boldsymbol{R}_0+\boldsymbol{R}_{\mathrm{r}}^{\mathrm{T}}\delta\tilde{\boldsymbol{\theta}}_i^{\mathrm{g}}\boldsymbol{R}_i^{\mathrm{g}}\boldsymbol{R}_0=-\boldsymbol{R}_{\mathrm{r}}^{\mathrm{T}}\delta\tilde{\boldsymbol{\theta}}_{\mathrm{r}}^{\mathrm{g}}\boldsymbol{R}_{\mathrm{r}}\boldsymbol{R}_{\mathrm{r}}^{\mathrm{T}}\boldsymbol{R}_i^{\mathrm{g}}\boldsymbol{R}_0+\boldsymbol{R}_{\mathrm{r}}^{\mathrm{T}}\delta\tilde{\boldsymbol{\theta}}_i^{\mathrm{g}}\boldsymbol{R}_{\mathrm{r}}\boldsymbol{R}_{\mathrm{r}}^{\mathrm{T}}\boldsymbol{R}_i^{\mathrm{g}}\boldsymbol{R}_0\\&=-\delta\tilde{\boldsymbol{\theta}}_{\mathrm{r}}^{\mathrm{e}}\boldsymbol{R}_{\mathrm{r}}^{\mathrm{T}}\boldsymbol{R}_i^{\mathrm{g}}\boldsymbol{R}_0+\delta\tilde{\boldsymbol{\theta}}_i^{\mathrm{e}}\boldsymbol{R}_{\mathrm{r}}^{\mathrm{T}}\boldsymbol{R}_i^{\mathrm{g}}\boldsymbol{R}_0=(\delta\tilde{\boldsymbol{\theta}}_i^{\mathrm{e}}-\delta\tilde{\boldsymbol{\theta}}_{\mathrm{r}}^{\mathrm{e}})\overline{\boldsymbol{R}}_i\end{aligned} \tag{3.127}$$

引入式(3.122)中局部坐标下的旋转变形 $\overline{\boldsymbol{\theta}}_i$，有

$$\delta\overline{\boldsymbol{\theta}}_i=\delta\boldsymbol{\theta}_i^{\mathrm{e}}-\delta\boldsymbol{\theta}_{\mathrm{r}}^{\mathrm{e}} \tag{3.128}$$

由式(3.125)和式(3.128)可以求得局部坐标下的位移增量值。

2. 局部坐标系下的刚度矩阵和内力求解

对于三节点壳元，局部位移矢量 $\bar{\boldsymbol{u}}_i$取法如下：

$$\bar{\boldsymbol{u}}_i = [\bar{u}_i \quad \bar{v}_i \quad \bar{w}_i] \qquad i=1,2,3 \tag{3.129}$$

由正交矩阵 $\bar{\boldsymbol{R}}_i$ 的定义,$\bar{\boldsymbol{R}}_i = \exp(\tilde{\bar{\boldsymbol{\vartheta}}}_i)$ 可知局部旋转量为

$$\tilde{\bar{\boldsymbol{\vartheta}}}_i = \ln(\bar{\boldsymbol{R}}_i) \quad i=1,2,3 \tag{3.130}$$

由式(3.130)的表达式,忽略高阶项,推导后可以得到更为简洁的表达式

$$\bar{\boldsymbol{\vartheta}}_i = \frac{1}{2}\begin{bmatrix} \bar{R}_{32} - \bar{R}_{23} \\ \bar{R}_{13} - \bar{R}_{31} \\ \bar{R}_{21} - \bar{R}_{12} \end{bmatrix} \qquad i=1,2,3 \tag{3.131}$$

由式(3.129)和式(3.131)可以得到局部坐标下的所有平动和转动位移为

$$\boldsymbol{d}_l = [\bar{\boldsymbol{u}}_1^{\mathrm{T}} \quad \bar{\boldsymbol{\vartheta}}_1^{\mathrm{T}} \quad \bar{\boldsymbol{u}}_2^{\mathrm{T}} \quad \bar{\boldsymbol{\vartheta}}_2^{\mathrm{T}} \quad \bar{\boldsymbol{u}}_3^{\mathrm{T}} \quad \bar{\boldsymbol{\vartheta}}_3^{\mathrm{T}}]^{\mathrm{T}} \tag{3.132}$$

局部坐标系下内力的定义为

$$\boldsymbol{f}_l = [\bar{\boldsymbol{F}}_1^{\mathrm{T}} \quad \bar{\boldsymbol{M}}_1^{\mathrm{T}} \quad \bar{\boldsymbol{F}}_2^{\mathrm{T}} \quad \bar{\boldsymbol{M}}_2^{\mathrm{T}} \quad \bar{\boldsymbol{F}}_3^{\mathrm{T}} \quad \bar{\boldsymbol{M}}_3^{\mathrm{T}}]^{\mathrm{T}} \tag{3.133}$$

式中

$$\begin{cases} \bar{\boldsymbol{F}}_i = [\bar{f}_x \quad \bar{f}_y \quad \bar{f}_z] \\ \bar{\boldsymbol{M}}_i = [\bar{m}_x \quad \bar{m}_y \quad \bar{m}_z] \end{cases} \qquad i=1,2,3 \tag{3.134}$$

在局部坐标下,不计刚体位移和旋转,位移和应变可以认为是线性关系,近而有

$$\boldsymbol{f}_l = \boldsymbol{K}_l \boldsymbol{d}_l \tag{3.135}$$

式中,$\boldsymbol{K}_l$ 为三节点壳单元的线性弹性刚度矩阵,由平面应力单元和板弯曲单元两部分组成,很多有限元的文献中都可以查到其具体的表达式。

3.6 非线性有限元方程组求解方法

不论是材料非线性问题还是几何非线性问题,经过有限元离散后,最终都归结为求解 N 个变量,N 个方程的非线性方程组,即

$$\begin{cases} \varphi_1(a_1, \cdots, a_N) = 0 \\ \qquad \vdots \\ \varphi_1(a_1, \cdots, a_N) = 0 \end{cases}$$

式中,$a_1, \cdots, a_N$ 为未知量;$\varphi_1, \cdots, \varphi_N$ 为定义在 N 维 Euclid 空间开域 D 上的实值函数,一般他们是 $a_1, \cdots, a_N$ 的非线性函数,采用矢量记号

$$\boldsymbol{a} = [a_1, \cdots, a_N]^{\mathrm{T}}$$

$$\boldsymbol{\varphi} = [\varphi_1, \cdots, \varphi_N]^{\mathrm{T}}$$

上述方程组可用一个矢量方程表示

$$\boldsymbol{\varphi}(\boldsymbol{a}) = \mathbf{0}$$

为了突出其力学含义,将此方程改写为如下形式

$$\boldsymbol{\varphi}(\boldsymbol{a}) = \boldsymbol{P}(\boldsymbol{a}) - \boldsymbol{R} = \mathbf{0} \tag{3.136}$$

式中,$\boldsymbol{P}(\boldsymbol{a})$为未知矢量的一个矢量函数;$\boldsymbol{R}$ 为已知矢量。在全量问题的有限元表示中,$\boldsymbol{a}$ 为未知的节点位移矢量,$\boldsymbol{P}(\boldsymbol{a})$为内力的等效节点力矢量,$\boldsymbol{R}$ 为载荷的等效节点力矢量,而矢量方程 $\boldsymbol{\varphi}(\boldsymbol{a}) = \mathbf{0}$ 表示关于节点的平衡方程,其中的每一个分量方程对应一个自由度的平衡。对于增量问题,$\boldsymbol{a}$ 为位移增量矢量,$\boldsymbol{R}$ 为载荷增量矢量。

在单变量的情况中 $\boldsymbol{\varphi}(\boldsymbol{a})$ 与 $\boldsymbol{P}(\boldsymbol{a})$ 的关系如图 3.11 所示,不难看出,曲线 $z = \varphi(a)$与横轴 $z = 0$ 交点的坐标 a^* 是问题的解。同样,曲线 $z = P(a)$与水平线 $z = R$ 的交点横坐标 a^* 同样是问题的解。

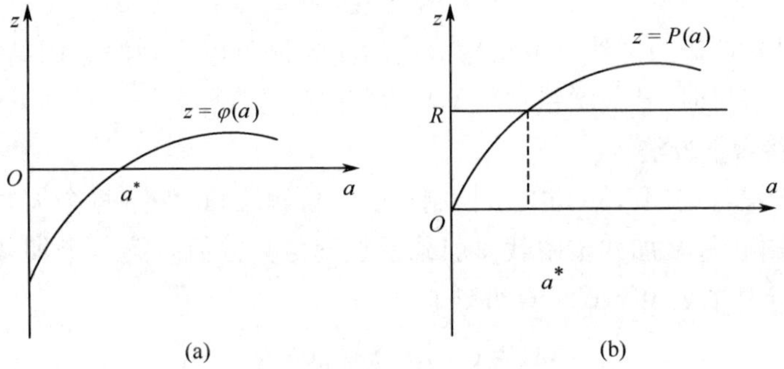

图 3.11　非线性矢量方程示意图

非线性方程组的求解问题无论在理论上还是在解法上都不如线性方程组成熟和有效,在解法上,除极特殊的非线性方程组外,直接解法几乎不可能解出,通常采用各种数值解法,用一系列线性方程组的解去逼近所讨论的非线性方程组的解。

3.6.1　结构静力分析的非线性求解技术

以上推导中得到了结构单元的切线刚度矩阵,进而得到结构静力分析中的增量刚度方程为

$$\boldsymbol{K}_{\mathrm{t}} \Delta \boldsymbol{u} = \Delta \boldsymbol{F} \tag{3.137}$$

当前对于该非线性方程的求解,通常利用牛顿－拉普森(Newton－Raphson)或修正的牛顿－拉普森方法,而增量的形式可以选择为载荷增量或者位移增量形式。

1. 载荷增量方法

为了求解的精度,将外载荷 F_e分为多步加载,在每个加载步中利用牛顿–拉普森方法,则第 n 个加载步中的第 i 次迭代的增量方程为

$$\boldsymbol{K}_{tn}^{i-1}\Delta\boldsymbol{u}_n^i = \Delta\lambda_n^i\boldsymbol{F}_e + \boldsymbol{R}_n^{i-1} \tag{3.138}$$

式中,$\boldsymbol{K}_{tn}^{i-1}$和 $\Delta\boldsymbol{u}_n^i$分别为总体切线刚度矩阵和位移增量;$\Delta\lambda_n^i$为载荷加载系数,为控制量,在每个加载步中 $\Delta\boldsymbol{\lambda}_n^i = \Delta\boldsymbol{\lambda}_n$ 保持为常数;$\boldsymbol{R}_n^{i-1} = \lambda_0\boldsymbol{F}_e - \boldsymbol{F}_i$ 为非平衡载荷,$\boldsymbol{\lambda}_0 = \sum\Delta\boldsymbol{\lambda}_{n-1}$ 是前 $n-1$ 个加载步中的载荷增量系数之和,$\boldsymbol{F}_i$为结构单元内力矢量。在每个加载步中确定了位移初值 $\Delta\boldsymbol{u}_n^0$(首次加载的位移初值可以选用线性求解的位移值)后,按照 3.5 节推导的公式计算总体坐标下的切线刚阵 $\boldsymbol{K}_{tn}$ 和内力 $\boldsymbol{F}_i$,给定载荷增量系数后,求解式(3.138),使其在每个加载步中求解收敛,从而得到整个位移值为

$$\boldsymbol{u} = \boldsymbol{u}_0 + \sum\Delta\boldsymbol{u}_n^i \tag{3.139}$$

一般结构的静力非线性分析用载荷增量方法可以得到满意的结果,但在求解静态失稳特性时,载荷增量往往不易确定失稳点。

2. 位移增量方法

增量方程与式(3.138)相同,控制量变为位移增量,保持每个加载步中的位移增量为常值,每个加载步中载荷加载系数不再为常值。第 n 个加载步中的初始时刻,$\boldsymbol{R}_n^0 = 0$,$\Delta\lambda_n^i$由下式计算得到

$$\Delta\lambda_n^1 = (-1)^n\Delta\lambda_1^1\left|GSP\right|^{1/2} \tag{3.140}$$

式中,GSP 为刚度参数;n 为 GSP 改变次数的标记;$\Delta\lambda_1^1$为初始载荷加载步规定的系数,可以提前试凑,GSP 计算如下:

$$GSP = \frac{(\boldsymbol{u}_1^1)^{\mathrm{T}}\boldsymbol{u}_1^1}{(\boldsymbol{u}_{n-1}^1)^{\mathrm{T}}\boldsymbol{u}_n^1} \tag{3.141}$$

式中,$\boldsymbol{u}_1^1$,$\boldsymbol{u}_{n-1}^1$和 $\boldsymbol{u}_n^1$可以由 $\boldsymbol{K}_0^1\boldsymbol{u}_1^1 = \boldsymbol{F}_e$,$\boldsymbol{K}_{n-1}^0\boldsymbol{u}_{n-1}^1 = \boldsymbol{F}_e$ 和 $\boldsymbol{K}_n^0\boldsymbol{u}_n^1 = \boldsymbol{F}_e$ 计算得到,第 n 个加载步的初始增量位移为

$$\boldsymbol{K}_n^0\Delta\boldsymbol{u}_n^1 = \Delta\lambda_n^1\boldsymbol{F}_e \tag{3.142}$$

为了问题的方便求解,第 n 个加载步中的第 i 次迭代的增量方程可以写为

$$\begin{cases}\boldsymbol{K}_n^{i-1}\boldsymbol{u}_n^{i1} = \boldsymbol{F}_e\\ \boldsymbol{K}_n^{i-1}\boldsymbol{u}_n^{i2} = \boldsymbol{R}_n^{i-1}\end{cases} \tag{3.143}$$

增量位移为

$$\Delta\boldsymbol{u}_n^i = \Delta\lambda_n^i\boldsymbol{u}_n^{i1} + \boldsymbol{u}_n^{i2} \tag{3.144}$$

式中,载荷增量系数为

$$\Delta\lambda_n^i = -\frac{(\boldsymbol{u}_{n-1}^{11})^{\mathrm{T}}\boldsymbol{u}_n^{i2}}{(\boldsymbol{u}_{n-1}^{11})^{\mathrm{T}}\boldsymbol{u}_n^{i1}} \tag{3.145}$$

重复以上步骤直到满足收敛标准。每个载荷加载步的位移为

$$\boldsymbol{u} = \boldsymbol{u}_0 + \sum \Delta\boldsymbol{u}_n^i \tag{3.146}$$

实际应用中,假定节点变量的第 k 个位移为控制位移,位移增量值为 ΔU,则第 n 个加载步的初始载荷增量系数和第 i 次迭代时的载荷增量系数可以计算为

$$\Delta\lambda_n^1 = \frac{\Delta U}{u_1^{11}}, \qquad \Delta\lambda_n^i = -\frac{u_n^{i2}}{u_n^{i1}} \tag{3.147}$$

在每个加载步中,ΔU 和 k 值不变。增量方程如式(3.138)、式(3.143)和式(3.144)。位移增量方法可以得到较为精确的临界点,但位移增量方法每个时间步内需要求解载荷加载系数,计算量相比大了一些。

3.6.2 结构动力分析的非线性求解技术

结构动力学运动方程可以如下表示

$$\boldsymbol{M}\ddot{\boldsymbol{u}} + \boldsymbol{C}\dot{\boldsymbol{u}} + \boldsymbol{K}\boldsymbol{u} = \boldsymbol{F}_{\mathrm{e}} \tag{3.148}$$

式中,$\boldsymbol{M}$ 为质量矩阵;$\boldsymbol{C}$ 为阻尼矩阵;$\boldsymbol{K}$ 为刚度矩阵;$\boldsymbol{F}_{\mathrm{e}}$ 为物体承受的所有外力;$\ddot{u}$,$\dot{u}$,u 分别为物体运动的加速度、速度和位移。方程(3.148)通过空间变量进行有限元离散和对时间变量实施时域求解就可得到其动态响应。

常用的结构动力时域求解方法大体有三类:①数值积分方法,其基本思想假定每个时间间隔 Δt 内,位移、速度和加速度符合某一简单关系。由于只假设结构本构关系在一个微小的时间步内是线性的,这种方法可以处理非线性的结构动力问题。②模态叠加法,该法引入模态广义坐标,将有限元坐标基变换到特征矢量基。该法适用于结构比较简单、载荷为周期载荷、激起的振型较少的情况,尤其对于分析结构各阶频率与振型以及各阶模态在响应中的作用与地位,进行动力学修补和优化时有实用意义。当前对大多数的气动弹性动稳定性分析使用该方法。由于非线性动态响应问题中模态广义坐标很难建立,该方法较难处理非线性情况,另外对于响应中含较多高频成分时,该法需要较多高阶模态,计算量大。③状态空间法,该法将已在空间离散化的 n 个二阶常微分方程转化为 $2n$ 个一阶常微分方程进行求解。状态变量可以是结构中真实的有限元节点位移及其速度,也可以是广义位移及其导数(也是模态叠加法的一种)。对于给定的结构,进行动力分析时,应当综合考虑载荷形式、结构建模、精度要求及非线性的影响程度,选择合适的时域方法求解。一个好的数值分析方法必须是收敛的、有足够的精度、良好的稳定性以及较高的计算效率。

1. 非线性动力学求解方法——纽马克(Newmark)算法

将式(3.148)写为非线性结构的动力学平衡方程,即

$$\boldsymbol{M}\ddot{\boldsymbol{u}}+\boldsymbol{C}\dot{\boldsymbol{u}}+\boldsymbol{F}_i=\boldsymbol{F}_e \tag{3.149}$$

式中，$\boldsymbol{F}_i=\int\overline{\boldsymbol{B}}^{\mathrm{T}}\sigma\mathrm{d}V$ 为单元内力。由于 F_i 的非线性，需要将式(3.149)线性化

$$\boldsymbol{F}_{i,n+1}=\boldsymbol{F}_{i,n}+\boldsymbol{K}_{\mathrm{T},n}\Delta u \tag{3.150}$$

式中，$\Delta\boldsymbol{u}=\boldsymbol{u}_{n+1}-\boldsymbol{u}_n$，从而可得线性化的动力学平衡方程为

$$\boldsymbol{M}\ddot{\boldsymbol{u}}_{n+1}+\boldsymbol{C}\dot{\boldsymbol{u}}_{n+1}+\boldsymbol{K}_{\mathrm{T},n}\Delta u=\boldsymbol{F}_{e,n+1}-\boldsymbol{F}_{i,n} \tag{3.151}$$

由于式(3.150)的线化过程不够精确，直接求解式(3.151)会造成误差，考虑引入子迭代的纽马克方法来求解，基本方程为

$$\boldsymbol{M}\ddot{\boldsymbol{u}}_{n+1}^{i}+\boldsymbol{C}\dot{\boldsymbol{u}}_{n+1}^{i}+\boldsymbol{K}_{\mathrm{T}}\Delta\boldsymbol{u}^{i}=\boldsymbol{F}_{e,n+1}-\boldsymbol{F}_{i,n}^{i} \tag{3.152}$$

其基本步骤如下：

(1) 计算初值 $\boldsymbol{u}_0,\dot{\boldsymbol{u}}_0,\ddot{\boldsymbol{u}}_0$。

(2) 计算局部坐标系下的切线刚度矩阵 $\boldsymbol{K}_{\mathrm{T}l}$、质量阵及单元内力 $\boldsymbol{f}_i$。

(3) 计算转换矩阵 $\boldsymbol{T}$，组装总体切线刚度矩阵 $\boldsymbol{K}_{\mathrm{T}}$、质量阵和节点内力 $\boldsymbol{F}_i$。

(4) 纽马克方法子迭代。

(5) 得到下一时刻的节点位移、速度、加速度。

(6) 判断是否满足收敛标准，否则返回第(2)步继续计算。

纽马克方法子迭代：①由第 n 时刻的总体切线刚度矩阵、质量阵、阻尼阵形成等效刚度矩阵

$$\hat{\boldsymbol{K}}_n=a_0\boldsymbol{M}_n+a_1\boldsymbol{C}_n+\boldsymbol{K}_{\mathrm{T},n} \tag{3.153}$$

② 形成等效载荷列阵

$$\hat{\boldsymbol{R}}_{n+1}=\boldsymbol{F}_{e,n+1}+\boldsymbol{M}_n(a_2\dot{\boldsymbol{u}}_n+a_3\ddot{\boldsymbol{u}}_n)+\boldsymbol{C}_n(a_4\dot{\boldsymbol{u}}_n+a_5\ddot{\boldsymbol{u}}_n)-\boldsymbol{F}_{i,n} \tag{3.154}$$

③ 求解位移初值

$$\hat{\boldsymbol{K}}_n\Delta\boldsymbol{u}=\hat{\boldsymbol{R}}_{n+1} \tag{3.155}$$

④ 由 Δu 求得下次迭代的位移、速度及加速度

$$\begin{cases}\boldsymbol{u}_{n+1}^{i}=\boldsymbol{u}_{n+1}^{i-1}+\Delta\boldsymbol{u}^{i}\\ \dot{\boldsymbol{u}}_{n+1}^{i}=a_1\Delta\boldsymbol{u}^{i}-a_4\dot{\boldsymbol{u}}_{n}^{i}-a_5\ddot{\boldsymbol{u}}_{n}^{i}\\ \ddot{\boldsymbol{u}}_{n+1}^{i}=a_0\Delta\boldsymbol{u}^{i}-a_2\dot{\boldsymbol{u}}_{n}^{i}-a_3\ddot{\boldsymbol{u}}_{n}^{i}\end{cases} \tag{3.156}$$

⑤ 求解结构节点内力并计算非平衡力

$$\boldsymbol{\psi}_{n+1}^{i}=\boldsymbol{F}_{e,n+1}-(\boldsymbol{M}\ddot{\boldsymbol{u}}_{n+1}^{i}+\boldsymbol{C}\dot{\boldsymbol{u}}_{n+1}^{i}+\boldsymbol{F}_{i,n+1}^{i}) \tag{3.157}$$

⑥ 求解第 i 次迭代的位移增量的修正量，得到第 $i+1$ 次迭代的位移增量

$$\hat{\boldsymbol{K}}_n\Delta\boldsymbol{u}'^{i}=\boldsymbol{\psi}_{n+1}^{i} \tag{3.158}$$

$$\Delta\boldsymbol{u}^{i+1}=\Delta\boldsymbol{u}^{i}+\Delta\boldsymbol{u}'^{i} \tag{3.159}$$

⑦ 判断位移增量是否满足收敛准则，否则返回④。

纽马克方法的系数为 $a_0 = 1/(\beta\Delta t^2)$；$a_1 = \gamma/(\beta\Delta t)$；$a_2 = 1/(\beta\Delta t)$；$a_3 = 1/(2\beta) - 1$；$a_4 = \gamma/\beta - 1$；$a_5 = \Delta t/2 \cdot (\gamma/\beta - 2)$。

对于阻尼矩阵 $\boldsymbol{C}$ 采用瑞利阻尼，假设阻尼矩阵是质量阵和刚度阵的组合

$$\boldsymbol{C} = \alpha_0 \boldsymbol{M} + \alpha_1 \boldsymbol{K}_{\mathrm{T}} \tag{3.160}$$

式中，α_0 和 α_1 为两个比例系数，分别具有 s^{-1} 和 s 的量纲，由下式给出

$$\begin{Bmatrix} \alpha_0 \\ \alpha_1 \end{Bmatrix} = \frac{2\omega_i\omega_j}{\omega_j^2 - \omega_i^2} \begin{pmatrix} \omega_j & -\omega_i \\ -\dfrac{1}{\omega_j} & \dfrac{1}{\omega_i} \end{pmatrix} \begin{Bmatrix} \zeta_i \\ \zeta_j \end{Bmatrix} \tag{3.161}$$

其中，ω_i 和 ω_j 分别为结构第 i 阶和第 j 阶固有频率；ζ_i 和 ζ_j 分别为第 i 阶和第 j 阶振型的阻尼比。当 $\zeta_i = \zeta_j = \zeta$ 时，上式简化为

$$\begin{Bmatrix} \alpha_0 \\ \alpha_1 \end{Bmatrix} = \frac{2\zeta}{\omega_i + \omega_j} \begin{pmatrix} \omega_i\omega_j \\ 1 \end{pmatrix} \tag{3.162}$$

要注意频率点 ω_i 和 ω_j 要覆盖结构分析中感兴趣的频段，在非线性分析中，可以考虑采用平均频率来计算阻尼阵。纽马克方法在结构动力学的求解中有着广泛地应用，虽然该方法对于线性问题是无条件稳定的，但对于非线性问题，稳定性受到限制，需要足够小的时间步长，而且对于高频响应，该方法得到的结果会出现死锁或放大不真实的现象。

2. 非线性动力学求解方法——近似能量守恒算法

在结构动态响应过程中，忽略阻尼，引入能量变化

$$\Delta E = \Delta E_{\varepsilon} + \Delta E_{\mathrm{v}} + \Delta E_{\mathrm{p}} \tag{3.163}$$

式中，ΔE_{ε}、ΔE_{v} 和 ΔE_{p} 分别为结构应变能、动能和势能的增量。若要能量守恒，则上式为 0。对于非线性的结构动力学方程，假定位移、速度和加速度有以下关系：

$$\begin{cases} (\dot{\boldsymbol{u}}_{n+1} + \dot{\boldsymbol{u}}_n)/2 = (\boldsymbol{u}_{n+1} - \boldsymbol{u}_n)/\Delta t \\ (\ddot{\boldsymbol{u}}_{n+1} + \ddot{\boldsymbol{u}}_n)/2 = (\dot{\boldsymbol{u}}_{n+1} - \dot{\boldsymbol{u}}_n)/\Delta t \end{cases} \tag{3.164}$$

非线性平衡方程可以写为

$$\boldsymbol{g}_{n+1} = \boldsymbol{F}_{i,n+1} + \boldsymbol{M}\ddot{\boldsymbol{u}}_{n+1} - \boldsymbol{F}_{\mathrm{e},n+1} = 0 \tag{3.165}$$

考虑式(3.164)，得到

$$\boldsymbol{g}_{n+1} = \boldsymbol{T}_{n+1}^{\mathrm{T}} \boldsymbol{f}_{il} + \frac{2}{\Delta t}\boldsymbol{M}(\dot{\boldsymbol{u}}_{n+1} - \dot{\boldsymbol{u}}_n) - \boldsymbol{M}\ddot{\boldsymbol{u}}_n - \boldsymbol{F}_{\mathrm{e},n+1} = 0 \tag{3.166}$$

以二维梁为例，考虑如图 3.12 的构型，引入变形前后的中间值：

$$\boldsymbol{f}_{il,n+1/2} = \frac{1}{2}(\boldsymbol{f}_{il,n} + \boldsymbol{f}_{il,n+1}) = [\overline{N}_{n+1/2} \quad \overline{M}_{1,n+1/2} \quad \overline{M}_{2,n+1/2}]^{\mathrm{T}} \tag{3.167}$$

$$\boldsymbol{F}_{i,n+1/2} = \boldsymbol{T}_{n+1/2}^{\mathrm{T}} \boldsymbol{f}_{il,n+1/2}, \quad \boldsymbol{T}_{n+1/2} = 1/2(\boldsymbol{T}_n + \boldsymbol{T}_{n+1}) \tag{3.168}$$

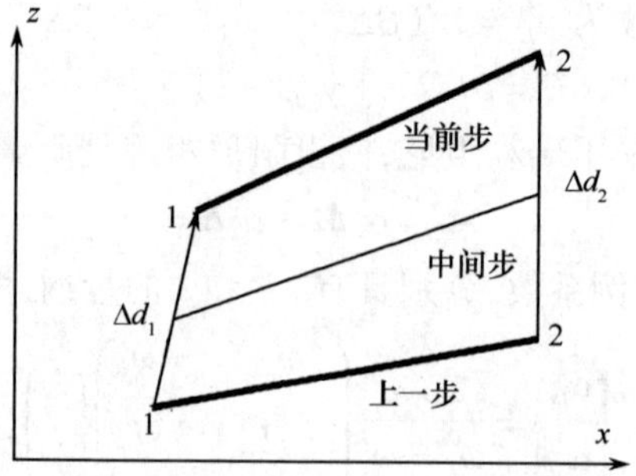

图 3.12　二维梁运动过程示意图

$$\ddot{\boldsymbol{u}}_{n+1/2}=(\dot{\boldsymbol{u}}_{n+1}-\dot{\boldsymbol{u}}_{n})/\Delta t \tag{3.169}$$

将式(3.167)~式(3.169)代入式(3.166)中,得

$$\boldsymbol{g}_{n+1/2}=\boldsymbol{F}_{i,n+1/2}+\frac{1}{\Delta t}\boldsymbol{M}(\dot{\boldsymbol{u}}_{n+1}-\dot{\boldsymbol{u}}_{n})-\boldsymbol{F}_{e,n+1/2}=0 \tag{3.170}$$

则能量变化为

$$\begin{cases}\Delta E_{\varepsilon}=\boldsymbol{F}_{i,n+1/2}^{\mathrm{T}}\Delta\boldsymbol{u}_{n+1/2}\\ \Delta E_{\mathrm{v}}=1/2\boldsymbol{M}(\dot{\boldsymbol{u}}_{n+1}-\dot{\boldsymbol{u}}_{n})^{2}=(\dot{\boldsymbol{u}}_{n+1}-\dot{\boldsymbol{u}}_{n})^{\mathrm{T}}\boldsymbol{M}\left(\dfrac{\dot{\boldsymbol{u}}_{n+1}+\dot{\boldsymbol{u}}_{n}}{2}\right)=\left(\dfrac{\dot{\boldsymbol{u}}_{n+1}-\dot{\boldsymbol{u}}_{n}}{\Delta t}\right)^{\mathrm{T}}\boldsymbol{M}\Delta\boldsymbol{u}_{n+1/2}\\ \Delta E_{\mathrm{p}}=-\boldsymbol{F}_{e,n+1/2}^{\mathrm{T}}\Delta\boldsymbol{u}_{n+1/2}\end{cases} \tag{3.171}$$

总的能量变化为

$$\Delta E=\boldsymbol{g}_{n+1/2}\Delta\boldsymbol{u}_{n+1/2} \tag{3.172}$$

当数值求解式(3.170)达到收敛时,$\boldsymbol{g}_{n+1/2}=0$,则总的能量变化为0,即保证了能量的守恒。对式(3.168)求微分,得到

$$\delta\boldsymbol{F}_{i,n+1/2}=\boldsymbol{T}_{n+1/2}\delta\boldsymbol{f}_{il,n+1/2}+\delta\boldsymbol{T}_{n+1/2}\boldsymbol{f}_{il,n+1/2} \tag{3.173}$$

式(3.173)右边第一项可以推导如下:

$$\boldsymbol{T}_{n+1/2}\delta\boldsymbol{f}_{il,n+1/2}=\boldsymbol{T}_{n+1/2}\delta[1/2(\boldsymbol{f}_{il,n}+\boldsymbol{f}_{il,n+1})]=\frac{1}{2}\left(\frac{\boldsymbol{T}_{n}+\boldsymbol{T}_{n+1}}{2}\right)^{\mathrm{T}}\delta\boldsymbol{f}_{il,n+1} \tag{3.174}$$

式(3.173)右边第二项可以如下推导:

$$\delta\boldsymbol{T}_{n+1/2}\boldsymbol{f}_{il,n+1/2}=\delta\left[\frac{1}{2}(\boldsymbol{T}_{n}+\boldsymbol{T}_{n+1})\right]\boldsymbol{f}_{il,n+1/2}=\frac{1}{2}\delta\boldsymbol{T}_{n+1}\boldsymbol{f}_{il,n+1/2} \tag{3.175}$$

由式(3.108)和式(3.174),式(3.173)右端第一项可以推导得到线性刚度矩阵为

$$\boldsymbol{K}_{tl}=\frac{1}{2}\left(\frac{\boldsymbol{T}_{n}+\boldsymbol{T}_{n+1}}{2}\right)^{\mathrm{T}}\boldsymbol{K}_{l}\boldsymbol{T}_{n+1} \tag{3.176}$$

由式(3.108)和式(3.175),式(3.173)右端第二项可以推导得到几何刚度矩阵为

$$\boldsymbol{K}_{\mathrm{t}\sigma}=\frac{1}{2}[\overline{\boldsymbol{N}}_{n+1/2}/l_{n+1}\cdot\boldsymbol{p}_{n+1}\boldsymbol{p}_{n+1}^{\mathrm{T}}+(\overline{\boldsymbol{M}}_{1,n+1/2}+\overline{\boldsymbol{M}}_{2,n+1/2})/l_{n+1}^{2}\cdot(\boldsymbol{r}_{n+1}\boldsymbol{p}_{n+1}^{\mathrm{T}}+\boldsymbol{p}_{n+1}\boldsymbol{r}_{n+1}^{\mathrm{T}})] \tag{3.177}$$

从而得到总体切线刚度矩阵为

$$\boldsymbol{K}_{n+1/2}=\boldsymbol{K}_{\mathrm{t}l}+\boldsymbol{K}_{\mathrm{t}\sigma} \tag{3.178}$$

可以看出,该方法的推导适用于任意的结构单元类型。同理,利用所发展的式(3.178)和式(3.136)可以推导出三维壳单元的基于近似能量守恒方法的切线刚度矩阵为

$$\boldsymbol{K}_{n+1/2}=\boldsymbol{K}_{\mathrm{t}l}+\boldsymbol{K}_{\mathrm{t}\sigma}=\frac{1}{2}\left(\frac{\boldsymbol{T}_n+\boldsymbol{T}_{n+1}}{2}\right)^{\mathrm{T}}\boldsymbol{K}_l\boldsymbol{T}_{n+1}+\frac{1}{2}\boldsymbol{K}_{\sigma m} \tag{3.179}$$

式中,$\boldsymbol{K}_{\sigma m}$的计算中要使用 $n+1/2$ 时刻位移和内力值。可以看到,此时的切线刚度矩阵不再为对称矩阵,若结构自由度较大时,求解需要更大的存储量和计算时间。

3. 非线性动力学求解方法——精确能量守恒算法

严格来讲,式(3.171)的第一式并不是从 n 到 $n+1$ 时刻应变能的增量。以纯粹的轴向应变为例,从 n 到 $n+1$ 时刻应变能的增量为

$$\Delta E_{\varepsilon}=\frac{1}{2}[\overline{N}_{n+1}(l_{n+1}-l_0)-\overline{N}_n(l_n-l_0)] \tag{3.180}$$

利用内力关系式 $\overline{N}=(EA/l_0)\overline{u}$,式(3.180)为

$$\Delta E_{\varepsilon}=\frac{1}{2}\frac{EA}{l_0}[(l_{n+1}-l_0)^2-(l_n-l_0)^2] \tag{3.181}$$

引入 $\Delta l=l_{n+1}-l_n$,化简后得到

$$\Delta E_{\varepsilon}=\frac{EA}{l_0}\left(l_n-l_0+\frac{\Delta l}{2}\right)\Delta l=\overline{N}_{n+1/2}\Delta l \tag{3.182}$$

而用式(3.168)及式(3.171)的第一式,有

$$\Delta E_{\varepsilon}=\frac{\overline{N}_{n+1/2}}{2}(\boldsymbol{r}_n+\boldsymbol{r}_{n+1})^{\mathrm{T}}\Delta\boldsymbol{u}_{n+1/2} \tag{3.183}$$

若存在刚体旋转,如图 3.13 所示,则显然有

$$\Delta l\neq\frac{(\boldsymbol{r}_n+\boldsymbol{r}_{n+1})^{\mathrm{T}}}{2}\Delta\boldsymbol{u}_{n+1/2} \tag{3.184}$$

此时,对式(3.184)进行如下修正:

$$\Delta l=\frac{1}{1+\cos\Delta\alpha}(\boldsymbol{r}_n+\boldsymbol{r}_{n+1})^{\mathrm{T}}\Delta\boldsymbol{u}_{n+1/2} \tag{3.185}$$

同样,对于弯曲引起的应变,应用能量守恒法时要加以修正

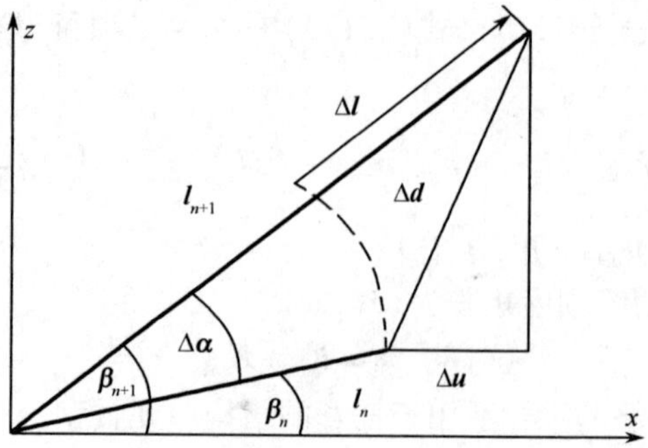

图 3.13　二维梁旋转运动过程示意图

$$\boldsymbol{T}_{n+1/2}=\boldsymbol{D}\left(\frac{\boldsymbol{T}_n^0+\boldsymbol{T}_{n+1}^0}{2}\right)+\bar{\boldsymbol{I}}=\boldsymbol{D}\boldsymbol{T}_{n+1/2}^0+\bar{\boldsymbol{I}}=\bar{\boldsymbol{T}}_{n+1/2}+\bar{\boldsymbol{I}} \tag{3.186}$$

式中，$\boldsymbol{T}^0$ 如下

$$\boldsymbol{T}^0=[\boldsymbol{r}^{\mathrm{T}}\quad -\boldsymbol{p}^{\mathrm{T}}/l\quad -\boldsymbol{p}^{\mathrm{T}}/l]^{\mathrm{T}} \tag{3.187}$$

D 为对角矩阵，如下式

$$\mathrm{diag}(D)=\left(\frac{2}{1+\cos\Delta\alpha},\quad \frac{\Delta\alpha}{\sin\Delta\alpha},\quad \frac{\Delta\alpha}{\sin\Delta\alpha}\right) \tag{3.188}$$

式(3.186)中 $\bar{\boldsymbol{I}}=\boldsymbol{T}-\boldsymbol{T}^0$，将式(3.186)代入(3.168)中，有

$$\boldsymbol{F}_{i,n+1/2}=(\bar{\boldsymbol{T}}_{n+1/2}^{\mathrm{T}}+\bar{\boldsymbol{I}}^{\mathrm{T}})\boldsymbol{f}_{il,n+1/2} \tag{3.189}$$

对式(3.189)求微分，得

$$\delta\boldsymbol{F}_{i,n+1/2}=(\bar{\boldsymbol{T}}_{n+1/2}^{\mathrm{T}}+\bar{\boldsymbol{I}}^{\mathrm{T}})\delta\boldsymbol{f}_{il,n+1/2}+\delta(\bar{\boldsymbol{T}}_{n+1/2}^{\mathrm{T}}+\bar{\boldsymbol{I}}^{\mathrm{T}})\boldsymbol{f}_{il,n+1/2} \tag{3.190}$$

式(3.190)右边第二项可以如下推导：

$$\delta(\bar{\boldsymbol{T}}_{n+1/2}^{\mathrm{T}}+\bar{\boldsymbol{I}}^{\mathrm{T}})=\delta\bar{\boldsymbol{T}}_{n+1/2}^{\mathrm{T}}=\delta\boldsymbol{T}_{n+1/2}^{0\mathrm{T}}\boldsymbol{D}+\boldsymbol{T}_{n+1/2}^{0\mathrm{T}}\delta\boldsymbol{D} \tag{3.191}$$

由式(3.108)，式(3.190)右端第一项推导后可得

$$\boldsymbol{K}_{\mathrm{t}l}=\frac{1}{2}(\bar{\boldsymbol{T}}_{n+1/2}^{\mathrm{T}}+\bar{\boldsymbol{I}}^{\mathrm{T}})\boldsymbol{K}_l\boldsymbol{T}_{n+1} \tag{3.192}$$

式(3.191)右端第一项为

$$\delta\boldsymbol{T}_{n+1/2}^{0\mathrm{T}}\boldsymbol{D}=\frac{1}{2}\delta\boldsymbol{T}_{n+1}^{0\mathrm{T}}\boldsymbol{D}=\frac{1}{2}\delta\boldsymbol{T}_{n+1}^{T}\boldsymbol{D} \tag{3.193}$$

令 $\Delta\alpha=\alpha$，式(3.193)右乘 $\boldsymbol{f}_{il,n+1/2}$ 可以写为

$$\boldsymbol{K}_{\mathrm{t}\sigma1}=\frac{1}{1+\cos\alpha}\frac{\boldsymbol{p}_{n+1}\boldsymbol{p}_{n+1}^{\mathrm{T}}}{l_{n+1}}\bar{N}_{n+1/2}+\frac{1}{2l_{n+1}^2}\frac{\alpha}{\sin\alpha}(\boldsymbol{r}_{n+1}\boldsymbol{p}_{n+1}^{\mathrm{T}}+\boldsymbol{p}_{n+1}\boldsymbol{r}_{n+1}^{\mathrm{T}})(\bar{M}_{1,n+1/2}+\bar{M}_{2,n+1/2}) \tag{3.194}$$

对于式(3.191)右端第二项中对 $\boldsymbol{D}$ 求微分

$$\delta\left(\frac{\alpha}{\sin\alpha}\right)=\frac{\sin\alpha-\alpha\cos\alpha}{\sin^2\alpha}\delta\alpha,\qquad \delta\left(\frac{1}{1+\cos\alpha}\right)=\frac{\sin\alpha}{(1+\cos\alpha)^2}\delta\alpha \tag{3.195}$$

由图 3.13 的几何关系可以得到

$$\delta\alpha=\frac{-\delta(u_{2,n+1}-u_{1,n+1})\sin\beta_{n+1}+\delta(w_{2,n+1}-w_{1,n+1})\cos\beta_{n+1}}{l_{n+1}} \tag{3.196}$$

由前面的定义，式(3.196)可以写为

$$\delta\alpha=\frac{1}{l_{n+1}}\begin{bmatrix}-s_{n+1} & c_{n+1}\end{bmatrix}\begin{bmatrix}\delta u_{2,n+1}-\delta u_{1,n+1}\\ \delta w_{2,n+1}-\delta w_{1,n+1}\end{bmatrix} \tag{3.197}$$

将式(3.195)代入式(3.188)可得

$$\mathrm{diag}(\delta\boldsymbol{D})=\left(\frac{2\sin\alpha}{(1+\cos\alpha)^2}\delta\alpha,\quad \frac{\sin\alpha-\alpha\cos\alpha}{\sin^2\alpha}\delta\alpha,\quad \frac{\sin\alpha-\alpha\cos\alpha}{\sin^2\alpha}\delta\alpha\right) \tag{3.198}$$

给 $\delta\boldsymbol{D}$ 左乘 $\boldsymbol{T}^{0\mathrm{T}}_{n+1/2}$ 后右乘 $\boldsymbol{f}_{il,n+1/2}$，有

$$\boldsymbol{K}_{\mathrm{t}\sigma2}=\frac{\sin\alpha}{(1+\cos\alpha)^2}\frac{\overline{N}_{n+1/2}}{l_{n+1}}[(\boldsymbol{r}_n+\boldsymbol{r}_{n+1})\boldsymbol{p}^{\mathrm{T}}_{n+1}]+$$
$$\frac{\sin\alpha-\alpha\cos\alpha}{\sin^2\alpha}\frac{\overline{M}_{1,n+1/2}+\overline{M}_{2,n+1/2}}{2l_{n+1}}\left[-\left(\frac{\boldsymbol{p}_n}{l_n}+\frac{\boldsymbol{p}_{n+1}}{l_{n+1}}\right)\boldsymbol{p}^{\mathrm{T}}_{n+1}\right] \tag{3.199}$$

故精确能量守恒下的切线刚度矩阵为

$$\boldsymbol{K}_{n+1/2}=\boldsymbol{K}_{\mathrm{t}l}+\boldsymbol{K}_{\mathrm{t}\sigma1}+\boldsymbol{K}_{\mathrm{t}\sigma2} \tag{3.200}$$

该切线刚度矩阵仍然为非对称矩阵。对于三维壳单元，也存在精确能量守恒时的切线刚阵，但其推导颇为复杂，计算量巨大。

4. 非线性动力学求解方法——基于能量守恒的预估－校正求解

以上推导了近似能量守恒和精确能量守恒时二维梁单元切线刚度矩阵的表达式，并发展了三维壳元的近似能量守恒的切线刚度矩阵，此时为了求解结构的非线性动力平衡方程，引入了预估－校正方法。

(1) 预估步：首先求解位移增量初值

$$\overline{\boldsymbol{K}}_{n+1/2}\Delta\boldsymbol{u}=\Delta\boldsymbol{F} \tag{3.201}$$

式中

$$\overline{\boldsymbol{K}}_{n+1/2}=\boldsymbol{K}_{n+1/2}+\frac{2}{\Delta t^2}\boldsymbol{M},\qquad \Delta\boldsymbol{F}=\boldsymbol{F}_{\mathrm{e},n+1/2}-\boldsymbol{F}_{i,n+1/2}+\frac{2}{\Delta t}\boldsymbol{M}\dot{\boldsymbol{u}}_n \tag{3.202}$$

从而可以得到 $n+1$ 时刻预估的位移和速度

$$\begin{cases}\boldsymbol{u}_{n+1}=\boldsymbol{u}_n+\Delta\boldsymbol{u}\\ \dot{\boldsymbol{u}}_{n+1}=2/\Delta t\cdot\Delta\boldsymbol{u}-\dot{\boldsymbol{u}}_n\end{cases} \tag{3.203}$$

将所得到的速度代入式(3.170)，显然 $\boldsymbol{g}_{n+1/2}\neq0$。

（2）校正步：将以上所得残差记做 $\boldsymbol{g}_{n+1/2}^{i-1}$，则有迭代方程如下：

$$\boldsymbol{g}_{n+1/2}^{i-1}+\overline{\boldsymbol{K}}_{\mathrm{T},n+1/2}^{i-1}\delta\boldsymbol{u}_{n+1}^{i}=0 \tag{3.204}$$

式中，$\boldsymbol{K}_{\mathrm{T},n+1/2}^{i-1}$ 由 3.5.1 中推导的切线刚度矩阵的表达式得到，而后由式(3.201)得到 $\overline{\boldsymbol{K}}_{\mathrm{T},n+1/2}^{i-1}$。求解式(3.204)，在每个校正迭代步中，更新位移和速度，得

$$\begin{cases}\boldsymbol{u}_{n+1}^{i}=\boldsymbol{u}_{n+1}^{i-1}+\delta\boldsymbol{u}_{n+1}^{i}\\ \dot{\boldsymbol{u}}_{n+1}^{i}=\dot{\boldsymbol{u}}_{n+1}^{i-1}+\delta\dot{\boldsymbol{u}}_{n+1}^{i}\end{cases} \tag{3.205}$$

其中

$$\delta\dot{\boldsymbol{u}}_{n+1}^{i}=2/\Delta t\cdot\delta\boldsymbol{u}_{n+1}^{i} \tag{3.206}$$

得到位移和速度后，由 CR 理论得到局部坐标系下的位移，近而求解得到 $n+1$ 时刻的内力，再计算得到 $n+1/2$ 时刻的内力，由式(3.170)计算残差 $\boldsymbol{g}_{n+1/2}$，更新切线刚度矩阵，迭代计算，直到满足收敛标准。

3.6.3 算例分析

1. 结构静力非线性分析的算例：悬臂梁在集中载荷下的位移求解

如图 3.14 所示悬臂梁自由端受集中弯矩 M 作用。取 $l=20\mathrm{m}$，$EI_z=10\mathrm{Nm}$，$EA=10\mathrm{N}$，M 分别取 0.2π、0.4π、0.6π、0.8π 和 π。其精确解为弧长 20、圆心角为 $\theta=(Ml)/(EI_z)=0.4\pi$、$0.8\pi$、$1.2\pi$、$1.6\pi$ 和 2π 的圆弧。

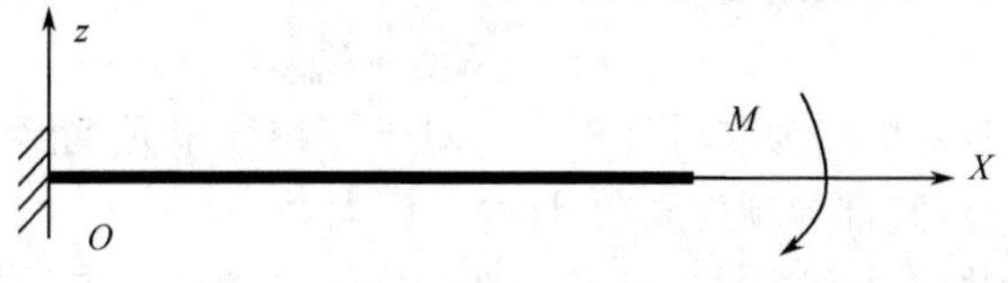

图 3.14　二维悬臂梁受集中弯矩作用图

分别采用线性有限元、传统非线性 TL 法、基于 CR 的载荷增量法和基于 CR 的位移增量法求解，所得结果位移 u,w 与解析解的比较见表 3.1。

表 3.1　二维悬臂梁受集中弯矩作用下的位移结果

u/l					
M	CR－载荷	CR－位移	TL	线性解	解析解
0.2π	－0.243	－0.243	－0.134	0.0	－0.243
0.4π	－0.769	－0.768	－0.531	0.0	－0.766
0.6π	－1.154	－1.158	－1.180	0.0	－1.156
0.8π	－1.190	－1.189	－2.101	0.0	－1.189
π	－1.0	－1.0	－3.287	0.0	－1.0

（续）

w/l					
M	CR－载荷	CR－位移	TL	线性解	解析解
0.2π	−0.550	−0.550	−0.630	−0.628	−0.550
0.4π	−0.720	−0.720	−1.261	−1.260	−0.720
0.6π	−0.483	−0.477	−1.881	−1.88	−0.478
0.8π	−0.138	−0.136	−2.511	−2.51	−0.137
π	0.0	0.0	−3.140	−3.14	0.0

图 3.15～图 3.18 显示了悬臂梁受弯矩作用后在不同求解方法下的位移图,从表 3.1 和图中可以看出,线性结果没有 *X* 方向的位移,*Z* 方向的位移随着载荷增大而呈线性增大过程;传统 TL 方法在几何非线性程度不大情况下可以得到较为满意的结果,但当载荷增大时误差明显变大,从而不适用于求解变形较大的非线性问题;基于 CR 方法的计算结果较为精确,其变形接近于解析解。从表中分析,位移增量法解的精度更高些,但从计算过程来看,载荷增量法的计算效率更高些。

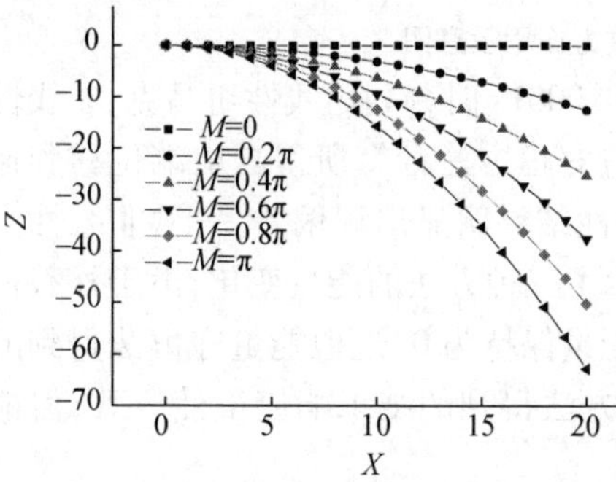

图 3.15　线性求解位移图

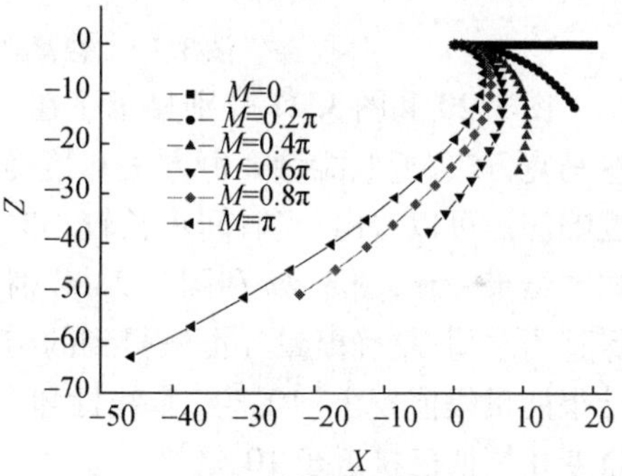

图 3.16　TL 法求解位移图

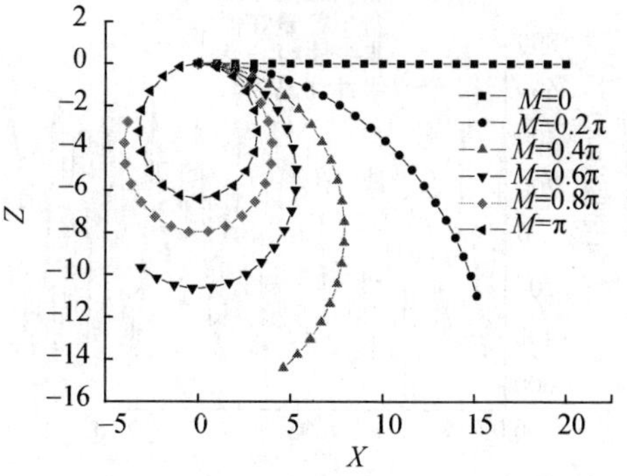

图 3.17　CR 载荷增量法求解位移图

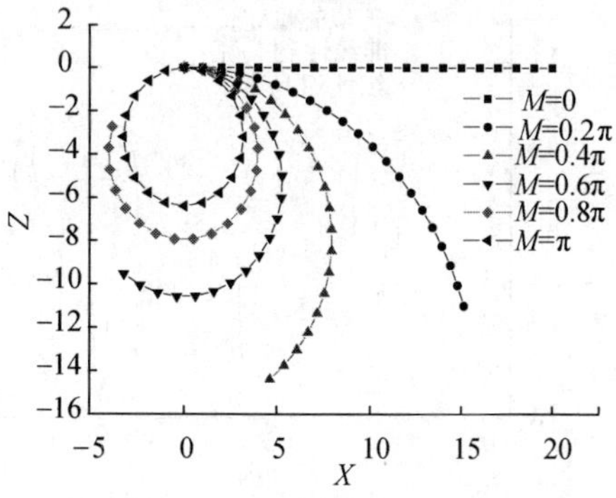

图 3.18　CR 位移增量法求解位移图

2. 结构动力非线性分析的算例:自由梁的非线性动力响应求解

悬臂梁在重力作用下的自由摆动，如图3.19所示。取$L=1\text{m}$，$EI_z=3.6\times10^4\text{Nm}$,$EA=2.4\times10^5\text{N}$,$\rho A=1.0\text{kg/m}$,自由端初始速度$v_0=400\text{m/s}$、$\dot{\theta}_0=150\text{m/s}$,采用集中质量。结构建模仍取4个二维梁单元。分别用线性纽马克、非线性纽马克方法、近似能量守恒法和精确能量守恒法求解自由端的响应。时间步长仍然取$\text{d}t=0.0001\text{s}$和$\text{d}t=0.001\text{s}$。

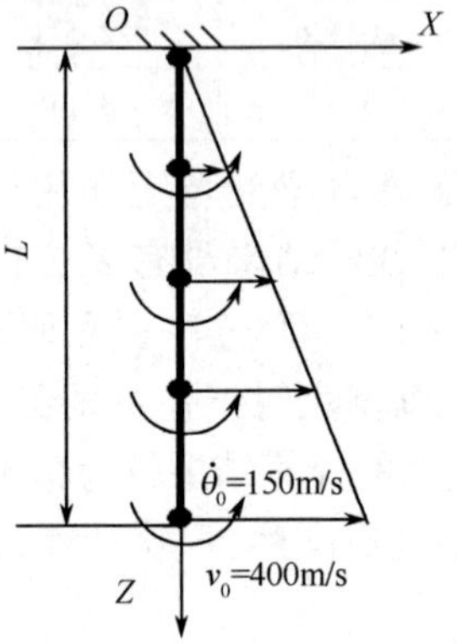

图3.19　悬臂梁受重力作用示意图

图3.20和图3.21分别显示了在$\text{d}t=0.0001\text{s}$时刻利用线性纽马克、非线性纽马克方法、近似能量守恒方法和精确能量守恒方法计算所得自由端位移和速度响应。可以看出,当时间步长较小时,线性结果明显出现偏差,三种非线性方法的结果一致,图3.22和图3.23分别显示了三种方法的能量变化,由于外载荷保持为常值,精确能量守恒法得到的结果能量保持为0,近似能量守恒法得到的结果能量幅值较小(10^{-2}),非线性纽马克方法得到的结果响应虽然一致,但能量变化幅值已接近于10^4量级。

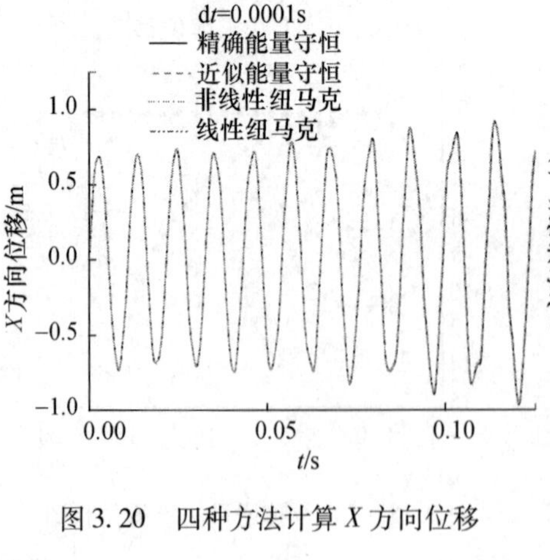

图3.20　四种方法计算X方向位移

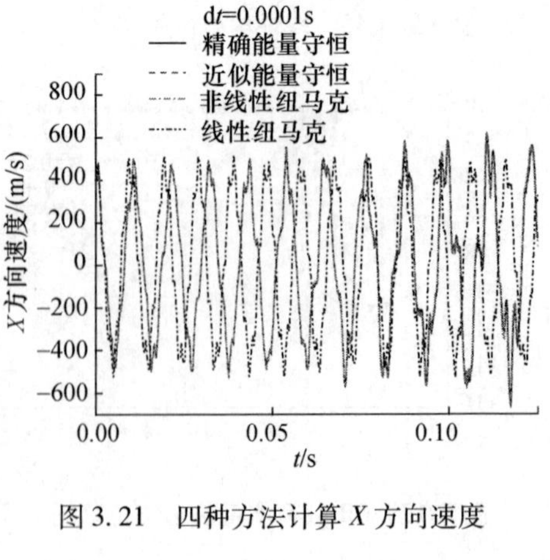

图3.21　四种方法计算X方向速度

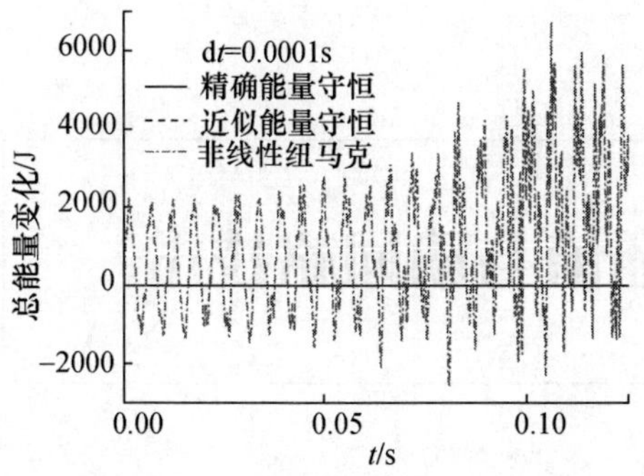

图 3.22　三种方法计算总能量变化

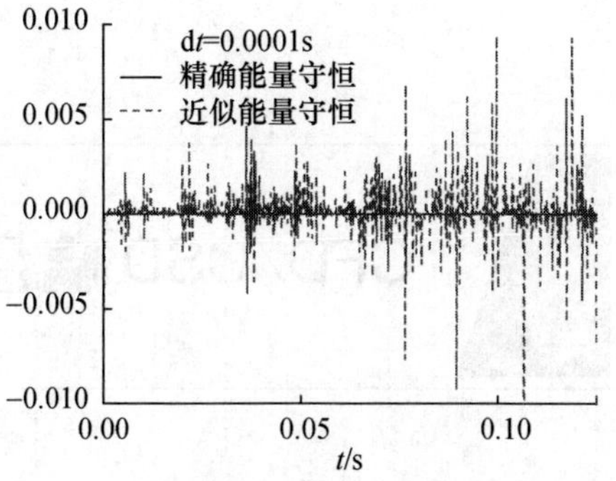

图 3.23　两种能量守恒算法计算总能量变化

第4章 CFD/CSD 耦合插值与动网格技术

4.1 引　　言

高精度非线性气动弹性数值模拟的主要问题是利用 CFD 技术求解非定常气动力,利用 CSD 技术求解弹性结构动力学方程。流体力学系统一般采用欧拉描述方法,固体力学系统采用拉格朗日描述方法。

在拉格朗日描述(即物质描述或 L 描述)中,计算网格固定在物体上随物体一起运动,即网格点与物质点在物体的变形过程中始终保持重合,因此物质点与网格点之间不存在相对运动(即迁移运动,也称对流运动)。这大大地简化了控制方程的求解过程,而且能准确描述物体的移动界面,并可跟踪质点的运动轨迹。但在涉及特大变形的问题中,物质的扭曲将导致计算网格的畸形而使得计算失败。

在欧拉描述(即空间描述或 E 描述)中,网格固定在空间中,即计算网格在物体的变形过程中保持不变,因此可很容易处理物质的扭曲。但对运动界面需要引入非常复杂的数学映射,将可能导致较大的误差。另外当使用普通的伽辽金离散时,由于迁移项的影响,有限元方程中的系数矩阵是非对称的,而且还可能得到振荡解。

纯拉格朗日和纯欧拉描述都存在严重的缺陷,但也具有各自的优势。纯拉格朗日和纯欧拉描述实际上是 ALE 描述的两个特例,即当网格的运动速度等于物体的运动速度时就退化为拉格朗日描述,而当网格固定于空间不动时就退化为欧拉描述。如果能将两者有机地结合,充分吸收各自的优势,克服各自的缺点,则可解决一大批只用纯拉格朗日和纯欧拉描述所解决不了的问题。基于此目的,Noh (1964)提出了任意拉格朗日欧拉(ALE)方法。在 ALE 描述中计算网格可以在空间中以任意的形式运动,即可以独立于物质坐标系和空间坐标系运动。这样通过规定合适的网格运动形式可以准确地描述物体的移动界面,并维持单元的合理形状。Noh 成功地应用有限差分法求解带有移动边界的二维流体动力学问题。

采用CFD/CSD耦合系统求解气动弹性问题是典型的ALE法。这两个不同性质的物理场在耦合界面上相互作用,彼此影响。通过界面上的连续性相容条件进行耦合的CFD/CSD系统是一个高度的非线性问题。

耦合边界上数据的交换,要使两个系统的质量、动量和能量守恒,首先要满足三个条件:①耦合界面上应力平衡,即在CFD/CSD耦合公共界面的单元上,结构网格上的应力等于气动网格上的应力;②位移协调条件,即在CFD/CSD耦合公共界面的单元上具有唯一的位移,此位移在结构体系和气动体系中是相等的;③速度协调条件,在CFD/CSD耦合公共界面的单元上具有唯一的速度。其方程表示如下:

$$\begin{cases} \sigma_s \cdot n = -pn \\ x = u \\ \dot{x} = \dot{u} \end{cases} \tag{4.1}$$

式中,σ_s和p分别为结构网格上的应力和气动网格上的压强;$x,\dot{x}$及$u,\dot{u}$分别为气动表面和结构表面网格上的位移及速度。

流体与结构由于受各自不同物理规律的控制,对各自区域的网格划分均有相应的原则,其本质便是拉格朗日体系和欧拉体系的不同。CFD和CSD的计算网格一般不一致:①CFD网格与物理量梯度有关,在物理量梯度变化大的地方网格比较密,物理量梯度变化小的地方网格比较稀疏,而CSD网格大体上是比较均匀的三节点或四节点单元。②这两种网格属性也不相同,CFD分析关心的是围绕着暴露在流场中边界的绕流情况,如刚性翼型的绕流取决于翼型的轮廓和所取空间的控制区域;相反的,CSD方法考察的是表面载荷以及这些载荷是怎样影响翼型的内部结构受力的情况。CSD网格取决于翼型的表面和内部,并且是由结构元件来确定其网格节点的位置。因此,基于两种网格体系边界上的数据转换也是一种必然。

在CFD/CSD耦合中,由于耦合界面是流体与结构耦合信息交换的通道,只有保证耦合参数在边界上的正确离散以及在两套网格间信息的正确交换才能确保耦合界面上的三个条件的连续性,从而使整个耦合系统的动量和能量守恒。由此可看出,结构传递给流体的是边界的位移信息,流体传递给结构的则是外载荷,故设计的转换方法满足式(4.1)的前两个式子即可。由于速度的求解可以看作是位移相对于时间的导数,只要在耦合边界上满足位移协调条件,并且具有相容时间精度的离散求解格式,边界上速度的协调条件即可满足。

在耦合求解气动弹性问题时,在边界上介于CFD网格体系和CSD网格体系之间有两种数据转换:一是将CSD计算的位移信息转换到CFD网格体系上,从而构成 CFD 求解的动态边界条件(物面边界上的位移和速度);二是将 CFD 计算得到的载荷信息转换到 CSD 的节点上,形成结构动态分析的等效节点载荷。这两种转换,其算法要求是:①精确性,即要真实反应出压力和位移信息的实时状态;②光滑性,即在计算域内保持物理属性的连续;③稳定性,不能由于数据转换造成整个计算的发散;④易用性,能够比较容易编程实现;⑤计算效率高,利用较少的 CPU 时间和较小的存储量可以得到稳定的结果。

当前,常用的插值方法可以归结为两类:一种是表面装配法,用已知点得到表面样条函数来插值未知点,比如无限平板插值方法(Infinite - Plate Splines, IPS),这类方法常用于结构位移的插值;另一种是表面跟踪法,将流场网格点投影到最近的结构单元,用局部有限单元的形状函数插值得到未知点的信息,如常体积转换方法(Constant Volume Transformation, CVT),这类方法常用于载荷的插值。

本章根据 ALE 法的基本理论,重点对空间坐标系运动和网格运动形式进行叙述。阐述各种插值方法和动网格方法,发展了气动载荷和结构位移两种转换一体化处理的映射方法,设计了通用的界面映射矩阵。

4.2 常用插值方法

当前,几种常用的 CFD/CSD 界面转换算法有:①无限平板样条法(Infinite - Plate Splines, IPS);②有限平板样条法(Finite - Plate Splines, FPS);③多重二次曲面 - 双调和法(Multiquadric - Biharmonic, MQ);④薄板样条法(Thin - Plate Splines, TPS);⑤反函数同变量转换法(Inverse Isoparametric Mapping, IIM);⑥非均匀的 B 样条法(Nonuniform B Splines, NUBS);⑦载荷参数空间插值方法。

4.2.1 无限平板样条法(IPS)

无限平板样条法是对二元函数进行插值的一种数学工具。它是基于无限平板的小扰动方程提出的。这种方法最初是在气动弹性计算中用来对机翼扰动进行插值和斜率计算发展起来的。该法是当前使用最广泛的方法,尤其是在一些大型商业软件中比较常见。这种方法是在对一无限平板均衡方程的差微分求解的基础上建立的,得到的表面样条方程为

$$W_j(x,y) = a_0 + a_1 x_j + a_2 y_j + \sum_{i=1}^{N} F_i r_{ij}^2 \ln r_{ij}^2, (j = 1,\cdots,N) \tag{4.2}$$

补充三个方程,$\sum_{i=1}^{N} F_i = \sum_{i=1}^{N} x_i F_i = \sum_{i=1}^{N} y_i F_i = 0$,则有 $N+3$ 个未知数(a_0,

$a_1, a_2, F_1, F_2, \cdots, F_N$),将式(4.2)写成矩阵形式,得到关于 $N+3$ 个未知数的线性方程组,即

$$\begin{bmatrix} w_1 \\ w_2 \\ w_3 \\ \vdots \\ w_N \\ 0 \\ 0 \\ 0 \end{bmatrix} = \begin{bmatrix} 1 & x_1 & y_1 & r_{11}^2 \ln r_{11}^2 & \vdots & \ddots & r_{1N}^2 \ln r_{1N}^2 \\ 1 & x_2 & y_2 & r_{21}^2 \ln r_{21}^2 & \vdots & \ddots & r_{2N}^2 \ln r_{2N}^2 \\ 1 & x_3 & y_3 & r_{31}^2 \ln r_{31}^2 & \vdots & \ddots & r_{3N}^2 \ln r_{3N}^2 \\ \cdots & \cdots & \cdots & \cdots & \vdots & \ddots & \cdots \\ 1 & x_N & y_N & r_{N1}^2 \ln r_{N1}^2 & \cdots & \ddots & r_{NN}^2 \ln r_{NN}^2 \\ 0 & 0 & 0 & 1 & 1 & \ddots & 1 \\ 0 & 0 & 0 & x_1 & x_2 & \ddots & x_N \\ 0 & 0 & 0 & y_1 & y_2 & \ddots & y_N \end{bmatrix} \begin{bmatrix} a_0 \\ a_1 \\ a_2 \\ \vdots \\ F_{N-3} \\ F_{N-2} \\ F_{N-1} \\ F_N \end{bmatrix} \tag{4.3}$$

式中,$r_{ij}^2 = (x_i - x_j)^2 + (y_i - y_j)^2$,对方程式(4.3)进行求解,代入方程式(4.2)即可得到插值表达式,于是可以求出任意点对应的值。这里需要补充的是:

(1) 当 $r=0$ 时,需要注意的是,此时即使 $\ln r^2$ 不存在,但有 $\lim\limits_{r \to 0} r \ln r^2 = 0$。方程式(4.2)可以通过取微分有:$\partial W(x,y)/\partial x = a_1 + 2\sum\limits_{i=1}^{N} F_i (1 + \ln r_i^2)(x - x_i)$。

(2) 此方法可以推广到三维情况,式(4.2)变成如下形式:

$$W(x,y) = a_0 + a_1 x + a_2 y + a_3 z + \sum_{i=1}^{N} F_i r_i^2 \ln r_i^2$$

$$\sum_{i=1}^{N} F_i = \sum_{i=1}^{N} x_i F_i = \sum_{i=1}^{N} y_i F_i = \sum_{i=1}^{N} z_i F_i = 0 \tag{4.4}$$

式中,$r_i^2 = (x - x_i)^2 + (y - y_i)^2 + (z - z_i)^2$。

(3) 二维情况下,要使矩阵非奇异,所有结构点不能共线,不能有重合的点;三维时,要求所有结构点不能共面,也不能有重合的点。

(4) 缩放比例,如果网格点分布在一个狭长的区域内,要求对其进行线性变换到一个矩形的区域,以减小误差和方便计算。

(5) 对称性,如果一个或两个面以上有对称或者反对称关系,可以用这种镜像关系提高计算效率和精度。如 $W(x,y)$ 是关于 $x=0$ 对称,式(4.2)可替换成

$$W(x,y) = a_0 + a_2 y + \sum_{i=1}^{N} F_i (r_i^2 \ln r_i^2 + \bar{r}_i^2 \ln \bar{r}_i^2) \tag{4.5}$$

式中,$\bar{r}_i^2 = (x + x_i)^2 + (y - y_i)^2$。然后令 $\sum\limits_{i=1}^{N} F_i = \sum\limits_{i=1}^{N} y_i F_i = 0, W_j = W(x_j, y_j)$ 解 $N+2$ 个方程。

(6) 用弹性伸缩实现平滑,使弹性力和理想数值与光滑插值平面的数值成

比例,载荷没有必要通过这 N 个网格点。数学方法可表示如下:

$$W_j = a_0 + a_1 x_j + a_2 y_j + \sum_{i=1}^{N} F_i r_{ij}^2 \ln r_{ij}^2 + C_j F_j \tag{4.6}$$

式中,系数 C_j 的单位是长度的平方,在数值上等于 $16\pi D/K_j$,D 是曲面的刚度,K_j 是与第 j 个点相联系的弹性系数。如 $C_j = 0(K_j = \infty)$,可得原始的样条,如 $C_j \to \infty(K_j \to 0)$,则得到最小二乘适应面。

(7) 分布载荷实现平滑,如果方程中的 $r^2\ln r^2$ 项是由 $r^2\ln(r+\varepsilon)^2$ 来替换,可以生成通过 N 个点的新表面。当参数→0 时,这些载荷趋于点载荷。由此可产生一个处处可导的表面,一定程度上简化了代码的生成。

(8) IPS 方法是一种标量方法,给定了一个方向的位移,就不能求解在其他方向上的位移。

4.2.2 有限平板样条法(FPS)

该方法用均衡平板元来描绘一给定平面。平板单元的形状函数将 CSD 节点的位移和 CFD 网格点联系起来。该方法具有流体和结构模块容易适应的优点。因为是建立在有限元基础上,所以对建立逼真的弹身模型显得游刃有余。但用这种方法,需要建立一个 $3m \times 3n$ 的转换矩阵(m 是气动网格点数,n 是结构网格点数),因此需要大量的 CPU 时间和存储量来处理这个矩阵。在大型或超级计算机上使用比较方便。

4.2.3 多重二次曲面的双调和法(MQ)

此方法可以描述非规则表面,可以实现多种形状的插值。在许多情况下的二次表面都可由在两个薄面上的旋转双曲线实现,双调和的附加是为了使控制方程的解平滑。一维插值方程由下式确定:

$$W(x) = \sum_{i=1}^{N} \alpha_i [(x - x_i)^2 + r^2]^{1/2} \tag{4.7}$$

这种方法相对于参数 r 是稳定的。大 r 值给的是平面形状的函数,小 r 值给出窄锥形函数。对于 r 的非零值,MQ 法提供处处可导函数保持其单调和中凸。随后的研究对该方法进行改进:允许 r 随着基本函数变化;在一些应用中当变量变化较大时可伸缩或者旋转独立变量;可以用于重叠子域。目前该方法已应用到于气动弹性问题的求解中。

4.2.4 薄板样条法(TPS)

TPS 方法是用最小能量函数刻画一个非规则平面。一维插值方程如下:

$$W(x) = \sum_{i=1}^{N} \alpha_i |x - x_i|^2 \ln |x - x_i| \tag{4.8}$$

对于一维情况,初步的三次样条在弯曲变形下可理解为棒的均衡点位置;对于二维平面,这些样条由薄板的弯曲能量最小确定。这些样条的类型随着旋转和变换保持不变,因此对变化的表面是强有力的插值工具。这种方法对待二维问题不会受到限制,在三维情况下是可变的。目前该方法已用于气动弹性求解中。

4.2.5 反函数同变量转换法(IIM)

反函数同变量转换法也建立在有限元分析的基础上,为了插值坐标和位移矢量,其中同变量元用的是相同的形状函数。这种方法不能够外推数据。目前这种方法也用于气动弹性分析中。

4.2.6 非均匀 B 样条方法(NUBS)

非均匀 B 样条方法中两个样条的一个张量乘积就可以描述三维空间中的一个表面。为了在气动弹性应用中满足表面弯曲的需要,建议使用多项式 B 样条。通过两个 B 样条的张量乘积来描述平面的方程如下:

$$W_{kt}(x,y) = \sum_{i=1}^{m-1} \sum_{j=1}^{n-1} P_{ij} B_{ik}(x) B_{jt}(y) \tag{4.9}$$

式中,W 为在表面任一点(x,y)的变形;P_{ij}为为了使样条满足控制点数据的乘积系数,B_{ik}和 B_{jt}分别是 B 样条在 x 和 y 方向的分量。目前没有看到这种方法在流体和结构耦合中的应用。

4.2.7 载荷参数空间插值方法

该方法将不同三维物理场之间的交界面节点投影到一个二维参数空间,在参数空间内构造拟合曲面对源节点参数值进行拟合,最后将目标节点的参数坐标代入拟合曲面就可求出该节点处的值。将载荷投影到参数空间内再进行拟合的好处是可以将原来三维空间的三个坐标简化为参数空间中的两个坐标,简化了计算;更重要的是该方法可以避免模型的几何外形对插值精度的影响。可以实现所有连续变量在不同物理场之间的传递,克服了直接插值时几何弯曲对插值精度的影响。

4.3 耦合接口设计

在 4.2 节中,介绍了常用的位移插值方法。在 CFD/CSD 耦合系统中,耦合界面除了位移的数据交换,还应考虑界面处载荷之间的数据传递问题。因此,在本节中，介绍气动载荷和结构位移两种转换一体化处理的映射方法，来处理耦合界面处气动载荷和结构位移的数据传递问题。

4.3.1 基于 CVT 方法的界面映射技术

1. 位移信息转换

常体积守恒转换法（Constant Volume Transformation Method，CVT）是由 G. S. L. Goura 等提出的，该方法利用变形前后的体积守恒来实现插值计算。包括投影、展开和恢复表面三个过程。首先在结构网格中为每一个气动点 $\boldsymbol{a}(t)$ 选取最近的三角形单元，这里发展了一种自适应的网格搜索算法，基于能量最小找出其相邻的一个 CSD 网格的三角单元，搜索过程如下：对于每一个 CFD 网格点，考虑其相邻的结构三角形网格，如图 4.1 所示。黑点为 CFD 网格点 $\boldsymbol{a}(t)$，白点为其相邻的四个结构网格点。分别组成四个结构三角形。

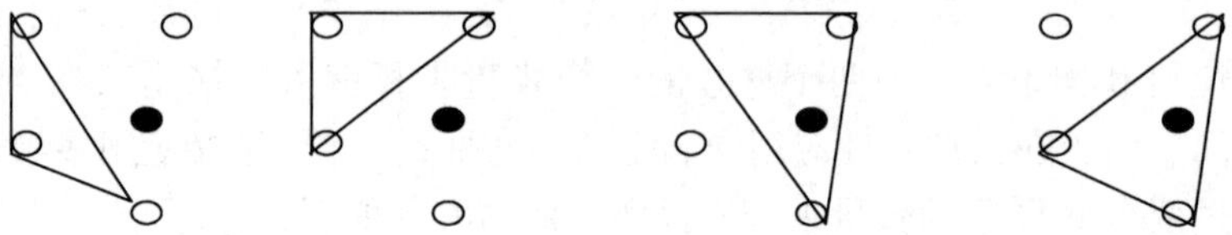

图 4.1 CFD 网格点相邻的结构三角形

在选择结构三角形时，那些内部不包含 CFD 点的三角形可以舍去。所以对于 CFD 网格点 $\boldsymbol{a}(t)$，首先用面积坐标判断其是否位于结构三角形内（注意 CFD 网格点不一定会位于结构三角形的平面上），面积坐标定义如图 4.2 所示。CFD 网格点与结构三角形顶点构成三个三角形，其面积分别为 A_1、A_2 和 A_3，$A = A_1 + A_2 + A_3$。有面积坐标 α、β 和 γ 如下：

$$\begin{aligned}\alpha &= A_1/A \\ \beta &= A_2/A \\ \gamma &= A_3/A\end{aligned} \tag{4.10}$$

如果面积坐标的和达到 $1.0 \pm \varepsilon$（ε 是误差控制精度），可以认为这个点就在结构三角形内部。从图 4.1 可以看出，三角形①和②中没有包含 CFD 网格点，可以舍去，在三角形③和④中，都包含了 CFD 网格点。此时可以用 CFD 网格点到结构三角形顶点的距离 L_i 来判断。L_i 可以表示为

$$L_i^m = \sqrt{(x_s^m - x_a)^2 + (y_s^m - y_a)^2 + (z_s^m - z_a)^2} \qquad (i = 1,3) \tag{4.11}$$

式中，(x_a, y_a, z_a) 为 CFD 网格点 $\boldsymbol{a}(t)$ 的坐标，(x_s^m, y_s^m, z_s^m) 为第 m 个结构三角形顶点 s 的坐标。第 m 个三角形的最大距离可以得到为

$$L_{max}^{m} = \max(L_1^m, L_2^m, L_3^m) \tag{4.12}$$

由式(4.12),具有最小 L_{max}^{m} 的三角形就是 CFD 网格点的最小结构三角形。图 4.3 中,三角形③和④,有 $L_{max}^{4} < L_{max}^{3}$,所以可以选择结构三角形④作为转换的结构三角形。

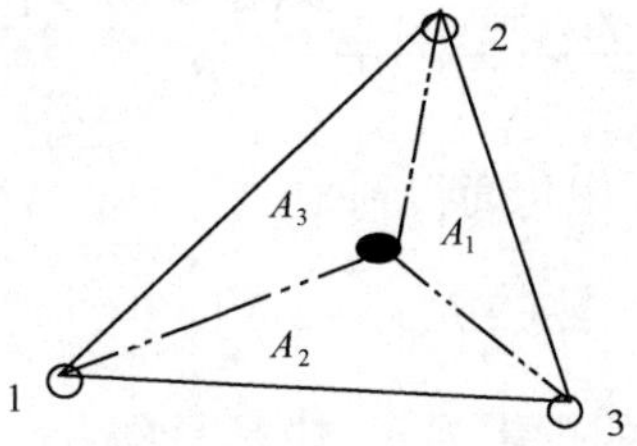

图 4.2　面积坐标定义

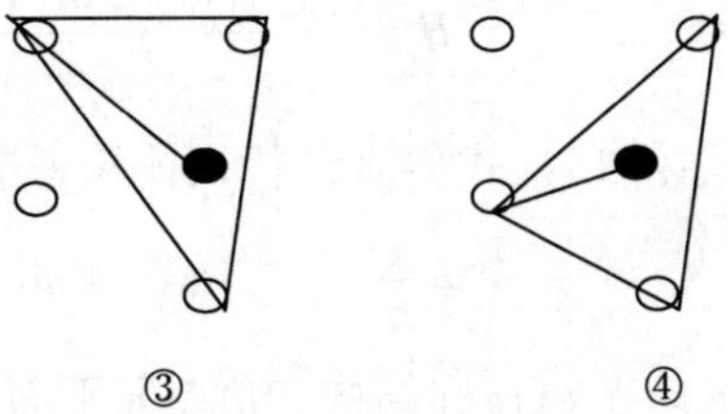

图 4.3　结构三角形选择

将 CVT 插值过程用标量方程组来表述。对每一个气动网格点 $\boldsymbol{a}(t)$ 所对应的最近的三角形单元的顶点用 $\boldsymbol{s}_1$、$\boldsymbol{s}_2$ 和 $\boldsymbol{s}_3$ 表示,如图 4.4 所示。

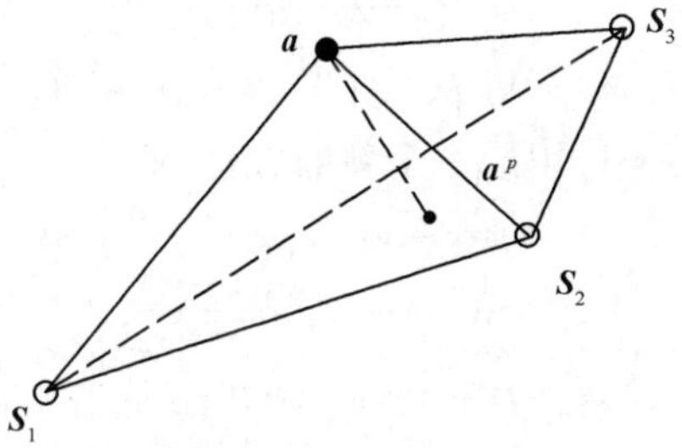

图 4.4　常体积转换法示意图

用 (x_1, y_1, z_1), (x_2, y_2, z_2) 及 (x_3, y_3, z_3) 表示结构三角单元三个顶点 $\boldsymbol{s}_1$、$\boldsymbol{s}_2$ 和 $\boldsymbol{s}_3$ 的坐标,(x, y, z) 表示三角单元内某一任意点 $\boldsymbol{s}$ 的坐标。结构三角单元组成的平面方程为

$$\begin{cases} x = \alpha x_1 + \beta x_2 + \gamma x_3 \\ y = \alpha y_1 + \beta y_2 + \gamma y_3 \\ z = \alpha z_1 + \beta z_2 + \gamma z_3 \end{cases} \tag{4.13}$$

式中,$\alpha + \beta + \gamma = 1$,该平面的法向矢量 $\boldsymbol{N}(x, y, z)$ 为:$\boldsymbol{N} = (\boldsymbol{s}_2 - \boldsymbol{s}_1) \times (\boldsymbol{s}_3 - \boldsymbol{s}_1)$,即

$$\boldsymbol{N} = \begin{vmatrix} \boldsymbol{i} & \boldsymbol{j} & \boldsymbol{k} \\ x_2 - x_1 & y_2 - y_1 & z_2 - z_1 \\ x_3 - x_1 & y_3 - y_1 & z_3 - z_1 \end{vmatrix} = l\boldsymbol{i} + m\boldsymbol{j} + n\boldsymbol{k} \tag{4.14}$$

另外,气动网格点 $\boldsymbol{a}(t)$ 的坐标是 (x_a, y_a, z_a),与结构三角单元组成的四面体体积由几何关系可得:$V = 1/3SH$,S 是结构三角单元的面积,H 是气动点到结构

三角单元平面的距离，有

$$S=\frac{1}{2}\left|(s_2-s_1)\times(s_3-s_1)\right|=\frac{1}{2}|N|=\frac{1}{2}\sqrt{l^2+m^2+n^2}=\frac{1}{2}\sqrt{l^2+m^2+n^2} \tag{4.15}$$

$$H=\frac{l(x_a-x_1)+m(y_a-y_1)+n(z_a-z_1)}{\sqrt{l^2+m^2+n^2}} \tag{4.16}$$

将式(4.15)、式(4.16)代入体积表达式中化简得到

$$V=\frac{1}{6}[l(x_a-x_1)+m(y_a-y_1)+n(z_a-z_1)] \tag{4.17}$$

设气动点 $\boldsymbol{a}(t)$ 在结构三角单元平面上的投影为 $\boldsymbol{a}^{\mathrm{P}}$，坐标是 $(x_{\mathrm{p}},y_{\mathrm{p}},z_{\mathrm{p}})$ 则气动点 $\boldsymbol{a}(t)$ 与其投影点 $\boldsymbol{a}^{\mathrm{P}}$ 组成的直线方程是

$$\begin{cases}x=x_a-\mu l\\ y=y_a-\mu m\\ z=z_a-\mu n\end{cases} \tag{4.18}$$

式中，μ 为一个实参；l,m,n 可从式(4.14)中得到。联立方程式(4.13)、式(4.18)并用 $\alpha+\beta+\gamma=1$，组成一个新的方程，即

$$\begin{cases}\alpha x_1+\beta x_2+\gamma x_3+\mu l=x_a\\ \alpha y_1+\beta y_2+\gamma y_3+\mu m=y_a\\ \alpha z_1+\beta z_2+\gamma z_3+\mu n=z_a\\ \alpha\cdot 1+\beta\cdot 1+\gamma\cdot 1+\mu\cdot 0=1\end{cases} \tag{4.19}$$

由此方程可求出 α、β、γ 及 μ，再回代到式(4.13)或式(4.18)中就可得到 $\boldsymbol{a}^{\mathrm{P}}$ 的值。经过一段时间后，结构网格发生变形，于是其上的结构三角单元也跟着发生变形，设坐标变为 $\boldsymbol{s}_1',\boldsymbol{s}_2',\boldsymbol{s}_3'$，预测新气动点的位置，设其为 $\boldsymbol{a}'(t)$。利用体积守恒和投影点在结构三角单元平面上的相对坐标不变原理(即 α,β,γ 保持不变)，那么，$\boldsymbol{a}'(t)$ 的坐标 (x_a',y_a',z_a') 可由下式确定

$$\begin{cases}x_a'=\alpha x_1'+\beta x_2'+\gamma x_3'+\mu' l'\\ y_a'=\alpha y_1'+\beta y_2'+\gamma y_3'+\mu' m'\\ z_a'=\alpha z_1'+\beta z_2'+\gamma z_3'+\mu' n'\end{cases} \tag{4.20}$$

新结构三角单元平面的法向矢量为

$$\begin{vmatrix}\boldsymbol{i} & \boldsymbol{j} & \boldsymbol{k}\\ x_2'-x_1' & y_2'-y_1' & z_2'-z_1'\\ x_3'-x_1' & y_3'-y_1' & z_3'-z_1'\end{vmatrix}=l'\boldsymbol{i}+m'\boldsymbol{j}+n'\boldsymbol{k} \tag{4.21}$$

又有

$$V' = \frac{1}{6}[l'(x_a - x_1') + m'(y_a' - y_1') + n'(z_a' - z_1')] \tag{4.22}$$

$$V = V' \tag{4.23}$$

将式(4.20)代入式(4.22)、式(4.23)中,求得μ'后,再回代到式(4.20)中便可得到新的气动点坐标。至此,插值计算完毕。需要补充的是:CVT方法是一种矢量法,插值计算时可采用有向体积,即当气动点位于结构三角单元的上方时,体积为正,反之为负。CVT方法同样也可以用于二维插值。与传统IPS的位移插值方法相比CVT方法的优点体现在:①不用求解大型的代数方程和大型矩阵的求逆,从而避免占用大量的CPU时间和存储量,计算效率高;②自适应的局部搜索算法,可以处理复杂几何体及不连续的结构,达到局部的高精度,并且可以很容易地应用于多块区域及并行CFD/CSD耦合计算中。

2. 载荷信息转换

载荷信息转换是将流场计算得到的CFD网格上的气动载荷转换到CSD网格上,形成等效节点载荷。首先由压强分布得到CFD网格上的三个方向上气动载荷,CFD网格点用j表示,其上的载荷可以计算为

$$\begin{Bmatrix} G_x^j \\ G_y^j \\ G_z^j \end{Bmatrix} = S^j p^j \begin{Bmatrix} n_x^j \\ n_y^j \\ n_z^j \end{Bmatrix} \tag{4.24}$$

式中,G_x^j、G_y^j和G_z^j为气动网格点在x、y和z方向的力;S^j为压强p^j的作用面积;n_x^j、n_y^j和n_z^j是点j单位法矢量x、y和z方向上的分量。

然后,将每一个CFD网格点j上的载荷转换到CSD网格点上。这里采用与位移转换相同的网格搜索算法,对每个CFD网格点选择满足条件的结构三角形单元。三角形中CSD节点上的载荷可以计算如下

$$\begin{Bmatrix} \boldsymbol{F}_{i_1}^j \\ \boldsymbol{F}_{i_2}^j \\ \boldsymbol{F}_{i_3}^j \end{Bmatrix} = \begin{vmatrix} \alpha & 0 & 0 \\ 0 & \alpha & 0 \\ 0 & 0 & \alpha \\ \beta & 0 & 0 \\ 0 & \beta & 0 \\ 0 & 0 & \beta \\ \gamma & 0 & 0 \\ 0 & \gamma & 0 \\ 0 & 0 & \gamma \end{vmatrix} \begin{Bmatrix} \boldsymbol{G}_x^j \\ \boldsymbol{G}_y^j \\ \boldsymbol{G}_z^j \end{Bmatrix} \tag{4.25}$$

式中,$\boldsymbol{F}_{i_1}^j$、$\boldsymbol{F}_{i_2}^j$和$\boldsymbol{F}_{i_3}^j$为由CFD网格点j上载荷转换到结构三角形中三个顶点上的载荷值;α、β和γ是CFD网格点j在结构三角形中的面积坐标;i_1、i_2和i_3是CSD

网格中的节点序号。由于引入面积坐标,相当于结构有限元分析中的结构单元的形状函数,就没有必要处理另外的力矩和扭矩来弥补载荷转换。对于每个结构节点 i,其总的力矢量 $\boldsymbol{F}_i$ 可以计算如下

$$\boldsymbol{F}_i = \sum_{j=1}^{j_a} \boldsymbol{F}_i^j \quad (i = i_1, i_2, i_3, \cdots, i_s) \tag{4.26}$$

式中,i_s 为公共边界上 CSD 网格点数目;j_a 为 CFD 和 CSD 公共边界上 CFD 网格点的数目。有限元模型的力矢量 $\boldsymbol{F}_s$ 可由下式得到

$$\boldsymbol{F}_s = \{\boldsymbol{F}_{i_1} \quad \boldsymbol{F}_{i_2} \quad \cdots \quad \boldsymbol{F}_{i_s}\}^{\mathrm{T}} \tag{4.27}$$

3. 耦合接口设计

对于边界面上的所有气动网格点和结构网格点,压力信息的转换可以描述为

$$\begin{cases} \boldsymbol{F}_s = \boldsymbol{S}_1 \boldsymbol{F}'_a \\ \boldsymbol{F}'_a = \boldsymbol{F}_a \end{cases} \tag{4.28}$$

式中,$\boldsymbol{F}_s$ 和 $\boldsymbol{F}_a$ 分别为所有结构网格点和所有气动网格点上的力矢量;$\boldsymbol{F}'_a$ 为气动网格点在结构三角形单元投影点的力矢量,$\boldsymbol{S}_1$ 为总体载荷转换矩阵。对于第二种转换可以描述为

$$\begin{cases} \boldsymbol{u}'_a = \boldsymbol{S}_2 \boldsymbol{u}_s \\ \boldsymbol{u}_a = \boldsymbol{u}'_a + \boldsymbol{A}\boldsymbol{N}_s \end{cases} \tag{4.29}$$

式中,$\boldsymbol{u}_a$ 和 $\boldsymbol{u}_s$ 分别为所有气动网格点和所有结构网格点上的位移矢量;$\boldsymbol{u}_a$ 为气动网格点在结构三角形单元投影点的位移矢量;$\boldsymbol{A}$ 为一个参数矩阵;$\boldsymbol{N}_s$ 为所有气动网格点所对应的结构三角形单元的法向矢量组成的矢量;$\boldsymbol{S}_2$ 为总体位移转换矩阵。

对于 CFD 网格点 j,按照前面的搜索算法就会唯一确定一个结构三角形,结构节点 i_1、i_2 和 i_3 也就确定了。这时,按照前面两种转换关系,有

$$\begin{Bmatrix} \boldsymbol{F}_{i_1} \\ \boldsymbol{F}_{i_2} \\ \boldsymbol{F}_{i_3} \end{Bmatrix} = \begin{bmatrix} \alpha \\ \beta \\ \gamma \end{bmatrix} \{\boldsymbol{F}_j\} \tag{4.30}$$

$$\{\boldsymbol{u}_j\} = [\alpha \quad \beta \quad \gamma] \begin{Bmatrix} \boldsymbol{u}_{i_1} \\ \boldsymbol{u}_{i_2} \\ \boldsymbol{u}_{i_3} \end{Bmatrix} + \mu_m \begin{Bmatrix} n_x \\ n_y \\ n_z \end{Bmatrix} \tag{4.31}$$

式中,α、β 和 γ 为 CFD 网格点 j 在结构三角形中的面积坐标,μ_m 见式(4.20)。此时,引入

$$S_1^j = \begin{bmatrix} \alpha \\ \beta \\ \gamma \end{bmatrix}, S_2^j = [\alpha \quad \beta \quad \gamma] \ (j = 1, \cdots, j_{\max}) \tag{4.32}$$

式中，上标 j 表示的是第 j 个局部子矩阵，它与 CFD 网格点 j 是对应的。由式(4.32)，很明显有关系 $S_1^{jT} = S_2^j$。对于式(4.28)和式(4.29)描述的两种转换矩阵 S_1 和 S_2，可以看作是 S_1^j 和 S_2^j 组合构成，因而有转置关系 $S_1 = S_2^T$，从而使载荷和位移转换可以用一个样条矩阵及其转置来处理。

在耦合边界上，每个 CSD 节点 i 上的力与 CFD 节点 j 上力的关系可以表示如下：

$$\boldsymbol{F}_{si} = \sum_{j=1}^{j=j_a} \boldsymbol{F}_{aj} N_i(\chi_j) \tag{4.33}$$

式中，下标 s 和 a 分别表示结构和气动场；$N_i(\chi_j)$ 表示 CFD 节点 j 在 CSD 节点 i 上的面积坐标。考虑 $\sum_{i=1}^{i=i_s} N_i = 1$，则在整个耦合边界上，有如下关系：

$$\sum_{i=1}^{i=i_s} \boldsymbol{F}_{si} = \sum_{i=1}^{i=i_s} \sum_{j=1}^{j=j_a} \boldsymbol{F}_{aj} N_i(\chi_j) = \sum_{j=1}^{j=j_a} \boldsymbol{F}_{aj} \tag{4.34}$$

由式(4.34)可见，在边界上满足合力平衡。此时，在耦合边界上 CFD 网格点的总能量为

$$W_a = \sum_{j=1}^{j=j_a} \boldsymbol{F}_{aj}^T \boldsymbol{u}_{aj} \tag{4.35}$$

将式(4.34)代入可得

$$W_a = \sum_{j=1}^{j=j_a} \left\{ \boldsymbol{F}_{aj}^T \cdot \sum_{i=1}^{i=i_s} [N_i(\chi_j) \boldsymbol{u}_{si} + H_i(\chi_j)] \right\} \tag{4.36}$$

式中，$H_i(\chi_j)$ 为 CFD 节点 j 在 CSD 节点 i 上的投影坐标距离。由式(4.34)，可得

$$W_a = \sum_{i=1}^{i=i_s} \boldsymbol{F}_{si}^T \boldsymbol{u}_{si} + \sum_{i=1}^{i=i_s} \boldsymbol{F}_{si}^T \cdot \sum_{i=1}^{i=i_s} H_i(\chi_j) = W_s + W_e \tag{4.37}$$

式中，W_s 为耦合边界上 CSD 网格点上的总能量；W_e 为气动网格与结构网格的边界不重合时引起的能量差。由此可见，如果每个气动网格点都落在结构三角单元平面内，则有 $W_e = 0$，此时 $W_a = W_s$，表征在共有耦合边界上能量守恒。用矩阵形式来表示这两种转换

$$\begin{cases} \boldsymbol{F}_s = \boldsymbol{S}\boldsymbol{F}_a \\ \boldsymbol{u}_a = \boldsymbol{S}^T \boldsymbol{u}_s + \boldsymbol{A}\boldsymbol{N}_s \end{cases} \tag{4.38}$$

式中，$\boldsymbol{S}$ 为所设计的映射矩阵；A 为由参数 μ_m 组成的对角阵；$\boldsymbol{N}_s$ 为耦合界面上所

有 CSD 网格三角形单元的法向矢量组成的矢量。值得注意的是映射矩阵 $\boldsymbol{S}$ 只与耦合边界上初始时刻的 CFD 和 CSD 的局部网格的几何特性有关,使其具有处理任意外形几何体的能力,并且在预处理阶段生成矩阵后,耦合计算的迭代过程中就可以反复使用,这些特点大大提高了整个耦合界面上数据交换的效率。

4.3.2 基于 BEM 方法的界面映射技术

上面基于 CVT 推导的界面映射矩阵在处理边界信息转换时,若边界上结构网格面和气动网格面之间存在法向距离,则转化时能量不能严格守恒,即式(4.37)中 $W_e \neq 0$,会造成一定的能量损失。本节基于边界元(Boundary Element Method,BEM)方法,发展了一种能量守恒的插值方法,将位移插值和载荷插值结合了起来。

BEM 方法由 C. A. Brebbia 教授于 1978 年提出并建立了边界积分方程,初步形成了 BEM 法理论体系,确立了它作为一种数值方法的地位。BEM 方法不需对区域进行剖分,只需在边界表面离散,从而提高了计算效率和减少了离散误差,该方法获得了长足地发展,已经与有限元、有限差分、有限体积等方法并列为数值求解常用的方法。当前,BEM 方法广泛适用于固体力学、动力学、流体力学、热传导等领域。

1. 边界积分方程

线性弹性连续体的平衡可以描述如下:

$$\frac{\partial^2 u_i}{\partial x_j \partial x_j} + \left(\frac{1}{1-2\nu}\right)\frac{\partial^2 u_j}{\partial x_i \partial x_j} = 0, \qquad i,j = 1,2,3 \tag{4.39}$$

式中,$\boldsymbol{u}$ 为位移矢量;x 为笛卡尔坐标;ν 为泊松比。利用 Betti 互功原理和 Somigliana 等式求解域 Ω 内任意点 p 处由边界 Γ 上 q 点的牵引力 $t(q)$ 和位移 $u(q)$ 引起的位移 $u_i(p)$ 可以通过边界积分方程得到

$$C_{ij}(p)u_i(p) + \int_{\Gamma} T_{ij}(p,q)u_j(q)\,\mathrm{d}\Gamma(q) = \int_{\Gamma} U_{ij}(p,q)t_j(q)\,\mathrm{d}\Gamma(q) \tag{4.40}$$

式中,$T_{ij}(p,q)$ 和 $U_{ij}(p,q)$ 分别为牵引力和位移的 Kelvin 解,三维情况下:

$$\begin{cases} T_{ij}(p,q) = \dfrac{-1}{8\pi(1-\nu)r^2} \cdot \left\{\dfrac{\partial r}{\partial n}\left[(1-2\nu)\delta_{ij} + 3\dfrac{\partial r}{\partial x_i}\dfrac{\partial r}{\partial x_j}\right] + (1-2\nu)\left(\dfrac{\partial r}{\partial x_j}n_i - \dfrac{\partial r}{\partial x_i}n_j\right)\right\} \\ U_{ij}(p,q) = \dfrac{1}{16\pi\mu(1-\nu)r} \cdot \left[(3-4\nu)\delta_{ij} + \dfrac{\partial r}{\partial x_i}\dfrac{\partial r}{\partial x_j}\right] \end{cases} \tag{4.41}$$

二维情况下:

$$\begin{cases} T_{ij}(p,q) = \dfrac{-1}{4\pi(1-\nu)r} \cdot \left\{ \dfrac{\partial r}{\partial n}\left[(1-2\nu)\delta_{ij} + 2\dfrac{\partial r}{\partial x_i}\dfrac{\partial r}{\partial x_j} \right] + (1-2\nu)\left(\dfrac{\partial r}{\partial x_j}n_i - \dfrac{\partial r}{\partial x_i}n_j \right) \right\} \\ U_{ij}(p,q) = \dfrac{1}{8\pi\mu(1-\nu)} \cdot \left[(3-4\nu)\ln\left(\dfrac{1}{r}\right)\delta_{ij} + \dfrac{\partial r}{\partial x_i}\dfrac{\partial r}{\partial x_j} \right] \end{cases} \tag{4.42}$$

式中,μ 为弹性模量;r 为点 q 到点 p 的距离;$\boldsymbol{n}$ 为点 q 处的法向矢量;n_i为 $\boldsymbol{n}$ 沿着 i 轴的分量。式(4.40)中 $C_{ij}(p)$是几何函数:当点 p 位于 Ω 内时 $C_{ij}(p)=1$,当点 p 位于 Γ 上时 $C_{ij}(p)$是边界局部形状的函数。考虑刚体位移后可以得到这些系数而避免了奇异积分。

2. 边界单元离散

为了对边界积分方程进行数值求解,需要将边界划分为有限个单元进行处理。每个单元上,几何变量及其导数可以用常值单元、线性单元、二次单元、三次或更高阶的单元来描述。例如,对三维情况,每个单元定义两个局部坐标 ξ_1 和 ξ_2,则边界上的几何变量可以基于这两个局部坐标来描述

$$x = \sum_{n=1}^{N} \phi_n(\xi_1,\xi_2)x_n^{\mathrm{e}}, \quad x_\xi = \sum_{n=1}^{N} \phi_{n,\xi}(\xi_1,\xi_2)x_n^{\mathrm{e}} \tag{4.43}$$

式中,n 和 N 分别为单元节点号和每个边界单元的总数;x 和 x_ξ为点(ξ_1,ξ_2)处的全局笛卡尔坐标和其导数;x^{e} 为边界单元在全局坐标中的单元节点值;ϕ 为形状函数。同样地,边界上的位移和牵引力都可以用形状函数来描述

$$\begin{cases} H_{ij}(p,q) = \int_{-1}^{1}\int_{-1}^{1} T_{ij}(p,q)\phi_n(\xi_1,\xi_2)J(\xi_1,\xi_2)\mathrm{d}\xi_1\mathrm{d}\xi_2 \\ G_{ij}(p,q) = \int_{-1}^{1}\int_{-1}^{1} U_{ij}(p,q)\phi_n(\xi_1,\xi_2)J(\xi_1,\xi_2)\mathrm{d}\xi_1\mathrm{d}\xi_2 \end{cases} \tag{4.44}$$

式中,$J(\xi_1,\xi_2)$为从全局到局部坐标系的雅克比转换。$(-1,1)$的积分可以利用高斯积分方法得到。边界积分方程就可以在局部坐标系中描述如下:

$$C_{ij}(p)u_i(p) + \sum_{m=1}^{M} H_{ij}^m(p,q)u_j(q) = \sum_{m=1}^{M} G_{ij}^m(p,q)t_j(q) \tag{4.45}$$

式中,M 为边界单元的总数;$t_j(q)$和 $u_j(q)$独立于积分,它们是已知量或通过应用边界条件可以求得。式(4.45)可以写成矩阵形式如下:

$$C_{ij}u_i + H_{ij}u_j = G_{ij}t_j \tag{4.46}$$

对于位于域内和边界上的点,式(4.46)可以表示为

$$\boldsymbol{u}_i + \boldsymbol{H}_{bi}\boldsymbol{u}_b = \boldsymbol{G}_{bi}\boldsymbol{t}_b, \qquad \boldsymbol{H}_{bb}\boldsymbol{u}_b = \boldsymbol{G}_{bb}\boldsymbol{t}_b \tag{4.47}$$

式中,$\boldsymbol{H}$ 和 $\boldsymbol{G}$ 为由 $H_{ij}^m(p,q)$和 $G_{ij}^m(p,q)$组成的矩阵,下标 b 和 i 分别代表边界上

和内部的值。如果边界上的位移 $\boldsymbol{u}_b$ 已知，则求解式(4.47)可以得到边界上的 $\boldsymbol{t}_b$，从而整个内部点上的位移 $\boldsymbol{u}_i$ 可以通过一个转换矩阵 $\boldsymbol{B}$ 得到

$$\boldsymbol{u}_i = \boldsymbol{B}\boldsymbol{u}_b, \quad \boldsymbol{B} = \boldsymbol{G}_{bi}\boldsymbol{G}_{bb}^{-1}\boldsymbol{H}_{bb} - \boldsymbol{H}_{bi} \tag{4.48}$$

式(4.48)给出了边界点和内部点位移之间的转换关系。在气动弹性求解中，通常把边界点看作为 CFD 网格，内部点看作为 CSD 网格，而 CSD 网格上的位移往往是已知的，这就需要对矩阵 $\boldsymbol{B}$ 求逆来求解气动网格上的位移。但是大多数情况下，结构节点数远远少于气动节点数。从而矩阵 $\boldsymbol{B}$ 是非对称的并且往往不可求逆。为了得到结构到气动网格之间的位移转换矩阵，用到了 Chen 和 Jadic 提出的最小应变能量法。

3. 最小应变能量法

结构应变能量可以用下式来描述：

$$W = \int_{\Gamma} t_k u_k \mathrm{d}\Gamma \tag{4.49}$$

用形状函数描述位移和牵引力，并在边界单元上积分，应变能量写成矩阵形式为

$$W = \boldsymbol{u}_b^{\mathrm{T}}\boldsymbol{N}\boldsymbol{t}_b \tag{4.50}$$

式中，$\boldsymbol{N}$ 为面积积分矩阵，包含了形状函数 $\phi(\xi_1, \xi_2)$ 的积分。从式(4.47)推导可得

$$W = \boldsymbol{u}_b^{\mathrm{T}}\boldsymbol{R}\boldsymbol{u}_b \tag{4.51}$$

式中，$\boldsymbol{R} = \boldsymbol{N}\boldsymbol{G}_{bb}^{-1}\boldsymbol{H}_{bb}$。对于给定内部点的位移，为了避免结构出现异常的变形，应变能量 W 应该最小。这是一个约束二次最小化的问题，定义目标函数为

$$F = \boldsymbol{u}_b^{\mathrm{T}}\boldsymbol{R}\boldsymbol{u}_b - \boldsymbol{\lambda}^{\mathrm{T}}(\boldsymbol{B}\boldsymbol{u}_b - \boldsymbol{u}_i) \tag{4.52}$$

式中，λ 为拉格朗日乘子，将目标函数对 $\boldsymbol{u}_b$ 和 $\boldsymbol{\lambda}$ 分别求导，可以得到两个微分方程

$$\begin{cases} \partial F/\partial \boldsymbol{u}_b = \boldsymbol{R}\boldsymbol{u}_b + \boldsymbol{R}^{\mathrm{T}}\boldsymbol{u}_b - \boldsymbol{B}^{\mathrm{T}}\boldsymbol{\lambda} \\ \partial F/\partial \lambda = \boldsymbol{u}_i - \boldsymbol{B}\boldsymbol{u}_b \end{cases} \tag{4.53}$$

应用拉格朗日方法，方程式(4.53)等于0，重新排列后，得到了联系 CFD 网格和 CSD 网格位移关系的样条矩阵为

$$\boldsymbol{S} = (\boldsymbol{R} + \boldsymbol{R}^{\mathrm{T}})^{-1}\boldsymbol{B}^{\mathrm{T}}[\boldsymbol{B}(\boldsymbol{R} + \boldsymbol{R}^{\mathrm{T}})^{-1}\boldsymbol{B}^{\mathrm{T}}]^{-1} \tag{4.54}$$

从而有

$$\boldsymbol{u}_b = \boldsymbol{S}\boldsymbol{u}_i \Rightarrow \boldsymbol{u}_{\mathrm{a}} = \boldsymbol{S}\boldsymbol{u}_{\mathrm{s}} \tag{4.55}$$

得到了矩阵 $\boldsymbol{S}$，就可以用于界面信息的双向转换，一是利用式(4.55)将结构位移通过 $\boldsymbol{S}$ 转换到气动网格上，另一个是用该矩阵的转置来转换气动载荷到结构表面，如下：

$$F_s = S^T F_a \tag{4.56}$$

式中，F_s 和 F_a 分别为结构载荷和气动载荷。并且，两种转换严格满足界面上的能量守恒：

$$W_s = F_s^T u_s = (S^T F_a)^T u_s = F_a^T (S u_s) = F_a^T u_a = W_a \tag{4.57}$$

4. 间接 BEM 法

直接用 BEM 方法处理 CFD/CSD 耦合界面信息转换时，有两点不足：①BEM 中将气动网格作为边界，结构网格单元必须位于气动网格内部，当两者接近时，就会出现奇异积分的情况，并且当出现气动网格不完全包含结构网格或结构网格位于气动网格外部时，边界元法失效。②由于 CFD 求解器的需要，飞行器表面网格可以构造不同的网格体系，如结构网格、非结构网格，嵌套网格，多块网格体系等，并要求气动网格划分细密，此时若将气动网格作为边界来建立 BEM 的方程，需要建立针对不同网格体系的 BEM 类型，并且单元数量巨大，对大型非对称矩阵 G_{bb} 求逆是一项挑战性的工作。

这里采用间接 BEM 模型，建立一个封闭 Γ_m 作为边界，将气动网格和结构网格都包含在其中，通过这个虚拟边界将 CFD 网格和 CSD 网格联系起来。首先，利用式(4.54)将 CSD 网格和构造的间接边界单元用样条矩阵 S_{mi} 联系起来，然后用式(4.48)建立间接边界单元到 CFD 网格点的转换矩阵 B_{bm}，所以式(4.55)就可以写为

$$u_a = S u_s, \quad S = B_{bm} S_{mi} \tag{4.58}$$

间接 BEM 法由于虚拟构造一个简单的 BEM 边界，弥补了直接 BEM 法当中的不足，可以有效处理更为复杂的几何体，如气动的非结构网格、嵌套网格及多块网格等。最具优势的是，所设计的样条矩阵可以处理结构位移和气动载荷的双向能量守恒插值，并且以上整个矩阵的构造只需要初始时刻的结构和气动网格信息，从而在整个气动弹性模拟中可以重复使用。

4.3.3 算例分析

在 CFD/CSD 耦合的大多数问题中，气动网格位于结构网格的外部，此时需要用结构网格信息的外插得到气动网格位移。

1. 二维刚体旋转变形算例

图 4.5 显示了一个二维外插算例，结构点位于圆环内部，初始为水平状态，气动点位于圆环上。当结构网格顺时针旋转 0.1 弧度时，分别用 BEM、CVT 和 IPS 三种方法进行位移的外插，并和气动刚体旋转的结果进行比较。由图 4.5 可以看出，在较小的旋转角度下，BEM 方法和 CVT 方法插值得到的位移结果与气动网格刚体旋转的结果一致，IPS 方法稍有误差。图 4.6 显示了当结构网格

点顺时针旋转 0.5 弧度时的外插结果,可以看出,IPS 方法的插值结果误差变大,而 CVT 方法得到的结果仍然与气动网格点的刚体旋转保持一致,BEM 方法得到的结果在结构网格线延伸的方向插值精度高,在垂直于结构网格线的方向插值精度低。说明在描述刚体变形时,CVT 方法的精度最高,IPS 方法精度最差,而 BEM 方法为了得到高的精度,需要较为详细的结构变形信息。

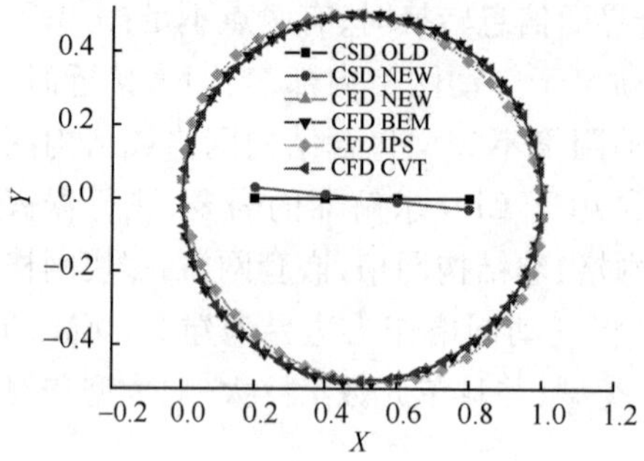

图 4.5　二维刚体旋转外插图(0.1)

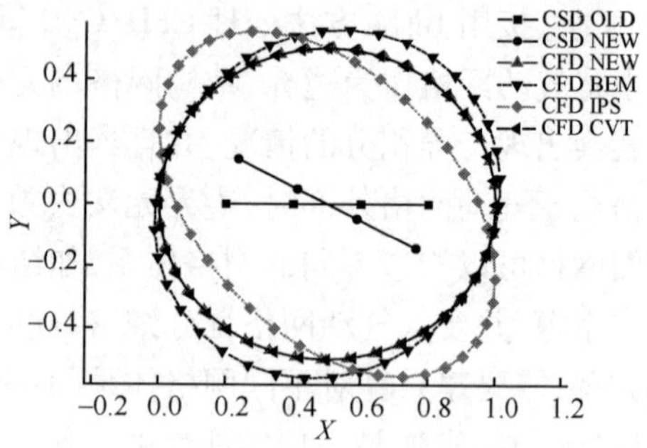

图 4.6　二维刚体旋转外插图(0.5)

2. 二维弹性平移变形算例

图 4.7 显示了一个二维弹性变形的外插算例,结构网格位于中心位置,并且给定刚体变形,气动网格围绕结构节点,用 BEM,CVT 和 IPS 三种方法进行位移的外插。可以看出,IPS 方法只有法向位移,从而造成气动网格有夸大的剪切变形。而 CVT 方法对外部的气动网格点的插值具有刚性特点,从图 4.8 中可以看出,在上表面的两个气动点距离完全拉开,而下表面的两个气动点则刚性连接。在气动弹性的求解中,若气动网格间距很小,而结构网格大变形下可能会造成气动网格点的扭曲和不连续。而 BEM 方法得到了适度和光滑的变形,合理地描述了物理弹性变形。

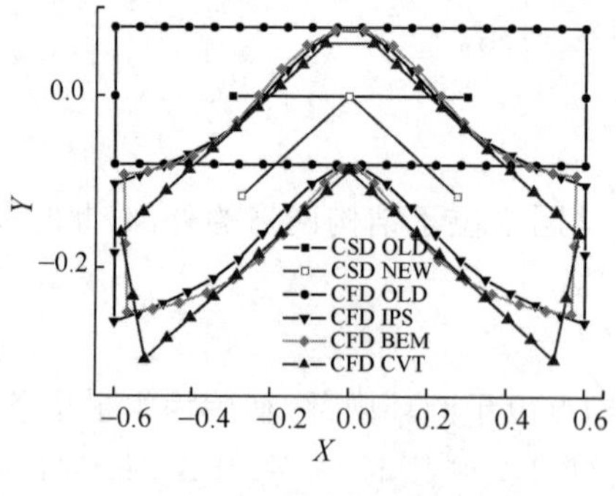

图 4.7　二维弹性外插图

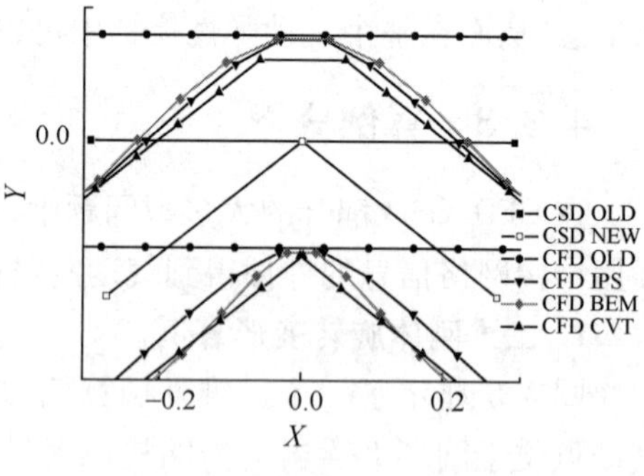

图 4.8　二维弹性外插放大图

3. 三维弹身插值算例

选择弹身一部分作为研究对象,结构网格点为 21 × 11,气动网格点为

101×51。图 4.9 和图 4.10 分别显示了结构网格和气动网格，图 4.11 和图 4.12 分别是按照函数关系发生变形后的结构网格和气动网格。图 4.13 ~ 图 4.15 分别是用 BEM、CVT 和 IPS 三种插值方法得到的气动网格和与之对应的右端放大图。可以看出 BEM 方法得到比较光滑的变形，网格质量较高，但插值后的边界点连线不再保持为直线，出现少许波动的曲线，CVT 法得到的网格与标准值相差无几，IPS 法插值在较大变形处有波浪线出现。表 4.1 比较这几种插值方法的误差。可以看到 CVT 方法在处理弹身位移插值时具有高的精度，这是由于该弹身的结构网格比较均匀，在 CVT 求解时变形前后的面积变化较小，保证了体积的守恒。而 BEM 插值的最大误差出现在边界上，这与 BEM 方法在边界上出现了接近于奇异积分项有关，此时需要调节间接 BEM 的参数，而 IPS 方法在处理非平板构型的三维变形问题时，在曲率变化大的地方容易出现误差。

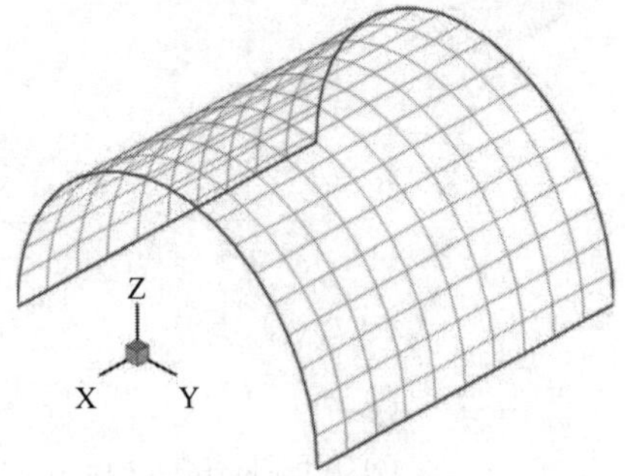

图 4.9　弹身结构网格

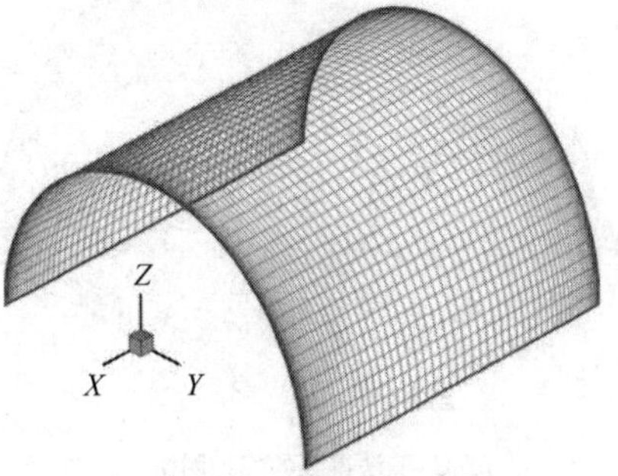

图 4.10　弹身气动网格

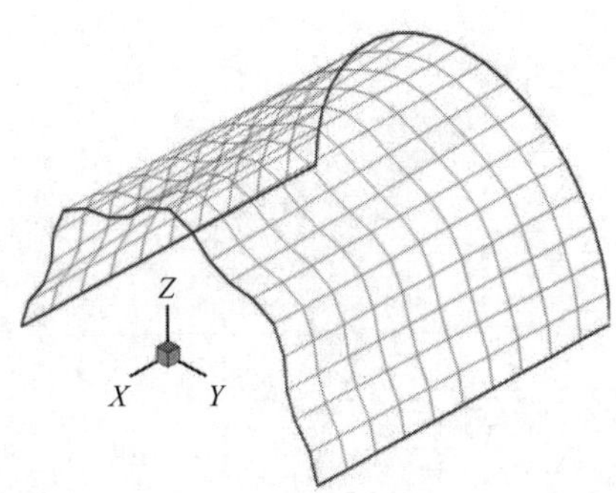

图 4.11　变形后的弹身结构网格

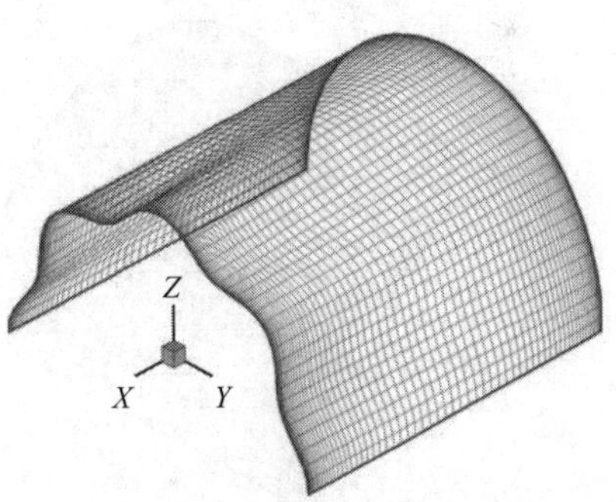

图 4.12　变形后的弹身气动网格

4. AGARD 445.6 机翼的结构振型插值算例

AGARD445.6 机翼（NACA 65A004 翼型构成）是用于检验颤振计算方法的一个标准模型，机翼展弦比是 1.65，梢根比为 0.66，半展长 0.762m，根弦长 0.5587m，四分之一弦线后掠角为 45°。这里用其考核所发展界面插值方法的实

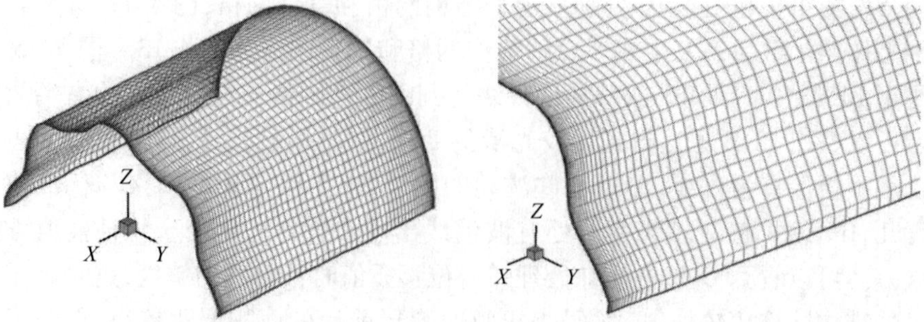

(a) BEM 法得到的气动网格 (b) BEM 插值右端放大图

图 4.13 BEM 法

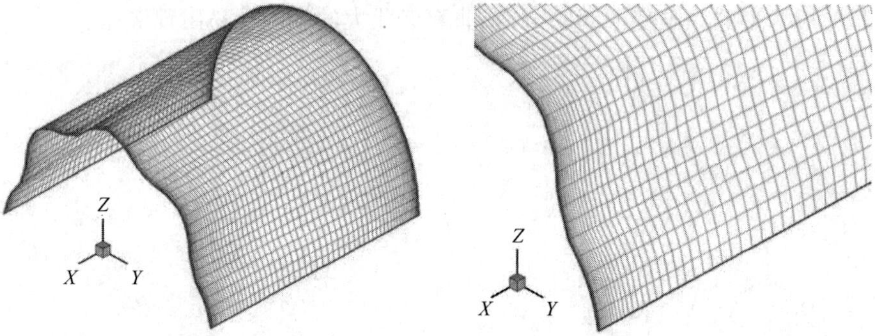

(a) CVT 法得到的气动网格 (b) CVT 插值右端放大图

图 4.14 CVT 法

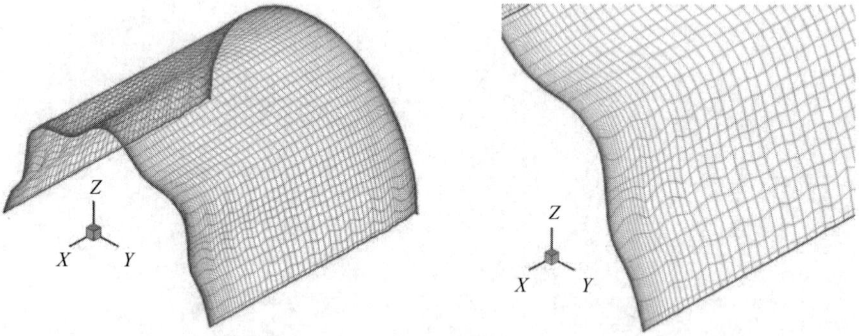

(a) IPS 法得到的气动网格 (b) IPS 插值右端放大图

图 4.15 IPS 法

表 4.1 弹身变形几种插值方法的误差比较

插值方法	BEM	CVT	IPS
最大绝对误差	2.1726e-002	1.0835e-002	6.3516e-002

用性。其中,结构有限元模型取两组:一组是由400个四节点各向异性壳元组成,结构网格点为441个,三维气动表面包含2940个网格点。

图4.16~图4.19显示了结构网格取较密时用BEM、CVT和IPS三种方法插值结构第五阶振型变形后的结果,该振型是三阶弯曲模态,在Z方向有较大变形。可以看出BEM方法插值大变形情况时的CFD网格保持好的网格品质。由于结构网格是平面构型,基于法向位移的平面插值方法IPS也得到较好地光滑的位移。而CVT方法,在表面上有局部的不连续,这是由于CVT方法中气动网格点仅与其最近的三个结构网格点有关,而且在插值过程中存在刚性连接的情况。

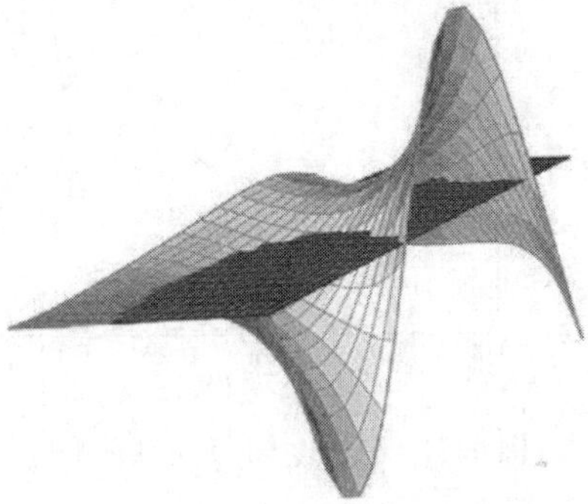

图4.16 结构第五阶振型变形

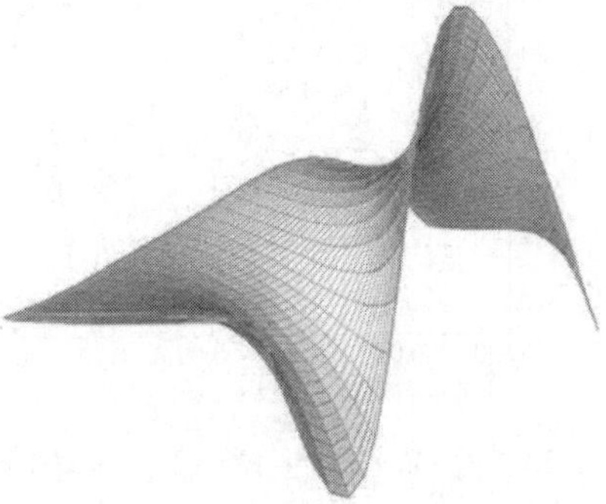

图4.17 BEM方法得到的气动变形

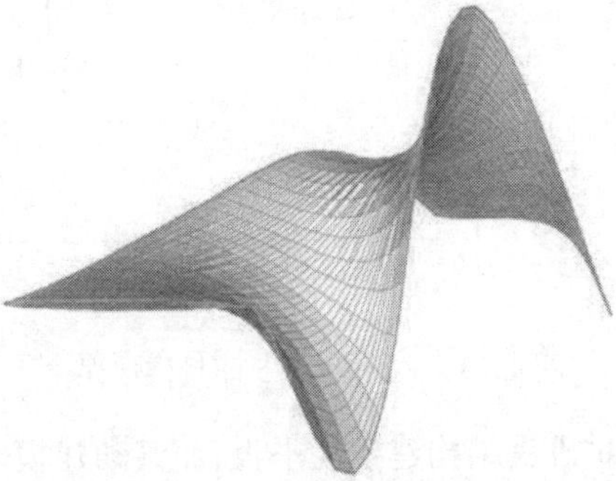

图4.18 CVT方法得到的气动变形

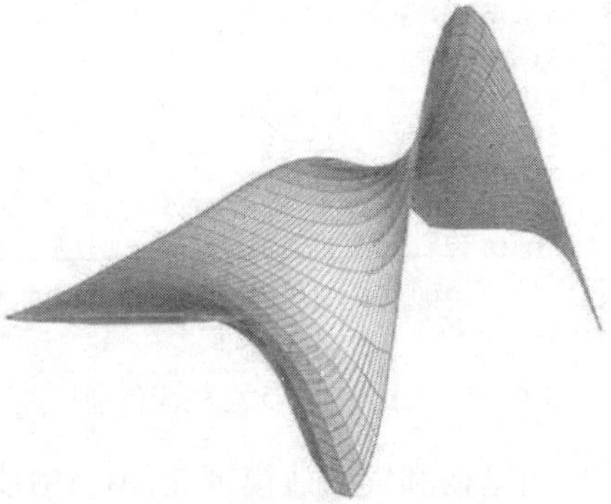

图4.19 IPS方法得到的气动变形

以AGARD445.6机翼为例进行BEM、CVT和IPS三种插值方法的比较,结构和气动模型同前。来流取$M=1.141$,其与试验颤振速度之比取$V_\infty/V_f=1.5$。流场求解N-S方程,结构求解采用线性方法,耦合格式为改进方法,无量纲时间步长取0.15。图4.20显示了用BEM、CVT和IPS三种方法设计的界面计算得到的一阶广义位移曲线,可以看出,在最初的时间步,三条曲线大体一致,随着时间推移,CVT 方法得到的结果幅值明显增大,而 IPS 方法幅值增大程度较小,BEM 方法得到的结果介于其他两种方法之间。图 4.21 显示了作用于结构节点上的总载荷的变化,其中三种方法的变化趋势与第一阶广义位移相似。图 4.22 显示了介于 CFD 和 CSD 子系统之间的总载荷传递误差,BEM 方法误差明显较大,随着时间推移,振幅也变大,CVT 和 IPS 保持了载荷传递的严格守恒。图 4.22显示了介于 CFD 和 CSD 子系统之间的能量传递误差,很明显 BEM 方法保持了能量的守恒,IPS 方法误差最大,CVT 方法能量传递误差较小,但也表现出随时间振幅增大的过程。

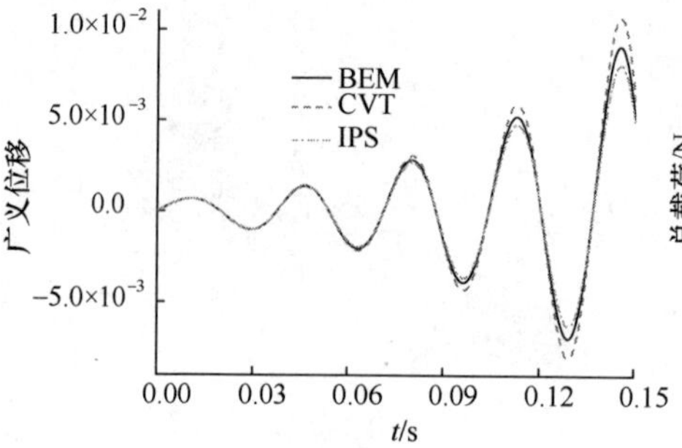

图 4.20 $V_\infty/V_f = 1.5$ 一阶广义位移响应

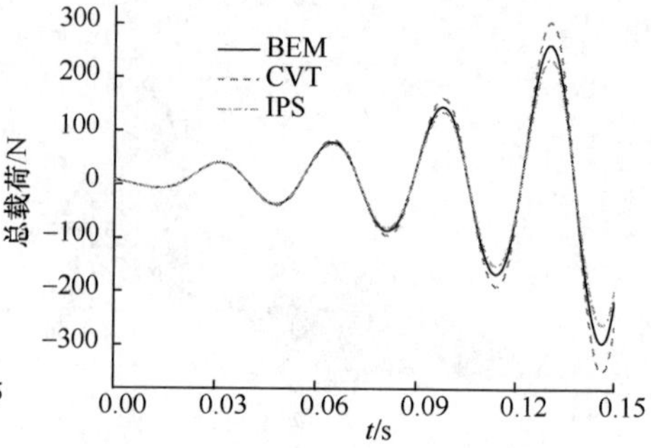

图 4.21 $V_\infty/V_f = 1.5$ 总载荷响应

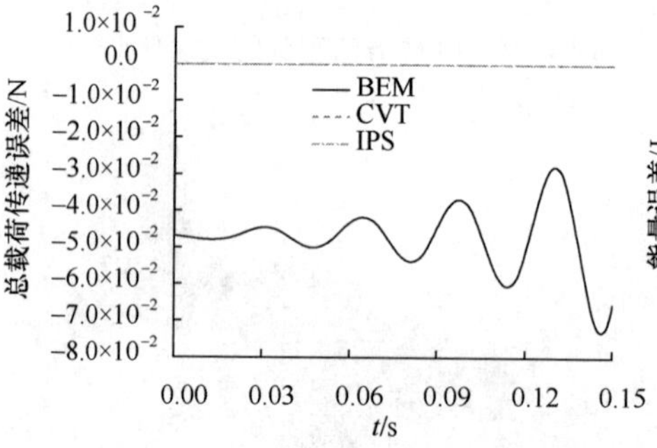

图 4.22 $V_\infty/V_f = 1.5$ 总载荷传递误差

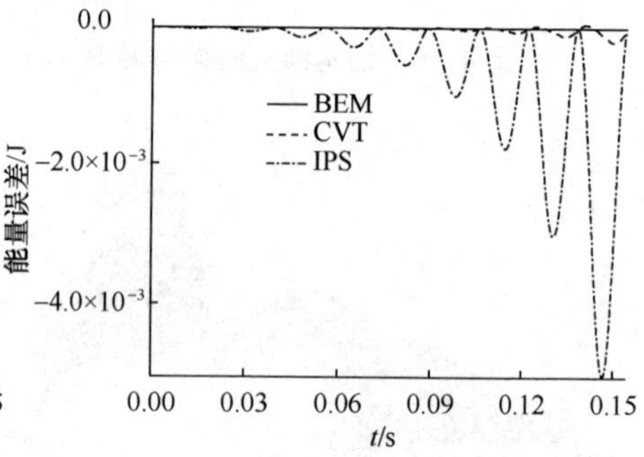

图 4.23 $V_\infty/V_f = 1.5$ 能量传递误差

由结构和气动建模可知,AGARD445.6 机翼结构建模为平板,而气动建模时严格按照三维构型生成表面网格,从而两者的耦合边界不重合,在法向存在较大距离。CVT 方法由于基于局部信息,采取了类似结构有限元的形状函数,从而保证了载荷传递的精确性;而 IPS 方法不是双向插值方法,仅是位移的插值算法,为了实现双向插值,类似于 CVT 的表面跟踪方法用来实现其载荷插值,从而也得到严格守恒的载荷转换关系;BEM 方法为了使两个不重合的边界能量传递保持守恒,在获得位移插值较为准确的前提下牺牲了载荷传递的精度,从而在载荷传递的总量上表现出较大的误差,但载荷分布趋势一致。从能量传递误差来看,BEM 方法严格满足;CVT 方法由于两场边界的不重合,从而导致了能量传递存在一定误差;IPS 方法不能处理双向插值,从而不能保证能量守恒。从算例分析来看,CVT 方法不论是载荷转换,还是位移转换,都能够保持一定精度,但不能保证严格能量守恒;BEM 方法可以得到较为精确的位移插值,并保证了能量守恒,但牺牲了一部分载荷转换精度;而 IPS 方法仅可以用于位移的插值。

4.4 动网格技术

在非定常流动模拟、流固耦合时域仿真、气动外形优化中,必须依据飞行器外形的变化,对网格不断地作相应的调整。如颤振分析中,在每一时间步长结构发生变形,应及时给 CFD 计算提供这一信息,这时就需要使用动网格来适应运动的物面。因此必须对网格再生成的有效性和效率的问题进行研究。对于动网格的算法,最大的困难在于防止边界网格点重复交错和网格点丢失。可行的办法是借助于初始网格数据,使用插值或迭代方法使网格按到边界的距离比例或按原来的稀疏比例重新分布,这样既快速地生成了网格,又保证了网格能及时地反映物面地变化。

目前存在多种网格变形方法,如代数法、无限插值方法(TFI)、弹性体方法、弹簧比拟法、Delaunay 图映射方法、径向基函数法等。

随着 CFD 技术和动网格技术的发展,动网格必须满足如下几个条件:

(1) 稳定性(Robustness)。动网格技术必须在处理 CFD 中用到的任意复杂多块网格时表现稳定,其中包括适合 CFD 中 NS 求解器的网格。

(2) 精确性(Accuracy)。网格的变形格式必须保证流体求解器可以接受的质量。保持全部初始网格所需要的光滑性、正交性。另外在网格的分界面,一个重要的特征是不需要重新计算插值系数,而是迫使在这一区域的点作同步位移。

(3) 易用性(Ease of Use)。从理论上来说用户是不需了解网格变形的格式,也不需作太多输入命令。用户也不应该为边界和角点处的网格点特殊运动而费心。

(4) 效率性(Efficiency)。在紧耦合分析中,流体和结构模型预先进行迭代,对动态时域精度分析时,必须使用紧耦合,因此网格变形格式必须是高效的,因为它在每一个时间步长需要网格。

(5) 可并行性(Parallelizable)。格式必须与并行计算代码一体化,才不会导致额外的通信代价和闲散的处理时间。

本节主要介绍代数法、TFI 和径向基函数法(RBF),最后选取二维、三维中一些有代表性的实例进行演示。

4.4.1 几何插值动网格算法

对于空间的网格点,先考虑二维情形 $P(x_{i,j},y_{i,j})$,当内边界的网格点在不同时间步长内发生位移时,将引起它周围的网格点的位移,为了插值出其他各点的位移,我们以内边界即 $j=1$ 上的点为参考点,按如下方法设计计算:

设变换前的坐标是 $P(x_{i,j},y_{i,j})$,变换后的坐标是 $P'(x'_{i,j},y'_{i,j})$,当内边界上的点都发生位移时,如旋转或发生形变,则内边界上的点 $P(x_{i,1},y_{i,1})$ 发生位移的角度利用其相邻的两点来确定,按如下方法求出(如图4.24所示,图中只画出到 $j=3$ 的网格)。

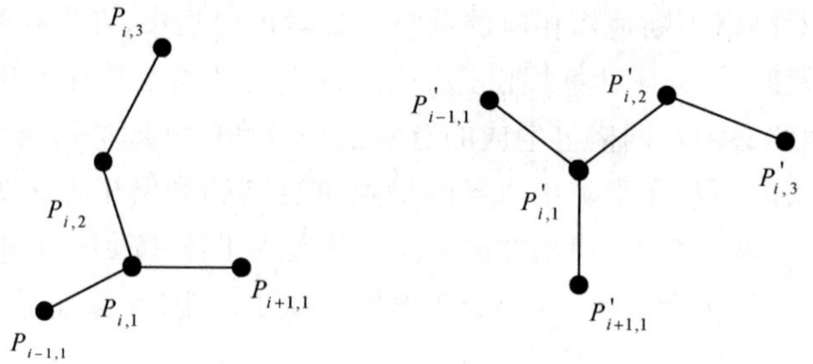

图4.24 变换前后的网格点

$$\cos(\theta_{i,1})=\frac{(x_{i+1,1}-x_{i-1,1})(x'_{i+1,1}-x'_{i-1,1})+(y_{i+1,1}-y_{i-1,1})(y'_{i+1,1}-y'_{i-1,1})}{\sqrt{(x_{i+1,1}-x_{i-1,1})^2+(y_{i+1,1}-y_{i-1,1})^2}\sqrt{(x'_{i+1,1}-x'_{i-1,1})^2+(y'_{i+1,1}-y'_{i-1,1})^2}} \tag{4.59}$$

$$\sin(\theta_{i,1})=\frac{(x_{i+1,1}-x_{i-1,1})(y'_{i+1,1}-y'_{i-1,1})-(y_{i+1,1}-y_{i-1,1})(x'_{i+1,1}-x'_{i-1,1})}{\sqrt{(x_{i+1,1}-x_{i-1,1})^2+(y_{i+1,1}-y_{i-1,1})^2}\sqrt{(x'_{i+1,1}-x'_{i-1,1})^2+(y'_{i+1,1}-y'_{i-1,1})^2}} \tag{4.60}$$

注意在考察 $P(x_{i,1},y_{i,1})$ 时,把其相邻的两点 $P(x_{i-1,1},y_{i-1,1})$,$P(x_{i+1,1},y_{i+1,1})$ 与其组成三角单元,对于小单元上所有的网格考虑刚性变形。引入中间变量如下

$$x_{i,j}^{\text{ref}}=x'_{i,1}+(x_{i,j}-x_{i,1})\cos(\theta_{i,1})-(y_{i,j}-y_{i,1})\sin(\theta_{i,1}) \tag{4.61}$$

$$y_{i,j}^{\text{ref}}=y'_{i,1}+(x_{i,j}-x_{i,1})\sin(\theta_{i,1})+(y_{i,j}-y_{i,1})\cos(\theta_{i,1}) \tag{4.62}$$

当 $j>1$ 时

$$S_{i,j}=\sum_{k=2}^{j}\sqrt{(x_{i,k}-x_{i,k-1})^2+(y_{i,k}-y_{i,k-1})^2} \tag{4.63}$$

当 $j=1$ 时,$S_{i,j}=0$,

$$b_{i,j}=3\left(\frac{S_{i,j}}{S_{i,j_{\max}}}\right)^2-2\left(\frac{S_{i,j}}{S_{i,j_{\max}}}\right)^3 \tag{4.64}$$

则新的网格点用如下表达式求出：

$$x'_{i,j} = b_{i,j}x_{i,j} + (1 - b_{i,j})x^{\text{ref}}_{i,j} \tag{4.65}$$

$$y'_{i,j} = b_{i,j}y_{i,j} + (1 - b_{i,j})y^{\text{ref}}_{i,j} \tag{4.66}$$

显然 $b_{i,j}$在内边界($j=1$)为 0,在外边界($j=j_{\max}$)为 1,所以控制外边界不变,而内边界按原样发生变形,这样通过系数因子 $b_{i,j}$对初始网格进行重新调整,以与新的时间步长内物面变化相适应。

对于三维网格情形,每一个网格点用标号 $P_{i,j,k}$来表示,其中 $k=1$ 表示物面,$k=k_{\max}$表示外边界,则三维动网格所对应的公式如下

当 $k>1$ 时,

$$S_{i,j,k} = \sum_{t=2}^{k} \sqrt{(x_{i,j,t} - x_{i,j,t-1})^2 + (y_{i,j,t} - y_{i,j,t-1})^2 + (z_{i,j,t} - z_{i,j,t-1})^2} \tag{4.67}$$

当 $k=1$ 时,$S_{i,j,k}=0$,

$$b_{i,j,k} = 3\left(\frac{S_{i,j,k}}{S_{i,j,k_{\max}}}\right)^2 - 2\left(\frac{S_{i,j,k}}{S_{i,j,k_{\max}}}\right)^3 \tag{4.68}$$

$$x'_{i,j,k} = b_{i,j,k}x_{i,j,k} + (1 - b_{i,j,k})x^{\text{ref}}_{i,j,k} \tag{4.69}$$

$$y'_{i,j,k} = b_{i,j,k}y_{i,j,k} + (1 - b_{i,j,k})y^{\text{ref}}_{i,j,k} \tag{4.70}$$

$$z'_{i,j,k} = b_{i,j,k}z_{i,j,k} + (1 - b_{i,j,k})z^{\text{ref}}_{i,j,k} \tag{4.71}$$

实验表明,对于三维振幅较小的边界位移的情形,该插值方法是可行的。其中 $x^{\text{ref}}_{i,j,k}$,$y^{\text{ref}}_{i,j,k}$,$z^{\text{ref}}_{i,j,k}$的求解与二维情形相似,特别是对于简单的旋转变形(绕 z 轴逆时针旋转 θ 角度)可表示为

$$\begin{pmatrix} x^{\text{ref}}_{i,j,k} \\ y^{\text{ref}}_{i,j,k} \\ z^{\text{ref}}_{i,j,k} \end{pmatrix} = \begin{pmatrix} \cos\theta & -\sin\theta & 0 \\ \sin\theta & \cos\theta & 0 \\ 0 & 0 & 1 \end{pmatrix} \begin{pmatrix} x_{i,j,k} \\ y_{i,j,k} \\ z_{i,j,k} \end{pmatrix} \tag{4.72}$$

4.4.2 TFI 方法

TFI—无限插值法可以把原来网格的全部特征保留下来,且与初始网格生成相互独立、互不影响。TFI 方法一般仅能用于结构化网格,计算效率高,能够支持中等程度的变形,难以处理复杂的拓扑结构。以三维结构网格块为例,主要步骤为:

(1) 确定变形网格块中所有角点的位移量。

(2) 把运动物面四个角点位移量线性插值到与运动物面相连接的网格边界线上,求出边界线中各点的位移量。

(3) 确定边界上各点的位移量后,用无限插值公式求网格剖面内各点的位

移量。

(4) 运动物面四个角点的位移判断非定常流场中变形的网格块,确定各个块角点的移动情况。在实际操作中,通常固定与运动物面不相连的网格块,只让与运动物面相连的网格块产生变形。

(5) 网格块所有边界线中,与物面相连的四条边界线中各点的位移可按如下步骤确定:

① 分别定义网格点的坐标矢量 $\boldsymbol{x}$ 和位移量矢量 $\mathrm{d}\boldsymbol{x}$

$$\begin{cases}\boldsymbol{x}=(x(\xi,\eta,\zeta),y(\xi,\eta,\zeta),z(\xi,\eta,\zeta))\\ \mathrm{d}\boldsymbol{x}=(\mathrm{d}x(\xi,\eta,\zeta),\mathrm{d}y(\xi,\eta,\zeta),\mathrm{d}z(\xi,\eta,\zeta))\end{cases}\tag{4.73}$$

② 取同一网格边界线上的两个顶点 A、B,令其一段时间内的位移矢量分别是 $\mathrm{d}\boldsymbol{x}_A$ 和 $\mathrm{d}\boldsymbol{x}_B$,则此时间段内 AB 边上任意一点 P 的位移矢量可由插值公式计算求得,即

$$\begin{cases}\mathrm{d}\boldsymbol{x}=\left(1-\dfrac{a}{c}\right)\mathrm{d}\boldsymbol{x}_A+\left(1-\dfrac{b}{c}\right)\mathrm{d}\boldsymbol{x}_B\\ \mathrm{d}\boldsymbol{y}=\left(1-\dfrac{a}{c}\right)\mathrm{d}\boldsymbol{y}_A+\left(1-\dfrac{b}{c}\right)\mathrm{d}\boldsymbol{y}_B\\ \mathrm{d}\boldsymbol{z}=\left(1-\dfrac{a}{c}\right)\mathrm{d}\boldsymbol{z}_A+\left(1-\dfrac{b}{c}\right)\mathrm{d}\boldsymbol{z}_B\end{cases}\tag{4.74}$$

式中,a,b,c 为曲线长度,$a=\|AP\|$,$b=\|BP\|$,$c=\|AB\|$,a,b,c 由初始时刻网格坐标计算得到。

③ 如果网格边界线的两个顶点无移动,则该边界线不变。

(6) 网格面内节点位移

通过第(2)步,已经求得了网格边界线上所有节点的位移矢量,网格面内节点的位移矢量可以通过四条网格边界线中的对应点插值求得。以 ζ 为固定常数的某一个面为例,内部网格点位移矢量 $\mathrm{d}\boldsymbol{x}$ 的 TFI 公式为

$$\begin{cases}\mathrm{d}\boldsymbol{x}(\xi,\eta)=\boldsymbol{\Phi}_1^0(\eta)[\mathrm{d}\boldsymbol{x}_{b1}(\xi)-f_1(\xi,0)]+\boldsymbol{\Phi}_2^0(\eta)[\mathrm{d}\boldsymbol{x}_{b3}(\xi)-f_1(\xi,1)]+f_1(\xi_1,\eta)\\ \mathrm{d}\boldsymbol{y}(\xi,\eta)=\boldsymbol{\Phi}_1^0(\eta)[\mathrm{d}\boldsymbol{y}_{b1}(\xi)-f_2(\xi,0)]+\boldsymbol{\Phi}_2^0(\eta)[\mathrm{d}\boldsymbol{y}_{b3}(\xi)-f_2(\xi,1)]+f_2(\xi_1,\eta)\\ \mathrm{d}z(\xi,\eta)=\boldsymbol{\Phi}_1^0(\eta)[\mathrm{d}z_{b1}(\xi)-f_3(\xi,0)]+\boldsymbol{\Phi}_2^0(\eta)[\mathrm{d}z_{b3}(\xi)-f_3(\xi,1)]+f_3(\xi_1,\eta)\end{cases}\tag{4.75}$$

$$\begin{cases}f_1(\xi_1,\eta)=\boldsymbol{\Psi}_1^0(\xi)\mathrm{d}\boldsymbol{x}_{b4}(\eta)+\boldsymbol{\Psi}_2^0(\xi)\mathrm{d}\boldsymbol{x}_{b2}(\eta)\\ f_2(\xi_1,\eta)=\boldsymbol{\Psi}_1^0(\xi)\mathrm{d}\boldsymbol{y}_{b4}(\eta)+\boldsymbol{\Psi}_2^0(\xi)\mathrm{d}\boldsymbol{y}_{b2}(\eta)\\ f_3(\xi_1,\eta)=\boldsymbol{\Psi}_1^0(\xi)\mathrm{d}z_{b4}(\eta)+\boldsymbol{\Psi}_2^0(\xi)\mathrm{d}z_{b2}(\eta)\end{cases}\tag{4.76}$$

式中,$\boldsymbol{\Psi}$ 和 $\boldsymbol{\Phi}$ 则分别是 ξ 和 η 方向的形函数,此形函数与各块边界网格点的分布相关,即

$$\begin{cases}\Psi_1^0(\xi) = 1 - s_1(\xi) \\ \Psi_2^0(\xi) = s_3(\xi) \\ \Phi_1^0(\xi) = 1 - s_4(\eta) \\ \Phi_2^0(\eta) = s_2(\eta)\end{cases} \tag{4.77}$$

式中，$s_1(\xi)$为$\eta=0$的块边界上的拉伸函数；$s_2(\eta)$为$\xi=1$的块边界上的拉伸函数；$s_3(\xi)$为$\eta=1$的块边界上的拉伸函数；$s_4(\eta)$为$\xi=0$的块边界上的拉伸函数。拉伸函数是所要计算的节点在边界上的对应点到边界曲线起点的距离与边界曲线总长的比值。插值后新网格结点坐标可以表示为

$$\boldsymbol{x}(\xi,\eta,\zeta) = \boldsymbol{x}_0(\xi,\eta,\zeta) + \mathrm{d}\boldsymbol{x}(\xi,\eta,\zeta) \tag{4.78}$$

式中，$\mathrm{d}\boldsymbol{x}$为用TFI方法得到的位移矢量；$\boldsymbol{x}_0$为初始坐标。

4.4.3 RBF方法

基于TFI的动网格技术具有运算速度快的特点，且在结构小扰动变形下可以较好满足近物面网格的正交性。但是随着结构模型变形尺度的增加，基于TFI的动网格技术就不能很好地满足CFD计算对网格正交性的要求，主要是近物面网格畸变较大。为了解决大变形下的动网格变形技术，人们提出了RBF——基于径向基函数的动网格变形方法。其主要思想是利用已知的物面网格变形，构造一个径向基函数序列，再使用此径向基函数序列将物面变形光滑地插值到空间气动网格上去。可以看出RBF同时也是一种插值精度较高的方法。

此方法计算过程中不需要利用网格节点之间的联系，各个计算结点的变形计算是互不干扰的，因此非常便于并行化；可支持复杂外形的大变形运动，变形后的网格质量较好，通用性与鲁棒性极好；编程也较方便，易于实现；物面与空间网格节点的处理采用相同的方式，因而不需要额外的数据插值方法；既可用于结构网格，又可用于非结构与混合网格；可支持任意形式的变形，刚体运动、弹性变形甚至塑性变形都可支持。然而，采用径向基函数进行网格变形时的计算量与$N_{vp}\times N_{sp}$成正比，其中N_{vp}是待插值的气动空间网格点数，其量级一般在$10^5\sim10^6$，N_{sp}是用于插值的表面节点数，其量级一般在$10^2\sim10^3$，相较于代数插值方法，其计算量是相当大的。目前来看，为了减少计算量，几乎所有的文献都集中在如何减少表面插值节点的数目上，而少有人考虑在插值过程中减少空间待插值节点的方法，仅有Andreas为了分离飞行器部件运动对其他部件的影响，提出过限制径向基函数插值区域的算法。

1. 采用径向基函数进行网格变形

径向基函数的基本形式是

$$F(\boldsymbol{r}) = \sum_{i=1}^{N_{sp}} \omega_i \varphi(\| \boldsymbol{r} - \boldsymbol{r}_i \|) \tag{4.79}$$

式中，$F(\boldsymbol{r})$为插值函数，在网格变形问题中，它代表网格变形量；N_{sp}为插值问题所使用的径向基函数的总数目，在网格变形问题中，它等于用于插值的物面节点数；$\varphi(\|\boldsymbol{r}-\boldsymbol{r}_i\|)$是径向基函数的一般形式，$\boldsymbol{r}_i$是第$i$个物面插值节点的位置，$\boldsymbol{r}$是空间任意一点的位置矢量，进行网格变形时，它就是CFD网格空间节点的位置矢量，$\|\boldsymbol{r}-\boldsymbol{r}_i\|$是空间任意一点到第$i$个物面插值节点的距离；$\omega_i$是与第$i$个插值节点相对应的权重系数。径向基函数有许多种，经比较认为Wendland's C2函数计算效率与网格变形的质量都较好，故而采用它作为径向基函数来实施网格变形，其形式如下：

$$\varphi(\eta) = (1-\eta)^4(4\eta+1) \tag{4.80}$$

式中，η为$\|\boldsymbol{r}-\boldsymbol{r}_i\|$的无量纲值，$\eta = \dfrac{\|\boldsymbol{r}-\boldsymbol{r}_i\|}{R}$，$R$为径向基函数的作用半径，当$\eta > 1$时，强制设定$\varphi(\eta)=0$，即超过该作用距离时，变形为0。

给定物面插值节点及该点上的位移后，采用式(4.79)，式(4.80)求解空间任意一点的变形时，$\boldsymbol{r}$，$\boldsymbol{r}_i$已知，且径向基函数$\varphi(\eta)$已经给定，故而唯一未知的是与各个物面插值节点相关的权重系数ω_i，该值可以使用物面上的插值结果必须与给定位移相吻合这一条件来求得，即求解下述方程即可：

$$\Delta \boldsymbol{X}_s = \boldsymbol{\phi} \boldsymbol{W}_x \tag{4.81}$$

$$\Delta \boldsymbol{Y}_s = \boldsymbol{\phi} \boldsymbol{W}_y \tag{4.82}$$

$$\Delta \boldsymbol{Z}_s = \boldsymbol{\phi} \boldsymbol{W}_z \tag{4.83}$$

式中，下标s代表物面插值节点，$\Delta \boldsymbol{X}_s = \{\Delta x_{(s,1)}, \Delta x_{(s,2)}, \cdots, \Delta x_{(s,N_{sp})}\}^T$，$\Delta \boldsymbol{Y}_s = \{\Delta y_{(s,1)}, \Delta y_{(s,2)}, \cdots, \Delta y_{(s,N_{sp})}\}^T$，$\Delta \boldsymbol{Z}_s = \{\Delta z_{(s,1)}, \Delta z_{(s,2)}, \cdots, \Delta z_{(s,N_{sp})}\}^T$表示$N_{sp}$个物面插值节点上的位移；$\boldsymbol{W}_x = \{\boldsymbol{\omega}_{(x,1)}, \boldsymbol{\omega}_{(x,2)}, \cdots, \boldsymbol{\omega}_{(x,N_{sp})}\}^T$，$\boldsymbol{W}_y = \{\boldsymbol{\omega}_{(y,1)}, \boldsymbol{\omega}_{(y,2)}, \cdots, \boldsymbol{\omega}_{(y,N_{sp})}\}^T$，$\boldsymbol{W}_z = \{\boldsymbol{\omega}_{(z,1)}, \boldsymbol{\omega}_{(z,2)}, \cdots, \boldsymbol{\omega}_{(z,N_{sp})}\}^T$是与每一插值节点相关的权重系数，未知；矩阵中每一元素是以表面插值节点中任意两节点之间距离为参数的径向基函数值，即$\boldsymbol{\phi}(i,j) = \boldsymbol{\varphi}(\|\boldsymbol{r}_j - \boldsymbol{r}_i\|)$，$1 \leqslant j, i \leqslant N_{sp}$。

求解方程式(4.81)～式(4.83)后可得到权重系数，然后根据式(4.79)可求得空间任意位置上的网格变形。

2. 表面插值节点的选择方法

采用径向基函数进行动态网格变形时，计算量与$N_{vp} \times N_{sp}$成正比，其中N_{vp}是待插值的气动空间网格点数，N_{sp}是用于插值的表面节点数，在流固耦合时域仿真时，它一般取自结构模态。为了减少总的计算量，当前主流做法是减少N_{sp}的值，Rendall等采用贪心法根据最大插值误差位置逐步添加插值节点的方法来实现径向基函数序列的精简。其基本过程是：

首先，任意选择 I（一般可取 $I=3$）个物面节点形成初始节点集合 $P^0=\{p_1,p_2,\cdots,p_I\}$，采用此集合进行径向基函数插值，通过求解方程得到相应的权重系数，然后求得所有物面节点上的网格变形，显然这样建立的初始插值函数对于 P^0 中的所有节点是精确的，但是对于不属于 P^0 中的物面节点将产生误差，确定出现最大误差的物面节点，根据贪心法的原则，将此节点纳入 P^0 中形成下一个节点集合 P^1，再次采用此节点集合 P^1 进行径向基函数插值。反复执行此过程直到物面节点上的插值误差满足事先给定的误差限。在选择物面节点过程中亦可以每插值一次，将误差大于平均误差或者给定的一个限值的所有物面节点都选择到插值节点集合中；或者混合上述两种方法，每 n 步交替使用此两种方法，n 步内选择误差最大的节点，第 $n+1$ 步选择误差较大的一些节点，以加快选择节点的速度。

为了加快数据精简的效率，采用贪心法的原则，引入函数空间子集逐级逼近的基本思想，具体做法是先选择 N_0 个节点进行径向基函数插值，得到所有物面节点上的误差 $\Delta S^{(0)}$，然后将径向基函数的插值对象由最初的网格变形更改为当前物面节点的误差 $\Delta S^{(0)}$，再次运用贪心法选取 N_1 个物面节点进行插值。重复此步骤直到残差满足要求，最后将此 n 步选择得到的插值节点和权重系数叠加，得到最终的径向基函数插值系数。采用此种方法的目的在于加快数据精简的效率，因为在计算插值系数的过程中，每一次都要求解一个 $N_i\times N_i$ 的线性代数方程组，通过此种算法，可以将每一次计算插值系数过程中的 N_i 值控制在一个较小量上，由此加快数据精简过程。然而我们将看到，将函数空间子集逐级逼近的思想加以扩展，可以得到一种减缩空间待插值节点的方法。

3. 空间待插值节点的减缩方法

目前，为了减少采用径向基函数的计算量，研究人员的着眼点都集中在减少 N_{sp} 即表面插值节点上，为了在实施径向基函数过程中减少 N_{sp}，我们采用分离单个部件运动对其他部件影响的方法，建立一种限制径向基函数插值区域的算法。算法的基本思想是将部件的运动限制区域以长方体描述，该长方体包括了运动部件区域，运动部件上的变形以给定为要求值，长方体表面上的变形给定为零，在长方体表面与运动部件上选择插值节点后进行径向基插值，长方体外的空间网格不作插值。

将函数空间子集逐级逼近加以扩展，并将 Andreas 提出的限制插值区域的方法加以改进，两者相结合，得到一种新的效果优良的减缩 N_{sp} 的方法，可支持大变形运动。方案主要步骤为：

（1）确定插值限定区域 Ω_0。选择到物面距离小于一限制值 $R_0=k\Delta S_{max}$ 的

点的集合作为 Ω_0，其中 k 为一系数，一般取 $k \geqslant 5$。并确定 Ω_0 中除去物面的边界，可按下列方法确定此边界，扫描 Ω_0 内各点，如果某点周边单元上的节点中有不属于 Ω_0 的节点，则此点为边界，否则是内点，将边界上的位移值给定为 0。给定一个初始误差限 ϵ_0，此误差可取得较大，比如 1.0×10^{-2}，选择 $N^{(0)}$ 个插值节点使得表面插值误差的最大值小于此给定误差限，并记录表面插值误差 ΔS_0。在区域 Ω_0 内进行插值，此时，N_{vp} 较大，$N_{sp}=N(0)$，由于误差限取得较大，求得的 $N^{(0)}$ 会比较少，即总计算量会比较少。

(2) 再以上一步的表面插值误差 ΔS_0 为插值对象，确定插值限定区域 Ω_1。由于此时表面插值量最大位移还不到 ϵ_0，同样按到物面距离小于 $R_1 = k\cdot\Delta S_{0,\max}$ 为标准，由于此时 $\Delta S_{0,\max}\leqslant\epsilon_0$，故而此时的 Ω_1 可以取得较小，从而使得 N_{vp} 较小，这时可以给定一较小的误差限 ϵ_1 来选择 $N^{(1)}$ 个插值点，由于误差较小，故选择得到的 $N^{(1)}$ 较大。然而总的计算量仍然会比较小。

(3) 重复上述步骤直到误差限满足要求。

需要注意的是，当 R_i 较小的时候，插值区域限定过小，区域外边界与物面距离过近，使得选择的插值节点中有些节点之间距离过近，会造成求解插值系数时系数矩阵十分病态，因此实际上对于 R_i 有一限制，限定为 $R_i = k_1\cdot\max(\epsilon_{i-1}, d_{\max})$，其中 k_1 为一保险系数，一般取为 2，ϵ_{i-1} 为上一步的误差限，而 $d_{\max}$ 为与物面相连的最长网格线的长度。加上此限制之后，一般第二次插值时 R_i 即达到限制值了，因此第(3)步就用不着了。应当注意的是，在插值区域的外边界上选择插值节点时，并不要求在此边界上的误差与物面上保持同样小的误差，仅需此边界上的误差不造成该边界附近网格质量出现较大下降，因此该边界上插值节点的选择应保证该边界上最大误差小于附近单元尺寸最小值的 k 倍，k 可取 0.1。这样可以避免插值过程中 N_{sp} 较大。

(4) 如果最后一次插值中误差限已经衰减到远小于空间网格点到物面的最小距离了，此时可选择更多的插值点，但是仅在物面进行插值，进一步减小物面插值的误差，因为此时物面的变形不会造成空间网格的扭曲。这时 N_{vp} 就等于气动网格的物面网格数了，这一步计算量会比较小，然而可以较大程度地减小整个物面的插值误差。

在上述过程中，确定插值限定区域的计算量较大，但是此过程仅实施一次，之后每一次网格变形时的限定区域都与初始确定的区域一致，因此这一步的计算时间并不增加多次执行的网格变形所需要的时间。

图 4.25 给出了采用径向基函数计算 GOLAND 机翼扭转变形时的流场网格。

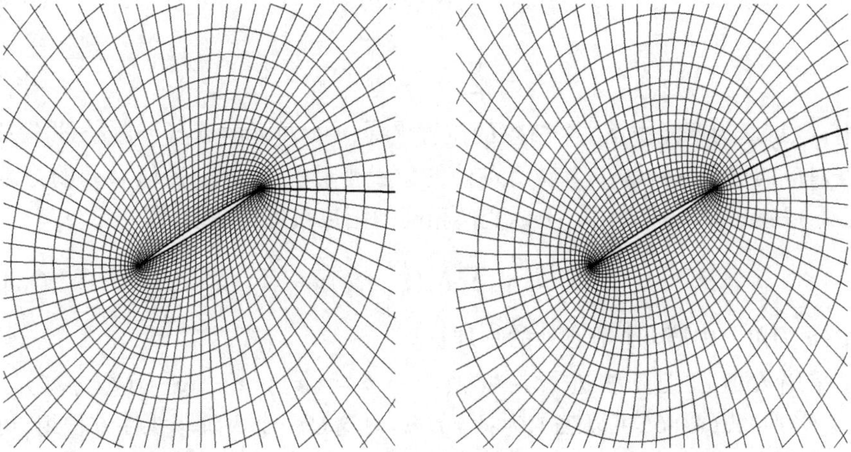

图 4.25　无限插值和径向基函数动网格方法比较(GOLAND 机翼展向剖面)

4.4.4　保形动网格方法

以上动网格方法已经在许多气动网格发生刚性/弹性变形的问题中得到广泛应用,但是这些方法要进一步应用于复杂外形的气动网格变形还存在各自的问题。特别是弹身组合体不仅要考虑全动舵面的刚性运动又要考虑舵面的弹性变形问题,即原始物面变形不连续问题。

采用基于有限元插值的投影技术,将 RBF 插值技术和 TFI 动网格技术有机地结合起来,形成一套针对处理不同复杂外形和特殊分析要求的高精度保形动网格计算技术(The Shape Preserving Grid Deforming Method,SPGDM)。该方法属于一种复合动网格方法。

TFI 方法和 RBF 方法在 4.4.2 节和 4.4.3 节已介绍,以下主要介绍有限元插值的投影技术以及保形动网格方法的实现。

1. 基于有限元形函数的曲面插值

借鉴中等参单元逆变换的思想,采用数值迭代算法获得当地坐标,然后进行物理量的正向插值。

对一般的三维等参单元来说,坐标变换就是将各单元从整体坐标系 $x-y-z$ 下变换到当地坐标系 $\xi-\eta-\zeta$ 下,其显式正变换为

$$x = \sum_{i=1}^{n} N_i(\xi,\eta,\zeta)x_i \tag{4.84}$$

$$y = \sum_{i=1}^{n} N_i(\xi,\eta,\zeta) y_i \tag{4.85}$$

$$z = \sum_{i=1}^{n} N_i(\xi,\eta,\zeta) z_i \tag{4.86}$$

式中,x_i,y_i,z_i为单元中第 i 个节点的位置坐标;n 为单元的节点个数;N_i为第 i 个节点对应的形函数;x,y,z 为插值点处的位置坐标;ξ,η,ζ 为插值点处的当地坐标。一般物理量 u 拟采用与坐标变换相同的函数来进行插值,即

$$u = \sum_{i=1}^{n} N_i(\xi,\eta,\zeta) u_i \tag{4.87}$$

式中,u_i为单元中第 i 个节点处的物理量。

采用数值迭代算法进行逆变换。令 $\boldsymbol{b}=(x,y,z)^{\mathrm{T}}$,$\boldsymbol{\alpha}=(\xi,\eta,\zeta)^{\mathrm{T}}$,则式(4.84)~式(4.86)可以表示为:$\boldsymbol{b}=\boldsymbol{f}(\boldsymbol{\alpha})$。这是一个 3 阶非线性方程组,可以采用非线性方程组的迭代方法求解。这里选择牛顿迭代法,具体求解步骤如下:

(1) 给定迭代初值 $\boldsymbol{\alpha}_0$。

(2) 计算第 k 步的误差矢量:$\boldsymbol{e}_k=\boldsymbol{f}(\boldsymbol{\alpha}_k)-\boldsymbol{b}$。

(3) 如果 $\|\boldsymbol{e}_k\|$ 足够小,则转(7)。

(4) 计算方程组雅克比矩阵:$\boldsymbol{J}_k=\left(\dfrac{\partial(x,y,z)}{\partial(\xi,\eta,\zeta)}\right)_k$。

(5) 解线性方程组:$\boldsymbol{J}_k\Delta\boldsymbol{\alpha}=\boldsymbol{e}_k$。

(6) 更新迭代值:$\boldsymbol{\alpha}_{k+1}=\boldsymbol{\alpha}_k+\Delta\boldsymbol{\alpha}$,$k=k+1$,转(2)。

(7) 结束迭代:$\boldsymbol{\alpha}=\boldsymbol{\alpha}_k$。

求出 $\boldsymbol{\alpha}$ (即 ξ,η,ζ)之后,将其代入式(4.87)就能获得 u 在另外一套网格节点上的值。另外(5)中需采用最小二乘法,即在等式两边都左乘 $\boldsymbol{J}_k^{\mathrm{T}}$。此外为了提高曲面插值的精度和光滑性,宜采用二阶单元。

上面给出的逆变换求解方法对于插值点在网格单元内部或者距离并不远的情况下,收敛非常迅速。但是,如果插值点与网格单元相距较远时就不容易收敛。因此,为了保证逆变换求解的正确性和效率,应先确定插值点所在网格单元。

2. 保形动网格方法及实现

首先,采用 RBF 方法使投影基面网格发生弹性变形,接着使其按照给定规律发生刚性变形;然后,采用基于有限元插值的投影方法按照点、线、面的顺序将物面网格向各投影基面投影,获得变形后的物面网格,其间通过 TFI 技术保持原始网格的分布;最后,采用 TFI 技术将物面网格的变形均匀地插往全场网格,获得变形后的体网格。复合动网格策略及实现用如下示意图和步骤说明,实线表示 CFD 网格的物面边界(图 4.26),虚线表示投影基面网格(图 4.27),为保证相

贯,投影基面应有适当的延伸。

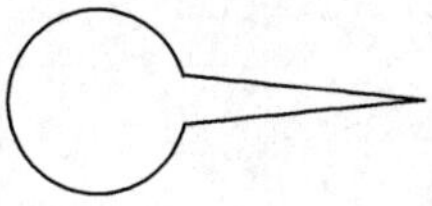

图 4.26　原始 CFD 物面

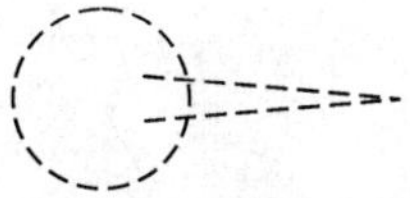

图 4.27　原始投影基面

(1) 采用 RBF 方法使投影基面网格发生弹性变形,然后使其发生刚性变形,如图 4.28 所示。

(2) 采用基于有限元插值的投影方法将上一步的物面网格的边界向各投影基面网格反复投影,直到相贯线位置不再变化,如图 4.29 所示。

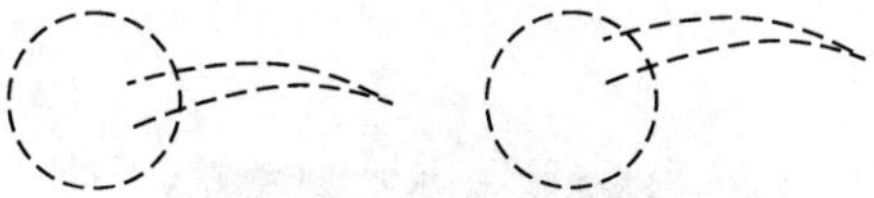

图 4.28　投影基面变形

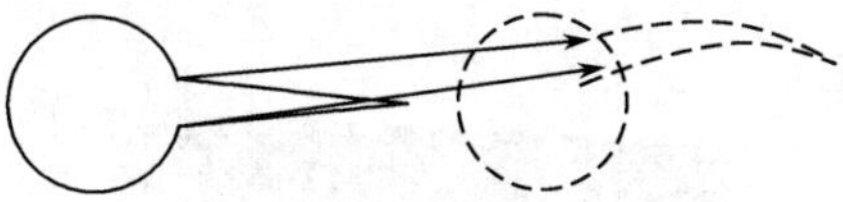

图 4.29　计算相贯

(3) 采用 TFI 技术将物面网格的边界变形均匀地插到整个物面上,如图 4.30所示。

(4) 采用基于有限元插值的投影方法将物面的内点向各投影基面网格投影获得当前步的物面网格,如图 4.31 所示。

图 4.30　物面网格插值

图 4.31　物面网格投影

(5) 采用 TFI 技术将物面网格的变形均匀地插往全场网格,获得当前步的全场网格。

4.4.5　动网格算例分析

1. 几何插值算法动网格算例

选择 NACA0012 翼型作为研究对象,图 4.32 是该翼型的 O 形结构网格,考虑其在 π/10 攻角姿态,图 4.33 是使用几何插值算法计算的结果。

2. TFI 方法动网格算例

选择一三维机翼作为研究对象,首先采用椭圆方程法生成机翼的 C 形结构网格[图 4.34(a)],进行气动 - 结构耦合计算,得到某时刻结构变形后的三维机翼,重新构成结构网格[图 4.34(b)]。

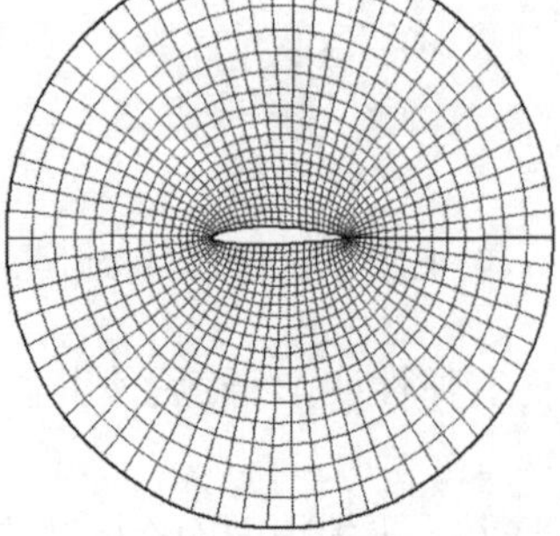

图 4.32　翼型原始网格

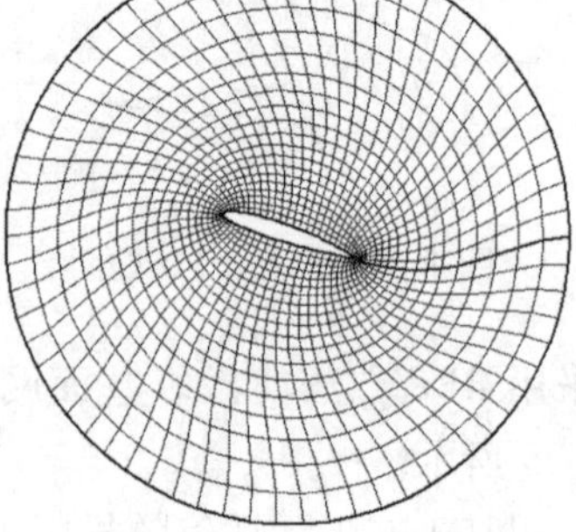

图 4.33　动网格计算结果

(a)

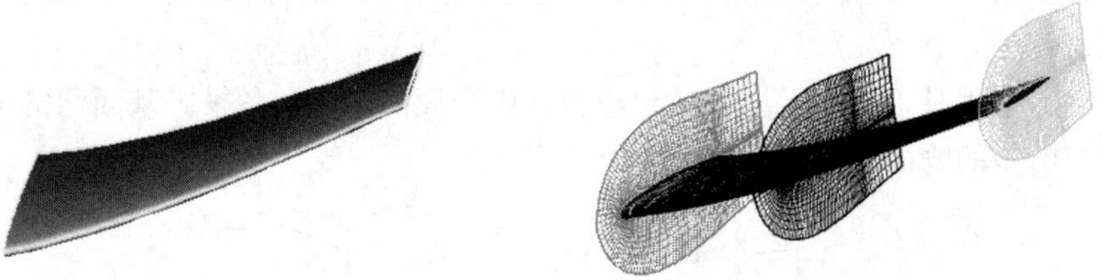

(b)

图 4.34　机翼动网格计算结果

3. RBF 方法在动网格中的应用

1) NACA0012 翼型动网格算例

取二维 NACA0012 结构网格作为初始网格，变形位移方程为 $\Delta y=0.03\sin(4\pi x)$。网格大小为 323×81，取误差限为 1.0×10^{-6}，分别采用单次插值与本书所提出的多次插值方法进行计算，在计算过程中，多次插值中第一次插值由于本来变形比较大，且远场网格本身比较稀疏，简单起见，直接将全场网格当做 Ω_0，在第二次插值中减缩空间网格点数，选择 Ω_1 中包含 3553 个网格节点，第二次插值计算完毕后，物面插值误差限已经足够小，因此第三次插值只计算物面网格变形，不用计算 Ω_2。网格变形结果见图 4.35。

2) ONERA－M6 机翼变形动网格算例

取 ONERA－M6 机翼非结构网格为初始网格，网格单元数为 1 883 014，结点数为 336 684，物面节点数为 33 206，给定以下变形模式：$\Delta y=0.5bz$

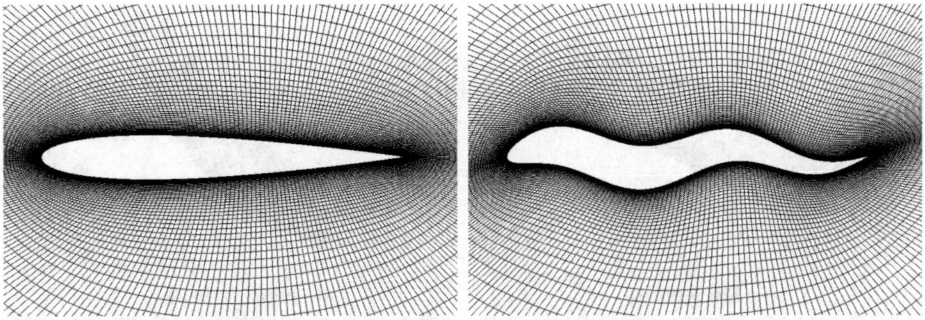

图 4.35　NACA0012 翼型变形前后对比

$\left[1-\cos\left(\frac{z\pi}{b}\right)\right]$，其中，$b$ 为机翼展长，z 为 z 方向坐标，Δy 为 y 方向变形。取最终误差限为 1.0×10^{-6}，分别采用单次插值与多次插值方法进行计算，计算过程与上例相同。多次插值与单次插值效率的比较见表 4.2。可见多次插值方法可以较大程度上减少空间待插值网格数，从而显著地提高了网格变形效率。初始网格与变形后网格的比较如图 4.36 所示。图 4.36(a)、(b)为初始的与变形后的表面网格。图 4.36(c)、(d)分别给出了机翼附近空间网格变形前后的情况，图 4.36(e)、(f)分别给出了翼梢附近网格变形前后的细节，可见变形后的网格基本保持了变形前的密度分布。

表 4.2　完成 ONERA－M6 机翼网格变形所需时间的比较

插值模式	误差限	N_{sp}	N_{vp}	$N_{sp}\times N_{vp}$	CPU 时间/s
单次插值	1.0×10^{-6}	1137	336684	3.83E8	6.58
多次插值($i=0$)	1.0×10^{-3}	28	336684	9.43E6	0.1952
多次插值($i=1$)	1.0×10^{-4}	403	73255	2.95E7	0.4013
多次插值($i=2$，仅计算物面)	1.0×10^{-6}	1350	33206	4.48E7	0.9340
多次插值(总计)	1.0×10^{-6}			8.38E7	1.5305

4. 保形动网格方法应用

取一弹身和气动舵组合体为例进行分析，其气动舵翼型为双弧形，相对厚度为 0.05；平面形状为梯形，根弦弦长 0.8m，梢弦弦长 0.36m，前缘后掠角 34.02°。舵身组合体为半模，图 4.37 中给出了组合体的的网格拓扑和物面网格。全场网格共 21 个块，单元总数为 373 480。

气动舵的结构模型如图 4.38 所示。该气动舵由舵面和舵轴组成，舵面和舵轴的材料参数见表 4.3，舵面采用实体单元进行建模，舵轴采用半径为 10mm 的圆截面梁进行建模。舵轴位于舵面根部 1/2 弦线处。在舵轴根部加载固支约

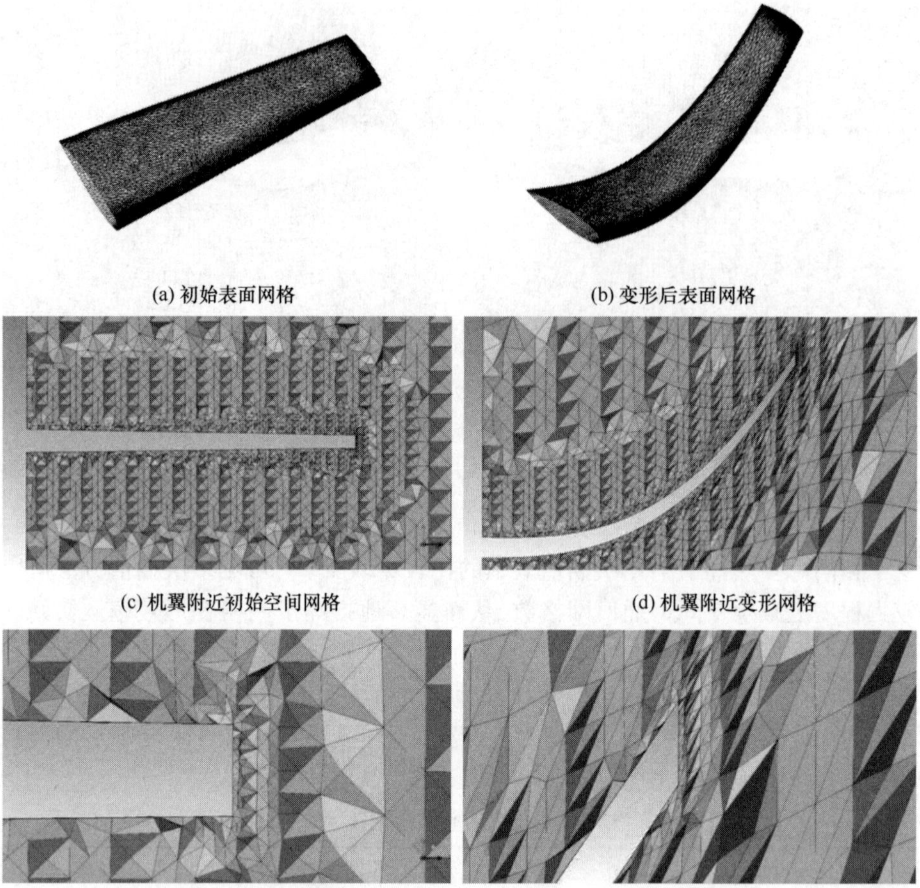

(a) 初始表面网格　(b) 变形后表面网格

(c) 机翼附近初始空间网格　(d) 机翼附近变形网格

(e) 翼尖附近初始空间网格　(f) 翼尖附近变形网格

图 4.36　ONERA – M6 机翼网格变形前后对比图

束,在舵轴与舵面相连的节点通过 RBE2 与周围 8 个点相连。

表 4.3　气动舵材料属性

截面	弹性模量/GPa	泊松比	密度/(kg/m^3)
舵面	70	0.33	2800
舵轴	220	0.37	4480

为了在舵身组合体的耦合计算中保证弹身和舵面的几何外形都不被破坏,选择所需的投影基面如图 4.39 所示(虚线为组合体轮廓线)。为了保证投影的精度,这些投影基面都采用了 8 节点四边形单元。

对舵面施加 16°的舵偏,分别采用常规 TFI 方法和保形动网格方法,保持舵面形状不变,获得变形后的网格如图 4.40 和图 4.41 所示。从图 4.42 中,可以

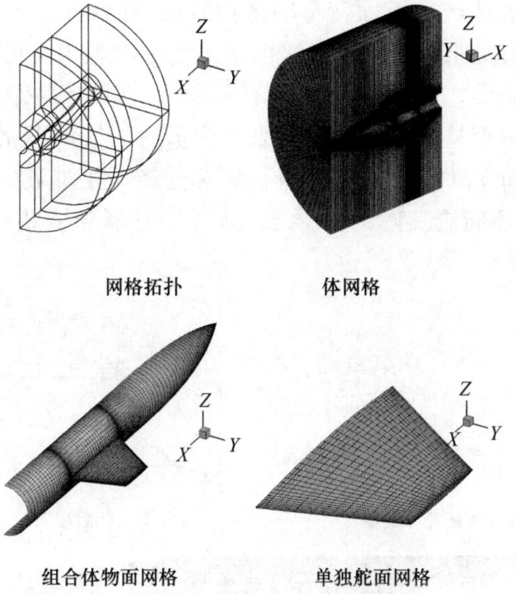

图 4.37　舵身组合体气动网格

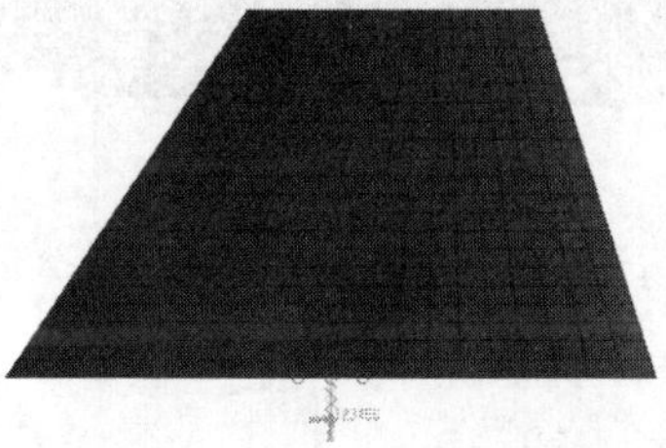

图 4.38　气动舵结构网格

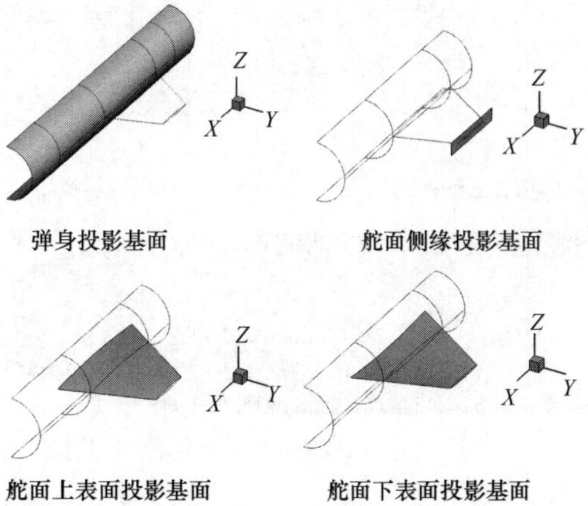

图 4.39　投影基面网格

清楚地看到,TFI 方法产生舵面变形的拖拽效应,导致弹身发生了巨大的变形,而保形动网格方法使舵面和弹身形状保持不变。由表 4.4 可知,两种方法在气动网格弹身节点变形之后,TFI 方法仅有 7.06% 的网格点保持在了弹身上,而 SPGDM 方法 100% 保持在了弹身上。采用变形后的气动网格进行定常 CFD 计算($Ma=2,H=3\mathrm{km}$),TFI 方法在弹身被拉坏处产生了非物理的压缩区和膨胀区,使其气动特性不符合实际情况,导致 CFD/CSD 耦合结果不真实。

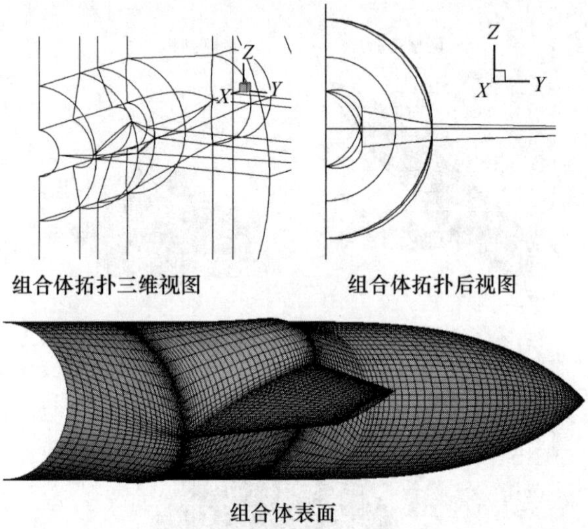

图 4.40　TFI 方法所获得的组合体变形后网格

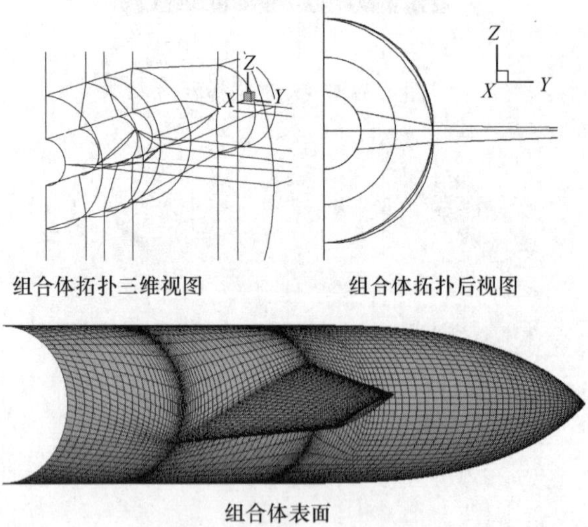

图 4.41　复合型动网格方法获得的组合体变形后网格

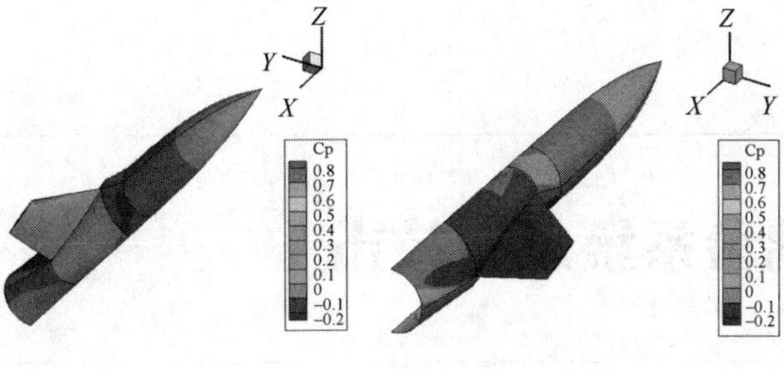

TFI 方法

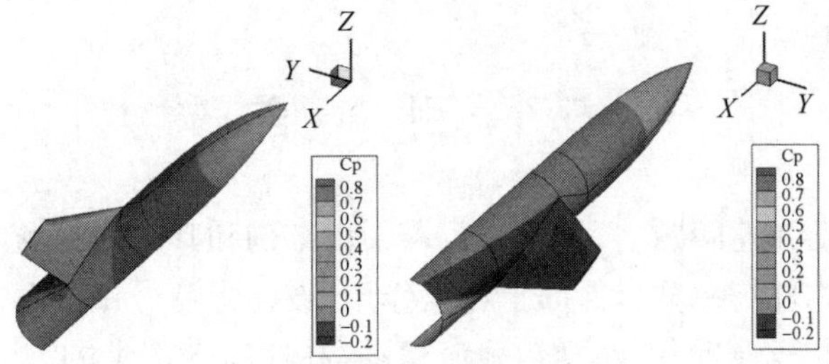

保形动网格方法

图 4.42　压力云图

表 4.4　弹身节点保形效果

类型	弹身节点数	弹身节点变化率/%
TFI	258	7.06
SPGDM	3654	100

第5章 耦合系统求解技术

5.1 引　　言

非线性气动弹性问题中,涉及飞行器柔性结构和其周围流场的相互作用,两个不同性质的物理场在耦合界面上相互作用,彼此影响。一方面,流体问题本身涉及到大量的非线性现象,如复杂湍流运动,高速运动产生的激波,激波导致的边界层分离,非定常涡脱落、运动及演化,对耦合问题还要考虑结构变形或振动导致的非定常流体运动等;另一方面,结构问题中涉及非线性几何大变形、弹塑性材料非线性和接触面不定的界面非线性问题等。由于气动载荷和结构响应不能以相同的格式离散同步求解,需要将流体动力学(CFD)主控方程式(5.1)和计算结构动力学(CSD)的控制方程式(5.2)以适当方式耦合起来进行求解。另外,即使各自的物理场是线性的,CFD 和 CSD 共同界面上的不确定耦合也会引起新的非线性问题。因此,研究 CFD 和 CSD 的耦合不是这两个问题的简单叠加。通过界面上的连续性相容条件进行耦合的 CFD/CSD 系统是一个高度的非线性问题,处理不当会使整个系统的计算失败。

$$\frac{\partial}{\partial t}\int \overline{\boldsymbol{U}}\mathrm{d}\Omega + \int \overline{\boldsymbol{F}} \cdot \mathrm{d}S = \frac{1}{Re}\int \overline{\boldsymbol{F}^{v}} \cdot \mathrm{d}\boldsymbol{S} \tag{5.1}$$

$$\boldsymbol{M}\ddot{\boldsymbol{u}} + \boldsymbol{C}\dot{\boldsymbol{u}} + \boldsymbol{K}\boldsymbol{u} = \boldsymbol{F} \tag{5.2}$$

以上两式各个量的含义分别见第 2 章和第 3 章。同时要求这种耦合格式要满足气动网格和结构网格速度协调条件,即在耦合边界上要求

$$\frac{\partial \boldsymbol{x}}{\partial t} = \frac{\partial \boldsymbol{u}}{\partial t} \tag{5.3}$$

本章以两场界面上能量传递守恒为依据,对比分析 3 种时域 CFD/CSD 耦合算法:传统松耦合、预估 - 多步耦合、紧耦合算法的精度和协调条件。在此基础上提出 CFD/CSD 串行和并行的高精度耦合格式,该算法具有二阶时间精度,并保持了计算程序的模块化。

5.2 CFD/CSD 耦合常用算法精度分析

耦合算法研究的是不同物理场之间的时间推进问题，它包括数据传递问题和算法设计问题。因为传统的非定常气动力理论(如 Theodorson 理论、偶极子格网法等)和准定常气动力理论(气动导数法、活塞理论等)都可以将非定常气动力通过气动力影响系数矩阵表示成结构参数的显函数，所以传统的流固耦合问题在这些方面没有遇到很大的困难。但是对 CFD/CSD 耦合计算而言，我们无法得到这样的显示函数来表示非定常气动力，因此需要用耦合算法将二者通过某种方式联系起来。常用的 CFD/CSD 耦合算法分为全耦合、松耦合、预估－多步耦合和紧耦合算法等。

5.2.1 常用耦合方法简介

1. 全耦合方法

全耦合就是指在同一个时间域、同一个空间域内联立求解 CFD 和 CSD 的主控方程，联立方程中还要加入耦合的边界条件方程，即要满足应力平衡条件，并且使流体和结构网格的位移和速度相协调。全耦合的计算流程如图 5.1 所示。

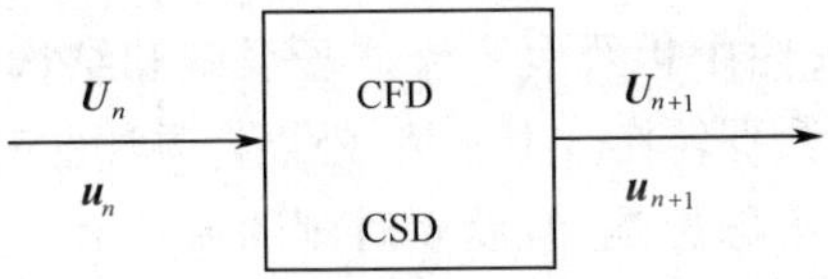

图 5.1 CFD/CSD 全耦合流程图

此时，耦合系统的节点自由度矢量可以表示为 $\boldsymbol{X}=(\boldsymbol{X}_{\mathrm{f}},\boldsymbol{X}_{\mathrm{s}})^{\mathrm{T}}$，其中 $\boldsymbol{X}_{\mathrm{f}}$ 表示流体子系统的解矢量，$\boldsymbol{X}_{\mathrm{s}}$ 表示结构子系统的解矢量。包含耦合边界条件的联立方程可以写为

$$\boldsymbol{F}(\boldsymbol{X})=\begin{bmatrix}\boldsymbol{F}_{\mathrm{f}}[\boldsymbol{X}_{\mathrm{f}},\bar{\boldsymbol{u}}_{\mathrm{s}}(\boldsymbol{X}_{\mathrm{s}})]\\ \boldsymbol{F}_{\mathrm{s}}[\boldsymbol{X}_{\mathrm{s}},\bar{\boldsymbol{\sigma}}_{\mathrm{f}}(\boldsymbol{X}_{\mathrm{f}})]\end{bmatrix}=0 \tag{5.4}$$

流体控制方程中的 $\bar{\boldsymbol{u}}_{\mathrm{s}}(\boldsymbol{X}_{\mathrm{s}})$ 表示流体受到耦合界面上结构位移 $\bar{\boldsymbol{u}}_{\mathrm{s}}$ 的影响；结构控制方程中 $\bar{\boldsymbol{\sigma}}_{\mathrm{f}}(\boldsymbol{X}_{\mathrm{f}})$ 表示结构受到耦合界面上流体力 $\bar{\boldsymbol{\sigma}}_{\mathrm{f}}$ 的作用。该法同步直接求解耦合方程，不需要网格体系之间信息转换，因而具有较高时间精度。但由于其高度的非线性特征，很难在一种网格体系中用一种格式同步推进求解，导致在实际应用中有很大的局限性。目前，这种耦合方法仅限于二维特定问题的求解。

2. 松耦合方法

松耦合方法是将 CFD 和 CSD 的主控方程分别用各自的求解器在时间域积分，交错时间推进获得耦合系统的响应。由于结构和流场推进到相同的时刻，也将这种方法称作为同位串行分区算法，其典型流程如图 5.2(a)和(b)所示。

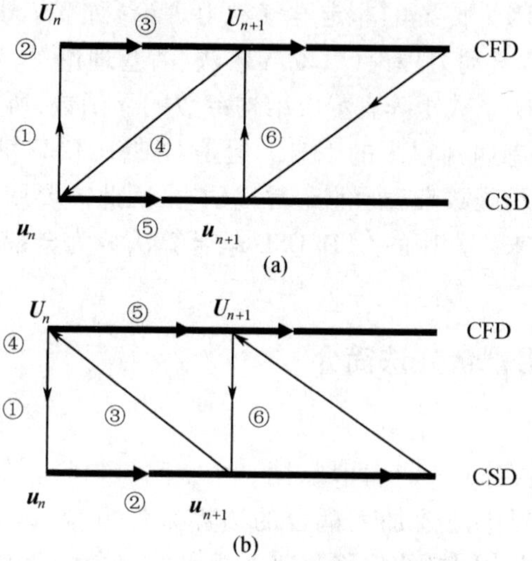

图 5.2　CFD/CSD 松耦合流程图

以图 5.2(a)为例，图中粗线表示流体子系统和结构子系统的时间积分推进，细线表示界面间的数据转换。很显然，松耦合方法的时间推进过程是交错而不是同步进行的，其基本思想是：假设 n 时刻的流体和结构的状态参量均已获得，为了获得 $n+1$ 时刻的结构、流体参数，松耦合方法的典型过程如下：

(1) 把 n 时刻结构边界的位移和运动利用界面转换方法传递给流体系统。

(2) 利用动网格算法更新流体动态网格。

(3) 在当前网格状态及边界下积分流体控制方程式，得到 $n+1$ 时刻的流动参数，如压力分布。

(4) 把 $n+1$ 时刻流体压力用界面转换方法转换为结构等效载荷。

(5) 求解结构动力方程式，使结构响应推进到 $n+1$ 时刻。

(6) 进入下一个循环。

由于松耦合方法最大限度地保持了各个学科之间的独立性，能充分利用现有的 CFD 和 CSD 的方法和程序，只要增加少量的数据交换模块即可，从而减少了计算复杂度、简化了隐式/显式的处理、有助于子循环求解、保持程序模块化。这些优点，使其在流固耦合问题中有了广泛地应用。

但是，松耦合方法由于积分时间的不同步，使得耦合界面无法实现动态平衡,即流体界面上的 $n+1$ 时刻对应于结构界面上的 n 时刻,存在着时间上的滞后现象,这会造成在界面上数值耗散或吸收了多余的能量,从而有可能降低计算精度,限制了算法的稳定性范围。

3. 预估 – 多步耦合方法

为了弥补松耦合方法中积分交错不同步引起的问题,在同一时间步内引入预估 – 多步迭代的交错耦合方法,如图 5.3 所示。

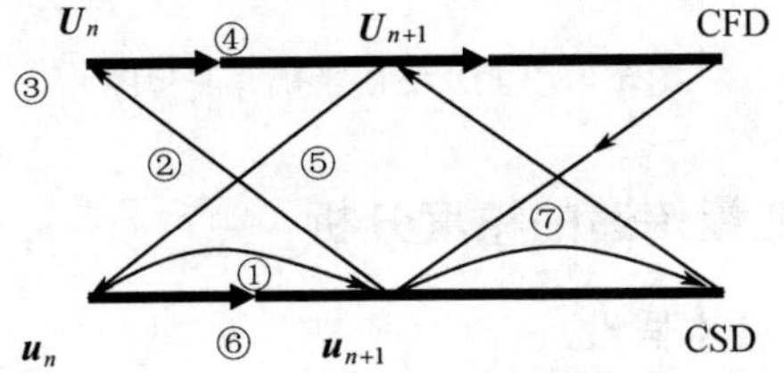

图 5.3 CFD/CSD 预估 – 多步迭代耦合流程图

图 5.3 中加入一步预估计算,其基本步骤为:

(1) 根据 n 时刻结构的位移和运动,预估 $n+1$ 时刻的结构状态 $\tilde{\boldsymbol{u}}_{n+1}$。

(2) 把 $\tilde{\boldsymbol{u}}_{n+1}$ 及相应的边界信息转换给流体系统。

(3) 利用动网格算法更新流体动态网格。

(4) 积分流体控制方程式,得到 $n+1$ 时刻的流动参数。

(5) 把 $n+1$ 时刻流体压力转换为结构等效载荷。

(6) 积分结构动力方程式,得到 $n+1$ 时刻的结构状态 $\boldsymbol{u}_{n+1}$,判断

$$\frac{\|\boldsymbol{u}_{n+1}-\tilde{\boldsymbol{u}}_{n+1}\|}{\|\boldsymbol{u}_{n+1}\|}<\varepsilon \tag{5.5}$$

式中,ε 为误差控制参数。如果式(5.5)满足,完成该时间段积分进入下一时刻,否则,把 $\boldsymbol{u}_{n+1}$ 作为新的预估值 $\tilde{\boldsymbol{u}}_{n+1}$,回到(3),循环(3) ~ (6)直至满足精度要求后,进入下一时间段。

显然,这种方法增加了用于判断计算是否满足精度的一步,尽可能地减少从 n 到 $n+1$ 时刻计算上的误差。如果 ε 取得比较大,这种方法就变成松耦合方法,若 ε 很小,就会增加计算量,使计算效率有所降低。

4. 紧耦合方法

为了计算和编程上的方便,往往采用如图 5.4 所示的紧耦合方法,修正预估和校正步,在一个积分时间步内反复迭代求解流体和结构系统直到满足精度要求,部分研究者在程序实现时将这个过程置于子迭代中,达到形式上的紧耦合,得到较好的结果。尽管该方法可以取较大时间步长,但为了消除时间推进积累的误差,往往在一个时间步内迭代很多次,因而其计算效率与松耦合方法相比并

没有明显地提升。

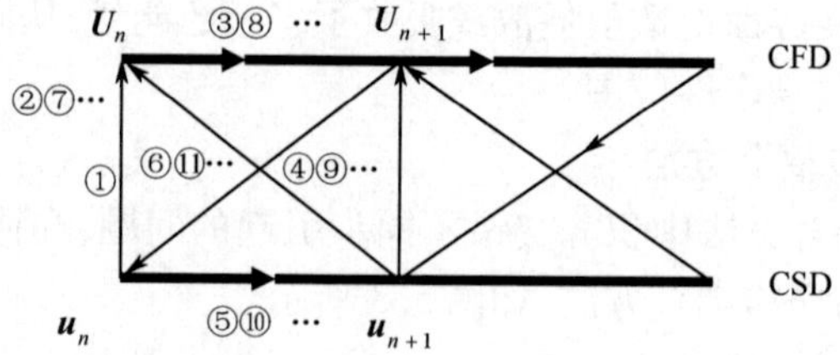

图 5.4 CFD/CSD 紧耦合流程图

5.2.2 基于能量传递的精度分析

1. 精度分析方法基本假设

假定流场求解器为二阶子迭代格式求解流场控制方程，结构求解器选用具有二阶时间精度隐式格式的 Newmark 法。并假设结构所受全部外力为气动力，则有

$$\begin{cases} \boldsymbol{u}_{n+1} = \boldsymbol{u}_n + \Delta t(\dot{\boldsymbol{u}}_n + \dot{\boldsymbol{u}}_{n+1})/2 \\ \dot{\boldsymbol{u}}_{n+1} = \dot{\boldsymbol{u}}_n + \Delta t(\ddot{\boldsymbol{u}}_n + \ddot{\boldsymbol{u}}_{n+1})/2 \end{cases} \tag{5.6}$$

$$\boldsymbol{M}\ddot{\boldsymbol{u}}_{n+1} + \boldsymbol{C}\dot{\boldsymbol{u}}_{n+1} + \boldsymbol{K}\boldsymbol{u}_{n+1} = \boldsymbol{Fs}_{n+1} \tag{5.7}$$

由结构能量定义 $Es = \frac{1}{2}\dot{\boldsymbol{u}}^{\mathrm{T}}\boldsymbol{M}\dot{\boldsymbol{u}} + \frac{1}{2}\boldsymbol{u}^{\mathrm{T}}\boldsymbol{K}\boldsymbol{u}$，则结构系统从 n 到 $n+1$ 时刻的能量的变化为

$$Es_{n+1} - Es_n = \frac{1}{2}\dot{\boldsymbol{u}}_{n+1}^{\mathrm{T}}\boldsymbol{M}\dot{\boldsymbol{u}}_{n+1} + \frac{1}{2}\boldsymbol{u}_{n+1}^{\mathrm{T}}\boldsymbol{K}\boldsymbol{u}_{n+1} - \frac{1}{2}\dot{\boldsymbol{u}}_n^{\mathrm{T}}\boldsymbol{M}\dot{\boldsymbol{u}}_n - \frac{1}{2}\boldsymbol{u}_n^{\mathrm{T}}\boldsymbol{K}\boldsymbol{u}_n \tag{5.8}$$

由式(5.6)，式(5.8)可以简化为

$$Es_{n+1} - Es_n = \frac{1}{2}\Delta t\left(\frac{\dot{\boldsymbol{u}}_n + \dot{\boldsymbol{u}}_{n+1}}{2}\right)^{\mathrm{T}}(\boldsymbol{M}\ddot{\boldsymbol{u}}_n + \boldsymbol{K}\boldsymbol{u}_n) + \frac{1}{2}\Delta t\left(\frac{\dot{\boldsymbol{u}}_n + \dot{\boldsymbol{u}}_{n+1}}{2}\right)^{\mathrm{T}}(\boldsymbol{M}\ddot{\boldsymbol{u}}_{n+1} + \boldsymbol{K}\boldsymbol{u}_{n+1}) \tag{5.9}$$

利用 $n+1$ 时刻的平衡关系式(5.7)，式(5.9)可化简得到

$$Es_{n+1} - Es_n = \left(\frac{\boldsymbol{Fs}_n + \boldsymbol{Fs}_{n+1}}{2}\right)^{\mathrm{T}}(\boldsymbol{u}_{n+1} - \boldsymbol{u}_n) - \Delta t\left(\frac{\dot{\boldsymbol{u}}_n + \dot{\boldsymbol{u}}_{n+1}}{2}\right)^{\mathrm{T}}\boldsymbol{C}\left(\frac{\dot{\boldsymbol{u}}_n + \dot{\boldsymbol{u}}_{n+1}}{2}\right) \tag{5.10}$$

显然，式(5.10)右端第一项为外力做的功，第二项为阻尼耗散掉的能量。由结构所受外力全部为气动力，可知 n 到 $n+1$ 时刻由气动传递给结构的能量为

$$\Delta Es_{n+1} = \left(\frac{\boldsymbol{Fs}_n + \boldsymbol{Fs}_{n+1}}{2}\right)^{\mathrm{T}}(\boldsymbol{u}_{n+1} - \boldsymbol{u}_n) \tag{5.11}$$

对于非定常流场求解得到的气动力，从 n 到 $n+1$ 时刻作用在气动和结构耦

合边界上的功为

$$\Delta Ea_{n+1} = \int_{t_n}^{t_{n+1}} \boldsymbol{F}_{\mathrm{a}}^{\mathrm{T}}(t)\dot{\boldsymbol{x}}(t)\,\mathrm{d}t \tag{5.12}$$

式中，$\dot{\boldsymbol{x}}(t)$为耦合边界上气动网格速度。在流场子迭代求解过程中，$\dot{\boldsymbol{x}}(t)$在$[n, n+1]$内保持不变，并定义$\dot{\boldsymbol{x}}(t) = (\boldsymbol{x}_{n+1} - \boldsymbol{x}_n)/\Delta t$，则式(5.12)可以写为

$$\Delta Ea_{n+1} = \int_{t_n}^{t_{n+1}} \boldsymbol{F}_{\mathrm{a}}^{\mathrm{T}}(t)\,\mathrm{d}t \cdot \dot{\boldsymbol{x}}(t) = \frac{1}{\Delta t}\int_{t_n}^{t_{n+1}} \boldsymbol{F}_{\mathrm{a}}^{\mathrm{T}}(t)\,\mathrm{d}t \cdot (\boldsymbol{x}_{n+1} - \boldsymbol{x}_n) \tag{5.13}$$

在气动/结构耦合界面上，要求能量传递守恒，即满足$\Delta Es_{n+1} = \Delta Ea_{n+1}$。假定：①结构做以$\boldsymbol{u}_0$为振幅、$\omega$为圆频率的自由振动；②耦合边界上的压力做以$\boldsymbol{F}_0$为振幅、$\omega$为圆频率的自由振动，与结构存在$\varphi$的相位差，则有

$$\boldsymbol{u}(t) = \boldsymbol{u}_0\cos(\omega t) \tag{5.14}$$

$$\boldsymbol{F}(t) = \boldsymbol{F}_0\cos(\omega t + \varphi) \tag{5.15}$$

同时$\boldsymbol{F}(t)$和$\boldsymbol{u}(t)$满足结构平衡方程式(5.2)。并且要求满足

$$\begin{cases}\boldsymbol{F}_0\cos\varphi = (\boldsymbol{K} - \omega^2\boldsymbol{M})\boldsymbol{U}_0\\ \boldsymbol{F}_0\sin\varphi = \omega\boldsymbol{C}\boldsymbol{U}_0\end{cases} \tag{5.16}$$

定义

$$\begin{cases}f_1 = \boldsymbol{u}_0^{\mathrm{T}}\boldsymbol{F}_0\cos\varphi\\ f_2 = \boldsymbol{u}_0^{\mathrm{T}}\boldsymbol{F}_0\sin\varphi\end{cases} \tag{5.17}$$

2. 传统松耦合方法时间精度分析

对于图5.2所示传统松耦合流程，耦合边界上有

$$\boldsymbol{x}_{n+1} = \boldsymbol{u}_n \tag{5.18}$$

代入式(5.13)中，可得

$$\Delta Ea_{n+1} = \frac{1}{\Delta t}\int_{t_n}^{t_{n+1}} \boldsymbol{F}_{\mathrm{a}}^{\mathrm{T}}(t)\,\mathrm{d}t \cdot (\boldsymbol{u}_n - \boldsymbol{u}_{n-1}) \tag{5.19}$$

将式(5.14)和式(5.15)代入式(5.19)，得到

$$\begin{aligned}\Delta Ea_{n+1} &= \frac{1}{\Delta t}\int_{t_n}^{t_{n+1}} [\boldsymbol{F}_0\cos(\omega t + \varphi)]^{\mathrm{T}}\mathrm{d}t \cdot \boldsymbol{u}_0[\cos(\omega t_n) - \cos(\omega t_{n-1})]\\ &= \frac{1}{\omega\Delta t}\boldsymbol{F}_0^{\mathrm{T}}[\sin(\omega t_{n+1} + \varphi) - \sin(\omega t_n + \varphi)] \cdot\\ &\quad \boldsymbol{u}_0[\cos(\omega t_n) - \cos(\omega t_{n-1})]\end{aligned} \tag{5.20}$$

利用式(5.17)，式(5.20)可以写为

$$\begin{aligned}\Delta Ea_{n+1} = &[f_1(\sin(\omega t_{n+1}) - \sin(\omega t_n)) + f_2(\cos(\omega t_{n+1}) -\\ &\cos(\omega t_n))] \cdot (\cos(\omega t_n) - \cos(\omega t_{n-1}))\frac{1}{\omega\Delta t}\end{aligned} \tag{5.21}$$

定义$T = 2\pi/\omega$，$h = \omega\Delta t$，从0到NT时刻由流场传递给结构的总能量可以看作是

这个时间段内 ΔEa_{n+1}的和，即

$$Ea_{NT} = \sum_{n=1}^{n=\frac{2N\pi}{h}} \Delta Ea_{n+1} \tag{5.22}$$

由三角函数积化和差公式及三角级数和的性质有

$$\begin{aligned}\sum_{n=1}^{n=\frac{2N\pi}{h}} \cos(\omega t_{n+1})\cos(\omega t_{n-1}) &= \frac{1}{2}\sum_{n=1}^{n=\frac{2N\pi}{h}} [\cos(2\omega t_{n-1} + 2h) + \cos(2h)] \\ &= \frac{1}{2} \cdot \frac{2N\pi}{h} \cdot \cos(2h) = \frac{N\pi}{h} \cdot \cos(2h)\end{aligned} \tag{5.23}$$

同理有

$$\sum_{n=1}^{n=\frac{2N\pi}{h}} \cos(\omega t_{n+1})\cos(\omega t_n) = \frac{N\pi}{h} \cdot \cos(h)$$

$$\sum_{n=1}^{n=\frac{2N\pi}{h}} \sin(\omega t_{n+1})\cos(\omega t_{n-1}) = \frac{N\pi}{h} \cdot \sin(2h)$$

$$\sum_{n=1}^{n=\frac{2N\pi}{h}} \cos(\omega t_{n+1})\sin(\omega t_n) = -\frac{N\pi}{h} \cdot \sin(h)$$

$$\sum_{n=1}^{n=\frac{2N\pi}{h}} \cos(\omega t_{n+1})\sin(\omega t_{n-1}) = -\frac{N\pi}{h} \cdot \sin(2h)$$

$$\sum_{n=1}^{n=\frac{2N\pi}{h}} \sin(\omega t_{n+1})\sin(\omega t_n) = \frac{N\pi}{h} \cdot \cos(h)$$

$$\sum_{n=1}^{n=\frac{2N\pi}{h}} \sin(\omega t_{n+1})\sin(\omega t_{n-1}) = \frac{N\pi}{h} \cdot \cos(2h)$$

$$\sum_{n=1}^{n=\frac{2N\pi}{h}} \sin(\omega t_{n+1})\cos(\omega t_n) = \frac{N\pi}{h} \cdot \sin(h)$$

$$\sum_{n=1}^{n=\frac{2N\pi}{h}} \sin(\omega t_n)\sin(\omega t_n) = \frac{N\pi}{h}$$

$$\sum_{n=1}^{n=\frac{2N\pi}{h}} \cos(\omega t_n)\cos(\omega t_n) = \frac{N\pi}{h}$$

$$\sum_{n=1}^{n=\frac{2N\pi}{h}} \sin(\omega t_n)\cos(\omega t_n) = 0$$

将式(5.23)代入式(5.21)和式(5.22)有

$$Ea_{NT} = f_1 \cdot \frac{N\pi}{h^2}[2\sin(h) - \sin(2h)] + f_2 \cdot \frac{N\pi}{h^2}[2\cos(h) - \cos(2h) - 1] \tag{5.24}$$

假定 $h = \omega\Delta t \ll 1$，利用泰勒展开式，推导得到

$$Ea_{NT} = N\pi\left[f_1 h + f_2\left(1 - \frac{7}{12}h^2\right) + o(h^3)\right] \tag{5.25}$$

同理，结构上获得的能量可以推导如下：

$$\begin{aligned}\Delta Es_{n+1} &= \left(\frac{\boldsymbol{Fs}_n + \boldsymbol{Fs}_{n+1}}{2}\right)^{\mathrm{T}}(\boldsymbol{U}_{n+1} - \boldsymbol{U}_n) \\ &= \left[\frac{\boldsymbol{F}_0\cos(\omega t_n + \varphi) + \boldsymbol{F}_0\cos(\omega t_{n+1} + \varphi)}{2}\right]^{\mathrm{T}}[\boldsymbol{U}_0\cos(\omega t_{n+1}) - \boldsymbol{U}_0\cos(\omega t_n)] \\ &= \left\{\frac{f_1(\cos(\omega t_n) + \cos(\omega t_{n+1})) - f_2[\sin(\omega t_n) + \sin(\omega t_{n+1})]}{2}\right\}[\cos(\omega t_{n+1}) - \cos(\omega t_n)]\end{aligned} \tag{5.26}$$

在$[0, NT]$内，结构得到的总能量可以看作是这个时间段内 ΔEs_{n+1}的和。推导得到

$$Es_{NT} = \sum_{n=1}^{n=\frac{2N\pi}{h}} \Delta Es_{n+1} \tag{5.27}$$

将式(5.26)代入式(5.27)，展开并利用三角函数积化和差公式和三角级数和的性质，得到

$$Es_{NT} = f_2 \cdot \frac{N\pi}{h}\sin(h) = N\pi\left[f_2\left(1 - \frac{h^2}{6} + o(h^4)\right)\right] \tag{5.28}$$

在$[0, NT]$内，两个系统之间能量传递的误差为

$$\begin{aligned}\Delta E = Ea_{NT} - Es_{NT} &= N\pi\left[f_1 h + f_2\left(1 - \frac{7}{12}h^2\right) + o(h^3)\right] - N\pi\left[f_2\left(1 - \frac{h^2}{6} + o(h^4)\right)\right] \\ &= N\pi\left[f_1 h - \frac{5}{12}f_2 h^2 + o(h^3)\right]\end{aligned} \tag{5.29}$$

由于$\lim\limits_{\Delta t \to 0}\dfrac{\Delta E}{\Delta t} = N\pi \cdot f_1\omega = N\pi\omega \cdot u_0^{\mathrm{T}} F_0 \cos\varphi$，有

$$\Delta E = N\pi \cdot f_1\omega\Delta t + o(\Delta t^2) \tag{5.30}$$

由此可见，即使流场和结构子系统都达到二阶时间精度，由于耦合边界上信息交换时间上的滞后，传统松耦合方法只能满足一阶时间精度。为了减小误差，往往需要取很小的时间步长，限制了算法的稳定性范围和计算效率。

3. 预估–多步迭代耦合时间精度分析

对于图 5.3 所示的预估–多步耦合方法，若结构状态预测公式为二阶格式：

$$\boldsymbol{u}_{n+1}^{p}=\boldsymbol{u}_{n}+\alpha_0\Delta t\dot{\boldsymbol{u}}_{n}+\alpha_1\Delta t(\dot{\boldsymbol{u}}_{n}-\dot{\boldsymbol{u}}_{n-1}) \tag{5.31}$$

则有

$$\boldsymbol{x}_{n+1}=\boldsymbol{u}_{n+1}^{p} \tag{5.32}$$

一般取 $\alpha_0=1,\alpha_1=0$ 预测公式具有一阶精度，取 $\alpha_0=1,\alpha_1=1/2$ 时预测公式具有二阶精度。以 $\alpha_0=1,\alpha_1=1/2$ 为例，将式(5.31)代入式(5.13)，用式(5.16)和式(5.17)化简得

$$\begin{aligned}\Delta Ea_{n+1} &= \frac{1}{\Delta t}\int_{t_n}^{t_{n+1}}\boldsymbol{F}_{\mathrm{a}}^{\mathrm{T}}(t)\,\mathrm{d}t\cdot(\boldsymbol{u}_{n+1}^{p}-\boldsymbol{u}_{n}) = \\ &\{f_1[\sin(\omega t_{n+1})-\sin(\omega t_n)]+f_2[\cos(\omega t_{n+1})-\cos(\omega t_n)]\}\cdot \\ &\left[\frac{1}{2}\sin(\omega t_{n-1})-\frac{3}{2}\sin(\omega t_n)\right]\end{aligned} \tag{5.33}$$

在[0,NT]时间段内，由三角函数积化和差公式和三角级数和性质，泰勒展开得

$$Ea_{NT}=\sum_{n=1}^{n=\frac{2N\pi}{h}}\Delta Ea_{n+1}=N\pi\left[\frac{1}{4}f_1h^3+f_2\left(1+\frac{1}{3}h^2\right)+o(h^4)\right] \tag{5.34}$$

则在[0,NT]内，Es_{NT}仍为式(5.28)表达式，则两个系统之间能量传递的误差为

$$\Delta E=Ea_{NT}-Es_{NT}=N\pi\left[\frac{1}{4}f_1h^3+\frac{1}{2}f_2h^2+o(h^4)\right] \tag{5.35}$$

由 $\lim\limits_{\Delta t\to 0}\dfrac{\Delta E}{\Delta t^2}=\dfrac{1}{2}N\pi\cdot f_2\omega^2$，有

$$\Delta E=\frac{1}{2}N\pi\cdot f_2\omega^2\Delta t^2+o(\Delta t^3) \tag{5.36}$$

由此可见，带有结构预测器的预估－多步迭代方法可以满足二阶时间精度。

4. 紧耦合方法时间精度分析

若采用图5.4所示的紧耦合流程，则有

$$\lim_{p\to\infty}\boldsymbol{u}_{n+1}^{p}=\boldsymbol{u}_{n+1} \tag{5.37}$$

此时，代入式(5.13)，并利用式(5.16)、式(5.17)和式(5.22)展开并化简后，由三角函数积化和差公式三角级数和性质，泰勒展开得

$$Ea_{NT}=N\pi\left[f_2\left(1-\frac{h^2}{12}\right)+o(h^4)\right] \tag{5.38}$$

在[0,NT]时间段内，Es_{NT}仍为式(5.28)表达式，有

$$\Delta E=Ea_{NT}-Es_{NT}=N\pi f_2\left(\frac{h^2}{12}+o(h^4)\right) \tag{5.39}$$

由于$\lim\limits_{\Delta t \to 0} \frac{\Delta E}{\Delta t^2} = \frac{1}{12} N\pi \cdot f_2 \omega^2$，有

$$\Delta E = \frac{1}{12} N\pi \cdot f_2 \omega^2 \Delta t^2 + o(\Delta t^3) \tag{5.40}$$

由此可见，当$p \to \infty$时，紧耦合方式具有二阶时间精度。但为了时间精度要求，子迭代的步数必然增加，从而影响了其计算效率。

5.3 CFD/CSD 高精度耦合格式设计

5.3.1 改进耦合格式的设计

由以上分析可知，传统松耦合方法不管流体或者结构分系统的求解格式精度有多高，整个耦合算法的时间精度仍然是一阶的，为了减小计算的误差，耦合计算的时间步长往往取得很小，从而降低了计算效率。预估－多步耦合方法或者紧耦合方法，为了消除这种积分不同步造成的误差，需要在一个时间步里面反复迭代，为了达到二阶时间精度，内部迭代次数就会增大，并没有明显提高计算效率。

另一方面，从式(5.18)和式(5.32)来看，无法满足界面上的连续条件，从而导致实际计算过程中算法的时间步长受到较大限制。在两场界面上，应该满足的连续边界条件为

$$\begin{aligned} \boldsymbol{x}^{n+1} &= \boldsymbol{u}^{n+1} \\ \dot{\boldsymbol{x}}^{n+1} &= \dot{\boldsymbol{u}}^{n+1} \end{aligned} \tag{5.41}$$

即使采用紧耦合算法使上式近似成立，其计算效率也会大大降低。而且$\boldsymbol{x}^{n+1}$和$\dot{\boldsymbol{x}}^{n+1}$还要同时满足几何守恒律。

Farhat 提出一种具有二阶时间精度的耦合格式，消除松耦合计算精度不足的弱点，同时又使得计算效率高于紧耦合格式。其流程图如图 5.5 所示。

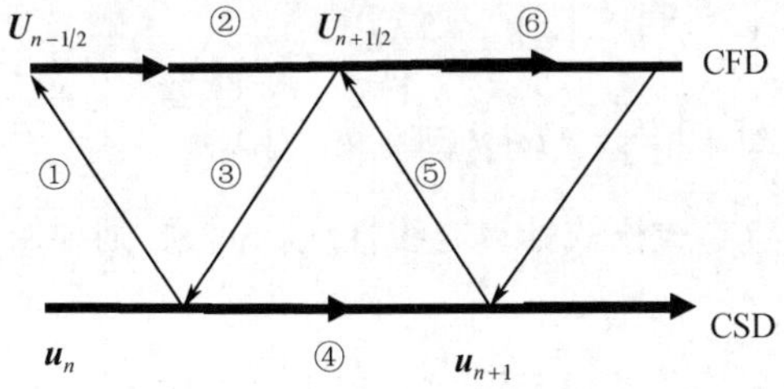

图 5.5　CFD/CSD 高阶串行松耦合流程图

其基本思想如下：

(1) 利用n时刻的结构状态$\boldsymbol{u}_n$预测$n+1/2$时刻的结构状态：

$$u^{p}_{n+\frac{1}{2}} = u_n + \frac{\Delta t}{2}\dot{u}_n + \frac{\Delta t}{8}(\dot{u}_n - \dot{u}_{n-1}) \tag{5.42}$$

（2）将结构状态传递给气动网格，更新流场网格，运用二阶流场求解器，预测 $n+1/2$ 时刻压力 $\boldsymbol{Fa}_{n+1/2}$。

（3）气动力转化为结构等效载荷 $\boldsymbol{Fs}_{n+1/2}$，并运用二阶精度结构求解器求解 $n+1/2$ 时刻的结构平衡方程为

$$\boldsymbol{M}\ddot{\boldsymbol{u}}_{n+1/2} + \boldsymbol{C}\dot{\boldsymbol{u}}_{n+1/2} + \boldsymbol{K}\boldsymbol{u}_{n+1/2} = \boldsymbol{Fs}_{n+1/2} \tag{5.43}$$

（4）进一步得到 $n+1$ 时刻的结构状态

$$\boldsymbol{u}_{n+1} = 2\boldsymbol{u}_{n+1} - \boldsymbol{u}_n \tag{5.44}$$

进入下一个迭代计算步。Farhat 证明了该法具有二阶时间精度。

1. 串行耦合格式设计

仍然以图 5.5 所示流程为例，流场求解器利用双时间步子迭代求解流场，结构求解器选用 Newmark 方法和能量守恒算法。基本流程如下：

（1）利用 n 时刻的结构状态 $\boldsymbol{u}_n$ 预测 $n+1/2$ 时刻的结构状态并利用第 4 章发展的界面映射方法传递给气动网格，若结构求解器选用 Newmark，则

$$\boldsymbol{x}_{n+1/2} = \boldsymbol{u}_n + \Delta t/2\dot{\boldsymbol{u}}_n \tag{5.45}$$

若结构求解器选用能量守恒算法，则

$$\boldsymbol{x}_{n+1/2} = \boldsymbol{u}_n + \Delta t/4(\dot{\boldsymbol{u}}_n + \Delta\boldsymbol{u}_n/\Delta t) \tag{5.46}$$

（2）利用第 4 章的动网格技术更新流场网格，求解非定常流场，计算 $n+1/2$ 时刻压力 $\boldsymbol{Fa}_{n+1/2}$。

（3）利用界面映射方法将气动力转化为结构等效载荷 $\boldsymbol{Fs}_{n+1/2}$，若结构求解器选用 Newmark 方法，则要预测 $n+1$ 时刻的结构等效载荷：

$$\boldsymbol{Fs}_{n+1} = 2\boldsymbol{Fs}_{n+1/2} - \boldsymbol{Fs}_n \tag{5.47}$$

（4）结构状态求解，若利用 Newmark 二阶隐式格式计算线性结构问题，则有

$$\begin{cases} \dot{\boldsymbol{u}}_{n+1} = \dot{\boldsymbol{u}}_n + [(1-\delta)\ddot{\boldsymbol{u}}_n + \delta\ddot{\boldsymbol{u}}_{n+1}]\Delta t \\ \boldsymbol{u}_{n+1} = \boldsymbol{u}_n + \dot{\boldsymbol{u}}_n\Delta t + \left[\left(\frac{1}{2}-\alpha\right)\ddot{\boldsymbol{u}}_n + \alpha\ddot{\boldsymbol{u}}_{n+1}\right]\Delta t^2 \end{cases} \quad \alpha = \frac{1}{4}, \delta = \frac{1}{2} \tag{5.48}$$

若利用 Newmark 二阶隐式格式计算非线性结构问题，则要求解非线性的增量方程为

$$\begin{cases} \boldsymbol{u}^i_{n+1} = \boldsymbol{u}^{i-1}_{n+1} + \Delta\boldsymbol{u}^i \\ \dot{\boldsymbol{u}}^i_{n+1} = a_1\Delta\boldsymbol{u}^i - a_4\dot{\boldsymbol{u}}^i_n - a_5\ddot{\boldsymbol{u}}^i_n \\ \ddot{\boldsymbol{u}}^i_{n+1} = a_0\Delta\boldsymbol{u}^i - a_2\dot{\boldsymbol{u}}^i_n - a_3\ddot{\boldsymbol{u}}^i_n \end{cases} \tag{5.49}$$

若利用能量守恒算法求解非线性结构问题，则直接计算 $n+1/2$ 时刻的结构平衡

方程,进而逼近 $n+1$ 时刻的结构状态。

2. 并行耦合格式设计

考虑到串行结构中,结构场的推进总是在流场之后,因此每一个时间步内需要的总计算时间为

$$t_n^{n+1} = (t_n^{n+1})_a + (t_n^{n+1})_s + (t_n^{n+1})_{a/s} \tag{5.50}$$

式中,右端表示在一个时间步内气动弹性计算的总时间等于流场计算的总时间、结构计算的总时间和两者之间数据传递的总时间之和。显然,对于一般的工程问题来说,大型结构的求解时间相对于流场求解时间而言不再是不可忽略的小量,因此使用串行方法在大型工程问题上可能会碰到计算效率的问题。于是发展了一种并行算法,如图 5.6 所示。

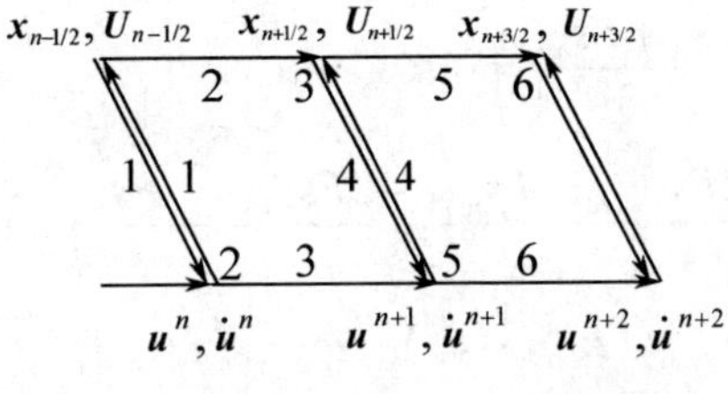

图 5.6 CFD/CSD 高阶并行松耦合流程图

其计算过程分为流场求解器和结构求解器两部分。

流场求解器:

(1) 使用式(5.45)或式(5.46)预测 $n+1/2$ 时刻的结构位移。

(2) 将结构位移传递给流场,更新流场网格。

(3) 求解流场,将时间从 $n-1/2$ 推进到 $n+1/2$,计算相应的流场载荷。

结构求解器:

(1) 利用前三个时间步和当前时间步的结构等效载荷,插值求出 $n+1$ 时刻的等效载荷

$$\boldsymbol{Fs}_{n+1} = 4\boldsymbol{Fs}_n - 6\boldsymbol{Fs}_{n-1} + 4\boldsymbol{Fs}_{n-2} - \boldsymbol{Fs}_{n-3} \tag{5.51}$$

(2) 利用 Newmark 或能量守恒算法求解 $n+1$ 时刻的位移和速度。

从计算过程中可以看出,方法是完全并行的,流场和结构场可以分开同时求解,并且在各自子域内保持载荷平衡。

5.3.2 改进耦合格式的精度分析

以串行耦合格式为例,假定流场求解器利用双时间步子迭代求解流场,结构求解器选用 Newmark 线性求解方法。则从 n 到 $n+1$ 时刻作用在气动和结构耦合边界上的功为

$$\Delta Ea_{n+1} = \Delta Ea_{n,n+1/2} + \Delta Ea_{n+1/2,n+1} = \frac{1}{2}\Delta Ea_{n-1/2,n+1/2} + \frac{1}{2}\Delta Ea_{n+1/2,n+3/2} =$$

$$\frac{1}{2\Delta t}\int_{t_{n-1/2}}^{t_{n+1/2}} \boldsymbol{F}(t)^{\mathrm{T}}\mathrm{d}t(\boldsymbol{x}_{n+1/2} - \boldsymbol{x}_{n-1/2}) + \frac{1}{2\Delta t}\int_{t_{n+1/2}}^{t_{n+3/2}} \boldsymbol{F}(t)^{\mathrm{T}}\mathrm{d}t(\boldsymbol{x}_{n+3/2} - \boldsymbol{x}_{n+1/2}) \tag{5.52}$$

将式(5.45)代入式(5.52),结合并利用式(5.16)、式(5.17)和式(5.22),由三角函数积化和差公式三角级数和性质,泰勒展开后,推导得到

$$Ea_{NT} = N\pi\left[f_1\left(\frac{1}{24}h^3\right) + f_2\left(1 + \frac{1}{24}h^2\right) + o(h^4)\right] \tag{5.53}$$

n 到 $n+1$ 时刻由气动传递给结构的能量为

$$\begin{aligned}\Delta Es_{n+1} &= \left(\frac{\boldsymbol{Fs}_n + \boldsymbol{Fs}_{n+1}}{2}\right)^{\mathrm{T}}(\boldsymbol{u}_{n+1} - \boldsymbol{u}_n)\\ &= \left(\frac{2\boldsymbol{Fs}_{n-1/2} - \boldsymbol{Fs}_{n-1} + 2\boldsymbol{Fs}_{n+1/2} - \boldsymbol{Fs}_n}{2}\right)^{\mathrm{T}}(\boldsymbol{u}_{n+1} - \boldsymbol{u}_n)\\ &= \boldsymbol{Fs}_{n+1/2}^{\mathrm{T}}(\boldsymbol{u}_{n+1} - \boldsymbol{u}_n)\end{aligned} \tag{5.54}$$

在$[0,NT]$内,推导得到

$$Es_{NT} = N\pi f_2\left[1 - \frac{h^2}{24} + o(h^4)\right] \tag{5.55}$$

则有

$$\Delta E = Ea_{NT} - Es_{NT} = N\pi\left(\frac{f_1}{24}h^3 + \frac{f_2}{12}h^2\right) + o(h^4) \tag{5.56}$$

由于$\lim\limits_{\Delta t\to 0}\dfrac{\Delta E}{\Delta t^2} = N\pi\cdot\dfrac{f_2}{12}\omega^2$,有

$$\Delta E = \frac{N\pi}{12}\cdot f_2\omega^2\Delta t^2 + o(\Delta t^3) \tag{5.57}$$

由以上推导可以看出虽然该方法具有与传统松耦合方法相似的流程,但可以达到二阶时间精度。从而提高了传统松耦合方法的计算精度。并且,该方法在耦合边界上满足位移及速度连续条件

$$\boldsymbol{x}_n = \frac{\boldsymbol{x}_{n+1/2} + \boldsymbol{x}_{n-1/2}}{2} = \frac{\boldsymbol{u}_n + \frac{1}{2}\Delta t\dot{\boldsymbol{u}}_n + \boldsymbol{u}_{n-1} + \frac{1}{2}\Delta t\dot{\boldsymbol{u}}_{n-1}}{2} = \boldsymbol{u}_n$$

$$\dot{\boldsymbol{x}}_n = \frac{\boldsymbol{x}_{n+1/2} - \boldsymbol{x}_{n-1/2}}{\Delta t} = \frac{\boldsymbol{u}_n + \frac{1}{2}\Delta t\dot{\boldsymbol{u}}_n - \boldsymbol{u}_{n-1} - \frac{1}{2}\Delta t\dot{\boldsymbol{u}}_{n-1}}{\Delta t} = \dot{\boldsymbol{u}}_n \tag{5.58}$$

对于并行耦合格式来讲,流场传递到结构的能量和串行算法相同,只是结构能量变化部分不同,但由于式(5.51)为用外插值技术获得,通过分析,其与串行算法具有相同能量精度。

5.4 CFD/CSD 耦合格式算例分析

5.4.1 ISOGAI 机翼剖面气动弹性算例

以二维气动弹性模型 Isogai Wing 为算例,采用本书中的耦合算法,比较各自的计算效率。定义无量纲颤振速度为

$$V_f = V_\infty / (b\omega_\alpha\sqrt{\mu}) \tag{5.59}$$

式中,V_∞为来流速度;ω_α 为俯仰频率;μ 为质量比;b 为半弦长。流场网格为 O 形结构化网格(121 × 33),采用 Roe 格式离散无黏矢通量,时间推进采用 LUSGS - τTs 隐式格式。计算状态为 $M_\infty = 0.8$, $V_f = 0.8$,时间步长 $\Delta t_f = \Delta t_S = T_\alpha/100$ ($T_\alpha = 2\pi/\omega_\alpha$)。计算时,先固定一阶模态,让二阶模态做两个周期的正弦运动,频率为 ω_α,幅值为 $\pi/180$。之后"释放"一阶模态,耦合结构方程计算得到响应。算例中不考虑结构阻尼,按照下式计算得到 k 和 d 的值

$$\begin{cases} d = 0 \\ k = \sum_{i=1}^{\text{NMODE}} (\omega_i^2 - \omega_{cr}^2) \boldsymbol{U}_i^{\mathrm{T}} \boldsymbol{U}_i \xi_{i,cr}^2 \end{cases} \tag{5.60}$$

式中,NMODE 为模态数;ω_i 和 ω_{cr}分别为结构的第 i 阶固有频率和颤振临界频率;$\boldsymbol{U}_i$ 和 $\xi_{i,cr}$分别为第 i 阶正规化振型和颤振时第 i 阶模态广义位移幅值(因为我们只关心颤振点或者附近的情况)。$\omega_{cr} \approx 1.0$, $k < 0$。非定常流场计算第 2 章的伪时间推进方法,对应于这里的子循环推进方法。

(1) 分别采用紧耦合、传统松耦合、预估 - 多步耦合($\alpha_0 = 1, \alpha_1 = 0$)方法求解,取 $\Delta t = T_\alpha/1000$,一阶广义位移的计算结果如图 5.7 所示。可以看出,传统松耦合情况其误差为一阶时间精度,导致计算结果发散。预估 - 多步耦合方法能量误差具有二阶时间精度,由于时间步长较小,响应曲线和紧耦合结果相吻合。

(2) 分别采用改进串行耦合(NSP)、并行耦合(NPP)和紧耦合方法计算,条件同上,一阶广义位移结果如图 5.8 所示。可以看出两种方法得到的曲线完全一致,和理论分析中两者具有同样的能量误差相一致。图 5.9 是采用改进的并行耦合方法计算的 Isogai wing 翼型颤振速度边界,可以看出方法很好地模拟出了跨声速速度凹坑和多个颤振平衡点,和参考文献结果吻合。

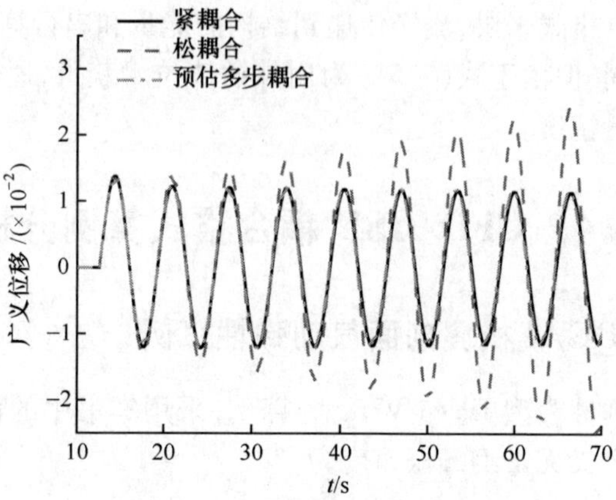

图 5.7　三种常用耦合算法比较

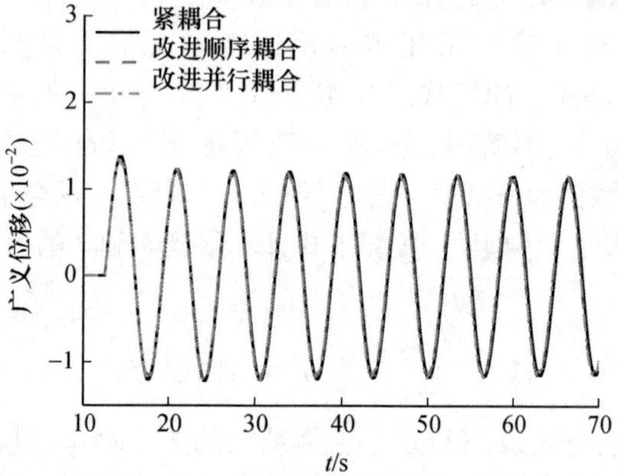

图 5.8　NSP 方法和 NPP 方法结果比较

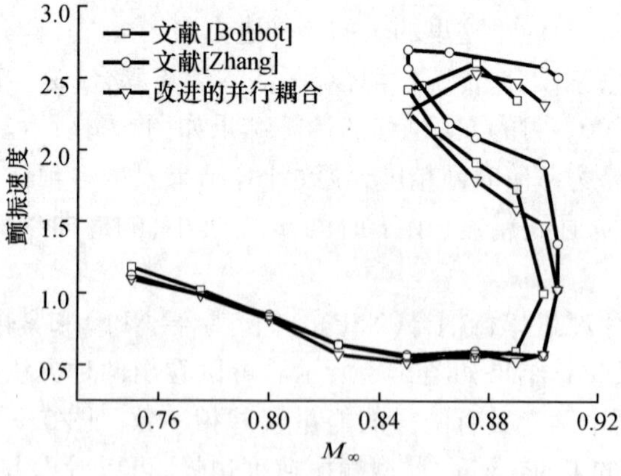

图 5.9　Isogai wing 颤振速度边界

5.4.2 AGARD 445.6 机翼气动弹性响应分析

AGARD 445.6 机翼是国际上用于检验颤振计算方法的一个标准模型，它有较为完备的风洞试验数据，其翼型采用 NACA65A004 翼型。机翼结构采用各向异性材料。纵向弹性模量 $E_1 = 3.1511\mathrm{GPa}$，横向弹性模量 $E_2 = 0.4162\mathrm{GPa}$，泊松比 $\nu = 0.31$，剪切模量 $G = 0.4392\mathrm{GPa}$，密度 $\rho = 381.98\mathrm{kg/m^3}$。计算条件为 $M_\infty = 0.96$、来流速度与试验颤振速度之比 $V_\infty / V_\mathrm{f} = 0.97$。结构建模采用平板构型，结构有限元模型是由 400 个四节点各向异性壳元组成。气动建模则按照 NACA 65A004 翼型沿展长生成表面网格，三维气动表面包含 2940 个网格点，流场网格数为 160 × 45 × 45。分别用传统松耦合、紧耦合和所发展的二阶时间精度串行耦合方法进行计算，为了验证和对比分析所设计的耦合格式，流场求解的是 N-S 方程，结构求解仍采用线性方法，界面插值使用 CVT 方法。无量纲时间步长 $\mathrm{d}t = \Delta t \cdot V_\infty / L$，其中参考长度 L 取机翼半展长。

（1）采用图 5.2 所示松耦合方法计算，分别取无量纲时间步长 $\mathrm{d}t$ 为 0.01、0.05、0.1 和 0.2 进行计算，广义位移随时间的变化曲线如图 5.10 所示，可以看出，时间步长取得越大，广义位移就会趋于发散，这是由于流场和结构之间误差积累造成的。当时间步长取的较小时，$\mathrm{d}t = 0.01$ 和 $\mathrm{d}t = 0.05$ 的广义位移表现为近似等幅振荡，并且两者差别不大，这也说明，在松耦合计算时，为了得到较为真实的结果，时间步长要尽可能取小。

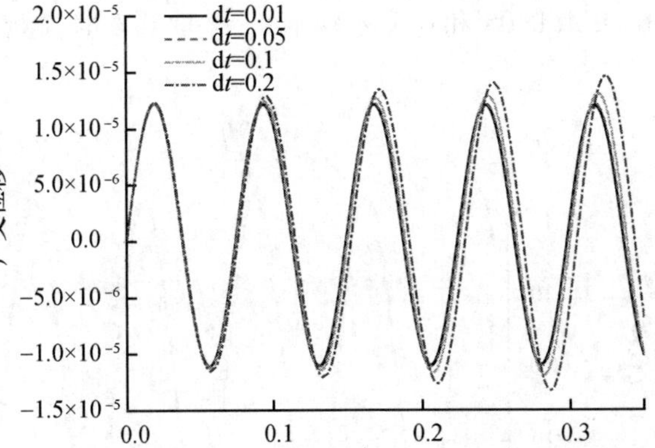

图 5.10 传统松耦合计算广义位移曲线

（2）采用图 5.4 所示紧耦合方法计算，无量纲时间步长 $\mathrm{d}t$ 分别取 0.05、0.1、0.2 和 0.4，为了计算方便，子迭代步取 10 步，广义位移随时间的变化曲线如图 5.11 所示。可以看出，$\mathrm{d}t$ 取 0.05 和 0.1 差别不大，$\mathrm{d}t$ 取 0.2 振幅没有变化，但随着时间推移，相位有所变化。$\mathrm{d}t$ 近一步取大到 0.4，此时广义位移变化趋向收敛,出现较大误差,但当子迭代步数增加一倍,取 20 步,广义位移变化趋势与 dt 取 0.2,内循环步数为 10 的曲线重合,这也说明在紧耦合时,尽管时间步长可以取大,但为了得到精确的计算结果,其子迭代步数必然增加,与松耦合方法相比计算效率并没有明显地改善。

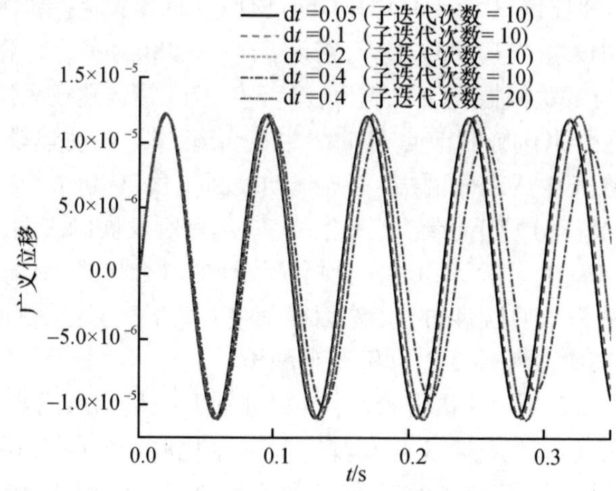

图 5.11　紧耦合计算广义位移曲线

(3) 采用图 5.5 所示耦合流程,计算格式采用本书提出的串行方法计算,无量纲时间步长 dt 分别取 0.05、0.1、0.2,广义位移随时间的变化曲线如图 5.12 所示。可以看出,dt 取 0.05 和 0.1 差别不大,dt 取 0.2 时,随着时间积累,振幅稍有增大。

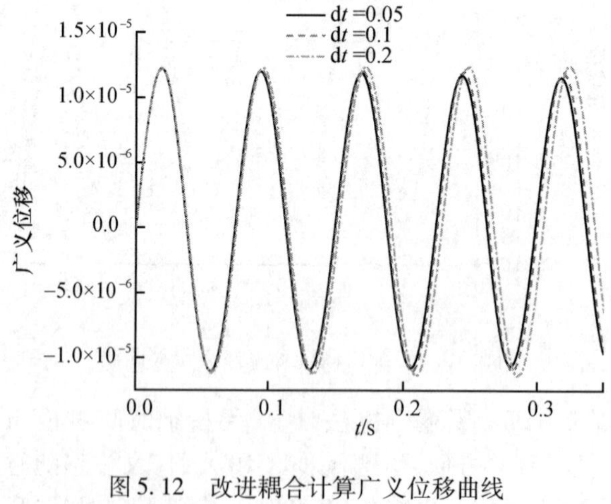

图 5.12　改进耦合计算广义位移曲线

图 5.13 ~ 图 5.15 分别显示了三种方法在 dt 分别取 0.05、0.1 和 0.2 时计

算所得广义位移的变化曲线。由图可以看出，dt 取 0.05 时，三种方法计算所得结果曲线基本一致。当 dt 取 0.1 时，紧耦合及改进耦合方法计算所得曲线相同，传统松耦合方法计算所得曲线在一段时间后振幅开始增大。当 dt 取 0.2 时，紧耦合计算所得曲线仍为近似等幅振荡，改进耦合方法计算所得曲线振幅稍有增加，传统松耦合方法计算所得曲线则明显趋于发散。可见，当耦合时间步长取得足够小时，三种方法都可以得到精确的结果，时间步长取大时，传统松耦合方法计算误差明显变大，紧耦合及改进耦合方法仍然可以得到较为精确的结果。从计算效率来看，改进耦合方法由于其不需要在子迭代中计算结构状态和进行数据转换，直接时间推进，与紧耦合方法相比在计算精度相差不大的同时明显地提高了计算效率。

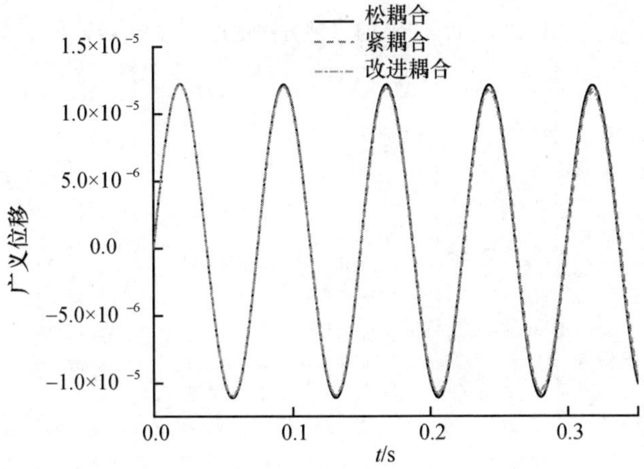

图 5.13　dt = 0.05 时三种方法的广义位移曲线

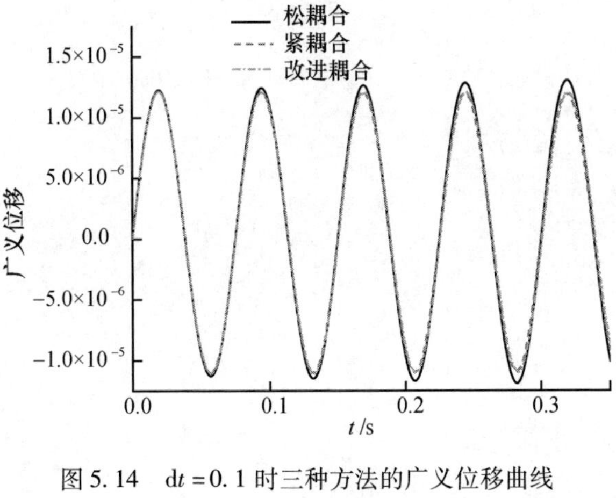

图 5.14　dt = 0.1 时三种方法的广义位移曲线

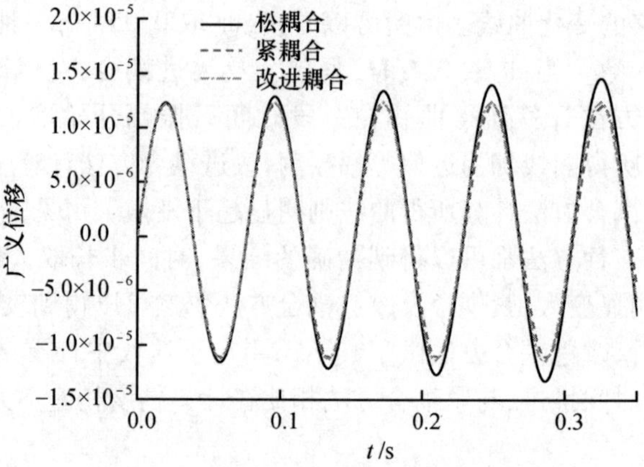

图 5.15 dt = 0.2 时三种方法的广义位移曲线

第6章 非线性气动弹性系统降阶技术

6.1 引言

为了克服气动弹性计算时间冗长的缺点,需要发展代理模型来代替复杂的气动弹性模型,降阶模型就是其中之一。降阶模型是一个简化的数学模型,它可以完全或者大部分代替复杂系统的基本动力特性。由于这种数学简化,使降阶模型的计算开销(计算机内存,计算时间和设计周期)比使用原始复杂系统有着几个数量级的减少。对于 CFD 而言,气动力降阶模型是一种有效的、精度高的代理模型,大大减少了复杂系统的计算时间,扩大了 CFD 方法的应用范围和深度。表 6.1 给出了气动弹性力学研究领域里非定常气动力计算方法的发展历程。

表 6.1 非定常气动力计算方法发展历程

时间	模 型
1930—1940	Theodorsen 模型、Grossman 模型和片条理论
1950—1960	三维线化升力面方法
1970—1980	基于频域气动力的状态空间拟合
1980—1990	基于 CFD 的非定常非线性流场数值模拟
1990 至今	基于 CFD 的非定常气动力降阶模型

本章将主要介绍用于气动弹性系统降阶的常用技术,包括基于 Volterra 级数的非定常气动力模型,基于状态空间的非定常气动力模型,基于 POD 方法的气动弹性系统降阶模型以及基于 BPOD 方法的气动弹性系统降阶模型。最后,介绍用于非线性气动力降阶的 POD – Galerkin 方法。

6.2 基于 Volterra 级数的非定常气动力降阶模型

基于信号的模型降阶方法是目前采用得比较多的一类非定常气动力降阶方

法。该方法根据原系统的输入输出数据构造出一个能逼近原系统的低阶模型，它能够真实表现出系统的基本动力学特性。

本节研究基于信号的降阶模型中常用的一种，即基于多小波多分辨分析的 Volterra 级数降阶模型。着重介绍分段二次正交多小波和尺度函数的构造过程。推导基于边界自适应尺度函数和小波函数的一维离散小波变换。按照多分辨分析的定义，给出小波域下近似 Volterra 级数表达式。对于二阶 Volterra 级数，采用 QRD - RLS 算法来辨识小波域下的 Volterra 核。最后通过三个算例验证本章内容正确性。

6.2.1 多小波和多分辨分析

本小节主要介绍基于 Prazenica 的多小波方法来近似 Volterra 核。和小波方法一起出现的一个重要概念就是多分辨分析。多小波多分辨分析的定义为在平方可积空间 $L^2(R)$ 中的子空间序列 $\{V_j\}_{j\in\mathbf{Z}}$ 满足如下条件：

$$\begin{cases}\cdots V_{-2}\subset V_{-1}\subset V_0\subset V_1\subset V_2\cdots \\ \bigcap\limits_{j\in\mathbf{Z}} V_j=\{0\} \\ \overline{\bigcup\limits_{j\in\mathbf{Z}} V_j}=L^2(R) \\ f(x)\in V_j \Leftrightarrow f(2x)\in V_{j+1} \\ f(x)\in V_j \Leftrightarrow f(x-k)\in V_j \quad \forall k\in\mathbf{Z} \\ \text{存在 } r \text{ 个尺度函数}\{\phi_1,\cdots,\phi_r\}\text{使得尺度函数的平移} \\ \{\phi_s(x-k):s=1\cdots r\}_{k\in\mathbf{Z}} \\ \text{构成 } V_0 \text{ 的 Riesz 基}\end{cases} \tag{6.1}$$

则尺度函数 $\{\phi_1,\cdots,\phi_r\}$ 构成一个多分辨分析。构成的每一个子空间 V_j 都是有限生成平移不变空间。Prazenica 等选择支撑区间在 $[-1,1]$ 上的尺度函数构成空间 V_0。

6.2.2 分段二次正交多小波构造

采用 Prazenica 提出的分段二次正交多小波函数。首先选择三节点杆梁单元有限元形函数作为基函数(图 6.1)，即

$$\begin{cases}N_1=2x^2-3x+1 \\ N_2=-4x^2+4x \qquad x\in[0,1] \\ N_3=2x^2-x\end{cases} \tag{6.2}$$

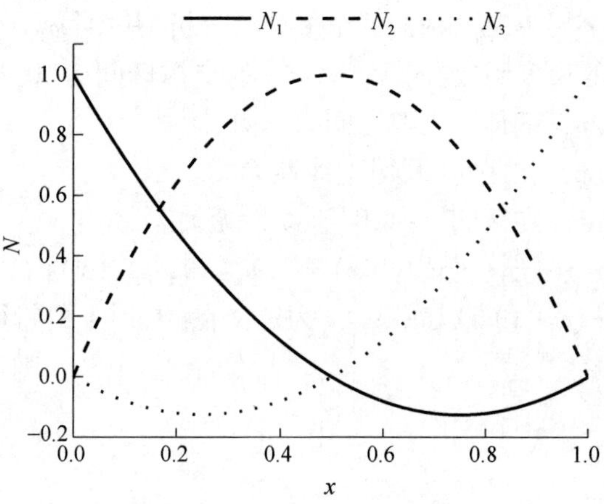

图 6.1　有限元形函数

由有限元形函数构造尺度函数 ϕ_1 和 ϕ_2(图 6.2),其表达式为

$$\phi_1 = \begin{cases} 2x^2 + 3x + 1 & x \in [-1,0] \\ 2x^2 - 3x + 1 & x \in [0,1] \end{cases} \tag{6.3}$$

$$\phi_2(x) = -4x^2 + 4x \quad x \in [0,1] \tag{6.4}$$

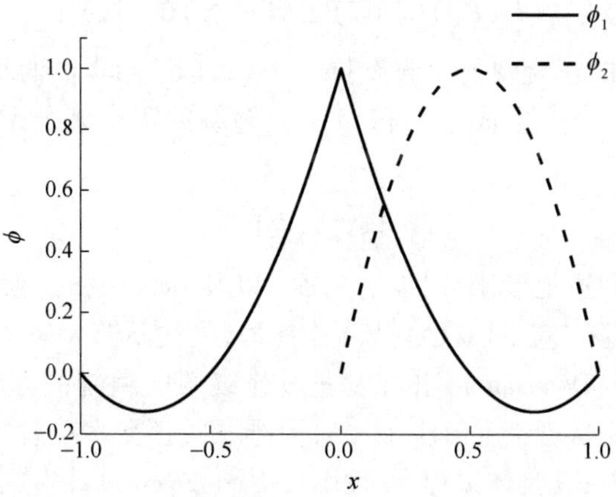

图 6.2　尺度函数

由尺度函数 ϕ_1 和 ϕ_2 构成的有限生成平移不变空间定义为 V_0,由尺度函数的平移和缩放生成的子空间序列构成一个平方可积空间内的多分辨分析。这样构造的多分辨分析并不是正交多分辨分析。Donovan 证明了正交多分辨分析可以通过尺度函数的缠绕来构造。为了从 $\{V_j\}_{j\in\mathbf{Z}}$ 构造正交多分辨分析,必须保证尺度函数 ϕ_1 和 ϕ_2 的最小支撑区间为 $[-1,1]$。Donovan 给出如下定义,只要满足定义就可以保证通过 $\{V_j\}_{j\in\mathbf{Z}}$ 构造正交多分辨分析。

定义　假设$\{\phi_1,\cdots,\phi_n\}$构造一个多分辨分析，其中$\{\phi_1,\cdots,\phi_k\}$的支撑区间为$[-1,1]$，剩下的尺度函数$\{\phi_{k+1},\cdots,\phi_n\}$的支撑区间为$[0,1]$，那么当满足如下条件时$\{\phi_1,\cdots,\phi_n\}$的最小支撑区间为$[-1,1]$

(1) $\{\phi_1,\cdots,\phi_k\}$在区间$[0,1]$上线性无关。

(2) $\{\phi_1,\cdots,\phi_k\}$在区间$[-1,0]$上线性无关。

(3) $\{0\}=\mathrm{span}(\{\phi_1(x)\chi_{[0,1]}(x),\cdots,\phi_k(x)\chi_{[0,1]}(x)\}\cap\{\phi_1(x)\chi_{[0,1]}(x-1),\cdots,\phi_k(x)\chi_{[0,1]}(x-1)\})$其中$\chi_{[0,1]}$为定义在$[0,1]$上的特征函数

$$\chi_{[0,1]}(x):\begin{cases}1 & x\in[0,1]\\0 & \text{else}\end{cases} \tag{6.5}$$

定义如下空间

$$A(V_0):=\mathrm{span}\{\phi_s:s=k+1,\cdots,n\} \tag{6.6}$$

$$B_\sigma(V_0):=\mathrm{span}\{\{\phi_s(\cdot-\sigma)\chi_{[0,1]}:s=1,\cdots,k\}\cup A(V_0)\} \tag{6.7}$$

$$C_\sigma(V_0):=B_\sigma(V_0)-A(V_0)\quad \sigma=0,1 \tag{6.8}$$

定理　设$\{V_j\}_{j\in\mathbf{Z}}$是一个由多尺度函数$\{\phi_1,\cdots,\phi_n\}$构造的最小支撑区间为$[-1,1]$的多分辨分析。假设存在这样一个子空间$W\subset A(V_1)-A(V_0)$，使得

$$(I-P_W)C_0(V_0)\perp(I-P_W)C_1(V_0) \tag{6.9}$$

式中，P_W为到W的正交映射。假设$\{w_1,\cdots,w_k\}$是空间W的基函数，那么函数$\{\phi_1,\cdots,\phi_n,w_1,\cdots,w_k\}$生成一个和$\{V_j\}_{j\in\mathbf{Z}}$缠绕的正交多分辨分析$\{\tilde{V}_j\}_{j\in\mathbf{Z}}$，如下式：

$$\cdots V_0\subset\tilde{V}_0\subset V_1\cdots \tag{6.10}$$

理论上只要知道尺度函数$\{\phi_1,\cdots,\phi_n\}$以及$\{w_1,\cdots,w_k\}$就可以构造正交多分辨分析，但是实际上空间$W\subset A(V_1)-A(V_0)$往往不够大来让我们设计得到想要的多小波函数。Donovan 指出可以通过连续两次缠绕的方法来解决上述问题。至此我们已经从理论上解决了如何构造二次正交多小波尺度函数，以尺度函数ϕ_1和ϕ_2为例，其具体过程为：设由尺度函数$\{\phi_1,\phi_2\}$生成的有限生成平移不变空间为

$$V_j:=\mathrm{span}\{\phi_{j,k}^s:s=1,2\}_{k\in\mathbf{Z}} \tag{6.11}$$

函数$\phi_{j,k}^s$表示尺度函数的平移和缩放，定义为

$$\phi_{j,k}^s(x)=2^{j/2}\phi^s(2^jx-k) \tag{6.12}$$

在V_1内选择一个函数$\tilde{\phi}_3$（如图 6.3 所示），其表达式为

$$\tilde{\phi}_3(x)=\phi_2(2x)-\phi_2(2x-1) \tag{6.13}$$

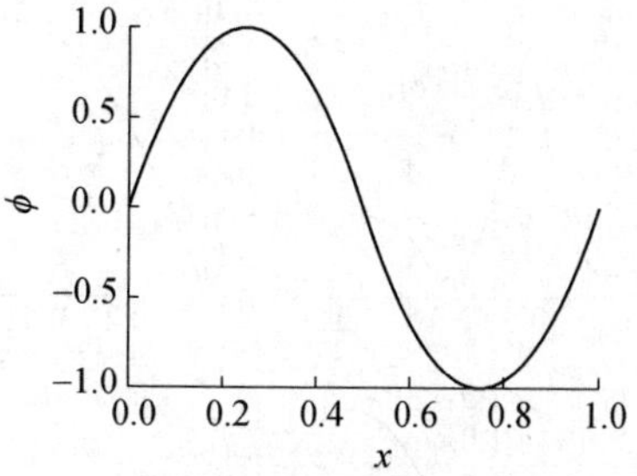

图 6.3　函数 $\tilde{\phi}_3$

由观察可知，函数 $\tilde{\phi}_3$ 和 ϕ_2 相互正交，因此我们选择 $\tilde{\phi}_2=\phi_2$，对 $\tilde{\phi}_2,\tilde{\phi}_3$ 进行归一化有

$$\begin{cases}\tilde{\phi}_2=\tilde{\phi}_2/\|\tilde{\phi}_2\|\\ \tilde{\phi}_3=\tilde{\phi}_3/\|\tilde{\phi}_3\|\end{cases}\tag{6.14}$$

式中，$\|\cdot\|$ 为函数内积。计算后得到归一化函数为

$$\tilde{\phi}_2=\frac{\sqrt{15}}{2\sqrt{2}}(-4x^2+4x)\quad x\in[0,1]\tag{6.15}$$

$$\tilde{\phi}_3=\begin{cases}\dfrac{\sqrt{15}}{2\sqrt{2}}[-16x^2+8x] & x\in[0,0.5]\\ \dfrac{\sqrt{15}}{2\sqrt{2}}[16x^2-24x+8] & x\in[0.5,1]\end{cases}\tag{6.16}$$

采用 Gram－Schmidt 正交化方法计算 $\tilde{\phi}_1$

$$\begin{aligned}\tilde{\phi}_1(x)=\phi_1(x)-&<\phi_1(x),\tilde{\phi}_2(x+1)>\tilde{\phi}_2(x+1)-\\ &<\phi_1(x),\tilde{\phi}_3(x+1)>\tilde{\phi}_3(x+1)-\\ &<\phi_1(x),\tilde{\phi}_2(x)>\tilde{\phi}_2(x)-<\phi_1(x),\tilde{\phi}_3(x)>\tilde{\phi}_3(x)\end{aligned}\tag{6.17}$$

整理后得到 $\tilde{\phi}_1$

$$\tilde{\phi}_1=\begin{cases}-\dfrac{5}{2}x^2-4x-\dfrac{3}{2} & x\in[-1,-0.5]\\ \dfrac{15}{2}x^2+6x+1 & x\in[-0.5,0.0]\\ \dfrac{15}{2}x^2-6x+1 & x\in[0.0,0.5]\\ -\dfrac{5}{2}x^2+4x-\dfrac{3}{2} & x\in[0.5,1.0]\end{cases}\tag{6.18}$$

尺度函数 $\{\tilde{\phi}_1,\tilde{\phi}_2,\tilde{\phi}_3\}$ 构成一个和 $\{V_j\}_{j\in\mathbf{Z}}$ 缠绕的多分辨分析 $\{\tilde{V}_j\}_{j\in\mathbf{Z}}$。第一次缠绕后的尺度函数如图 6.4 所示。

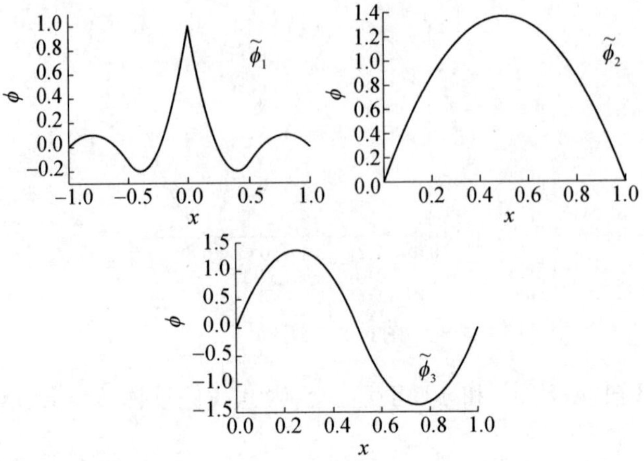

图 6.4　第一次缠绕后的尺度函数

到这里我们已经完成了第一次缠绕过程，现在开始第二次缠绕。选择函数

$$w=\widetilde{\phi}_1(2x-1)+a[\widetilde{\phi}_2(2x)+\widetilde{\phi}_2(2x-1)]+b[\widetilde{\phi}_3(2x)-\widetilde{\phi}_3(2x-1)] \tag{6.19}$$

函数 w 满足如下条件：

$$\langle w,\widetilde{\phi}_2\rangle=0 \tag{6.20}$$

由定理 1 可知

$$(I-P_W)C_0(\widetilde{V}_0)\perp(I-P_W)C_1(\widetilde{V}_0) \tag{6.21}$$

根据尺度函数 $\{\widetilde{\phi}_1,\widetilde{\phi}_2,\widetilde{\phi}_3\}$ 以及空间 $C_0(\widetilde{V}_0)$ 和 $C_1(\widetilde{V}_0)$ 的定义，我们有

$$\begin{cases}c_0:=C_0(\widetilde{V}_0)=\widetilde{\phi}_1(x)\chi_{[0,1]}(x)\\ c_1:=C_1(\widetilde{V}_0)=\widetilde{\phi}_1(x-1)\chi_{[0,1]}(x)\end{cases} \tag{6.22}$$

式(6.21)的正交条件可以改写为

$$\langle(I-P_W)c_0,(I-P_W)c_1\rangle=0 \tag{6.23}$$

将式(6.23)展开，我们得到

$$\langle c_0,c_1\rangle+\langle P_Wc_0,P_Wc_1\rangle-\langle c_0,P_Wc_1\rangle-\langle P_Wc_0,c_1\rangle=0 \tag{6.24}$$

对于平方可积空间中的任意函数 $f\in L^2(R)$，正交映射为

$$P_W\cdot f=\frac{\langle w,f\rangle}{\|w\|}\frac{w}{\|w\|}=\frac{\langle w,f\rangle w}{\langle w,w\rangle} \tag{6.25}$$

将式(6.25)代入式(6.24)，整理后得到

$$\langle w,w\rangle\langle c_0,c_1\rangle-\langle w,c_0\rangle\langle w,c_1\rangle=0 \tag{6.26}$$

联立求解式(6.20)和式(6.26),有

$$\begin{cases}\dfrac{7a}{8}-\dfrac{5b}{16}+\dfrac{7\sqrt{30}}{384}=0\\ \dfrac{11a^2}{1536}-\dfrac{25ab}{1536}+\dfrac{\sqrt{30}a}{12288}-\dfrac{61b^2}{6144}+\dfrac{5\sqrt{30}b}{24576}+\dfrac{439}{589824}=0\end{cases}\tag{6.27}$$

求解后得到方程的解

$$\begin{cases}a_1=-0.171\,229\,771\,045\,882\,941\,949\,441\,062\,781\,7\\ a_2=0.004\,360\,891\,519\,219\,430\,681\,188\,619\,992\,920\,5\\ b_1=-0.159\,938\,533\,717\,125\,337\,941\,869\,269\,154\,95\\ b_2=0.331\,715\,321\,465\,161\,305\,423\,893\,842\,613\,98\end{cases}\tag{6.28}$$

取第一个解,代入式(6.19)并做归一化得到

$$w=\begin{cases}(2x+2\sqrt{30}ax+4\sqrt{30}bx-10x^2-\\ 4\sqrt{30}ax^2-16\sqrt{30}bx^2)/mww & x\in[0,0.25]\\ (5/2+2\sqrt{30}b-18x+2\sqrt{30}ax-\\ 12\sqrt{30}bx+30x^2-4\sqrt{30}ax^2+16\sqrt{30}bx^2)/mww & x\in[0.25,0.5]\\ (29/2-2\sqrt{30}a+6\sqrt{30}b-42x+6\sqrt{30}ax-\\ 20\sqrt{30}bx+30x^2-4\sqrt{30}ax^2+16\sqrt{30}bx^2)/mww & x\in[0.5,0.75]\\ (-8-2\sqrt{30}a-12\sqrt{30}b+18x+6\sqrt{30}ax+\\ 28\sqrt{30}bx-10x^2-4\sqrt{30}ax^2-16\sqrt{30}bx^2)/mww & x\in[0.75,1.0]\end{cases}\tag{6.29}$$

$$mww=\sqrt{a^2+b^2+7/96}\tag{6.30}$$

根据 Gram - Schmidt 正则化方法得到$\tilde{\tilde{\phi}}_1$

$$\tilde{\tilde{\phi}}_1=\tilde{\phi}_1-\langle\tilde{\phi}_1,w(x+1)\rangle w(x+1)-\langle\tilde{\phi}_1,w(x)\rangle w(x)\tag{6.31}$$

整理后并归一化,得到$\tilde{\tilde{\phi}}_1$ 表达式为

$$\tilde{\tilde{\phi}}_1=\begin{cases}(\tilde{\phi}_1(x)-a1w(x+1))/mm & x\in[-1.0,0.0]\\ (\tilde{\phi}_1(x)-b1w(x))/mm & x\in[0.0,1.0]\end{cases}\tag{6.32}$$

$$a1=b1=\frac{\sqrt{30}a}{96\sqrt{a^2+b^2+7/96}}-\frac{1}{256\sqrt{a^2+b^2+7/96}}+\frac{5\sqrt{30}b}{192\sqrt{a^2+b^2+7/96}}\tag{6.33}$$

$$mm = \| \tilde{\phi}_1 - \langle \tilde{\phi}_1, w(x+1) \rangle w(x+1) - \langle \tilde{\phi}_1, w(x) \rangle w(x) \|_2 \quad (6.34)$$

定义如下三个尺度函数

$$\tilde{\tilde{\phi}}_2 = \tilde{\phi}_2 \quad \tilde{\tilde{\phi}}_3 = \tilde{\phi}_3 \quad \tilde{\tilde{\phi}}_4 = w \quad (6.35)$$

则二次缠绕后的四个尺度函数如图 6.5 所示。(为了方便起见,省去尺度函数上的波浪标记)在得到正交尺度函数以后,通过尺度函数构造小波函数。定义 V_0 是由尺度函数 $\{\phi_1,\phi_2,\phi_3,\phi_4\}$ 张成的空间,张成小波空间 W_0 的小波函数 ψ 应该和 V_0 中的所有函数正交,即 ψ 与 $\{\phi_1,\phi_2,\phi_3,\phi_4\}$ 的所有平移函数正交。首先构造对称小波 ψ_1,其支撑区间为$[-1,1]$。我们定义 ψ_1 为

$$\psi_1(x) = \phi_{1,0}^1(x) - \langle \phi_{1,0}^1(x), \phi_1(x) \rangle \phi_1(x) \quad (6.36)$$

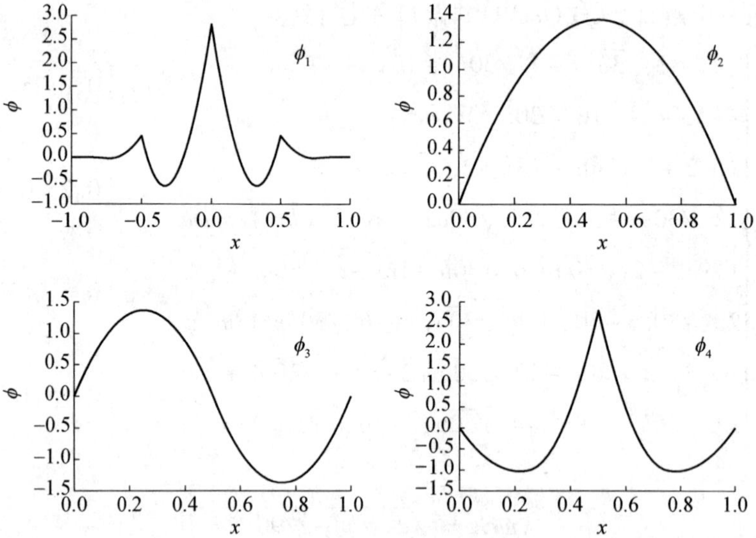

图 6.5 二次缠绕后得到的尺度函数

对上式归一化得到第一个小波函数。定义第二个小波 ψ_2 为反对称小波,支撑区间也是$[-1,1]$

$$\psi_2(x) = \begin{cases} \langle \phi_1(x), \phi_{1,0}^1(x) \rangle \phi_{1,0}^1(x) - \phi_1(x) & x \in [-1,0] \\ \phi_1(x) - \langle \phi_1(x), \phi_{1,0}^1(x) \rangle \phi_{1,0}^1(x) & x \in [0,1] \end{cases} \quad (6.37)$$

由于 $\psi_2(x)$是反对称函数,可以保证正交于 $\phi_1(x)$和 $\psi_1(x)$。构造其余两个小波函数 $\psi_3(x)$和 $\psi_4(x)$,它们的支撑区间为$[0,1]$。由两尺度方程可知,$\psi_3(x)$和 $\psi_4(x)$由张成空间 V_1 的尺度函数线性组合而成,因此定义 $\psi_3(x)$和 $\psi_4(x)$如下:

$$\psi_t(x) = c_1\phi_{1,1}^1(x) + c_2\phi_{1,1}^2(x) + c_3\phi_{1,1}^3(x) + c_4\phi_{1,1}^4(x) + c_5\phi_{1,0}^2(x) + c_6\phi_{1,0}^3(x) + c_7\phi_{1,0}^4(x) \quad t=3,4 \tag{6.38}$$

式(6.38)中含有7个未知数。由小波正交性条件可以得到如下5个约束条件

$$\langle \psi_t(x), \phi_i(x) \rangle = 0 \quad i=1,2,3,4 \tag{6.39}$$

$$\langle \psi_t(x), \phi_1(x-1) \rangle = 0 \tag{6.40}$$

为了使方程封闭,使用如下两个附加条件:

$$c_4 = 1, c_7 = -1 \tag{6.41}$$

$$c_4 = 1, c_7 = 1 \tag{6.42}$$

采用式(6.41)生成反对称小波 $\psi_3(x)$;式(6.42)生成对称小波 $\psi_4(x)$。所有小波归一化处理后就得到了正交多小波函数(如图6.6所示)。

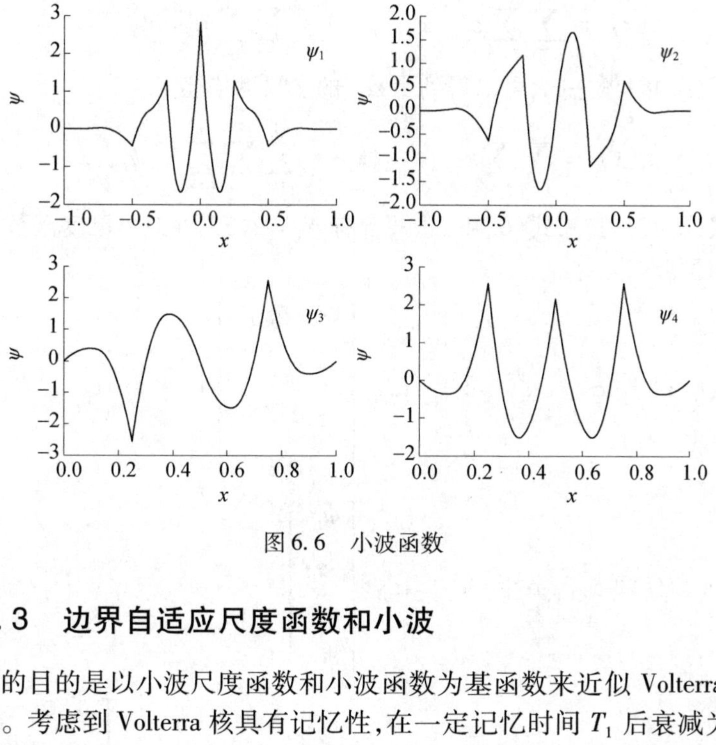

图6.6 小波函数

6.2.3 边界自适应尺度函数和小波

本章的目的是以小波尺度函数和小波函数为基函数来近似 Volterra 一阶核和二阶核。考虑到 Volterra 核具有记忆性,在一定记忆时间 T_1 后衰减为零。因此为了能够近似 Volterra 核函数,需要对尺度函数和小波函数边界进行修剪使它们的支撑域在$[0, T_1]$上。Richard 给出了在尺度 j 下(这里的尺度是一阶核展开尺度,不是输入/输出采样尺度),边界自适应近似空间和小波空间的定义为

$$V_j[0,T_1]:=\text{span}\{\phi_{j,0}^1\chi_{[0,T_1]},\phi_{j,k}^1|_{k=1}^{2^jT_1-1},\phi_{j,k}^2|_{k=0}^{2^jT_1-1},$$
$$\phi_{j,k}^3|_{k=0}^{2^jT_1-1},\phi_{j,k}^4|_{k=0}^{2^jT_1-1},\phi_{j,2^jT}^1\chi_{[0,T_1]}\} \tag{6.43}$$
$$W_j[0,T_1]:=\text{span}\{\psi_{j,0}^1\chi_{[0,T_1]},\psi_{j,k}^1|_{k=1}^{2^jT_1-1},\psi_{j,k}^2|_{k=1}^{2^jT_1-1},$$
$$\psi_{j,k}^3|_{k=0}^{2^jT_1-1},\psi_{j,k}^4|_{k=0}^{2^jT_1-1},\psi_{j,2^jT_1}^1\chi_{[0,T_1]}\} \tag{6.44}$$

式中，$\chi_{[0,T_1]}$为定义域为$[0,T_1]$的特征函数。

6.2.4 正交多小波多分辨分析

将函数f在单尺度j上用多尺度函数展开，函数f的定义域为$[0,\ T_1]$

$$f_j(x)=\sum_{s=1}^{4}\sum_{k\in\mathbf{Z}}\alpha_{j,k}^s\phi_{j,k}^s(x) \tag{6.45}$$

等价两尺度方程为

$$f_j(x)=\sum_{s=1}^{4}\sum_{k\in\mathbf{Z}}\alpha_{j-1,k}^s\phi_{j-1,k}^s(x)+\sum_{s=1}^{4}\sum_{k\in\mathbf{Z}}\beta_{j-1,k}^s\psi_{j-1,k}^s(x) \tag{6.46}$$

对式(6.46)做递归，可以得到函数f的多尺度描述

$$f_j(x)=\sum_{s=1}^{4}\sum_{k\in\mathbf{Z}}\alpha_{j_0,k}^s\phi_{j_0,k}^s(x)+\sum_{l=j_0}^{j-1}\sum_{s=1}^{4}\sum_{k\in\mathbf{Z}}\beta_{l,k}^s\psi_{l,k}^s(x) \tag{6.47}$$

由式(6.43)可知，式(6.45)总共含有$N_1=2^{2+j}T_1+1$个尺度函数。将函数展开成向量形式

$$f_j(x)=\begin{bmatrix}\alpha_{j,0}^1 & \alpha_{j,0}^2 & \alpha_{j,0}^3 & \alpha_{j,0}^4\end{bmatrix}\begin{bmatrix}\phi_{j,0}^1\chi_{[0,T_1]}\\ \phi_{j,0}^2\\ \phi_{j,0}^3\\ \phi_{j,0}^4\end{bmatrix}+$$
$$\begin{bmatrix}\alpha_{j,1}^1 & \alpha_{j,1}^2 & \alpha_{j,1}^3 & \alpha_{j,1}^4\end{bmatrix}\begin{bmatrix}\phi_{j,1}^1\\ \phi_{j,1}^2\\ \phi_{j,1}^3\\ \phi_{j,1}^4\end{bmatrix}+\cdots+$$
$$\begin{bmatrix}\alpha_{j,(2^jT_1-1)}^1 & \alpha_{j,(2^jT_1-1)}^2 & \alpha_{j,(2^jT_1-1)}^3 & \alpha_{j,(2^jT_1-1)}^4\end{bmatrix}\begin{bmatrix}\phi_{j,(2^jT_1-1)}^1\\ \phi_{j,(2^jT_1-1)}^2\\ \phi_{j,(2^jT_1-1)}^3\\ \phi_{j,(2^jT_1-1)}^4\end{bmatrix}+$$

$$[\alpha^1_{j,2^jT_1}\quad 0\quad 0\quad 0]\begin{bmatrix}\phi^1_{j,2^jT_1}\chi_{[0,T_1]}\\ 0\\ 0\\ 0\end{bmatrix} \tag{6.48}$$

定义

$$\underline{\boldsymbol{\alpha}}^{\mathrm{T}}_{j,k}=\begin{cases}[\alpha^1_{j,k}\quad 0\quad 0\quad 0] & k=2^jT_1\\ [\alpha^1_{j,k}\quad \alpha^2_{j,k}\quad \alpha^3_{j,k}\quad \alpha^4_{j,k}] & 其他\end{cases} \tag{6.49}$$

$$\underline{\boldsymbol{\Phi}}^{\mathrm{T}}=\begin{cases}[\phi^1_{j,k}\chi_{[0,T_1]}\quad \phi^2_{j,k}\quad \phi^3_{j,k}\quad \phi^4_{j,k}] & k=0\\ [\phi^1_{j,k}\chi_{[0,T_1]}\quad 0\quad 0\quad 0] & k=2^jT_1\\ [\phi^1_{j,k}\quad \phi^2_{j,k}\quad \phi^3_{j,k}\quad \phi^4_{j,k}] & 其他\end{cases} \tag{6.50}$$

$$\overline{\boldsymbol{\Phi}}^{\mathrm{T}}=[\phi^1_{j,k}\quad \phi^2_{j,k}\quad \phi^3_{j,k}\quad \phi^4_{j,k}]\quad k\in\mathbf{Z} \tag{6.51}$$

同理可以得到同式(6.49)~式(6.51)对应的小波系数和小波函数为

$$\underline{\boldsymbol{\beta}}^{\mathrm{T}}_{j,k}=\begin{cases}[\beta^1_{j,k}\quad 0\quad \beta^3_{j,k}\quad \beta^4_{j,k}] & k=0\\ [\beta^1_{j,k}\quad 0\quad 0\quad 0] & k=2^jT_1\\ [\beta^1_{j,k}\quad \beta^2_{j,k}\quad \beta^3_{j,k}\quad \beta^4_{j,k}] & 其他\end{cases} \tag{6.52}$$

$$\underline{\boldsymbol{\Psi}}^{\mathrm{T}}=\begin{cases}[\psi^1_{j,k}\chi_{[0,T_1]}\quad 0\quad \psi^3_{j,k}\quad \psi^4_{j,k}] & k=0\\ [\psi^1_{j,k}\chi_{[0,T_1]}\quad 0\quad 0\quad 0] & k=2^jT_1\\ [\psi^1_{j,k}\quad \psi^2_{j,k}\quad \psi^3_{j,k}\quad \psi^4_{j,k}] & 其他\end{cases} \tag{6.53}$$

$$\underline{\boldsymbol{\Psi}}^{\mathrm{T}}=[\psi^1_{j,k}\quad \psi^2_{j,k}\quad \psi^3_{j,k}\quad \psi^4_{j,k}]\quad k\in\mathbf{Z} \tag{6.54}$$

将式(6.45)和式(6.46)写成如下向量形式

$$f_j(x)=\sum_{k\in\mathbf{Z}}\underline{\boldsymbol{\alpha}}^{\mathrm{T}}_{j,k}\underline{\boldsymbol{\Phi}}_{j,k}(x) \tag{6.55}$$

$$f_j(x)=\sum_{k\in\mathbf{Z}}\underline{\boldsymbol{\alpha}}^{\mathrm{T}}_{j-1,k}\underline{\boldsymbol{\Phi}}_{j-1,k}(x)+\sum_{k\in\mathbf{Z}}\underline{\boldsymbol{\beta}}^{\mathrm{T}}_{j-1,k}\underline{\boldsymbol{\psi}}_{j-1,k}(x) \tag{6.56}$$

为了推导递归形式的多尺度系数表达式,将式(6.56)代入式(6.55)得到向量形式的两尺度方程

$$\sum_{k\in\mathbf{Z}}\underline{\boldsymbol{\alpha}}_{j,k}^{\mathrm{T}}\underline{\boldsymbol{\Phi}}_{j,k}(x)=\sum_{k\in\mathbf{Z}}\underline{\boldsymbol{\alpha}}_{j-1,k}^{\mathrm{T}}\underline{\boldsymbol{\Phi}}_{j-1,k}(x)+\sum_{k\in\mathbf{Z}}\underline{\boldsymbol{\beta}}_{j-1,k}^{\mathrm{T}}\underline{\boldsymbol{\psi}}_{j-1,k}(x) \tag{6.57}$$

式(6.57)两边同时乘以 $\underline{\boldsymbol{\Phi}}_{j-1,m}^{\mathrm{T}}$ 并且在定义域 R 上积分有

$$\sum_{k\in\mathbf{Z}}\underline{\boldsymbol{\alpha}}_{j,k}^{\mathrm{T}}\int_R\underline{\boldsymbol{\Phi}}_{j,k}(x)\overline{\boldsymbol{\Phi}}_{j-1,m}^{\mathrm{T}}(x)\mathrm{d}x=\sum_{k\in\mathbf{Z}}\underline{\boldsymbol{\alpha}}_{j-1,k}^{\mathrm{T}}\int_R\underline{\boldsymbol{\Phi}}_{j-1,k}(x)\overline{\boldsymbol{\Phi}}_{j-1,m}^{\mathrm{T}}(x)\mathrm{d}x+\sum_{k\in\mathbf{Z}}\underline{\boldsymbol{\beta}}_{j-1,k}^{\mathrm{T}}\int_R\underline{\boldsymbol{\psi}}_{j-1,k}(x)\overline{\boldsymbol{\Phi}}_{j-1,m}^{\mathrm{T}}(x)\mathrm{d}x \tag{6.58}$$

根据正交多小波的正交性,式(6.58)简化为

$$\sum_{k\in\mathbf{Z}}\underline{\boldsymbol{\alpha}}_{j,k}^{\mathrm{T}}\int_R\underline{\boldsymbol{\Phi}}_{j,k}(x)\overline{\boldsymbol{\Phi}}_{j-1,m}^{\mathrm{T}}(x)\mathrm{d}x=\sum_{k\in\mathbf{Z}}\underline{\boldsymbol{\alpha}}_{j-1,k}^{\mathrm{T}}\boldsymbol{J}_s\delta_{k,m}=\underline{\boldsymbol{\alpha}}_{j-1,m}^{\mathrm{T}}\boldsymbol{J}_s \tag{6.59}$$

式中,矩阵 $\boldsymbol{J}_s$ 为

$$\begin{cases}\boldsymbol{J}_s=\boldsymbol{J}_{s,1}=\begin{bmatrix}1/2 & \mathbf{0}_{1\times3}\\ \mathbf{0}_{3\times1} & \boldsymbol{I}_{3\times3}\end{bmatrix} & m=0\\ \boldsymbol{J}_s=\boldsymbol{J}_{s,2}=\boldsymbol{I}_{4\times4} & m\in[1,2^jT_1-1]\\ \boldsymbol{J}_s=\boldsymbol{J}_{s,3}=\begin{bmatrix}1/2 & \mathbf{0}_{1\times3}\\ \mathbf{0}_{3\times1} & \mathbf{0}_{3\times3}\end{bmatrix} & m=2^jT_1\end{cases} \tag{6.60}$$

由二尺度关系可知

$$\overline{\boldsymbol{\Phi}}_{j-1,m}^{\mathrm{T}}=\sum_p\overline{\boldsymbol{\Phi}}_{j,2m+p}^{\mathrm{T}}[a_p]^{\mathrm{T}} \tag{6.61}$$

$$\overline{\boldsymbol{\Psi}}_{j-1,m}^{\mathrm{T}}=\sum_p\overline{\boldsymbol{\Phi}}_{j,2m+p}^{\mathrm{T}}[b_p]^{\mathrm{T}} \tag{6.62}$$

式中,$[a_p]$和$[b_p]$为小波滤波矩阵。将式(6.61)代入式(6.59),有

$$\underline{\boldsymbol{\alpha}}_{j-1,m}^{\mathrm{T}}\boldsymbol{J}_s=\sum_{k\in\mathbf{Z}}\underline{\boldsymbol{\alpha}}_{j,k}^{\mathrm{T}}\int_R\underline{\boldsymbol{\Phi}}_{j,k}(x)\left(\sum_p\overline{\boldsymbol{\Phi}}_{j,2m+p}^{\mathrm{T}}(x)[a_p]^{\mathrm{T}}\right)\mathrm{d}x \tag{6.63}$$

同样,利用多小波正交性我们得到

$$\underline{\boldsymbol{\alpha}}_{j-1,m}^{\mathrm{T}}\boldsymbol{J}_s^m=\sum_{k\in\mathbf{Z}}\underline{\boldsymbol{\alpha}}_{j,k}^{\mathrm{T}}\boldsymbol{J}_s^k\delta_{k,2m+p}[a_p]^{\mathrm{T}}=\sum_{k\in\mathbf{Z}}\underline{\boldsymbol{\alpha}}_{j,k}^{\mathrm{T}}\boldsymbol{J}_s^k[a_{k-2m}]^{\mathrm{T}} \tag{6.64}$$

上标 m 和 k 分别表示 $\boldsymbol{J}_s$ 的具体形式由 m 和 k 的值来决定。对上式两边同时转至,得到多小波多分辨尺度分解公式为

$$\boldsymbol{J}_s^m\underline{\boldsymbol{\alpha}}_{j-1,m}=\sum_{k\in\mathbf{Z}}[a_{k-2m}]\boldsymbol{J}_s^k\underline{\boldsymbol{\alpha}}_{j,k} \tag{6.65}$$

同理式(6.57)两边同时乘以 $\overline{\boldsymbol{\Psi}}_{j-1,m}^{\mathrm{T}}$ 并且在定义域 R 上积分有

$$\sum_{k\in\mathbf{Z}}\underline{\boldsymbol{\alpha}}_{j,k}^{\mathrm{T}}\int_R\underline{\boldsymbol{\Phi}}_{j,k}(x)\overline{\boldsymbol{\Psi}}_{j-1,m}^{\mathrm{T}}(x)\,\mathrm{d}x = \sum_{k\in\mathbf{Z}}\underline{\boldsymbol{\alpha}}_{j-1,k}^{\mathrm{T}}\int_R\underline{\boldsymbol{\Phi}}_{j-1,k}(x)\overline{\boldsymbol{\Psi}}_{j-1,m}^{\mathrm{T}}(x)\,\mathrm{d}x + \sum_{k\in\mathbf{Z}}\underline{\boldsymbol{\beta}}_{j-1,k}^{\mathrm{T}}\int_R\underline{\boldsymbol{\psi}}_{j-1,k}(x)\overline{\boldsymbol{\Psi}}_{j-1,m}^{\mathrm{T}}(x)\,\mathrm{d}x \quad (6.66)$$

利用多小波正交性,式(6.66)有

$$\sum_{k\in\mathbf{Z}}\underline{\boldsymbol{\alpha}}_{j,k}^{\mathrm{T}}\int_R\underline{\boldsymbol{\Phi}}_{j,k}(x)\overline{\boldsymbol{\Psi}}_{j-1,m}^{\mathrm{T}}(x)\,\mathrm{d}x = \sum_{k\in\mathbf{Z}}\underline{\boldsymbol{\beta}}_{j-1,k}^{\mathrm{T}}\boldsymbol{J}_w\delta_{k,m} = \underline{\boldsymbol{\beta}}_{j-1,m}^{\mathrm{T}}\boldsymbol{J}_w \quad (6.67)$$

式中,$\boldsymbol{J}_w$ 的表达式为

$$\begin{cases}\boldsymbol{J}_w = \boldsymbol{J}_{w,1} = \begin{bmatrix} \begin{matrix}1/2 & 0\\ 0 & 0\end{matrix} & \boldsymbol{0}_{2\times2} \\ \boldsymbol{0}_{2\times2} & \boldsymbol{I}_{2\times2}\end{bmatrix} & m=0 \\ \boldsymbol{J}_w = \boldsymbol{J}_{w,2} = \boldsymbol{I}_{4\times4} & m\in[1,2^jT_1-1] \\ \boldsymbol{J}_w = \boldsymbol{J}_{w,3} = \begin{bmatrix}1/2 & \boldsymbol{0}_{1\times3}\\ \boldsymbol{0}_{3\times1} & \boldsymbol{0}_{3\times3}\end{bmatrix} & m=2^jT_1\end{cases} \quad (6.68)$$

将式(6.62)代入式(6.67),有

$$\underline{\boldsymbol{\beta}}_{j-1,m}^{\mathrm{T}}\boldsymbol{J}_w = \sum_{k\in\mathbf{Z}}\underline{\boldsymbol{\alpha}}_{j,k}^{\mathrm{T}}\int_R\underline{\boldsymbol{\Phi}}_{j,k}(x)(\overline{\boldsymbol{\Phi}}_{j,2m+p}^{\mathrm{T}}(x)[b_p]^{\mathrm{T}})\,\mathrm{d}x \quad (6.69)$$

类似式(6.65),我们得到多小波多分辨尺度分解公式

$$\boldsymbol{J}_w^m\underline{\boldsymbol{\beta}}_{j-1,m} = \sum_{k\in\mathbf{Z}}[b_{k-2m}]\boldsymbol{J}_w^k\,\underline{\boldsymbol{\alpha}}_{j,k} \quad (6.70)$$

同理可以得到多小波还原公式为

$$\boldsymbol{J}_s^m\,\underline{\boldsymbol{\alpha}}_{j,m} = \sum_{k\in\mathbf{Z}}\{\boldsymbol{J}_s^m[a_{m-2k}]^{\mathrm{T}}\,\underline{\boldsymbol{\alpha}}_{j-1,k} + \boldsymbol{J}_w^m[b_{m-2k}]^{\mathrm{T}}\underline{\boldsymbol{\beta}}_{j-1,k}\} \quad (6.71)$$

如果不采用边界自适应尺度函数和小波函数,那么从推导过程可知,矩阵 $\boldsymbol{J}_{4\times4}=\boldsymbol{I}_{4\times4}$。可见不采用边界自适应是采用边界自适应的一种特殊情况。

6.2.5 Volterra 核近似

对于一个多输入多输出的弱非线性系统,采用二阶连续 Volterra 级数表示为

$$\boldsymbol{y}(t) = [y^1(t) \quad y^2(t) \quad \cdots \quad y^{mo}(t)]^{\mathrm{T}} \quad (6.72)$$

$$y^l(t) = y_1^l(t) + y_2^l(t) = \sum_{i=1}^{mi}\int_0^t h_1^i(\xi)u^i(t-\xi)\,\mathrm{d}\xi + \sum_{i_1,i_2=1}^{mi}\int_0^t\int_0^t h_2^{i_1i_2}(\xi,\eta)u^{i_1}(t-\xi)u^{i_2}(t-\eta)\,\mathrm{d}\xi\mathrm{d}\eta \quad (6.73)$$

式中，h_1^i 为对应第 i 个输入信号的一阶核；$h_2^{i_1i_2}$ 为对应第 i 和第 j 个输入信号的二阶核。其中 $i_1=i_2$ 表示自相关二阶核，自相关二阶核是对称矩阵，有 $h_2^{i_1i_2}(\xi,\eta)=h_2^{i_1i_2}(\eta,\xi)$；如果 $i_1\neq i_2$ 则表示为关于输入 i_1 和 i_2 之间的交叉核，交叉核互相对称，有 $h_2^{i_1i_2}(\xi,\eta)=h_2^{i_2i_1}(\eta,\xi)$。为了方便且不失一般性，下文所有推导都是基于多输入单输出系统得到的，mo 个多输入单输出系统并列就得到多输入多输出系统。

1. 一阶 Volterra 核近似

假设输入信号的采样频率为 2^jHz（即输入/输出信号采样尺度为 j），总共有 N 个采样数据。定义输入信号的零阶保持近似为

$$u_j^i(t) = \sum_{k=0}^{N-1} u_{j,k}^i \chi_{j,k}(t) \tag{6.74}$$

式中，特征函数 $\chi_{j,k}$ 定义为

$$\chi_{j,k}(t)=2^{j/2}\chi(2^j t-k)=\begin{cases}2^{j/2} & t\in[2^{-j}k,2^{-j}(k+1)]\\ 0 & \text{其他}\end{cases} \tag{6.75}$$

χ 为定义域在[0,1]上的特征函数。输入信号系数 $u_{j,k}^i$ 等于输入信号的尺度采样

$$u_{j,k}^i=2^{-j/2}u^i(2^{-j}k)\quad k=0,1,\cdots,N-1 \tag{6.76}$$

N 个输入采样得到 N 个输出，则一阶离散输出为

$$y_1(t_n) = \sum_{i=1}^{mi}\int_0^{t_n} h_1^i(\xi)u^i(t_n-\xi)\,\mathrm{d}\xi\quad n=1,\cdots,N \tag{6.77}$$

式中，$t_n=2^{-j}n$。离散输入信号的零阶保持近似为

$$u_j^i(t_n-\xi) = \sum_{k=0}^{n-1} u_{j,n-k-1}^i \chi_{j,k}(\xi) \tag{6.78}$$

将一阶 Volterra 核在尺度 j_1 上用边界自适应尺度函数做单尺度展开有

$$h_{1,j_1}^i(\xi) = \sum_{s=1}^{4}\sum_{p}\alpha_{j_1,p}^{(i)s}\phi_{j_1,p}^s(x) \tag{6.79}$$

需要指出的是，式(6.79)中的尺度函数 $\phi_{j_1,p}^s(x)$ 只是为了表达方便而用的尺度函数符号，其具体表达式对应式(6.43)中的边界自适应尺度函数。将式(6.78)和式(6.79)代入式(6.77)中，得到离散一阶 Volterra 级数输出

$$y_{1,j}(t_n) = \sum_{i=1}^{mi}\sum_{k=0}^{n_1-1}\sum_{p}\sum_{s=1}^{4} u_{j,n-k-1}^i\alpha_{j_1,p}^{(i)s}\int_0^{T_1}\phi_{j_1,p}^s(\xi)\chi_{j,k}(\xi)\,\mathrm{d}\xi \tag{6.80}$$

式中，T_1 为一阶核记忆长度；n_1 的定义为

$$n_1 = \begin{cases} n & n < 2^j T_1 \\ 2^j T_1 & n \geqslant 2^j T_1 \end{cases} \tag{6.81}$$

适当的调整式(6.80)中求和顺序,我们可以得到下式:

$$y_{1,j}(t_n) = \sum_{i=1}^{mi} \sum_{p} \sum_{s=1}^{4} \alpha_{j_1,p}^{(i)s} \sum_{k=0}^{n_1-1} u_{j,n-k-1}^{i} \int_0^{T_1} \phi_{j_1,p}^{s}(\xi) \chi_{j,k}(\xi) \mathrm{d}\xi \tag{6.82}$$

将式(6.82)写为矩阵形式有

$$y_{1,j}(t_n) = \underline{\boldsymbol{U}}_1\ \underline{\boldsymbol{\alpha}}_1 = [\boldsymbol{U}_1 \quad \cdots \quad \boldsymbol{U}_{mi}][\boldsymbol{\alpha}_1^{\mathrm{T}} \quad \cdots \quad \boldsymbol{\alpha}_{mi}^{\mathrm{T}}]^{\mathrm{T}} \tag{6.83}$$

式中,$\boldsymbol{\alpha}_i$ 和 $\boldsymbol{U}_i(n,m)$ 为

$$\boldsymbol{\alpha}_i = \mathrm{vec}\left(\sum_{p} \sum_{s=1}^{4} \alpha_{j_1,p}^{(i)s} \right) \quad i = 1, \cdots, mi \tag{6.84}$$

$$U_i(n,m) = \sum_{k=0}^{n_1-1} u_{j,n-k-1}^{i} \left(\int_0^{T_1} \phi_{j_1,p}^{s}(\xi) \chi_{j,k}(\xi) \mathrm{d}\xi \right) \begin{cases} i = 1, \cdots, mi \\ n = 1, \cdots, N \\ m = m(s,p) \end{cases} \tag{6.85}$$

式(6.84)中 vec 表示向量化;式(6.85)中 m 是 $\alpha_{j_1,p}^{(i)s}$ 在 $\boldsymbol{\alpha}_i$ 中的位置,是尺度函数种类 s 和平移整数 p 的函数。式(6.85)中的积分可以采用如下三点 Gauss - Legendre 数值积分方法计算

$$\begin{aligned} \int_0^{T_1} \phi_{j_1,0}^{1}(\xi) \chi_{[0,T_1]} \chi_{j,k}(\xi) \mathrm{d}\xi &= 2^{j/2} \int_{2^{-j}k}^{2^{-j}(k+1)} \phi_{j_1,0}^{1}(\xi) \chi_{[0,T_1]} \mathrm{d}\xi \\ &= 2^{(-1-j/2)} \int_{-1}^{1} \phi_{j_1,0}^{1}(2^{-j}k + 2^{-j-1} + 2^{-j-1}t) \chi_{[0,T_1]} \mathrm{d}t \\ &\approx 2^{(-1-j/2)} [A_1 \phi_{j_1,0}^{1}(2^{-j}k + 2^{-j-1} + 2^{-j-1}x_1) \chi_{[0,T_1]} + \\ &\quad A_2 \phi_{j_1,0}^{1}(2^{-j}k + 2^{-j-1} + 2^{-j-1}x_2) \chi_{[0,T_1]} + \\ &\quad A_3 \phi_{j_1,0}^{1}(2^{-j}k + 2^{-j-1} + 2^{-j-1}x_3) \chi_{[0,T_1]}] \end{aligned} \tag{6.86}$$

式中,插值点和插值系数分别为

$$\begin{cases} x_1 = 0.774\ 596\ 669\ 2, x_2 = -0.774\ 596\ 669\ 2, x_3 = 0.0 \\ A_1 = 0.555\ 555\ 555\ 6, A_2 = 0.555\ 555\ 555\ 6, A_3 = 0.888\ 888\ 888\ 9 \end{cases} \tag{6.87}$$

利用离散小波变换关系,得到小波系数和尺度系数之间的关系为

$$\boldsymbol{\beta}_i = \boldsymbol{T}\boldsymbol{\alpha}_i \quad i = 1, \cdots, mi \tag{6.88}$$

式中,$\boldsymbol{T}$ 为小波变换矩阵。

2. 二阶 Volterra 核近似

采用和输入/输出相同的离散尺度进行离散得到多输入单输出系统的二阶输出

$$y_2(t_n) = \sum_{i_1,i_2=1}^{mi} \int_0^{t_n}\int_0^{t_n} h_2^{i_1 i_2}(\xi,\eta) u^{i_1}(t_n-\xi) u^{i_2}(t_n-\eta)\mathrm{d}\xi\mathrm{d}\eta \tag{6.89}$$

输入信号采用零阶保持近似得到

$$u_j^{i_1}(t_n-\xi) u_j^{i_2}(t_n-\eta) = \sum_{k=0}^{n-1}\sum_{m=0}^{n-1} u_{j,n-k-1}^{i_1} u_{j,n-m-1}^{i_2} \chi_{j,(k,m)}(\xi,\eta) \tag{6.90}$$

二阶核采用二维张量积尺度函数在单尺度 j_2 上展开，得到

$$\begin{aligned} h_{2,j_2}^{i_1,i_2}(\xi,\eta) &= \sum_{p,q}\sum_{s,v=1}^{4} \alpha_{j_2,(p,q)}^{(i_1,i_2)(s,v)} \boldsymbol{\Phi}_{j_2,(p,q)}^{(s,v)}(\xi,\eta) = \\ &\sum_{p,q}\sum_{s,v=1}^{4} \alpha_{j_2,(p,q)}^{(i_1,i_2)(s,v)} \phi_{j_2,p}^{s}(\xi)\phi_{j_2,q}^{v}(\eta) \end{aligned} \tag{6.91}$$

设二阶核记忆长度为 T_2，则二阶核的支撑区域是 $[0, T_2] \times [0, T_2]$。式(6.91)中包含总数为 $N_2 = (2^{2+j_2}T_2+1)^2$ 个尺度函数。和一阶核单尺度展开一样，式中的尺度函数应为边界自适应尺度函数。将式(6.90)和式(6.91)代入式(6.89)得到离散二阶输出

$$\begin{aligned} y_{2,j}(t_n) = &\sum_{i_1,i_2=1}^{mi}\sum_{k,m=0}^{n_2-1}\sum_{p,q}\sum_{s,v=1}^{4} u_{j,n-k-1}^{i_1} u_{j,n-m-1}^{i_2} \alpha_{j_2,(p,q)}^{(i_1,i_2)(s,v)} \\ &\int_0^{T_2}\int_0^{T_2} \boldsymbol{\Phi}_{j_2,(p,q)}^{(s,v)}(\xi,\eta)\chi_{j,(k,m)}(\xi,\eta)\mathrm{d}\xi\mathrm{d}\eta \end{aligned} \tag{6.92}$$

其中，n_2 的表达式类似 n_1

$$n_2 = \begin{cases} n & n < 2^j T_2 \\ 2^j T_2 & n \geqslant 2^j T_2 \end{cases} \tag{6.93}$$

将式(6.92)写成矩阵形式有

$$\begin{aligned} y_{2,j} = \underline{\boldsymbol{U}_2}\underline{\boldsymbol{\alpha}_2} = &[\boldsymbol{U}_1 \quad \boldsymbol{U}_2 \quad \cdots \quad \boldsymbol{U}_{mi(mi-1)} \quad \boldsymbol{U}_{mi\cdot mi}] \\ &[\boldsymbol{\alpha}_1^{\mathrm{T}} \quad \boldsymbol{\alpha}_2^{\mathrm{T}} \quad \cdots \quad \boldsymbol{\alpha}_{mi(mi-1)}^{\mathrm{T}} \quad \boldsymbol{\alpha}_{mi\cdot mi}^{\mathrm{T}}]^{\mathrm{T}} \end{aligned} \tag{6.94}$$

其中

$$\boldsymbol{\alpha}_i = \mathrm{vec}\left(\sum_{p,q}\sum_{s=1}^{4} \alpha_{j_2,(p,q)}^{(i_1,i_2)(s,v)}\right) \quad i = 1,\cdots,mi\cdot mi \tag{6.95}$$

$$\boldsymbol{U}_i(n,o) = \sum_{k,m=0}^{n_2-1} u_{j,n-k-1}^{i_1} u_{j,n-m-1}^{i_2} \int_0^{T_2}\int_0^{T_2} \boldsymbol{\Phi}_{j_2,(p,q)}^{(s,v)}(\xi,\eta)\chi_{j,(k,m)}(\xi,\eta)\mathrm{d}\xi\mathrm{d}\eta$$

$$\begin{cases} i = 1,\cdots,mi \\ n = 1,\cdots,N \\ o = o(s,v,p,q) \end{cases} \tag{6.96}$$

式(6.96)中 o 是 $\alpha_{j_1,p}^{(i_1,i_2)(s,v)}$ 在 $\boldsymbol{\alpha}_i$ 中的位置。式中的二次积分按下式计算为

$$\begin{aligned} &\int_0^{T_2}\int_0^{T_2} \boldsymbol{\Phi}_{j_2,(p,q)}^{(s,v)}(\xi,\eta)\chi_{j,(k,m)}(\xi,\eta)\,\mathrm{d}\xi\mathrm{d}\eta \\ &= 2^j\int_{2^{-j}k}^{2^{-j}(k+1)}\int_{2^{-j}m}^{2^{-j}(m+1)} \phi_{j_2,p}^{s}(\xi)\phi_{j_2,q}^{v}(\eta)\,\mathrm{d}\xi\mathrm{d}\eta \\ &= 2^j\int_{2^{-j}k}^{2^{-j}(k+1)} \phi_{j_2,p}^{s}(\xi)\,\mathrm{d}\xi\int_{2^{-j}m}^{2^{-j}(m+1)} \phi_{j_2,q}^{v}(\eta)\,\mathrm{d}\eta \\ &= 2^j JF_1 \cdot JF_2 \end{aligned} \tag{6.97}$$

JF_1 也采用 Gauss – Legendre 数值积分方法计算。得到一阶和二阶输出后，就可以得到系统离散输出为

$$\boldsymbol{y}_j = [\,\underline{\boldsymbol{U}}_1\boldsymbol{T}^{-1} \quad \underline{\boldsymbol{U}}_2\,]\begin{bmatrix} \underline{\boldsymbol{\beta}}_1 \\ \underline{\boldsymbol{\alpha}}_2 \end{bmatrix} \tag{6.98}$$

对二维尺度系数不做离散小波变换,这是因为采用多小波方法后,二维离散小波变换计算量较大,一般选取较粗的尺度 j_2 来减少计算量。至此,已经得到了小波域下多输入单输出系统的二阶 Volterra 级数模型。

6.2.6 自适应 QR 分解递推最小二乘算法

从前几小节的推导我们已经得到了小波域下的 Volterra 级数方程式(6.98),可以将它看作是一个伪线性 FIR 自适应滤波器,其中$[\,\underline{\boldsymbol{U}}_1\boldsymbol{T}^{-1} \quad \underline{\boldsymbol{U}}_2\,]$为输入向量,$[\underline{\boldsymbol{\beta}}_1 \quad \underline{\boldsymbol{\alpha}}_2]^{\mathrm{T}}$ 为自适应参数,输出 $\boldsymbol{y}_j$ 为期望信号。自适应滤波器的主要思想就是根据输出信号和实际观测信号的差别,使滤波器系数自动调整到最佳状态,其流程图见图 6.7。

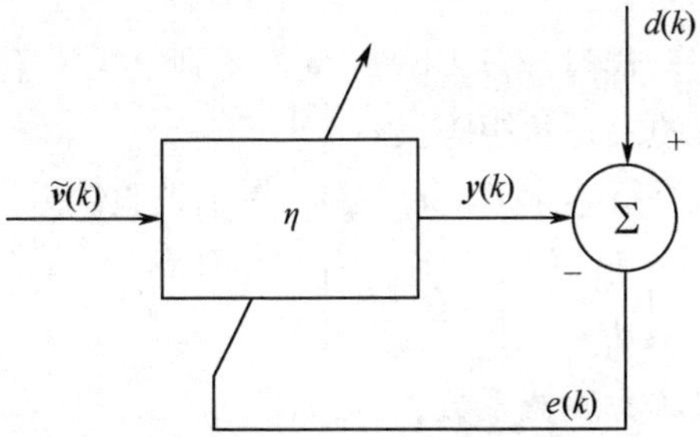

图 6.7　自适应滤波器结构原理

自适应滤波算法可以分为以下两类：最小均方误差法（LMS）和递归最小二乘法（RLS）。

LMS 方法利用数据误差相关矩阵的瞬时值推导出误差梯度矢量的估计值，从而自适应地调节权重矢量大小。LMS 算法计算简单，缺点是收敛速度比较慢，且对输入数据自相关矩阵的特征值扩展度（最大特征值与最小特征值之比）的变化非常敏感。

RLS 算法利用卡尔曼滤波的递推求解公式推导出自适应滤波器权重矢量更新方程，这种算法相比 LMS 算法具有更快的收敛速度，且对特征值扩展度不灵敏。缺点是时间平均自相关矩阵的逆矩阵由于累计数值误差而失去非负定性，使算法迅速发散。为了改善 RLS 算法的稳定性，引入 QR 分解直接对输入矩阵进行三角分解，有效降低了自相关矩阵的条件数，提高了算法的稳定性。QRD－RLS 算法具体步骤为：

（1）$k=0$ 时，初始化上对角矩阵 $\boldsymbol{U}(0)=\delta\begin{bmatrix} & & & 1 \\ & & 1 & \\ & \iddots & & \\ 1 & & & \end{bmatrix}$，其中 δ 为一个小量。

（2）对每一个 $k=1,2,\cdots$，有

$$\begin{bmatrix} \boldsymbol{0}^{\mathrm{T}} \\ \boldsymbol{U}(k) \end{bmatrix} = \boldsymbol{Q}_{\theta}(k)\begin{bmatrix} \tilde{\boldsymbol{v}}^{\mathrm{T}}(k) \\ \boldsymbol{\lambda}^{1/2}\boldsymbol{U}(k-1) \end{bmatrix} \tag{6.99}$$

$$\boldsymbol{Q}_{\theta i}(k) = \begin{bmatrix} \cos\theta_i(k) & 0 & -\sin\theta_i(k) & 0 \\ 0 & \boldsymbol{I}_i & 0 & 0 \\ \sin\theta_i(k) & 0 & \cos\theta_i(k) & 0 \\ 0 & 0 & 0 & \boldsymbol{I}_{N-i} \end{bmatrix} \tag{6.100}$$

矩阵 $\boldsymbol{Q}_{\theta}$ 为酉矩阵，通过连续 Givens 变换得到。矩阵 $\boldsymbol{Q}_{\theta}$ 使得新的输入信号向量旋转到主对角线的上三角矩阵上。

（3）对期望输出进行连续 Givens 变换，得到先验误差 e_{q1}

$$\begin{bmatrix} e_{q1}(k) \\ \boldsymbol{d}_{q2}(k) \end{bmatrix} = \boldsymbol{Q}_{\theta}(k)\begin{bmatrix} d(k) \\ \boldsymbol{\lambda}^{1/2}\boldsymbol{d}_{q2}(k-1) \end{bmatrix} \tag{6.101}$$

（4）向后迭代求解滤波器系数

$$\boldsymbol{U}(k)\boldsymbol{\eta}(k) = \boldsymbol{d}_{q2}(k) \tag{6.102}$$

(5) 计算后验误差

$$\varepsilon(k) = e_{q1}(k)\gamma(k), \quad \gamma(k) = \prod_{i=0}^{N}\cos\theta_i(k) \tag{6.103}$$

式中,γ 为旋转因子,定义为后验误差和先验误差之比;λ 为遗忘因子,是一个不大于 1 的数。需要说明的是,实际计算结果表明对于线性 Volterra 级数,直接采用伪逆法辨识 Volterra 核比 QRD - RLS 算法精度更高,因此 QRD - RLS 算法只是用来辨识非线性 Volterra 级数。

6.2.7 算例分析

1. 基于一阶 Volterra 级数方法的带舵面垂尾颤振分析

采用线性 Volterra 级数模拟非定常气动力,耦合结构动力学方程对带舵面垂尾进行颤振分析,图 6.8 给出了舵面气动网格。计算状态为马赫数 Ma_∞ = 0.6,攻角 α = 0.0°。空间离散采用 Roe 格式,时间推进采用 LU - SGS - τTs 方法。网格划分为 7 块,总网格数约为 18 万左右。图 6.9 为定常状态下舵面的压力系数云图。采用 IPS 插值方法分别将舵面和垂尾结构模态插值到气动网格节点。为了方便网格处理,同时也为了避免网格缝隙可能产生的非线性气动力导致线性降阶模型无法使用,舵面和垂尾在气动网格上没有分开而是采用了整体网格的做法。为了得到可靠的辨识结果,采用多频率正弦信号作为辨识信号(如图 6.10 所示),其中第一、第三到第五阶模态采用同一种输入信号,第二阶模态采用另外一种信号(输入信号的选取是根据辨识结果来调整的,考虑到第二阶模态以舵面刚性偏转为主,同时从 CFD/CSD 耦合计算结果来看二阶模态广义位移幅值在 0.001m 这个量级上因此二阶模态辨识信号幅值相比其他几阶略小)。计算时,输入/输出信号采样尺度为 $j_S = 12$,一阶核离散尺度 $j_1 = 11$。一阶核记忆时间 $T_1 = 100 \times 2^{j_1}$ s,输入信号作用时间为 $T_1 = 2000 \times 2^{j_S}$ s。为了验证 Volterra 级数降阶模型的精度,取动压 $Qref$ = 215 000Pa,用降阶模型计算结果和相同动压得到的直接耦合结果比较,如图 6.11 所示。发现结果吻合的很好,此时的误差为 0.5%。通过本算例两个计算状态的比较可以得出这样的结论,在

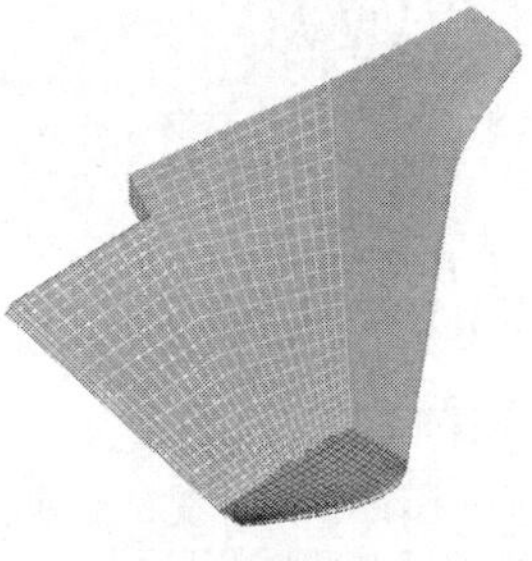

图 6.8 舵面气动网格

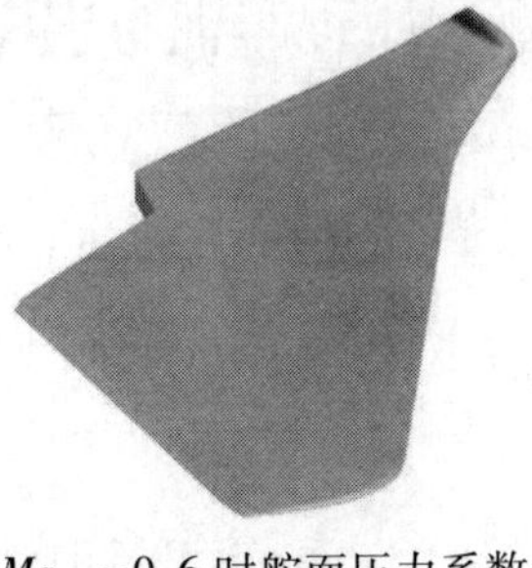

图 6.9 Ma_∞ = 0.6 时舵面压力系数分布云图

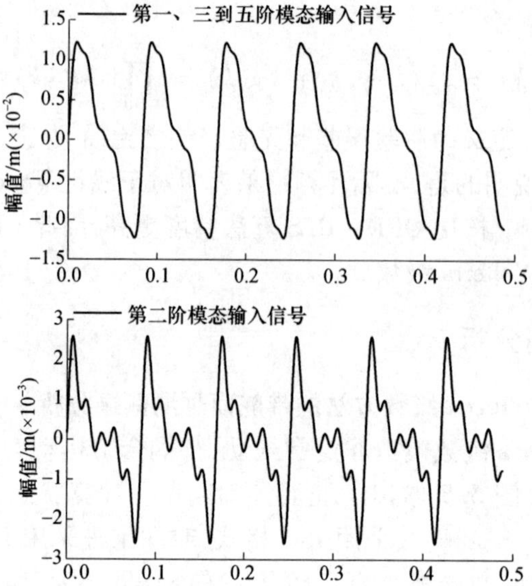

图 6.10　辨识输入信号

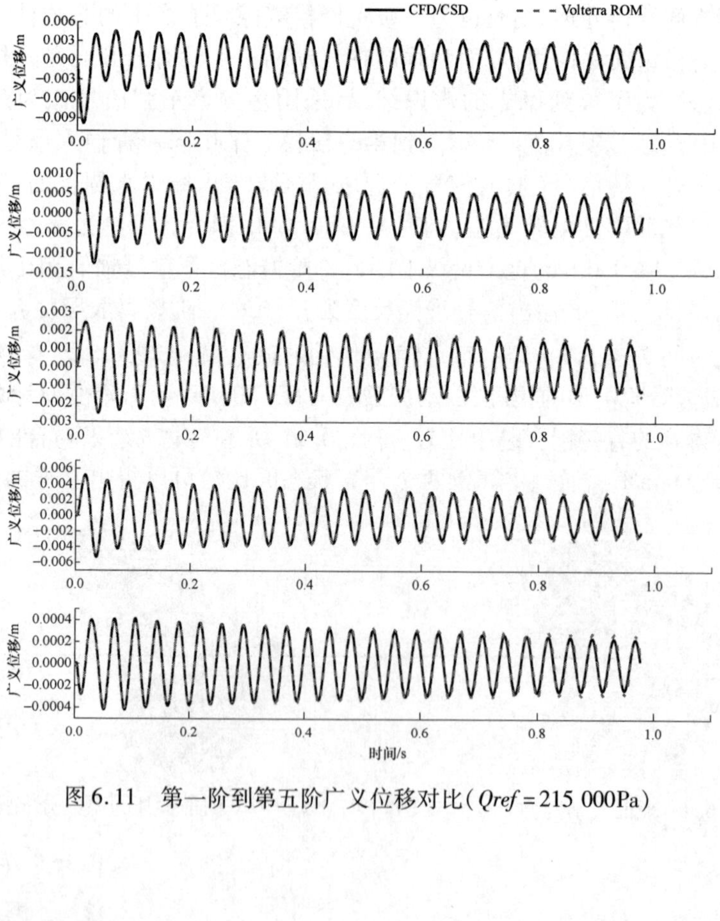

图 6.11　第一阶到第五阶广义位移对比（*Qref* = 215 000Pa）

已知位移条件下，基于 Volterra 级数的非定常气动力降阶模型具有很好的计算精度，在小扰动情况下和 CFD/CSD 耦合结果吻合较好。但是考虑到气动弹性响应求解中，位移是未知量，不可能事先得知，因此随着时间的推进，降阶模型计算得到的位移响应误差逐渐累积，同时位移误差又导致气动力计算的误差，两者互相影响使得结构响应和 CFD/CSD 耦合计算结果差别较大（误差随计算时间增大而增大）。本小节两个计算状态下，降阶模型和 CFD/CSD 耦合的动压误差都在 1% 以内，可以满足气动弹性分析要求。

2. 基于多输入 Volterra 级数方法的机翼双自由度非线性强迫振荡分析

对于单自由度运动来说，只需要辨识自相关一阶核和二阶核就可以构造二阶 Volterra 级数降阶模型。对于多个自由度同时存在的情况，根据本章所述由于非线性系统不再满足线性叠加原理，需要引入交叉核来考虑多个自由度之间的耦合作用。为了说明问题，对 AGARD445.6 机翼一、二阶模态运动的情况下，第四阶广义气动力进行辨识来验证所用方法。计算状态为马赫数 $Ma_\infty = 0.96$，静态攻角 $\alpha = 4.0°$。运动方程为

$$\begin{cases}\xi_1 = 0.01\sin(40\pi t)\\ \xi_2 = 0.01\sin(32\pi t)\end{cases} \tag{6.104}$$

CFD 计算的采样尺度 $j_S = 12$，一阶核展开尺度为 $j_1 = 9$，二阶核展开尺度 $j_2 = 7$，交叉核展开尺度 $j_c = 7$。假设一阶核作用时间 $T_1 = 20 \times 2^{-j_1}$ s，二阶核作用时间为 $T_2 = 1.5 \times 2^{-j_2}$ s，交叉核作用时间同二阶核作用时间。输入信号作用时间 $T_I = 4000 \times 2^{-j_S}$ s。多输入 Volterra 级数辨识必须要给每个通道同时输入信号才能辨识出交叉核，因此我们对两个不同的伪随机序列采用 kaiser 低通滤波器进行滤波，通带频率 $\omega_p = 3 \times 40\pi$ rad，阻带频率 $\omega_s = 4 \times 40\pi$ rad。滤波后的输入信号如图 6.12 所示。采用 QRD – RLS 算法辨识 Volterra 级数，其中初始上对角矩阵中

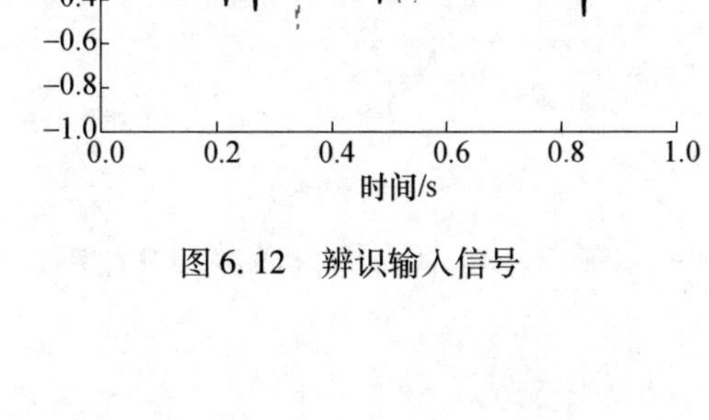

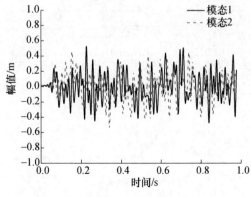

图 6.12　辨识输入信号

的系数 $\delta=0.0008$，遗忘因子 $\lambda=0.995$，迭代计算 4000 步后得到自适应滤波器系数，即需要辨识的小波域下 Volterra 核尺度函数系数。图 6.13 给出了迭代后的实际输出和希望输出的比较，可以发现除了开始时刻实际输出和期望输出误差比较大，之后基本都能吻合。为了验证多输入 Volterra 级数的计算精度，将式(6.104)所示输入卷积 Volterra 核得到计算结果，并和 CFD/CSD 耦合结果进行比较，结果见图 6.14。可以发现，一阶核卷积后得到的是响应中的一阶分量，即 $f\approx16$Hz 和 $f\approx20$Hz 的分量；自相关二阶核卷积后得到的是响应中的二次自

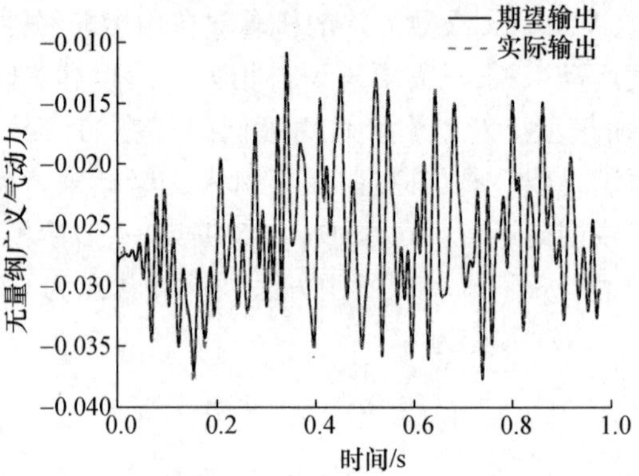

图 6.13　实际输出与期望输出

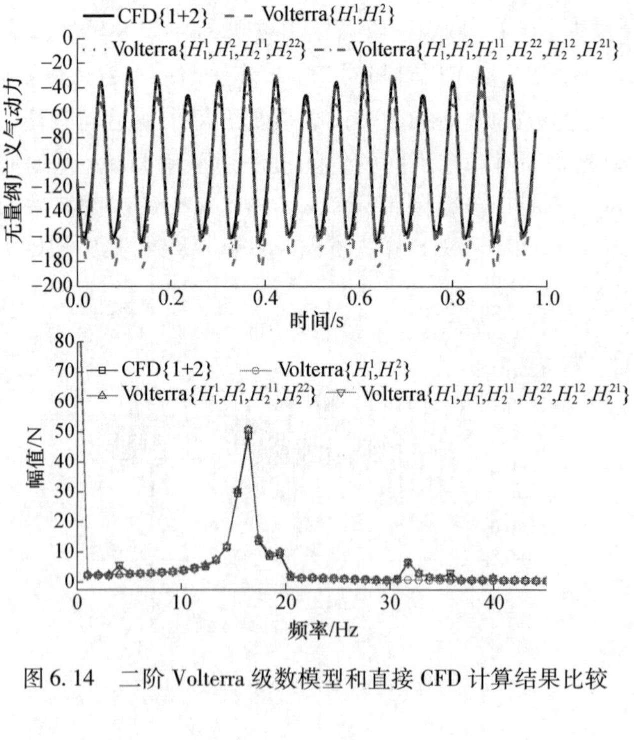

图 6.14　二阶 Volterra 级数模型和直接 CFD 计算结果比较

相关分量，即$f\approx32\text{Hz}$和$f\approx40\text{Hz}$的分量；交叉核卷积后得到的是响应中的二次互相关分量，即$f\approx20-16=4\text{Hz}$和$f\approx20+16=36\text{Hz}$的分量，这也和Volterra核的物理意义相同。

6.3 基于状态空间的非定常气动力降阶模型

Volterra级数虽然能够很好地表达任意输入下的响应，但是级数表达形式不便于使用，这一方面是因为无法通过系统的特征值来判断稳定性，另一方面很难通过级数表达来实现控制系统的设计。我们希望能够有一种方法生成容易操作的状态空间形式的降阶模型。因此，本节对比讨论了两种基于状态空间的非定常气动力降阶模型：脉冲/ERA(Eigensystem Realization Algorithm，特征系统实现算法)方法和SCI/ERA(Single－Composite－Input/ERA)方法。耦合结构动力学方程得到气动弹性方程，通过对带舵面垂尾颤振分析比较两种降阶模型的构造效率和计算精度。

6.3.1 脉冲/ERA方法

特征系统实现算法是一种多输入多输出系统时域辨识方法。它只需很短的自由响应数据作为辨识数据，并且辨识速度快，对低频、密频、重频有很强的识别能力，重要的是能得到系统的最小实现，便于控制应用。ERA算法的实质是利用脉冲响应构造Hankel矩阵，通过奇异值分解寻找系统的一个最小实现，并将该实现变换为特征值规范型。

小扰动情况下，非定常气动力可以用如下线性时不变离散状态空间模型来表示

$$\begin{cases}\boldsymbol{X}_{\text{A}}(n+1)=\boldsymbol{A}_{\text{A}}\boldsymbol{X}_{\text{A}}(n)+\boldsymbol{B}_{\text{A}}\boldsymbol{\xi}(n)\\ \boldsymbol{F}_{\text{A}}(n)=\boldsymbol{C}_{\text{A}}\boldsymbol{X}_{\text{A}}(n)+\boldsymbol{D}_{\text{A}}\boldsymbol{\xi}(n)\end{cases}\tag{6.105}$$

式中，$\boldsymbol{\xi}(n)$为结构广义位移；$\boldsymbol{X}_{\text{A}}(n)$为气动力状态变量；$\boldsymbol{F}_{\text{A}}(n)$为广义气动力系数；$\boldsymbol{A}_{\text{A}},\boldsymbol{B}_{\text{A}},\boldsymbol{C}_{\text{A}},\boldsymbol{D}_{\text{A}}$分别对应于系统矩阵、输入矩阵、输出矩阵和前馈矩阵。那么系统的脉冲响应输出为

$$\boldsymbol{F}_{\text{A}}(n)=\begin{cases}\boldsymbol{D}_{\text{A}} & n=0\\ \boldsymbol{C}_{\text{A}}\boldsymbol{A}_{\text{A}}^{n-1}\boldsymbol{B}_{\text{A}} & n\geqslant1\end{cases}\tag{6.106}$$

对于线性系统而言，零初始状态系统脉冲响应就等于线性Volterra一阶核$\boldsymbol{h}_1(n)$。设$\boldsymbol{h}_1(n)$为$N_o\times N_i$阶矩阵，构造如下的Hankel矩阵

$$
\boldsymbol{H}(n-1)=\begin{bmatrix}
\boldsymbol{h}_1(n) & \boldsymbol{h}_1(n+1) & \boldsymbol{h}_1(n+2) & \cdots & \boldsymbol{h}_1(n+M-1)\\
\boldsymbol{h}_1(n+1) & \boldsymbol{h}_1(n+2) & \boldsymbol{h}_1(n+3) & \cdots & \boldsymbol{h}_1(n+M)\\
\boldsymbol{h}_1(n+2) & \boldsymbol{h}_1(n+3) & \boldsymbol{h}_1(n+4) & \cdots & \boldsymbol{h}_1(n+M+1)\\
\vdots & \vdots & \vdots & \vdots & \vdots\\
\boldsymbol{h}_1(n+K-1) & \boldsymbol{h}_1(n+K) & \boldsymbol{h}_1(n+K+1) & \cdots & \boldsymbol{h}_1(n+K+M+1)
\end{bmatrix}
\tag{6.107}
$$

式中，K 和 M 为可调整数，选取适当的值可以使系统得到最小实现。矩阵 $\boldsymbol{H}(0)$ 的维数为 $KN_o\times MN_i$，操作时使 $MN_i<KN_o$。对矩阵 $\boldsymbol{H}(0)$ 做奇异值分解

$$
\boldsymbol{H}(0)=\boldsymbol{U\Sigma V}^{\mathrm{T}} \tag{6.108}
$$

只保留前 $MN_i\times MN_i$ 阶奇异值矩阵 $\boldsymbol{\Sigma}$ 和前 MN_i 列 $\boldsymbol{U}$ 矩阵，设

$$
\begin{cases}
\boldsymbol{E}_{N_o}^{\mathrm{T}}=[\boldsymbol{I}_{N_o}\quad \boldsymbol{0}_{N_o}\quad \cdots\quad \boldsymbol{0}_{N_o}]_{N_o\times KN_o}\\
\boldsymbol{E}_{N_i}^{\mathrm{T}}=[\boldsymbol{I}_{N_i}\quad \boldsymbol{0}_{N_i}\quad \cdots\quad \boldsymbol{0}_{N_i}]_{N_i\times MN_i}
\end{cases}
\tag{6.109}
$$

则式(6.105)中各矩阵为

$$
\begin{cases}
\boldsymbol{A}_{\mathrm{A}}=\boldsymbol{\Sigma}^{-1/2}\boldsymbol{U}^{\mathrm{T}}H(1)\boldsymbol{V\Sigma}^{-1/2}\\
\boldsymbol{B}_{\mathrm{A}}=\boldsymbol{\Sigma}^{1/2}\boldsymbol{V}^{\mathrm{T}}\boldsymbol{E}_{N_i}\\
\boldsymbol{C}_{\mathrm{A}}=\boldsymbol{E}_{N_o}^{\mathrm{T}}\boldsymbol{U\Sigma}^{1/2}\\
\boldsymbol{D}_{\mathrm{A}}=\boldsymbol{h}_1(0)
\end{cases}
\tag{6.110}
$$

6.3.2 SCI/ERA 方法

利用 6.3.1 小节所述脉冲/ERA 算法构造状态空间非定常气动力降阶模型，该方法最大的缺点是辨识所需的结构脉冲响应是分别独立计算得到的，因此模型构造时间与结构模态阶数成正比，耦合的模态越多构造时间也就越长。为了克服脉冲/ERA 方法“一次一个模态”的缺点，Silva 提出使用脉冲算法从一个复合输入响应中提取各阶模态脉冲响应；Kim 则提出了 SCI/ERA 方法，直接对复合输入信号作用下的系统输出进行辨识，不显示依赖结构脉冲响应，图 6.15 给出了脉冲/ERA 方法和 SCI/ERA 方法构造流程图。

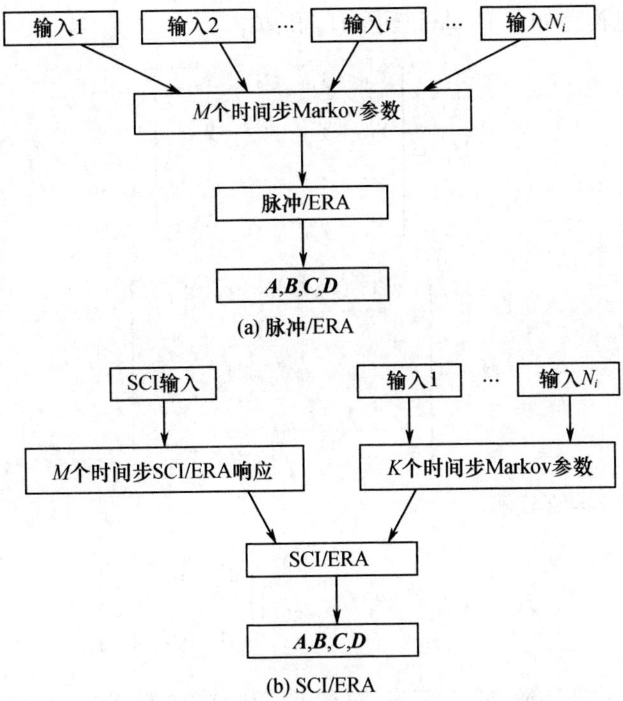

图 6.15　脉冲/ERA 和 SCI/ERA 方法流程图

考虑在结构小扰动情况下，非定常气动力状态空间模型仍然采用式(6.105)，构造如下单信号－复合－输入：

$$\begin{cases} \boldsymbol{b}_{\mathrm{SCI}}^{n} = \sum\limits_{i=1}^{N_i} \boldsymbol{b}_i r_i^n \\ \boldsymbol{d}_{\mathrm{SCI}}^{n} = \sum\limits_{i=1}^{N_i} \boldsymbol{d}_i r_i^n \end{cases} \tag{6.111}$$

式中，$\boldsymbol{b}_i$ 为 $\boldsymbol{B}$ 的第 i 列向量；$\boldsymbol{d}_i$ 为 $\boldsymbol{D}$ 的第 i 列向量；r_i^n 为任意数。在式(6.111)作用下，式(6.105)的输出为 $\boldsymbol{y}^n, n=0,1,\cdots,M-1$。定义状态变量降阶维数的测量为

$$\begin{aligned} \boldsymbol{y}_{cK}^{n} &= \boldsymbol{C}\boldsymbol{A}^k \boldsymbol{x}^n \\ &= \boldsymbol{y}^{n+k} - \sum_{i=1}^{N_i} \boldsymbol{y}_i^0 r_i^{n+k} - \sum_{i=1}^{N_i} \boldsymbol{y}_i^1 r_i^{n+k-1} - \cdots - \sum_{i=1}^{N_i} \boldsymbol{y}_i^k r_i^n \\ &= \boldsymbol{y}^{n+k} - \sum_{j=1}^{k+1} \sum_{i=1}^{N_i} \boldsymbol{y}_i^{j-1} r_i^{n+k+1-j} \quad (k = 0,1,2,\cdots,K+1) \end{aligned} \tag{6.112}$$

与脉冲/ERA 方法用脉冲响应构造 Hankel 矩阵相似，我们采用状态变量降

阶维数的测量构造如下 Hankel 矩阵 $\boldsymbol{H}_{c0}$ 和 $\boldsymbol{H}_{c1}$

$$\boldsymbol{H}_{c0}=\begin{bmatrix}\boldsymbol{y}_{c0}^{1} & \boldsymbol{y}_{c0}^{2} & \cdots & \boldsymbol{y}_{c0}^{M-1}\\ \boldsymbol{y}_{c1}^{1} & \boldsymbol{y}_{c1}^{2} & \cdots & \boldsymbol{y}_{c1}^{M-1}\\ \cdots & \cdots & \cdots & \cdots\\ \boldsymbol{y}_{cK}^{1} & \boldsymbol{y}_{cK}^{2} & \cdots & \boldsymbol{y}_{cK}^{M-1}\end{bmatrix} \tag{6.113}$$

$$\boldsymbol{H}_{c1}=\begin{bmatrix}\boldsymbol{y}_{c1}^{1} & \boldsymbol{y}_{c1}^{2} & \cdots & \boldsymbol{y}_{c1}^{M-1}\\ \boldsymbol{y}_{c2}^{1} & \boldsymbol{y}_{c2}^{2} & \cdots & \boldsymbol{y}_{c2}^{M-1}\\ \cdots & \cdots & \cdots & \cdots\\ \boldsymbol{y}_{cK+1}^{1} & \boldsymbol{y}_{cK+1}^{2} & \cdots & \boldsymbol{y}_{cK+1}^{M-1}\end{bmatrix} \tag{6.114}$$

对 $\boldsymbol{H}_{c0}$ 做奇异值分解

$$\boldsymbol{H}_{c0}=\boldsymbol{U}\boldsymbol{\Sigma}\boldsymbol{V}^{\mathrm{T}}=[\boldsymbol{U}_1 \quad \boldsymbol{U}_2]\begin{bmatrix}\boldsymbol{\Sigma}_1 & 0\\ 0 & 0\end{bmatrix}\begin{bmatrix}\boldsymbol{V}_1^{\mathrm{T}}\\ \boldsymbol{V}_2^{\mathrm{T}}\end{bmatrix} \tag{6.115}$$

则降阶模型的状态矩阵、输入矩阵、输出矩阵和前馈矩阵分别为

$$\begin{cases}\boldsymbol{D}=[\boldsymbol{I}_{N_0\times N_0} \quad 0 \quad \cdots \quad 0]_{N_0\times(K+2)N_0}\boldsymbol{Y}_{c}^{0}\\ \boldsymbol{C}=[\boldsymbol{I}_{N_0\times N_0} \quad 0 \quad \cdots \quad 0]_{N_0\times(K+1)N_0}\boldsymbol{U}_1\boldsymbol{\Sigma}_1^{1/2}\\ \boldsymbol{B}=\boldsymbol{\Sigma}_1^{-1/2}\boldsymbol{U}_1^{\mathrm{T}}\boldsymbol{Y}_{c}^{1}\\ \boldsymbol{A}=\boldsymbol{\Sigma}_1^{-1/2}\boldsymbol{U}_1^{\mathrm{T}}\boldsymbol{H}_{c1}\boldsymbol{V}_1\boldsymbol{\Sigma}_1^{-1/2}\end{cases} \tag{6.116}$$

式中，$\boldsymbol{Y}_{c}^{0}$ 和 $\boldsymbol{Y}_{c}^{1}$ 为第 i 阶结构模态单位脉冲信号下系统零初始状态响应

$$\boldsymbol{Y}_{c}^{n}=\begin{bmatrix}\boldsymbol{y}_{1}^{n} & \boldsymbol{y}_{2}^{n} & \cdots & \boldsymbol{y}_{N_i}^{n}\\ \boldsymbol{y}_{1}^{n+1} & \boldsymbol{y}_{2}^{n+1} & \cdots & \boldsymbol{y}_{N_i}^{n+1}\\ \cdots & \cdots & \cdots & \cdots\\ \boldsymbol{y}_{1}^{n+K} & \boldsymbol{y}_{2}^{n+K} & \cdots & \boldsymbol{y}_{N_i}^{n+K}\end{bmatrix} \quad (n=0,1) \tag{6.117}$$

$$\begin{cases}\boldsymbol{y}_{i}^{n}=\boldsymbol{d}_{i}, n=0\\ \boldsymbol{y}_{i}^{n}=\boldsymbol{C}\boldsymbol{A}^{n-1}\boldsymbol{b}_{i}, n\neq 0\end{cases} \quad i=1,2,\cdots,N_i \tag{6.118}$$

为了方便比较 SCI/ERA 方法和脉冲/ERA 方法的计算效率，假设脉冲/ERA 方法中 $\boldsymbol{H}_{c0}$ 的维数为 $KN_o\times MN_i$，则该方法总共需要计算至少 $(1+K+M)N_i$ 次全阶系统响应。而 SCI/ERA 方法总共需要计算的响应次数为 $(1+K+M)+$

$(K+1)N_i$次(包括M步SCI响应和前$K+1$步脉冲响应),$\boldsymbol{H}_{c0}$维数为$KN_o \times M$。两种方法计算步相差$\Delta_{\text{step}} = MN_i - (1+K+M)$,$\boldsymbol{H}_{c0}$元素个数相差$\Delta_{\text{elm}} = K(M-1)N_oN_i$。可以发现,$\Delta_{\text{step}}$和$\Delta_{\text{elm}}$都和结构模态数成正比,比例系数为$M$和$K(M-1)N_o$。在实际工程问题中,$K$、$M$和$N_i$一般都在$10^2$这个量级上,因此SCI/ERA方法在计算开销上要节省很多。

6.3.3 算例分析

本小节采用脉冲/ERA方法构造非定常气动力状态空间模型,对带舵面垂尾进行颤振分析。计算得到的线性Volterra一阶核构造Hankel矩阵,可调参数分别取$K=90$和$M=50$,奇异值分解后得到状态空间模型。基于该模型计算动压$Qref=215\ 000$Pa时的气动弹性响应并和CFD/CSD耦合结果比较(图6.16),发现即使经过了20多个计算周期,结构响应依然吻合得很好,说明在此状态下,降阶模型能够精确地表示全阶系统的动力学特性。得到状态空间模型后,我们除了可以通过时域内的响应来观察系统的特性,同时也可以利用线性系统理论的方法通过特征值来判断系统的稳定性,图6.17为气动弹性系统在不同动压下的根轨迹图,可以发现系统随着动压的不断增加响应由稳定变为不稳定,引起系统不稳定的是结构第三阶模态。另外比较图6.11和图6.17可以看出,采用状态空间构造降阶模型其精度高于Volterra级数模型,这是因为Volterra级数卷积运

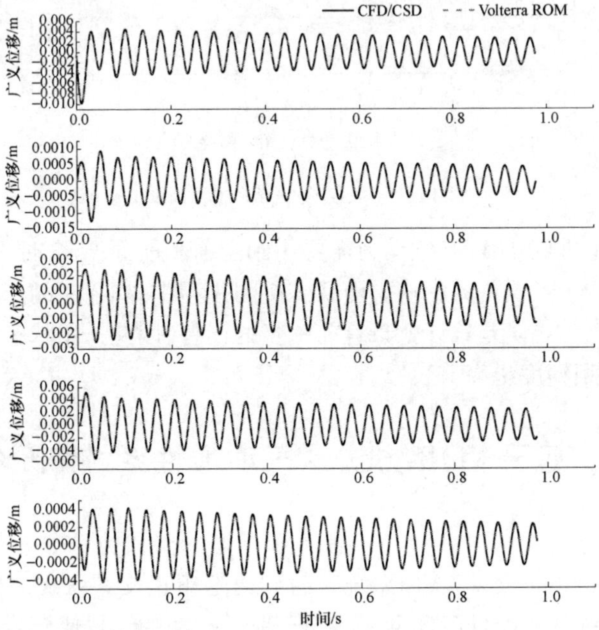

图6.16 第一到五阶广义位移对比($Qref=215\ 000$Pa)

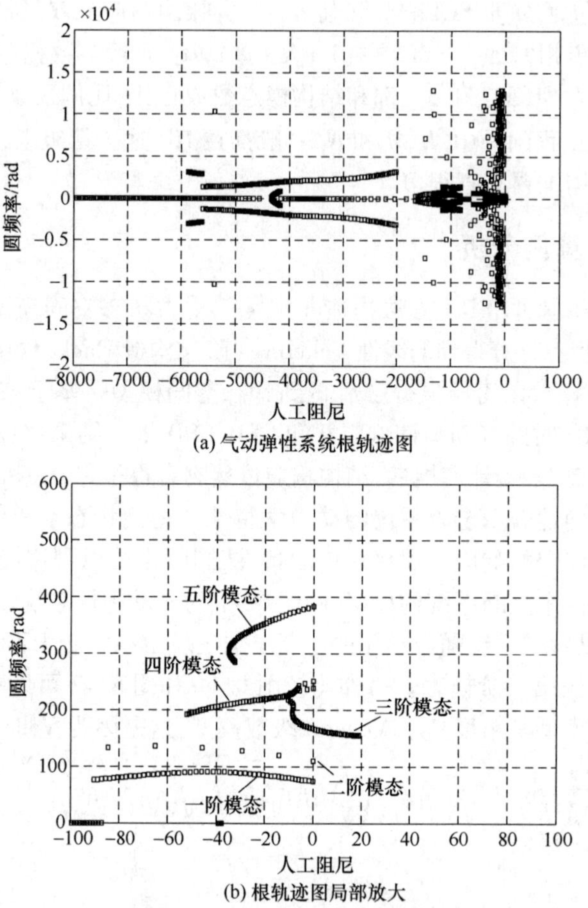

图 6.17　气动弹性系统根轨迹图

算时计算一个时间步的广义气动力需要用到当前和前面N_1 个时刻的位移,因此当前步受到前 N_1 步误差的影响。而状态空间模型中,当前步的广义气动力只和前一步的位移有关,误差累计就只有前一步的误差,因此采用状态空间模型构造得到的降阶模型精度更高。

6.4　基于 POD 方法的气动弹性系统降阶模型

特征正交分解方法(POD)是一种基于模态的降阶方法。它从一系列采样数据中提取出一组正交基,将原系统映射到由这组正交基张成的低阶子空间上就得到了原系统的一个低阶模型。适当选取子空间的维数使低阶模型能精确地表达原系统的基本动力学特性。该方法在图像处理、信号分析以及流体力学等许多学科领域都有应用。Lumley 首先在湍流研究中引入 POD 方法。Romanowski 和 Jeffrey 分别将 POD 应用到时域和频域欧拉方程中进行翼型的气动弹性降阶。随后,POD 方法又推广到流动控制问题以及三维复杂外形的气动弹性分析中。Pettit 和 Beran 又将 POD 应用到离散欧拉方程非线性降阶模型的建立上,研究了跨声速壁板的非线性颤振特性。

POD 降阶模型的构造方法,分为两部分研究内容。第一部分是基于直接 POD 映射方法建立小扰动线性化流场降阶模型,主要应用对象是气动弹性问题;第二部分是基于 POD - Galerkin 映射方法建立非线性非定常可压缩流降阶模型,应用对象是非定常流场降阶。

6.4.1 POD 基快照求解方法

定义 $Q=\{\boldsymbol{q}^m\in H;m=1,\cdots,M\}$ 是希尔伯特空间内的快照集合,快照 $\boldsymbol{q}^m$ 是全阶方程在时刻 t_m 的解。在网格单元 Ω_i 上,$\boldsymbol{q}_i^m=[q_{i1}^m,\cdots q_{inv}^m]^{\mathrm{T}}$。对于二维问题,$nv=4$,三维问题,$nv=5$。定义希尔伯特平方可积空间内的内积为

$$(\boldsymbol{q}^i,\boldsymbol{q}^j)=\int_{\Omega}\sum_{k=1}^{nv}q_k^i q_k^j\,\mathrm{d}\Omega \tag{6.119}$$

$\|\boldsymbol{q}\|^2=(\boldsymbol{q},\boldsymbol{q})$ 为二范数。快照 $\boldsymbol{q}^m$ 可以表示为平均量和扰动量之和,即

$$\boldsymbol{q}^m=\bar{\boldsymbol{q}}+\tilde{\boldsymbol{q}}^m \tag{6.120}$$

式中,$\bar{\boldsymbol{q}}=\langle\boldsymbol{q}^m\rangle$,$\langle\ \rangle$表示时间平均。POD 方法就是要找到一个低维正交子空间 $\boldsymbol{\Psi}=\mathrm{span}\{\boldsymbol{\varphi}^1,\cdots,\boldsymbol{\varphi}^r\}$ 来张成全阶空间中的高维变量 $\tilde{\boldsymbol{q}}^m$

$$\tilde{\boldsymbol{q}}_{\mathrm{POD}}^m=\sum_{j=1}^{r}a_j^m\boldsymbol{\varphi}^j \tag{6.121}$$

并且使得如下方程最小

$$\begin{cases}\min\langle\|\tilde{\boldsymbol{q}}^m-\sum\limits_{j=1}^{r}(\tilde{\boldsymbol{q}}^m,\boldsymbol{\varphi}^j)\boldsymbol{\varphi}^j\|^2\rangle\\(\boldsymbol{\varphi}^i,\boldsymbol{\varphi}^j)=\delta_{ij}\end{cases} \tag{6.122}$$

式中,$\boldsymbol{\varphi}$ 为 POD 基(或 POD 模态)。Sivorch 提出快照方法来求解上述问题。按照快照方法,POD 基可以用快照的线性组合表示

$$\boldsymbol{\varphi}^j=\sum_{m=1}^{M}b_j^m\tilde{\boldsymbol{q}}^m \tag{6.123}$$

求解系数向量 $\boldsymbol{b}_j$ 等价于求解如下特征向量问题

$$\boldsymbol{R}\boldsymbol{d}_j=\lambda_j\boldsymbol{d}_j \tag{6.124}$$

其中自相关矩阵 $\boldsymbol{R}_{i,j}=(\tilde{\boldsymbol{q}}^i,\tilde{\boldsymbol{q}}^j)$。求解后 POD 基表示为

$$\boldsymbol{\varphi}^j = \frac{1}{\sqrt{\lambda_j}}\sum_{m=1}^{M} d_j^m \tilde{\boldsymbol{q}}^m \tag{6.125}$$

每一个 POD 基 $\boldsymbol{\varphi}^j$都对应于一个实特征值 λ_j。λ_j 表征的物理意义是向量 $\boldsymbol{\varphi}^j$ 对快照矩阵的贡献,它的值越大表明 $\boldsymbol{\varphi}^j$的贡献越大。将特征值 λ_j 从大到小排列,$\lambda_1 > \lambda_2 > \cdots > \lambda_m$。取前 r 个特征值对应的 POD 基向量代入式(6.121)得到全阶变量的能量最优近似。需要指出的是,对于小扰动线性化方程,其内积可以看做是离散向量的内积,即式(6.119)中单元网格体积分为 1,因为单元体积已经在线性化时提出。

6.4.2 基于 POD 方法的气动弹性系统降阶

对于小扰动气动弹性问题,可以用线性化模型来近似非线性流场模型。然后应用直接 POD 映射方法对线性化模型进行降阶。

1. 气动弹性系统线性化

气动弹性系统由流体动力学和结构动力学两部分组成。流体动力学用有限体积方法离散,结构动力学用有限元方法离散。流体和结构的控制方程分别为

$$(\boldsymbol{A}(\boldsymbol{u})\boldsymbol{Q})_{\mathrm{t}} + \boldsymbol{F}(\boldsymbol{Q},\boldsymbol{u},\boldsymbol{v}) = 0 \tag{6.126}$$

$$\boldsymbol{M}\boldsymbol{v}_{\mathrm{t}} + \boldsymbol{C}\boldsymbol{v} + \boldsymbol{K}\boldsymbol{u} = \boldsymbol{f}^{\mathrm{ext}}(\boldsymbol{u},\boldsymbol{v},\boldsymbol{Q}) \tag{6.127}$$

式中,$\boldsymbol{u}$ 和 $\boldsymbol{v}$ 分别为结构的位移和速度矢量;$\boldsymbol{A}$ 为流体网格单元的体积矩阵;$\boldsymbol{Q}$ 为流体守恒变量;$\boldsymbol{F}$ 为非线性数值通量函数;$\boldsymbol{M}$、$\boldsymbol{C}$ 和 $\boldsymbol{K}$ 分别为结构质量矩阵、阻尼矩阵和刚度矩阵;$\boldsymbol{f}^{\mathrm{ext}}$为作用于结构上的等效载荷;下标 t 表示变量对时间的偏导数。考虑到本书研究的内容局限在气动力降阶,因此这里只对式(6.126)采用 POD 方法降阶,式(6.127)的降阶采用模态叠加法。对于气动弹性系统,一般选取结构变形为零的定常状态作为操作点进行方程线性化,以 Euler 方程为例,对控制方程在该点处做一阶泰勒展开,有

$$\begin{cases} (\boldsymbol{A}(\boldsymbol{u})\boldsymbol{Q})_{\mathrm{t}} = (\boldsymbol{A}(\boldsymbol{u}_0)\boldsymbol{Q}_0)_{\mathrm{t}} + \left(\left.\dfrac{\partial(\boldsymbol{A}\boldsymbol{Q})}{\partial \boldsymbol{u}}\right|_{t=t_0}\right)(\boldsymbol{u}-\boldsymbol{u}_0)_{\mathrm{t}} + \\ \qquad \boldsymbol{A}(\boldsymbol{u}_0)(\boldsymbol{Q}-\boldsymbol{Q}_0)_{\mathrm{t}} + \cdots \\ \boldsymbol{F}(\boldsymbol{Q},\boldsymbol{u},\boldsymbol{v}) = \boldsymbol{F}(\boldsymbol{Q}_0,\boldsymbol{u}_0,\boldsymbol{v}_0) + \dfrac{\partial \boldsymbol{F}}{\partial \boldsymbol{Q}}(\boldsymbol{Q}-\boldsymbol{Q}_0) + \\ \qquad \dfrac{\partial \boldsymbol{F}}{\partial \boldsymbol{u}}(\boldsymbol{u}-\boldsymbol{u}_0) + \dfrac{\partial \boldsymbol{F}}{\partial \boldsymbol{v}}(\boldsymbol{v}-\boldsymbol{v}_0) + \cdots \end{cases} \tag{6.128}$$

将式(6.128)代入式(6.126),得到

$$\left(\frac{\partial \boldsymbol{A}}{\partial \boldsymbol{u}}\boldsymbol{Q}_0\right)\tilde{\boldsymbol{v}} + \boldsymbol{A}_0\tilde{\boldsymbol{Q}}_{\mathrm{t}} + \frac{\partial \boldsymbol{F}}{\partial \boldsymbol{Q}}\tilde{\boldsymbol{Q}} + \frac{\partial \boldsymbol{F}}{\partial \boldsymbol{u}}\tilde{\boldsymbol{u}} + \frac{\partial \boldsymbol{F}}{\partial \boldsymbol{v}}\tilde{\boldsymbol{v}} = 0 \tag{6.129}$$

合并同类项后得到

$$\boldsymbol{A}_0\tilde{\boldsymbol{Q}}_{\mathrm{t}} + \frac{\partial \boldsymbol{F}}{\partial \boldsymbol{Q}}\tilde{\boldsymbol{Q}} + \frac{\partial \boldsymbol{F}}{\partial \boldsymbol{u}}\tilde{\boldsymbol{u}} + \left[\left(\frac{\partial \boldsymbol{A}}{\partial \boldsymbol{u}}\boldsymbol{Q}_0\right) + \frac{\partial \boldsymbol{F}}{\partial \boldsymbol{v}}\right]\tilde{\boldsymbol{v}} = 0 \tag{6.130}$$

式中,上标 ~ 表示扰动量。要得到真实的计算结果,还应加上初值 $\boldsymbol{Q}_0$,即 $\boldsymbol{Q} = \boldsymbol{Q}_0 + \tilde{\boldsymbol{Q}}$。为计算方便起见,省略上标 ~ ,式(6.130)可写成下式:

$$\begin{cases} \boldsymbol{A}_0\boldsymbol{Q}_{\mathrm{t}} + \boldsymbol{H}\boldsymbol{Q} + (\boldsymbol{E} + \boldsymbol{C})\boldsymbol{v} + \boldsymbol{G}\boldsymbol{u} = 0 \\ \boldsymbol{f}^{\mathrm{ext}} = 0.5\rho V^2 \boldsymbol{P}\boldsymbol{Q} \end{cases} \tag{6.131}$$

式中,$\boldsymbol{P}$ 为无量纲外力对流体守恒变量的导数。式(6.131)中矩阵的表达式为

$$\begin{cases} \boldsymbol{H} = \dfrac{\partial \boldsymbol{F}}{\partial \boldsymbol{Q}}(\boldsymbol{Q}_0, \boldsymbol{u}_0, \boldsymbol{v}_0) \\ \boldsymbol{G} = \dfrac{\partial \boldsymbol{F}}{\partial \boldsymbol{u}}(\boldsymbol{Q}_0, \boldsymbol{u}_0, \boldsymbol{v}_0) \\ \boldsymbol{E} = \dfrac{\partial \boldsymbol{A}}{\partial \boldsymbol{u}}\boldsymbol{Q}_0 \\ \boldsymbol{C} = \dfrac{\partial \boldsymbol{F}}{\partial \boldsymbol{v}}(\boldsymbol{Q}_0, \boldsymbol{u}_0, \boldsymbol{v}_0) \\ \boldsymbol{P} = \dfrac{2}{\rho_\infty V_\infty^2}\dfrac{\partial \boldsymbol{f}^{\mathrm{ext}}}{\partial \boldsymbol{Q}}(\boldsymbol{Q}_0, \boldsymbol{u}_0, \boldsymbol{v}_0) \end{cases} \tag{6.132}$$

式中,变量 $\boldsymbol{Q}$、$\boldsymbol{Q}_{\mathrm{t}}$、$\boldsymbol{u}$ 和 $\boldsymbol{v}$ 为扰动量;$\boldsymbol{A}_0$、$\boldsymbol{Q}_0$、$\boldsymbol{u}_0$ 和 $\boldsymbol{v}_0$ 为操作点处的变量值;$0.5\rho_\infty V_\infty^2$ 为无穷远处来流动压。设 CFD 系统有 n 个网格,那么对于二维和三维 Euler 方程,式(6.131)的阶数分别为 $J = 4 \times n$ 和 $J = 5 \times n$。

2. 气动弹性模型降阶

线性化的流体动力学方程式(6.131)可以写成如下线性系统的形式:

$$\begin{cases} \dot{\boldsymbol{Q}} = \boldsymbol{A}\boldsymbol{Q} + \boldsymbol{B}\boldsymbol{y} \\ \boldsymbol{f}^{\mathrm{ext}} = 0.5\rho V^2 \boldsymbol{P}\boldsymbol{Q} \end{cases} \tag{6.133}$$

式中,$\boldsymbol{A} = -\boldsymbol{A}_0^{-1}\boldsymbol{H}$;$\boldsymbol{B} = -\boldsymbol{A}_0^{-1}(\boldsymbol{E} + \boldsymbol{C} \quad \boldsymbol{G})$;$\boldsymbol{y} = [\boldsymbol{v}, \boldsymbol{u}]^{\mathrm{T}}$。在时域内求解式(6.133)得到系统快照。由于时域内 CFD 求解受稳定性条件限制,根据求解问题的实际情况,可以选择隐式方法或者双时间显式方法求解该方程。

1) 隐式方法

对式(6.133)左端做一阶向后差分,右端第一项做中心差分,有

$$\frac{\boldsymbol{Q}^{n+1} - \boldsymbol{Q}^n}{\Delta t} = \boldsymbol{A}\,\frac{\boldsymbol{Q}^{n+1} + \boldsymbol{Q}^n}{2} + \boldsymbol{B}\boldsymbol{y}^{n+1/2} \tag{6.134}$$

式中，Δt 为物理时间步长，将上式整理后有

$$\left(\boldsymbol{I}-\frac{\boldsymbol{A}\Delta t}{2}\right)\boldsymbol{Q}^{n+1}=\left(\boldsymbol{I}+\frac{\boldsymbol{A}\Delta t}{2}\right)\boldsymbol{Q}^{n}+\Delta t\boldsymbol{B}\boldsymbol{y}^{n+1/2} \tag{6.135}$$

由于求解过程中矩阵($\boldsymbol{I}-0.5\boldsymbol{A}\Delta t$)始终不变，因此可以事先对该系数矩阵做 LU 分解便于方程求解。

2）显示方法

考虑求解式(6.135)这样的隐式方程，需要对系数矩阵求逆。对于网格较多的情况，系数矩阵的维数是非常大的(通常都在 $10^6\times10^6$ 以上)，对这样的矩阵做 LU 分解或者利用其他算法求解式(6.135)是很困难的。因此，针对这种情况，可以采用如下的双时间显式推进方法

$$\frac{\boldsymbol{Q}^{m+1}-\boldsymbol{Q}^{m}}{\Delta\tau}=\frac{\boldsymbol{Q}^{n}-\boldsymbol{Q}^{m}}{\Delta t}+\boldsymbol{A}\boldsymbol{Q}^{m}+\boldsymbol{B}\boldsymbol{y}^{n} \tag{6.136}$$

式中，$\Delta\tau$ 为当地伪时间步长；Δt 为物理时间步长；上标 m 为伪时间步迭代；上标 n 为物理时间步迭代。对上式采用经典的 4 步 Runge－Kutta 方法求解。为了便于矩阵的向量化运算，程序编写在 MATLAB 平台下完成。需要说明的是，对于维数特别高的系数矩阵 $\boldsymbol{A}$，由于 MATLAB 对矩阵内存的限制，采用分块系数矩阵来代替单个矩阵 $\boldsymbol{A}$，就可以实现对大型问题的求解。

给式(6.135)或者式(6.136)中每一阶模态位移和速度一个脉冲函数作为激励，得到相应的单位脉冲响应作为系统快照。按照 6.3 节的求解方法得到相应的 POD 基矩阵 $\boldsymbol{\Psi}_r$，将式(6.133)映射到 $\boldsymbol{\Psi}_r$ 上得到流体系统的降阶模型

$$\begin{cases}\dot{\boldsymbol{Q}}_r=\boldsymbol{\Psi}_r^{\mathrm{T}}\boldsymbol{A}\boldsymbol{\Psi}_r\boldsymbol{Q}_r+\boldsymbol{\Psi}_r^{\mathrm{T}}\boldsymbol{B}\boldsymbol{y}\\ \boldsymbol{f}^{\mathrm{ext}}=0.5\rho V^2\boldsymbol{P}\boldsymbol{\Psi}_r\boldsymbol{Q}_r\end{cases} \tag{6.137}$$

式(6.137)的阶数为 r，这个阶数比全阶系统小得多。将结构动力学方程式(6.127)写成一阶常微分方程形式有

$$\begin{bmatrix}\dot{\boldsymbol{u}}\\ \dot{\boldsymbol{v}}\end{bmatrix}=\begin{bmatrix}0 & \boldsymbol{I}\\ -\boldsymbol{M}^{-1}\boldsymbol{K} & -\boldsymbol{M}^{-1}\boldsymbol{C}\end{bmatrix}\begin{bmatrix}\boldsymbol{u}\\ \boldsymbol{v}\end{bmatrix}+\begin{bmatrix}0\\ \boldsymbol{M}^{-1}\boldsymbol{f}^{\mathrm{ext}}\end{bmatrix} \tag{6.138}$$

结合式(6.137)和式(6.138)我们得到了气动弹性降阶模型

$$\begin{bmatrix}\dot{\boldsymbol{Q}}_r\\ \dot{\boldsymbol{u}}\\ \dot{\boldsymbol{v}}\end{bmatrix}=\begin{bmatrix}-\boldsymbol{\Psi}_r^{\mathrm{T}}\boldsymbol{A}_0^{-1}\boldsymbol{H}\boldsymbol{\Psi}_r & -\boldsymbol{\Psi}_r^{\mathrm{T}}\boldsymbol{A}_0^{-1}\boldsymbol{G} & -\boldsymbol{\Psi}_r^{\mathrm{T}}\boldsymbol{A}_0^{-1}(\boldsymbol{E}+\boldsymbol{C})\\ \boldsymbol{0} & \boldsymbol{0} & \boldsymbol{I}\\ 0.5\rho V^2\boldsymbol{M}^{-1}\boldsymbol{P}\boldsymbol{\Psi}_r & -\boldsymbol{M}^{-1}\boldsymbol{K} & -\boldsymbol{M}^{-1}\boldsymbol{C}\end{bmatrix}\begin{bmatrix}\boldsymbol{Q}_r\\ \boldsymbol{u}\\ \boldsymbol{v}\end{bmatrix} \tag{6.139}$$

对式(6.139)无论是求解系统特征值还是计算时域响应,都比直接 CFD/CSD 耦合计算要方便快捷得多。

6.5 基于 BPOD 方法的气动弹性系统降阶

平衡特征正交分解方法(Balanced Proper Orthogonal Decomposition,BPOD),是综合平衡截断(Balanced Truncation)和 POD 降阶优点的一种新降阶方法。平衡截断降阶方法,其主要思想是重新度量系统的可控可观性,将系统划分为强子系统和弱子系统,在全阶模型中剔除对系统输入输出影响较小的弱子系统从而得到降阶模型,其输入输出特性与满阶模型相差不大。

6.5.1 平衡截断降阶理论

考虑如下线性时不变渐进稳定系统

$$\begin{cases}\dot{\boldsymbol{Q}}=\boldsymbol{AQ}+\boldsymbol{By}\\ \boldsymbol{f}^{\text{ext}}=0.5\rho V^2\boldsymbol{PQ}\end{cases}\tag{6.140}$$

在时域下系统的可控可观 Gramian 矩阵的定义分别为

$$\begin{cases}\boldsymbol{W}_{\text{c}}=\int_0^{\infty}\text{e}^{\boldsymbol{A}t}\boldsymbol{BB}^{\text{T}}\text{e}^{\boldsymbol{A}^{\text{T}}t}\text{d}t\\ \boldsymbol{W}_{\text{o}}=\int_0^{\infty}\text{e}^{\boldsymbol{A}^{\text{T}}t}\boldsymbol{P}^{\text{T}}\boldsymbol{P}\text{e}^{\boldsymbol{A}t}\text{d}t\end{cases}\tag{6.141}$$

式中,$\boldsymbol{W}_{\text{c}}$ 和 $\boldsymbol{W}_{\text{o}}$ 都是对称半正定矩阵,且满足如下 Lyapunov 方程

$$\begin{cases}\boldsymbol{AW}_{\text{c}}+\boldsymbol{W}_{\text{c}}\boldsymbol{A}^{\text{T}}+\boldsymbol{BB}^{\text{T}}=0\\ \boldsymbol{A}^{\text{T}}\boldsymbol{W}_{\text{o}}+\boldsymbol{W}_{\text{o}}\boldsymbol{A}+\boldsymbol{P}^{\text{T}}\boldsymbol{P}=0\end{cases}\tag{6.142}$$

若系统是可控可观的,那么 $\boldsymbol{W}_{\text{c}}$ 和 $\boldsymbol{W}_{\text{o}}$ 都应当是非奇异矩阵。系统的内平衡是要寻找一个非奇异变换矩阵 $\boldsymbol{T}$ 使可控可观 Gramian 矩阵都变换为相同的对角阵

$$\begin{cases}\hat{\boldsymbol{W}}_{\text{c}}=\boldsymbol{T}^{-1}\boldsymbol{W}_{\text{c}}\boldsymbol{T}^{-\text{T}}\\ \hat{\boldsymbol{W}}_{\text{o}}=\boldsymbol{T}^{\text{T}}\boldsymbol{W}_{\text{o}}\boldsymbol{T}\\ \hat{\boldsymbol{W}}_{\text{o}}=\hat{\boldsymbol{W}}_{\text{c}}=\boldsymbol{\Sigma}\end{cases}\tag{6.143}$$

式中,$\boldsymbol{\Sigma}=\text{diag}(\sigma_1^2\quad\sigma_2^2\quad\cdots\quad\sigma_n^2)$;$\sigma_1\geqslant\sigma_2\geqslant\cdots\geqslant\sigma_n$ 为 Hankel 奇异值。在平衡坐标系下,Hankel 奇异值的大小表示状态量对系统输入输出影响的程度,Hankel 奇异值越大其影响就越大。因此只保留 $\boldsymbol{\Sigma}$ 中前 r 个最大的奇异值,得到矩阵

$\boldsymbol{\Sigma}_1 = \mathrm{diag}(\sigma_1^2 \quad \sigma_2^2 \quad \cdots \quad \sigma_r^2)$；保留变换矩阵 $\boldsymbol{T}$ 中与 $\boldsymbol{\Sigma}_1$ 对应的前 r 列得到矩阵 $\boldsymbol{T}_r$；保留矩阵 $\boldsymbol{T}^{-1}$ 中与 $\boldsymbol{\Sigma}_1$ 对应的前 r 行得到矩阵 $\boldsymbol{S}_r$，则式(6.140)可以降成如下 r 阶系统

$$\begin{cases} \dot{\boldsymbol{Q}}_r = \boldsymbol{S}_r \boldsymbol{A} \boldsymbol{T}_r \boldsymbol{Q}_r + \boldsymbol{S}_r \boldsymbol{B} \boldsymbol{y} \\ \boldsymbol{f}^{\mathrm{ext}} = 0.5 \rho V^2 \boldsymbol{P} \boldsymbol{T}_r \boldsymbol{Q}_r \end{cases} \tag{6.144}$$

式(6.144)就是最终得到的降阶模型，其阶数远远小于全阶系统。

6.5.2 变换矩阵的构造

平衡截断降阶的关键在于变换矩阵 $\boldsymbol{T}_r$ 和 $\boldsymbol{S}_r$，其构造步骤如下：

(1) 通过式(6.141)求得系统的 Gramian 矩阵 $\boldsymbol{W}_c$ 和 $\boldsymbol{W}_o$。

(2) 对 Gramian 矩阵进行 Cholesky 分解 $\boldsymbol{W}_c = \boldsymbol{X}\boldsymbol{X}^{\mathrm{T}}$，$\boldsymbol{W}_o = \boldsymbol{Z}\boldsymbol{Z}^{\mathrm{T}}$。

(3) 对乘积 $\boldsymbol{Z}^{\mathrm{T}}\boldsymbol{X}$ 进行奇异值分解

$$\boldsymbol{Z}^{\mathrm{T}}\boldsymbol{X} = \boldsymbol{U}\boldsymbol{\Sigma}\boldsymbol{V}^{\mathrm{T}} = [\boldsymbol{U}_1 \quad \boldsymbol{U}_2] \begin{bmatrix} \boldsymbol{\Sigma}_1 & \\ & \boldsymbol{\Sigma}_2 \end{bmatrix} \begin{bmatrix} \boldsymbol{V}_1^{\mathrm{T}} \\ \boldsymbol{V}_2^{\mathrm{T}} \end{bmatrix} \tag{6.145}$$

(4) 构造内平衡变换矩阵

$$\begin{cases} \boldsymbol{T}_r = \boldsymbol{X}\boldsymbol{V}_1 \boldsymbol{\Sigma}_1^{-1/2} \\ \boldsymbol{S}_r = \boldsymbol{\Sigma}_1^{-1/2} \boldsymbol{U}_1^{\mathrm{T}} \boldsymbol{Z}^{\mathrm{T}} \end{cases} \tag{6.146}$$

6.5.3 POD 快照与 Gramian 矩阵的联系

从上一节的分析可以看出，构造内平衡变换矩阵的关键是 Gramian 矩阵的求解，但是直接通过定义式(6.141)或式(6.142)精确求解可控可观 Gramian 矩阵对高维系统是不方便的。但是分析式(6.141)的形式可以发现，Gramian 矩阵和系统的快照之间有联系，可以通过快照来近似的求解。设式(6.140)中输入矩阵 $\boldsymbol{B}$ 的 p 个列向量为 $\boldsymbol{b}_1, \boldsymbol{b}_2, \cdots, \boldsymbol{b}_p$，输入 $\boldsymbol{u} = [u_1, u_2, \cdots, u_p]^{\mathrm{T}}$。在零初始状态下分别给每个输入量一个单位脉冲激励 $u_i(t) = \delta(t)$，则式(6.140)的响应为

$$\boldsymbol{x}_i(t) = \mathrm{e}^{\boldsymbol{A}t} \boldsymbol{b}_i \tag{6.147}$$

式中，$\boldsymbol{x}_i(t)$ 为系统的快照，定义 $\bar{\boldsymbol{x}}(t) = [\boldsymbol{x}_1(t) \quad \boldsymbol{x}_2(t) \quad \cdots \quad \boldsymbol{x}_p(t)]$，则有 $\bar{\boldsymbol{x}}(t) = \mathrm{e}^{\boldsymbol{A}t}\boldsymbol{B}$。那么通过式(6.141)系统可控 Gramian 矩阵可以表示为

$$\boldsymbol{W}_c = \int_0^{\infty} [\boldsymbol{x}_1(t)\boldsymbol{x}_1(t)^{\mathrm{T}} + \cdots + \boldsymbol{x}_p(t)\boldsymbol{x}_p(t)^{\mathrm{T}}] \mathrm{d}t \tag{6.148}$$

对上式做数值积分得

$$\boldsymbol{W}_{\mathrm{c}}=\boldsymbol{X}\boldsymbol{X}^{\mathrm{T}} \tag{6.149}$$

$$\boldsymbol{X}=\left[\bar{\boldsymbol{x}}(t_1)\sqrt{\delta_1}\quad \bar{\boldsymbol{x}}(t_2)\sqrt{\delta_2}\quad \cdots\quad \bar{\boldsymbol{x}}(t_m)\sqrt{\delta_m}\right] \tag{6.150}$$

式中，δ_i 为时刻 t_i 处的积分权值，它的选取与积分形式有关，采用的是复化 Simpson 积分公式。通过式(6.149)和式(6.150)，就可以用时域快照近似系统的可控 Gramian 矩阵，使计算变得简便。系统可观 Gramian 矩阵的近似求解与可控 Gramian 矩阵类似，是以对偶系统的时域脉冲响应作为系统快照。对偶系统的脉冲响应为

$$\bar{z}(t)=\mathrm{e}^{\boldsymbol{A}^{\mathrm{T}}t}\boldsymbol{P}^{\mathrm{T}} \tag{6.151}$$

通过求解系统在 $t_1,t_2,\cdots,t_n$ 下的脉冲响应可以将系统可观 Gramian 矩阵表示为

$$\boldsymbol{W}_{\mathrm{o}}=\boldsymbol{Z}\boldsymbol{Z}^{\mathrm{T}} \tag{6.152}$$

$$\boldsymbol{Z}=\left[\bar{z}(t_1)\sqrt{\delta_1}\quad \bar{z}(t_2)\sqrt{\delta_2}\quad \cdots\quad \bar{z}(t_n)\sqrt{\delta_n}\right] \tag{6.153}$$

式(6.152)和式(6.153)表明了可以通过对偶系统的快照近似系统的可观 Gramian 矩阵。和 POD 降阶方法相比，BPOD 方法不仅考虑了对系统输入影响最大的状态，还考虑了对系统输出影响最大的状态，而这正是 POD 降阶方法未曾考虑到的。

类似式(6.139)，基于 BPOD 方法的气动弹性降阶模型为

$$\begin{bmatrix}\dot{\boldsymbol{Q}}_r\\ \dot{\boldsymbol{u}}\\ \dot{\boldsymbol{v}}\end{bmatrix}=\begin{bmatrix}-\boldsymbol{S}_r\boldsymbol{A}_0^{-1}\boldsymbol{H}\boldsymbol{T}_r & -\boldsymbol{S}_r\boldsymbol{A}_0^{-1}\boldsymbol{G} & -\boldsymbol{S}_r\boldsymbol{A}_0^{-1}(\boldsymbol{E}+\boldsymbol{C})\\ \boldsymbol{0} & \boldsymbol{0} & \boldsymbol{I}\\ \boldsymbol{M}^{-1}\boldsymbol{C}\boldsymbol{T}_r & -\boldsymbol{M}^{-1}\boldsymbol{K}+\boldsymbol{M}^{-1}\boldsymbol{D} & -\boldsymbol{M}^{-1}\boldsymbol{C}+\boldsymbol{M}^{-1}\boldsymbol{D}\end{bmatrix}\begin{bmatrix}\boldsymbol{Q}_r\\ \boldsymbol{u}\\ \boldsymbol{v}\end{bmatrix} \tag{6.154}$$

6.5.4 算例分析

1. 基于时域 POD 方法的二维翼型气动弹性分析

基于 POD 方法建立气动弹性降阶模型，关键在于对流场控制方程的线性化，以二维翼型气动弹性问题为例，和直接 CFD/CSD 耦合计算结果相比较，验证流场线性化的正确性。翼型为 NACA0012 对称翼型，采用 O 形 Euler 网格(61×21，流场自由度为 4800)对计算域进行离散，空间离散采用 AUSM + − up 格式，时间推进采用 LU − SGS − τTs 格式。二维翼型动力学方程如下

$$\begin{cases} m\ddot{h}+S_{\mathrm{h}\alpha}\ddot{\alpha}+K_{\mathrm{h}}h=-L\\ S_{\mathrm{h}\alpha}\ddot{h}+I_{\alpha}\ddot{\alpha}+K_{\alpha}\alpha=M_{\mathrm{ea}}\end{cases} \tag{6.155}$$

式中,h 为翼型沉浮位移,向下为正;α 为翼型俯仰角;m 为翼型质量;$S_{h\alpha}$ 为翼型静矩;I_α 为转动惯量;K_h 和 K_α 分别为翼型沉浮和俯仰刚度;L 和 M_{ea} 分别为翼型的升力以及俯仰力矩。图 6.18 和图 6.19 是该二维翼段的结构示意图和气动网格。计算时选取结构参数和流场参数分别为

$$\begin{cases} m = 794.49\text{kg} & S_{h\alpha} = -39.73\text{kg}\cdot\text{m} \\ I_\alpha = 411.28\text{kg}\cdot\text{m} & K_h = 6.08\times10^5\text{N/m} \\ K_\alpha = 4.05\times10^5\text{N/m} & b = 0.5\text{m} \quad a = -0.5 \end{cases} \tag{6.156}$$

$$M_\infty = 0.5 \quad \rho_\infty = 1.225\text{kg/m}^3 \quad p_\infty = 101325\text{Pa} \tag{6.157}$$

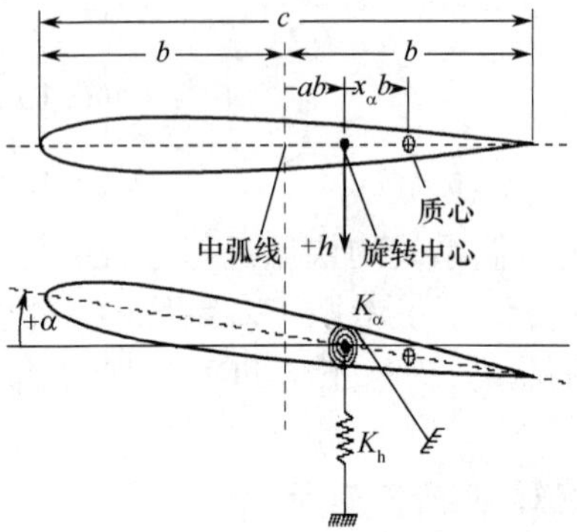

图 6.18　二维翼型结构示意图

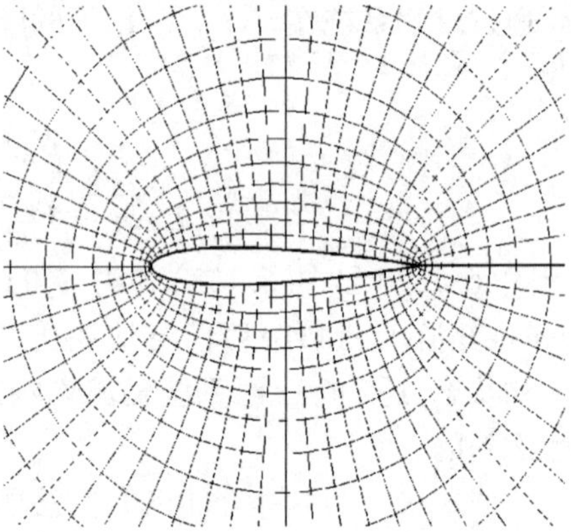

图 6.19　O 形 Euler 网格

初始扰动条件为 $\dot{h} = 0.01\text{m/s}$。将线性化模型计算结果和直接 CFD/CSD 耦合计算结果进行比较(如图 6.20 所示)可以看出,除了力矩系数有稍微的差别,其他三项都吻合得较好。说明在小扰动情况下,线性化流场方程可以代替非线性 CFD 系统求解。

2. 基于时域 POD 方法的超声速舵面颤振分析

采用 POD 方法对一根部铰接超声速舵面进行颤振分析。为了说明方法的可行性这里只采用较粗的网格来离散计算区域($41\times16\times33$),计算状态为马赫数 $Ma_\infty = 2.0$,攻角 $\alpha = 0.0°$。图 6.21 和图 6.22 为舵面气动网格和定常状态表面压力云图。图 6.23 为弹翼结构的有限元模型,表 6.2 给出了 NASTRAN 计算的四阶结构模态频率和类型。考虑到结构刚度较大,响应的位移较小,因此动网格采用 TFI 方法可以满足流场计算对网格正交性的要求。首先采用直接 CFD/CSD 耦合方法计算了在动压 $Qref = 222\ 306\text{Pa}$ 状态下弹翼的气动弹性响应。对 Euler 方程进行线性化,采用显示双时间推进方法计算线性化方程在同样条件下的响应,结果如图 6.24 所示。从图中可以看出全阶线性化模型和直接 CFD/CSD

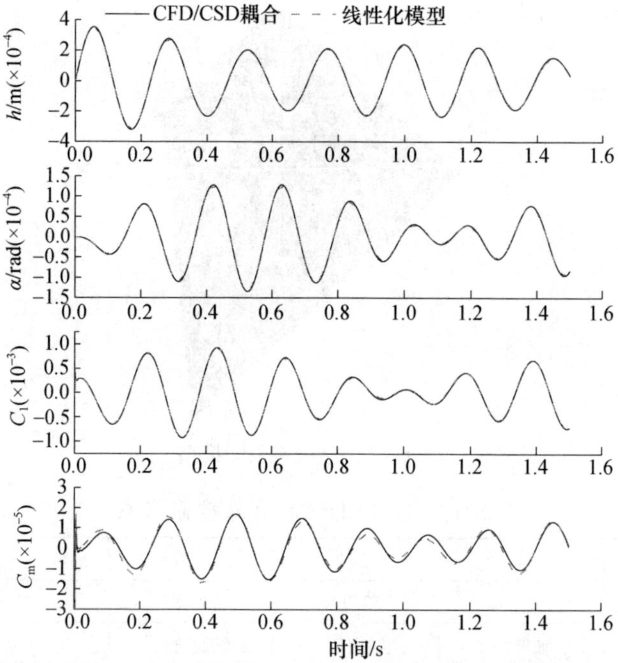

图 6.20 线性化模型与直接 CFD/CSD 耦合计算

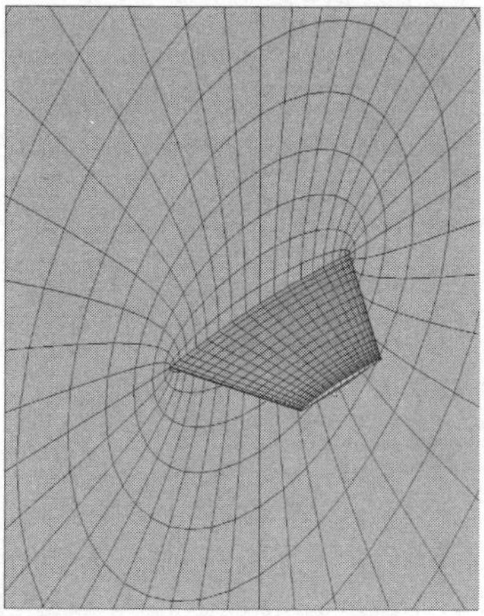

图 6.21 舵面气动网格

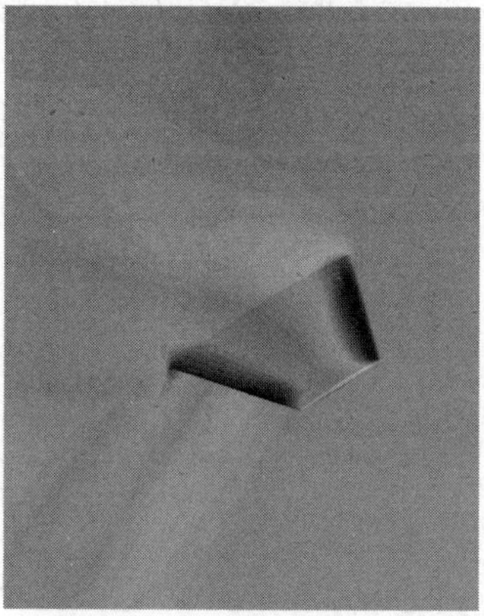

图 6.22 定常状态压力云图

耦合响应吻合得很好,说明方程线性化正确。分别给各阶位移和速度一个脉冲激励,计算线性化模型的单位脉冲响应,得到系统快照。每个输入取 50 个快照构成总的快照矩阵,求解式(6.124)我们可以得到相应的 POD 基。图 6.25 比较了线性化模型,50 阶和 150 阶 POD 基降阶模型的计算精度,可以发现当取 150 阶 POD 基构造的降阶模型基本和全阶线性系统响应吻合。

图 6.23　结构有限元模型

表 6.2　NASTRAN 计算舵面模态

模态	一阶	二阶	三阶	四阶
频率/Hz	32.356	52.97	300.87	430.78
类型	轴弯曲	轴扭转	舵面弯曲	舵面扭转

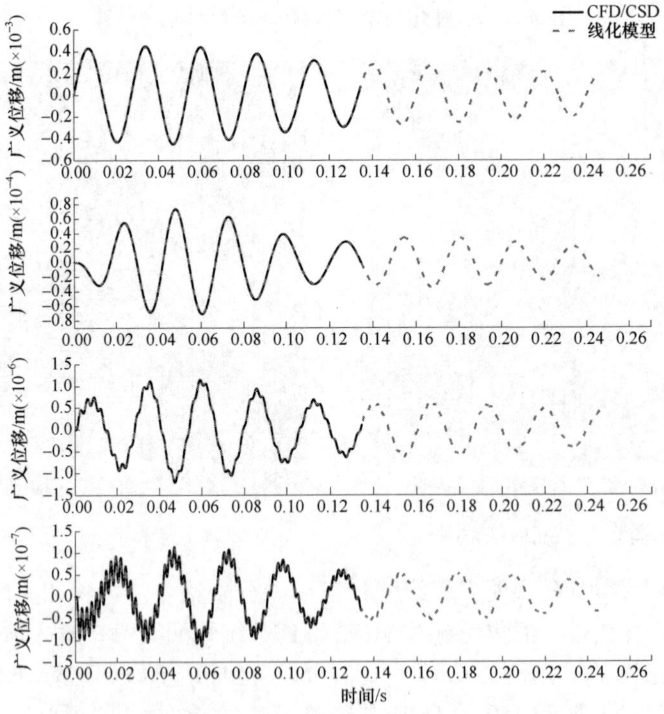

图 6.24　直接 CFD/CSD 耦合响应与线性化模型响应比较

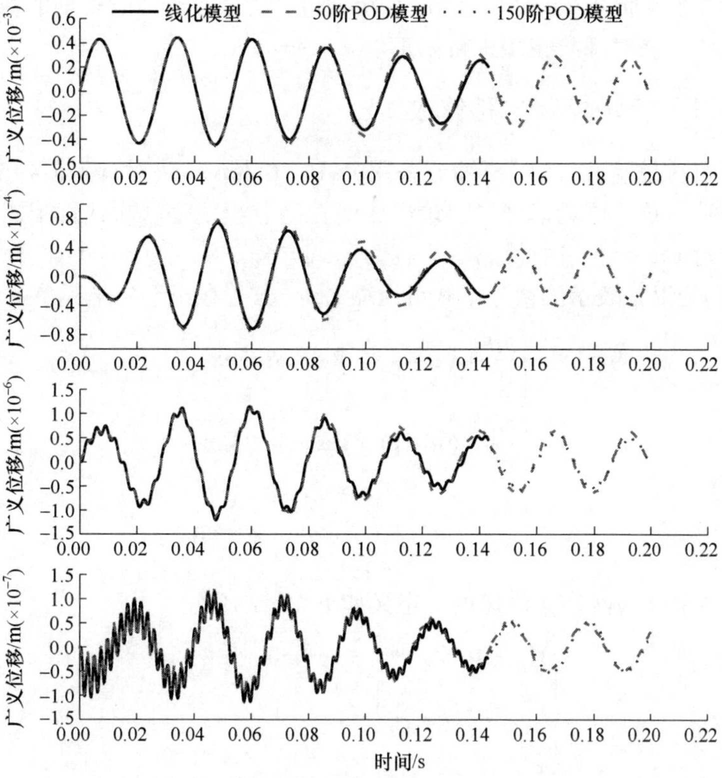

图 6.25　线性化模型和 POD 降阶模型比较（$Qref = 222\ 306$Pa）

6.6　基于 POD - Galerkin 映射的非线性气动力降阶模型

与基于小扰动流场方程的 POD 降阶模型不同，基于 POD - Galerkin 映射的非定常气动力降阶模型主要是为了保留流场非线性特性而提出的一种降阶方法。该方法不需要对流场控制方程进行线性化，而是直接将方程映射到 POD 基上，形成一个低阶常微分方程。该方法的研究以前主要集中在不可压缩流领域，如涡街、后台阶流动以及方箱驱动流等。对于有结构扰动的可压缩流动来说，采用 POD - Galerkin 映射方法的困难主要在于：

（1）如何修改可压缩流体控制方程使得映射后的低阶模型是一个显示二次非线性方程。

（2）降阶模型缺少稳定性。

本节采用 Placzek 等的方法，对可压缩 Euler 方程进行改造，使其在形式上具有显示二次对流项，方便 Galerkin 系统构造。为了改善降阶模型的稳定性，采用流场校正方法对降阶模型进行修正。

6.6.1 流场控制方程修改

与不可压缩流相比，可压缩流采用 POD – Galerkin 映射首先需要对控制方程进行改造。这是因为以守恒变量组成的控制方程不是二次线性形式，直接对该方程进行 Galerkin 映射得到的方程为隐式方程。定义 $\boldsymbol{q}=(\vartheta,\boldsymbol{u},p)^{\mathrm{T}}$ 为修正的主变量，则以 $\boldsymbol{q}$ 表示的微分形式可压缩 Euler 方程在笛卡尔坐标系下可写为

$$\begin{cases}\dfrac{\partial\vartheta}{\partial t}+(\boldsymbol{u}-\boldsymbol{s})\cdot\boldsymbol{\nabla}\vartheta=\vartheta\mathrm{div}\boldsymbol{u}\\[2ex]\dfrac{\partial\boldsymbol{u}}{\partial t}+(\boldsymbol{u}-\boldsymbol{s})\cdot\boldsymbol{\nabla}\boldsymbol{u}=-\vartheta\nabla p\\[2ex]\dfrac{\partial p}{\partial t}+(\boldsymbol{u}-\boldsymbol{s})\cdot\boldsymbol{\nabla}p=-\gamma p\mathrm{div}\boldsymbol{u}\end{cases}\tag{6.158}$$

式中，$\vartheta=1/\rho$；$\boldsymbol{s}$ 为网格运动速度。定义如下无量纲变量

$$\begin{cases}\vartheta^*=\vartheta/\vartheta_\infty,u^*=u/c_\infty,v^*=v/c_\infty\\p^*=p/(\rho_\infty c_\infty^2),t^*=t/(L/c_\infty)\\x^*=x/L,y^*=y/L\end{cases}\tag{6.159}$$

将式(6.159)代入式(6.158)进行无量纲化，得到无量纲控制方程（为了方便略去无量纲上标），结果和式(6.158)完全相同。需要说明的是，式(6.158)只是用来做 Galerkin 映射时的控制方程，全阶流场的求解仍然采用第 2 章介绍的积分守恒型方程求解方法。

6.6.2 网格速度定义

为了构造能够处理结构扰动引起的非定常气动力降阶模型，需要定义结构扰动产生的流场网格速度，即式(6.158)中的 $\boldsymbol{s}$，本节只研究结构作刚体运动情况，因为对于弹性变形，每一时刻结构网格的体积都发生变化，不符合 6.3 节中内积的定义。对于颤振这样的小扰动气动弹性问题，可以认为网格体积不变，但是对于比较大的结构扰动就无法满足定义。为了说明网格速度，在空间内选择一个固定点为坐标系原点定义固定坐标系，运动坐标系固定在计算网格上。则固定坐标系内任意一点的位置 $\boldsymbol{x}$ 可以表示为

$$\boldsymbol{x}_{\mathrm{A}}=\boldsymbol{x}_{\mathrm{A},o}+\boldsymbol{R}\boldsymbol{x}_{\mathrm{E}}\tag{6.160}$$

式中，下标 A 表示固定坐标系；下标 E 表示运动坐标系；$\boldsymbol{R}$ 为转换矩阵。对于二

维问题而言,转换矩阵 $\boldsymbol{R}$ 为

$$\boldsymbol{R}=\begin{bmatrix}\cos\alpha & -\sin\alpha\\ \sin\alpha & \cos\alpha\end{bmatrix} \tag{6.161}$$

其中,α 为两个坐标系之间的夹角。对式(6.160)两边求导有

$$\boldsymbol{s}=\frac{\mathrm{d}\boldsymbol{x}_{\mathrm{A}}}{\mathrm{d}t}=\frac{\mathrm{d}\boldsymbol{x}_{\mathrm{A},o}}{\mathrm{d}t}+\frac{\mathrm{d}\boldsymbol{R}}{\mathrm{d}t}\boldsymbol{x}_{\mathrm{E}}+\boldsymbol{R}\frac{\mathrm{d}\boldsymbol{x}_{\mathrm{E}}}{\mathrm{d}t} \tag{6.162}$$

式(6.162)中右边第一项表示运动坐标系原点的运动速度;第二项表示 $\boldsymbol{x}$ 的转动速度;第三项表示 $\boldsymbol{x}$ 的变形速度。对于本书研究的问题,只考虑网格做刚性运动没有弹性变形,故第三项为零。

6.6.3 POD – Galerkin 映射

为了得到式(6.158)的降阶模型,首先将式(6.158)写成如下一般二次形式

$$\dot{\boldsymbol{q}}=\boldsymbol{Q}^{C}(\boldsymbol{q},\boldsymbol{q})+\boldsymbol{T}(\boldsymbol{q},\boldsymbol{s}) \tag{6.163}$$

式中,对流项 $\boldsymbol{Q}^{C}$ 和源项 $\boldsymbol{T}$ 分别定义为

$$\boldsymbol{Q}^{C}=\begin{bmatrix}-\boldsymbol{u}\cdot\boldsymbol{\nabla}\vartheta+\vartheta\mathrm{div}\boldsymbol{u}\\ -\boldsymbol{u}\cdot\boldsymbol{\nabla}\boldsymbol{u}-\vartheta\boldsymbol{\nabla}p\\ -\boldsymbol{u}\cdot\boldsymbol{\nabla}p-\gamma p\mathrm{div}\boldsymbol{u}\end{bmatrix},\quad \boldsymbol{T}=\begin{bmatrix}\boldsymbol{s}\cdot\boldsymbol{\nabla}\vartheta\\ \boldsymbol{s}\cdot\boldsymbol{\nabla}\boldsymbol{u}\\ \boldsymbol{s}\cdot\boldsymbol{\nabla}p\end{bmatrix} \tag{6.164}$$

将式(6.120)代入式(6.163)并且两边同时对 $\boldsymbol{\varphi}^{i}$ 求内积,得到如下的 Galerkin 映射系统:

$$\begin{aligned}\dot{a}_{i}(t)=&K_{i}+\sum_{j=1}^{r}L_{ij}a_{j}(t)+\sum_{j=1}^{r}\sum_{k=1}^{r}Q_{ijk}a_{j}(t)a_{k}(t)-\dot{\alpha}\sin\alpha SK1_{i}+\\&\dot{\alpha}\cos\alpha SK2_{i}-\dot{\alpha}\sin\alpha\sum_{j=1}^{r}SL1_{ij}a_{j}(t)+\dot{\alpha}\cos\alpha\sum_{j=1}^{r}SL2_{ij}a_{j}(t)\end{aligned} \tag{6.165}$$

式中,K_{i}、L_{ij} 和 Q_{ijk} 为自治系数;$SK1_{i}$、$SK2_{i}$、$SL1_{ij}$ 和 $SL2_{ij}$ 为非自治系数,表达式如下

$$K_{i}=(\boldsymbol{Q}^{C}(\bar{\boldsymbol{q}},\bar{\boldsymbol{q}}),\boldsymbol{\varphi}^{i}) \tag{6.166}$$

$$L_{ij}=(\boldsymbol{Q}^{C}(\bar{\boldsymbol{q}},\boldsymbol{\varphi}^{j})+\boldsymbol{Q}^{C}(\boldsymbol{\varphi}^{j},\bar{\boldsymbol{q}}),\boldsymbol{\varphi}^{i}) \tag{6.167}$$

$$Q_{ijk}=(\boldsymbol{Q}^{C}(\boldsymbol{\varphi}^{j},\boldsymbol{\varphi}^{k}),\boldsymbol{\varphi}^{i}) \tag{6.168}$$

$$SK1_{i}=(\boldsymbol{T}(\bar{\boldsymbol{q}},\boldsymbol{x}),\boldsymbol{\varphi}^{i}) \tag{6.169}$$

$$SK2_{i}=(\boldsymbol{T}(\bar{\boldsymbol{q}},\boldsymbol{x}1),\boldsymbol{\varphi}^{i}) \tag{6.170}$$

$$SL1_{ij}=(\boldsymbol{T}(\boldsymbol{\varphi}^{j},\boldsymbol{x}),\boldsymbol{\varphi}^{i}) \tag{6.171}$$

$$SL2_{ij} = (\boldsymbol{T}(\boldsymbol{\varphi}^j, \boldsymbol{x}1), \boldsymbol{\varphi}^i) \tag{6.172}$$

对于二维问题,$\boldsymbol{x}1$ 为

$$\boldsymbol{x}1 = \begin{bmatrix} 0 & -1 \\ 1 & 0 \end{bmatrix} \boldsymbol{x} \tag{6.173}$$

为了计算式(6.166)~式(6.172),需要计算网格中心点上变量的导数。采用格林公式计算在网格点上的变量导数

$$(\boldsymbol{\nabla}\psi)_i = \frac{1}{V(\Omega_i)} \int_{\Omega_i} \boldsymbol{\nabla}\psi \mathrm{d}\Omega = \frac{1}{V(\Omega_i)} \sum_{j=1}^{n_\mathrm{f}} \int_{\partial\Omega_{i,j}} \psi \boldsymbol{n} \mathrm{d}S \tag{6.174}$$

式中,n_f 为网格单元的边界个数,对于二维问题 $n_\mathrm{f} = 4$。网格界面处的变量值采用中心差分格式计算。得到 POD - Galerkin 降阶模型后,方程的求解变成一个柯西问题,其初始条件为

$$a_i^0 = (\tilde{\boldsymbol{q}}^0, \boldsymbol{\varphi}^i) \tag{6.175}$$

6.6.4 校正方法

对式(6.165)采用四阶 Runge - Kutta 方法积分,得到的解是不精确甚至是不稳定的。这是因为采用 POD - Galerkin 映射方法得到的降阶模型缺少耗散性能,并不稳定,需要加入修正使方程稳定。将式(6.165)写成如下向量形式

$$\dot{\boldsymbol{a}}(t) = \boldsymbol{f}[\boldsymbol{y}, \boldsymbol{a}(t)] \tag{6.176}$$

Couplet 按照不同的误差定义方式将校正方法分为三类:带动力约束的状态校正方法、状态校正方法和流场校正方法。第一种方法实际上是求解一个有约束的柯西问题最优解,一般采用迭代解法。但是 Couplet 指出,求解约束优化问题往往是一个病态问题,可能同时存在多个解并且无法保证解一定收敛。因此,Couplet 对方法一中的误差定义分别作积分和微分,得到两个不同的误差定义。基于这两个新的误差定义得到的校正方法就是状态校正方法和流场校正方法,采用流场校正方法,其误差定义如下

$$\boldsymbol{e}(\boldsymbol{y}, t) = \dot{\boldsymbol{a}}^\mathrm{P}(t) - \boldsymbol{f}[\boldsymbol{y}, \boldsymbol{a}^\mathrm{P}(t)] \tag{6.177}$$

式中,上标 P 表示直接将快照映射到 POD 基上得到的 POD 基系数。流场校正的目的是使下式最小:

$$\min\langle \| \boldsymbol{e}(\boldsymbol{y}, t) \|^2 \rangle = \min \frac{1}{N} \sum_{k=1}^{N} \sum_{i=1}^{r} \{ \dot{\boldsymbol{a}}_i^\mathrm{P}(t) - f_i[\boldsymbol{y}_i, \boldsymbol{a}^\mathrm{P}(t_k)] \}^2 \tag{6.178}$$

式中,N 为采样段内所有时刻解的总数。可以证明上述最小值问题等价于如下的最小二乘问题:

$$A_e y = b_e \tag{6.179}$$

式中,矩阵 $\boldsymbol{A}_e$ 和向量 $\boldsymbol{b}_e$ 为

$$\begin{cases} \boldsymbol{A}_e = \langle \boldsymbol{E}^T(t)\boldsymbol{E}(t) \rangle \\ \boldsymbol{b}_e = -\langle \boldsymbol{E}^T \boldsymbol{e}(0,t) \rangle \end{cases} \tag{6.180}$$

矩阵 $\boldsymbol{E}$ 表示如下坊射矩阵:

$$\boldsymbol{E}(t)\boldsymbol{y} = -\boldsymbol{f}[\boldsymbol{y},\boldsymbol{a}^P(t)] \tag{6.181}$$

式(6.179)实际上是求解一个反问题,通常反问题求解的都是病态方程组。Placzek 和 Cordier 建议使用 Tikhonov 正则化方法来求解该问题,其思想是给方程组另外增加约束条件(解向量的模),使得问题转化为求解如下方程的最小化问题:

$$\min \| \boldsymbol{A}_e \boldsymbol{y} - \boldsymbol{b}_e \|_2^2 + \rho_T \| \boldsymbol{y} - \boldsymbol{y}_0 \|_2^2 \tag{6.182}$$

式中,ρ_T 为正则化参数,可以使用 L 曲线法来求得。

6.6.5 算例分析

为了说明基于 POD – Galerkin 映射方法的非定常可压缩流场降阶模型的建立,这里考虑对第 2 章中非定常流动算例——AGARD CT5 算例进行降阶。空间离散格式采用 Roe 格式,时间推进采用 LU – SGS – τTs 格式,计算状态见第 2 章非定常算例。快照采样从流场进入稳态解开始(在十个运动周期后开始采样),采样时间步长为 $\Delta t^* = 2\pi/\omega_\alpha/50$,总共采样 100 个快照(相当于两个运动周期)。用快照方法求解 POD 基和特征值。图 6.26 给出了前 50 阶 POD 特征值功率谱,从图中可以看出前 10 阶特征值总共占据流场 99.74% 的能量,基本上能够用来代替全阶流场,因此只截取前 10 阶 POD 基进行 Galerkin 映射。得到 POD 基以后,将式(6.163)映射到前十阶 POD 基上得到式(6.165),以时间步长 $\Delta t^*/20$ 在时域内积分该式,得到的响应如图 6.27 所示。可以看出直接映射得到的降阶模型本身是不稳定的,即使增加了映射所需的 POD 基个数以及快照数量。这是因为 Galerkin 映射本身缺少数值耗散。全阶 Euler 方程计算中无黏通量计算采用的 Roe 格式本身隐式的含有数值耗散项使得全阶方程计算稳定。为了克服这个问题,可以采用流场校正方法来考虑这部分数值耗散。为了使降阶模型稳定,使用内插值技术插值求得快照采样时间段内直接映射得到的 POD 基映射系数。流场校正方法中总共使用 $N = 3961$ 个基映射系数。采用 L 曲线法来计算 Tikhonve 正则系数,结果如图 6.28 所示。图中蓝色方块所表示的正则系数 ρ_T 是式(6.182)中最小残差和解范数的平衡点。这样解出来的校正系数 $\boldsymbol{y}$ 既使得式(6.182)的残差最小,同时又不至于太偏离物理解。图 6.29 是采用校正

后的降阶模型在时域内积分得到的结果，可以发现和图 6.27 相比，降阶模型的短周期响应（第一阶 POD 基前两个周期）在稳定性和精度上都有了很大的提高。图 6.30 是 POD 基映射系数的相位图，从图中可以看出长周期响应（第一阶 POD 基 16 个周期）上面降阶模型和全阶模型计算结果仍然有些差别，特别是后六阶 POD 基映射系数上。

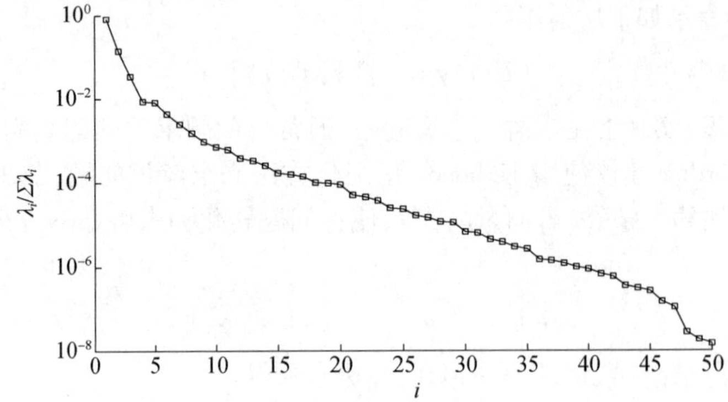

图 6.26　POD 特征值能量谱

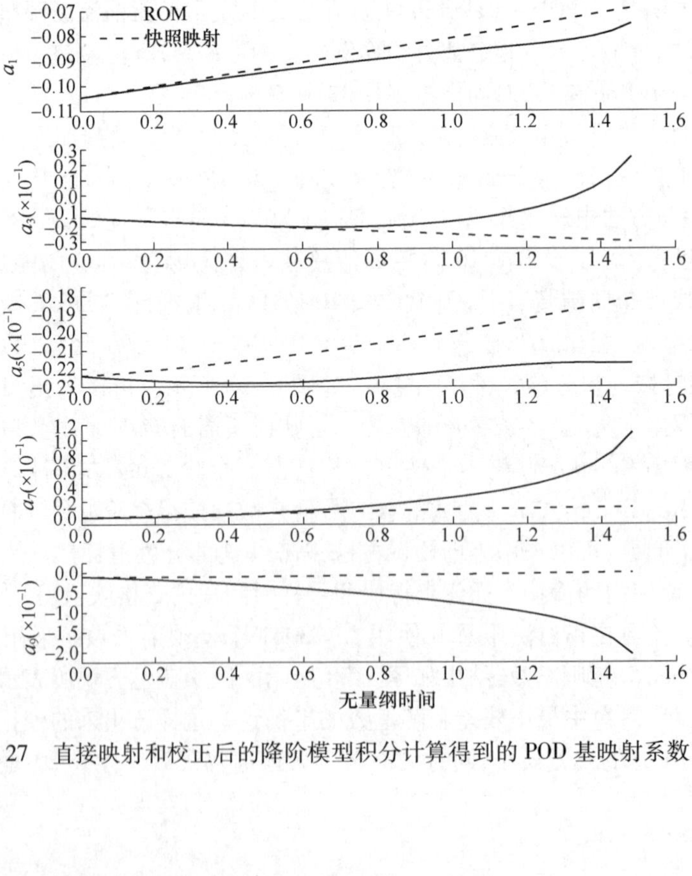

图 6.27　直接映射和校正后的降阶模型积分计算得到的 POD 基映射系数比较

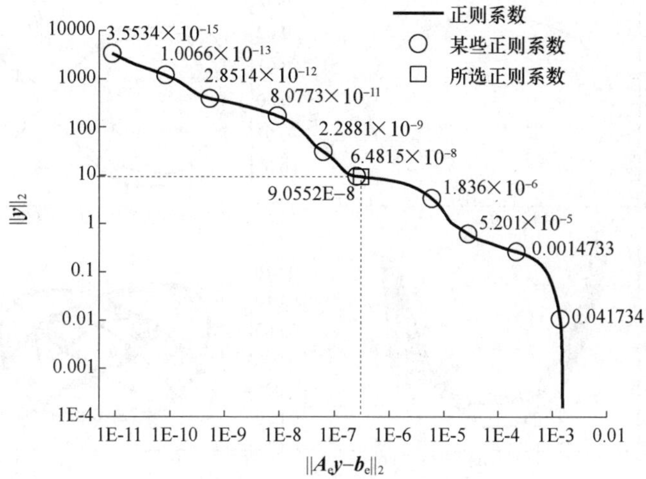

图 6.28　正则系数 ρ_T

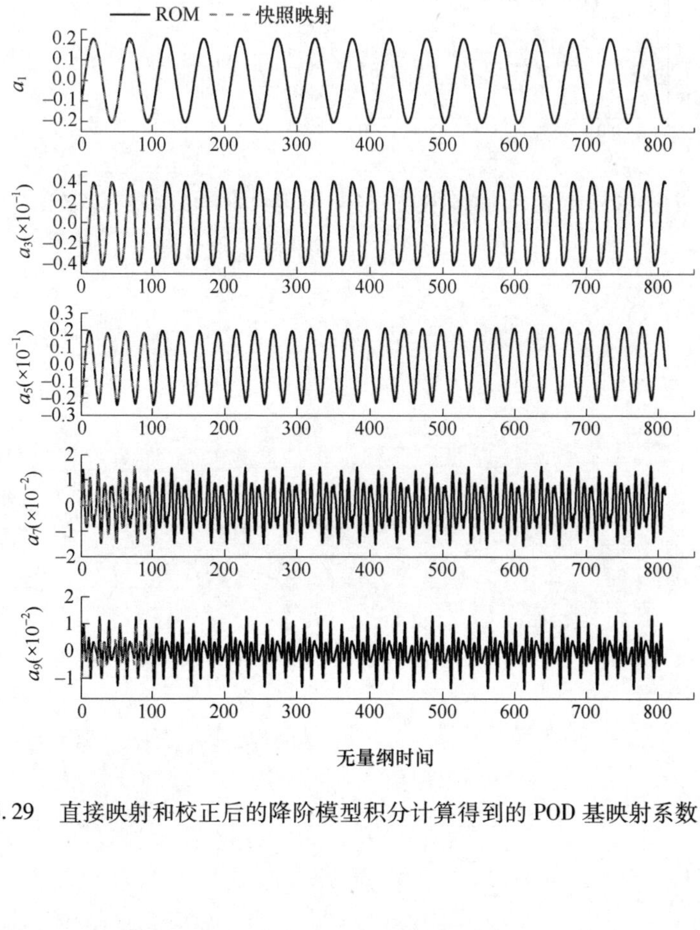

图 6.29　直接映射和校正后的降阶模型积分计算得到的 POD 基映射系数比较

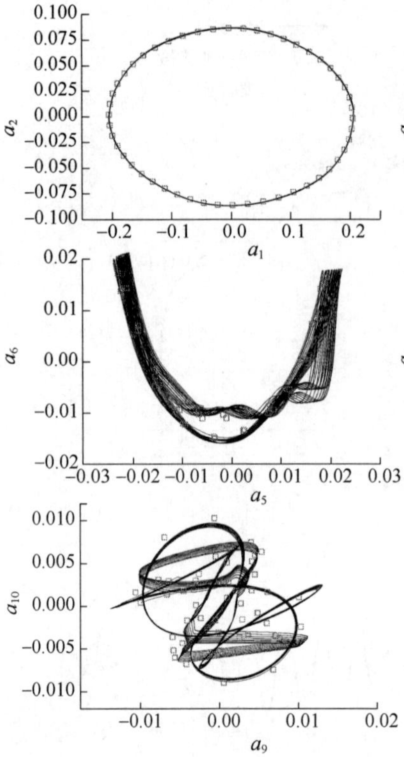

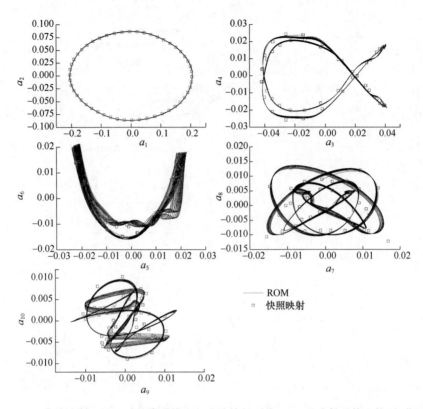

图 6.30　直接映射和校正后的降阶模型积分计算得到的 POD 基映射系数比较(相位图)

第7章 基于 CFD/CSD 耦合计算软件的设计及其应用

7.1 引　言

基于 CFD/CSD 耦合的时域仿真已经成为气动弹性研究中的主流手段。然而由于两者之间耦合界面的建立比较烦琐,计算流体力学中非定常计算时动态网格变形技术复杂,以及工程应用中的复杂外形,造成目前 CFD/CSD 耦合计算气动弹性程序无通用性。针对这一问题,结合具体工程型号任务,经多年研究,为解决各种复杂外形的飞行器全机动网格和全机中部分部件为弹性体的动网格通用技术,形成了工程应用的通用软件。

本章简略叙述本课题组开发软件的基本思路,介绍软件的基本功能及应用流程。最后,采用该 CFD/CSD 耦合系统对具有代表性的气动弹性问题进行计算分析。

7.2 计算气动弹性软件简介

7.2.1 软件功能简介

基于 CFD/CSD 耦合计算气动弹性软件是本课题组经历多年不断努力完成的。软件命名为 MIFD – AED(Multidisciplinary Flight Dynamics – Aeroelastic Dynamicity),其基本理论是:基于计算流体动力学与结构动力学方程的耦合,求解结构响应特性及载荷,分析结构大变形和大扰动非线性气动弹性问题。

第一,在 CFD 求解器方面,采用用户自定义函数技术,从而为各学科之间的信息交换提供了标准接口。

第二,在结构求解器方面,由于目前所采用的多变量非线性有限元技术从根本上避免了剪切死锁和体积死锁,从而使得采用大长宽比网格进行分析成为可能。在其基础上,引入各项异性的本构关系,从而可将其应用推广到各项异性的复合材料。

第三,在保形动网格技术的基础上,增加分支模态法(通过整体模态的拆分和组合),即可有望应用于全飞行器的力热耦合载荷分析。

第四,在多学科耦合计算框架中引入非线性声学求解器即可考虑噪声对结构的影响。

第五,由于保形动网格技术采用了基于有限元插值的投影技术即可以单独考虑气动部件的刚性变形或弹性变形,也可以将刚性变形和弹性变形同时考虑,从而为刚体动力学与计算流体力学技术的结合和刚柔耦合的气动弹性分析打下坚实的基础。因此,在多学科耦合计算框架中引入 EBD(弹性飞行器动力学),即可对全飞行器进行自由飞的全弹道的载荷分析,从而不再需要选取特征点。

软件功能有:

(1) 复杂外形全机(导弹)飞行器气动弹性分析。包括:颤振特性、抖振特性、阵风响应、舵面反效、极限环特性。

(2) 弹性动载荷分析。包括:弹性结构瞬态惯性载荷分析,弹性结构瞬态应力分析,结构弹性响应的非定常气动载荷分析。

(3) 气动/气动噪声/弹性分析。考虑气动载荷/气动噪声载荷的综合载荷环境的结构响应特性分析。

(4) 考虑刚体模态的气动弹性分析。

另外,软件对系统的单个求解器可以单独使用,即可以单独计算气动力和结构动力学计算。

该软件有良好的人机交互界面,通用性好,拓展性强,已应用于工程项目中。目前课题组还在继续扩展该软件的应用功能。

7.2.2 软件总体设计方案

20 世纪 90 年代以来,随着计算流体力学(CFD)和计算结构动力学(CSD)的不断发展与成熟,尤其是 CFD 技术的不断成熟已经可以保证可靠地求解 Euler 与 RANS 方程了,以及计算结构动力学中有限元方法等多种手段的成熟,为气动弹性力学和载荷计算技术的发展构建了良好的技术基础。从那时起,基于 CFD/CSD 耦合的气动弹性分析和气动弹性载荷数值模拟手段越来越得到重视,诸多研究得到开展,一批具备 CFD/CSD 耦合时域仿真功能的代码被开发出来。而且,随着计算机硬件的不断发展,基于 CFD/CSD 耦合的算法与手段也逐渐地从理论与科研的阶段走向工程实用。

从 20 世纪 90 年代开始,国外的 CAD/CAE/CAM 软件开发机构开始大量应用面向对象技术,相继推出了一大批业界知名的用于气动弹性分析的商用软件,如表 7.1 所列。

表 7.1　国际上典型的气动弹性求解软件

软件	开发者	气弹求解的核心代码	GUI
FLEXSTAB	Boeing	线性势流方法求解非定常气动力+线性梁理论,频域求解	无
DYLOFLEX	Boeing	升力面理论、细长体理论、偶极子格网法或准定常理论+结构模态+线化小扰动运动方程,频域求解,引入动态分析	无
Flds	MSC	主要采用偶极子格网法+模态叠加法	以 Patran 为用户界面,具有完善的建模、前后处理功能
ZAERO	Zona 科技	跨声速小扰动+线性模态+线性时变状态空间控制模型,频域求解	有完善的用户界面,可进行建模、前后处理
STARS	NASA Dryden 飞行研究中心	CFD 方法求解气动力+结构模态分析法	无用户界面,前后处理功能依赖其他软件,输入文件需手工配置
ENSAERO	NASA Ames 研究中心	Euler/N-S 方程有限差分求解+线性结构模态耦合求解,界面转换采用双线性插值方法	同上
CFL3D V6	NASA 兰利研究中心	CFD 方法+线性结构模态耦合求解	同上
Fluent	原 Fluent 公司	单纯的 CFD 求解器,需用户使用 UDF 耦合上 CSD 系统进行求解	基于原 CFD 求解器界面与网格生成前处理软件,结构信息的导入与耦合界面的指定需用户人工配置
CFX	AEA Technology	单纯的 CFD 求解器,需用户使用自定义函数的形式完成结构求解器与耦合界面	同上

表 7.1 中所展示的气动弹性软件主要分为四类:

(1) 采用经典求解方法,无图形用户界面(GUI),如 FLEXSTA,DYLOFLEX。由于不具备完善的图形界面,建模功能几乎没有,完全靠用户指定模型数据,这样造成这些软件不但算法本身误差大,而且还要对模型进行简化,进一步减弱了结果的可靠性与精度。

(2) 采用经典求解方法,有完善的 GUI 界面,如 Flds 和 ZAERO。

(3) 基于 CFD/CSD 耦合的现代气动弹性求解器,如 STARS,ENSAERO,

CFL3DV6。然而都不具备完善的 GUI 界面。

(4) 在单纯的 CFD 软件基础上,利用软件提供的用户接口,采用用户自定义函数 (UDF – User Defined Function) 已完成结构求解器部分与气弹时域推进部分,如 Fluent,CFX 等,可以利用它们的用户自定义接口来进行这方面的工作。

我们根据 CFD/CSD 耦合的基本原理(图 7.1),借鉴目前国外 CFD/CSD 软件分析与总结,借用 Fluent 和 CFX 软件的用户自定义接口思想,制定计算气动弹性软件的开发方案。框图如图 7.2 所示。

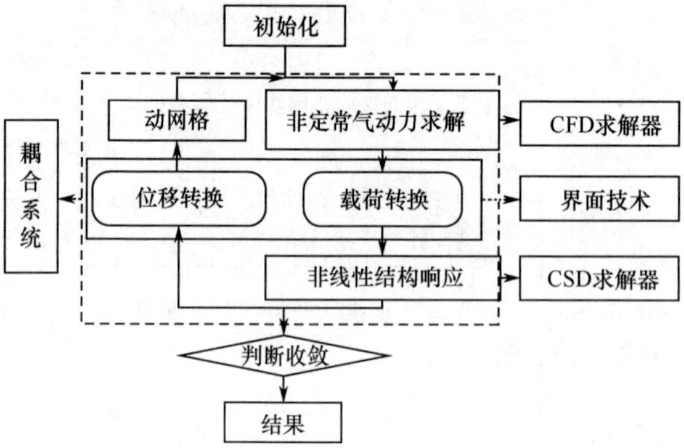

图 7.1　CFD/CSD 耦合的气动弹性时域仿真原理框图

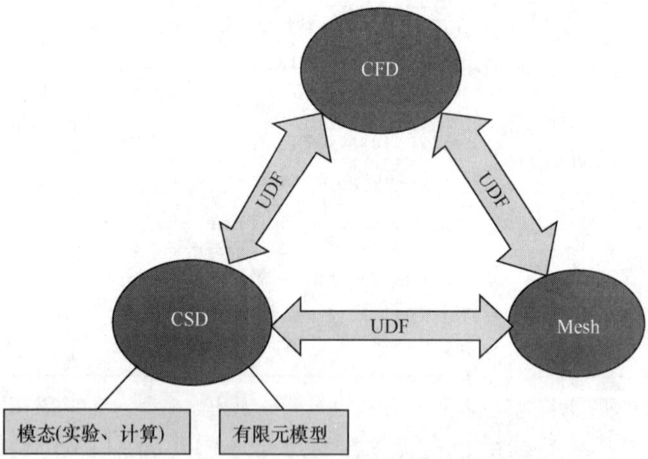

图 7.2　计算气动弹性软件设计方案框图

图 7.2 中,CFD(计算流体动力学)为基础代码。用户可使用 CFD 软件的二次开发接口完成自定义初始值、边界条件、动网格的设置,同时也可将 CFD(计算流体动力学)求解器与 CSD(计算结构动力学)以及其他求解器耦合进行多力学场模拟。

7.2.3 软件系统总体框架

系统中分为两大部分:数据库 Database 和数据的使用者 DatabaseUser,求解器 Solver、耦合界面 FieldInterface 与后处理模块 PostProcessor 都是 DatabaseUser 的一个子类,都是一种数据使用者。DatabaseUser 要使用 Database,故而它们之间存在 1 对 n 的联系,如图 7.3 所示。

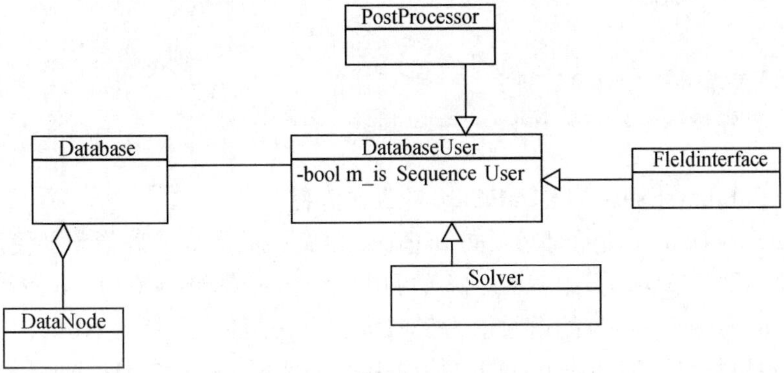

图 7.3 系统总体框架设计类图

1. Database 的设计

任务:Database 是数据的容器,负责决定某一个数据使用者是否可以操作数据,负责提供遍历数据的操作接口。不负责数据的建立与修改。数据的建立由前处理的接口模块实现,数据的修改是求解器的任务。

实现:参照 cgns 标准,基于分层原则,采用树形结构实现。树形结构的示意图由图 7-4 概括给出。

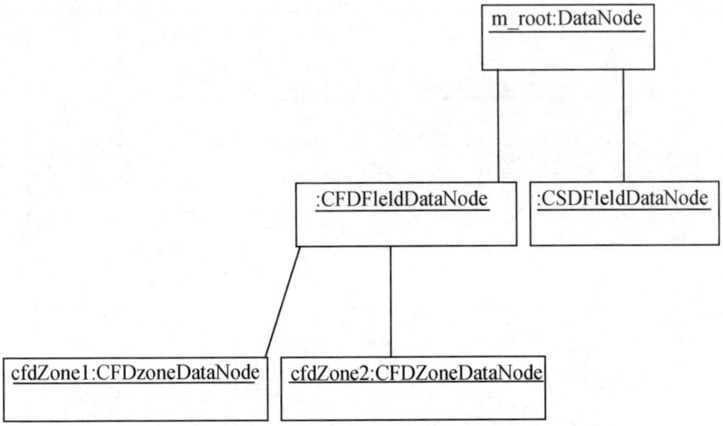

图 7.4 Database 下结点树形结构图

简单实现：

```
class Database
{
    DataNode *m_root;
};

class DataNode
{
    DataNode *m_parent;
    std::vector<DataNode *> m_children;
};
```

2. DatabaseUser 使用 Database 的工作流程

DatabaseUser 在使用时必须向 Database 以路径的形式明确指出要使用哪个节点，节点路径以整形数组表示。倘若可用，则 requestUseNode(std::vector <int> const&,DatabaseUser *)的返回值为指向该节点的指针，否则为 NULL。倘若为 NULL，可以将自己挂到该节点的等待使用者队列上。每一个 DatabaseUser 使用结束后要调用 Database 的使用结束信号 usedOver()，此函数调用本节点或者子结点使用队列中的下一个使用者的 wakeUser()来唤醒等待着的使用者。使用者在 wakeUser()中作处理来重新开始自己的使用流程(图 7.5)。

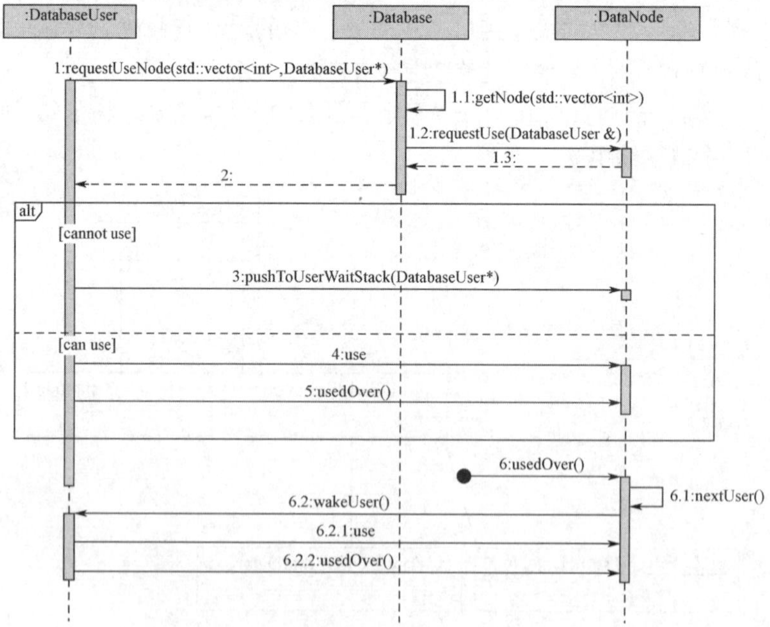

图 7.5　DatabaseUser 使用 Database 的工作流程

制订这套流程的主要目的是协调求解器与后处理之间的行为，因为求解器耦合求解的过程是顺序执行的，而后处理的刷新动作是随机，为了防止它们之间的冲突，必须有这样一个过程（图7.6）。

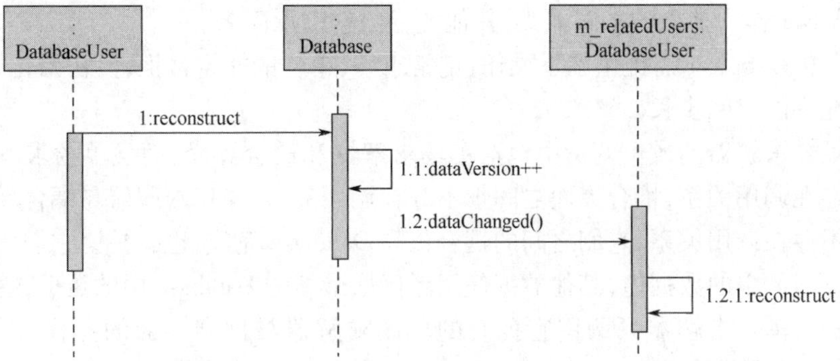

图7.6　DatabaseUser 更改了 Database 上某结点数据结构后的处理过程

以上序列图是为了协调 Database 中保存的数据与 Solver 中自己保存的私有数据的结构。

7.2.4　数据使用者及其子类

图7.7为数据使用者的抽象类图，数据使用者可用分为三类：求解器、后处理和数据传递接口。

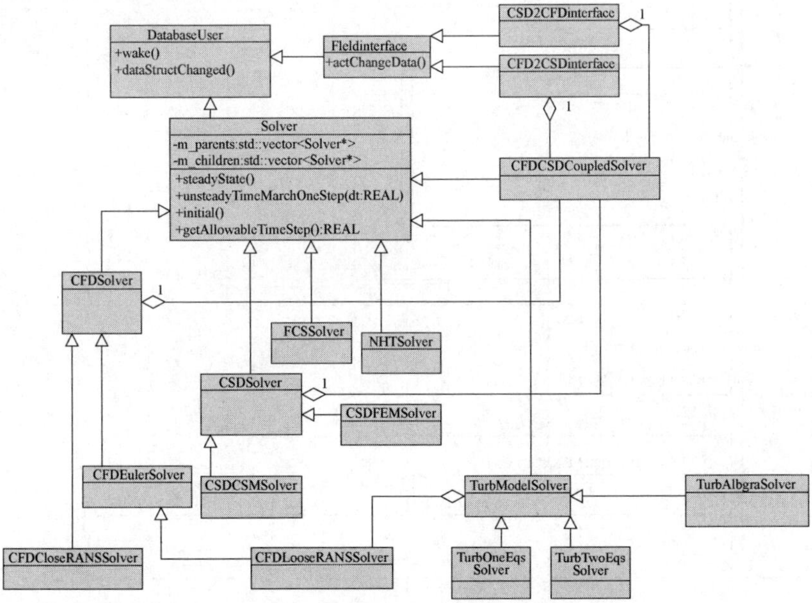

图7.7　数据使用者与子类的关系图

后处理通过 Tecplot 实现。求解器分为 CFD 求解器、CSD 求解器和耦合求解器。当然每一类求解器根据各种的功能可能还会有细分，在此不做详细介绍。

1. 求解器对象

Solver 作为抽象的求解器类，其他类皆由它继承而来。

分析得 Solver 需提供如下操作：定常求解，单步的非定常推进，初始化操作，获取允许的时间步长。

耦合求解器的成员变量中包括单场求解器和耦合界面，而且单场求解器之间不存在调用关系，耦合界面之间也不存在调用关系，单场求解器与耦合界面之间也不存在调用关系，它们之间的耦合依靠 Database 完成，也就是说它们分别更改 Database 中的数据值，其他数据使用者读取最新的 Database 中的数据，继续向前推进。耦合求解器只调用它拥有的单场求解器与耦合界面的操作，而不对 Database 进行操作。

2. 耦合界面

一个耦合界面负责单向的耦合操作，例如 CFD 向 CSD 的数据转换由一个耦合界面 CFD2CSDInterface 负责，而 CSD 向 CFD 的数据转换由 CSD2CFDInterface 负责。以下给出 CFD/CSD 耦合的序列图（图 7.8）。

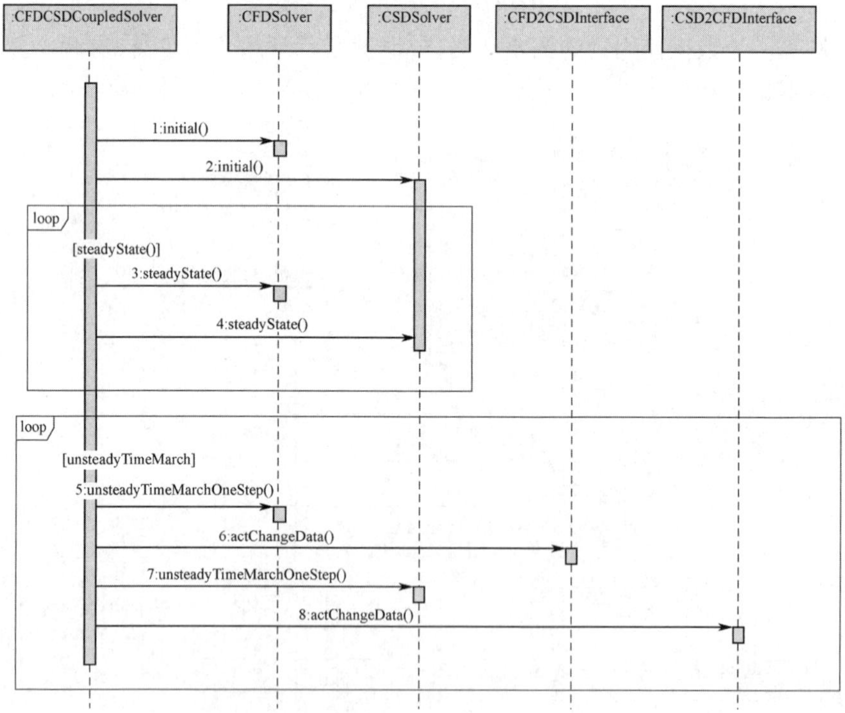

图 7.8　CFD/CSD 耦合的序列图

7.3　软件应用流程简介

输入输出文件：

一个典型的 CFD 任务所需要的输入输出文件和各个文件的具体作用如表 7.2所列。

表 7.2　CFD 任务输入输出文件

输入文件	网格文件	存储待求解 CFD 模型的所有坐标信息，为 PLOT3D 格式
	边界条件文件	存储各面边界条件 Gridgen15 的 generic 格式
	控制文件	给定计算过程中输入输出要求，气体参数，求解方法（时间、空间、差分格式等），残值要求等信息
输出文件	残值文件	计算过程中方程残值变化情况
	力、力矩文件	机翼或翼型上的气动力、力矩
	日志文件	记录计算过程中的程序信息
	表面云图	机翼，翼型表面求解变量的值
	全场云图	全流场中求解变量的值
	续算文件	用来保存中间结果用于续算的文件

工作流程：

在求解之前首先将网格文件，边界条件文件准备完毕，并按照任务要求编写控制文件。其中网格文件和边界条件文件，通过使用目前常用的商业网格生成软件生成。求解器直接读取三个文件，入读后开始计算结果输出到输出文件中。流程图如图 7.9 所示。

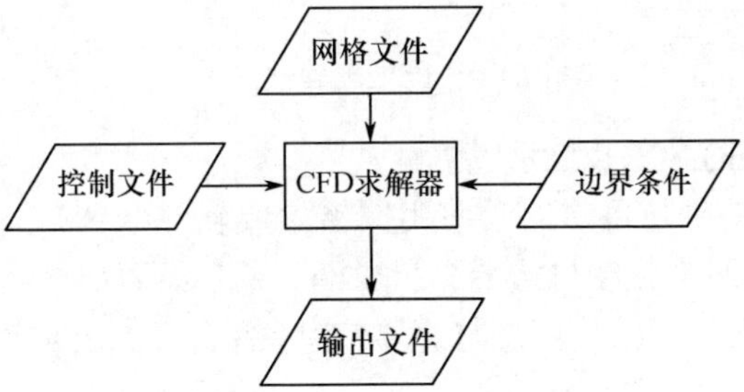

图 7.9　CFD 仿真任务流程图

7.3.1　前处理软件

作为前处理软件，其界面如图 7.10 所示。由上到下依次为标量栏、菜单栏、工具栏、主窗口区。主窗口区分为四个部分，右上角最大区域为网格显示与操作区域，右下方是信息的输出区域，左上方是 CFD 网格边界信息的显示区域，左下方是结构信息的显示区域。

它主要用于指定 CFD 网格与 CSD 有限元模型之间的插值界面，预览插值效果，将 CFD 网格、边界条件、插值界面的信息、结构广义质量阵、广义刚度阵等信息输入到求解器中。用户指定插值界面的方式是交互式的，用鼠标在屏幕上拾取 CFD 网格块的边界，指定它与哪个结构块进行数据交换，此项功能是采用 OpenGL 中的拾取功能实现的。前处理软件的主界面如图 7.10 所示。

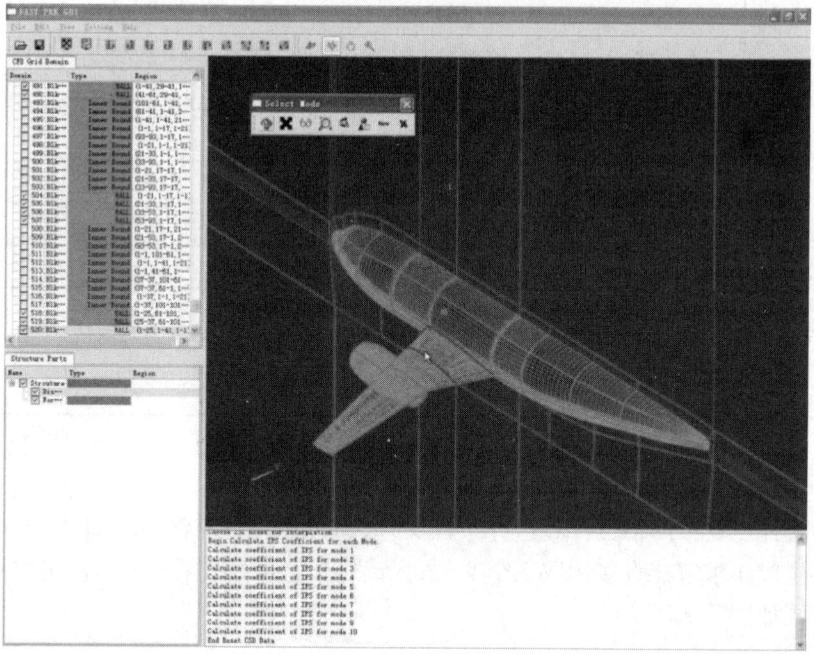

图 7.10　前处理软件主界面

1. CFD 网格的导入及显示设置

前处理软件具备与目前广泛使用网格生成软件 ICEM 和 Gridgen/Pointwise 的接口，通过导入网格文件与边界条件文件（导入界面如图 7.11 所示）可以建立起多块结构块网格的拓扑信息与边界信息（图 7.12），并将网格显示在主界面上，如图 7.10 所示。

2. 结构信息的导入

所建立的前处理软件也具备与目前广泛使用的结构有限元软件 Nastran 相兼容，通过导入 Nastran 的 BDF 文件与 F06 文件，（导入界面如图 7.13 所示）可以获取结构结点和模态的信息，并通过这些信息自动的计算界面插值参数，用户还可以通过界面自由的选择插值方向，参与耦合计算的模态等，这些信息可以在

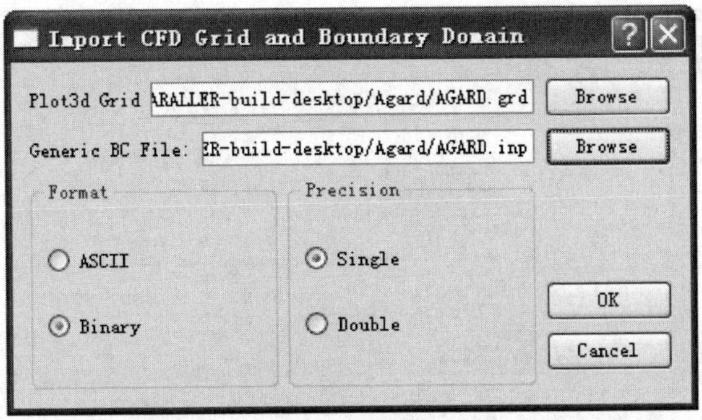

图 7.11　指定导入的 CFD 网格文件与网格边界信息文件

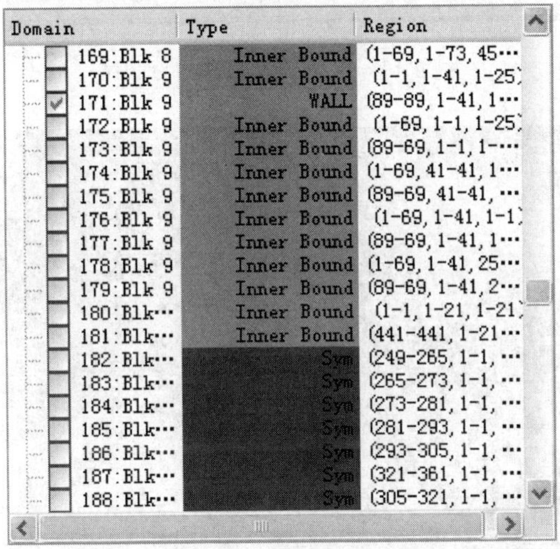

图 7.12　所建立的 CFD 网格拓扑信息与边界信息

界面上显示或者修改，如图 7.14 所示，而导入的结构结点显示在主界面上，如图 7.15所示。

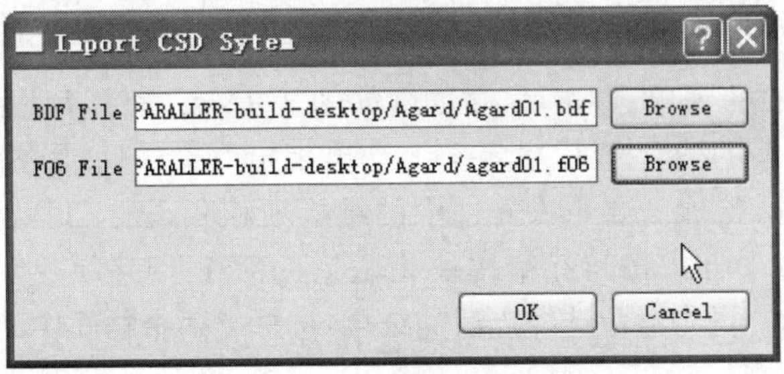

图 7.13　指定导入的结构 BDF 文件与 F06 件

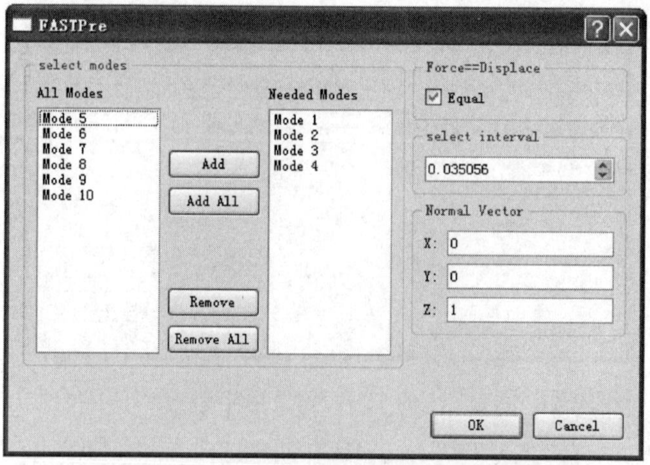

图 7.14　结构参数的显示与设置

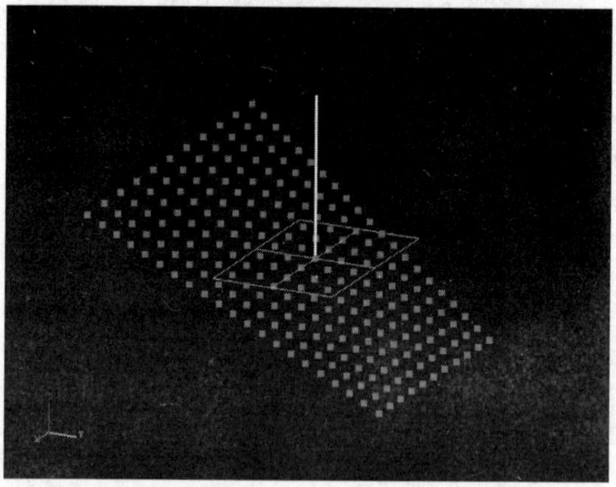

图 7.15　导入的结构结点

3. 插值界面的指定

待依次导入 CFD 网格信息与结构有限元模型信息后，右键单击结构信息显示区域上的结构项（每导入一个结构部件，在此区域会建立一个对应的项），弹出选择插值界面的菜单，点击 Associate，如图 7.16 所示，就可以进入建立 CSD 与 CFD 网格联系的拾取模式，主界面上会出来拾取操作框，如图 7.17 所示，此时可以使用鼠标拾取需要与方才选中的结构项相联系的 CFD 网格区域，操作完毕后，会以树形方式将与此结构块相联系的 CFD 网格块显示在结构项上，如图 7.18 所示。图中显示选择之后的结果：选择了两个物面作为位移和力的插值界面。

这样就可以右键点击结构项，进入设置界面如图 7.16 所示，可以在此界面

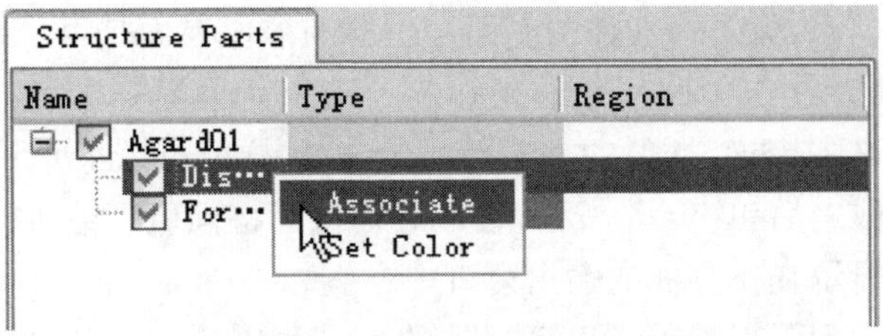

图 7.16　结构信息的显示与操作

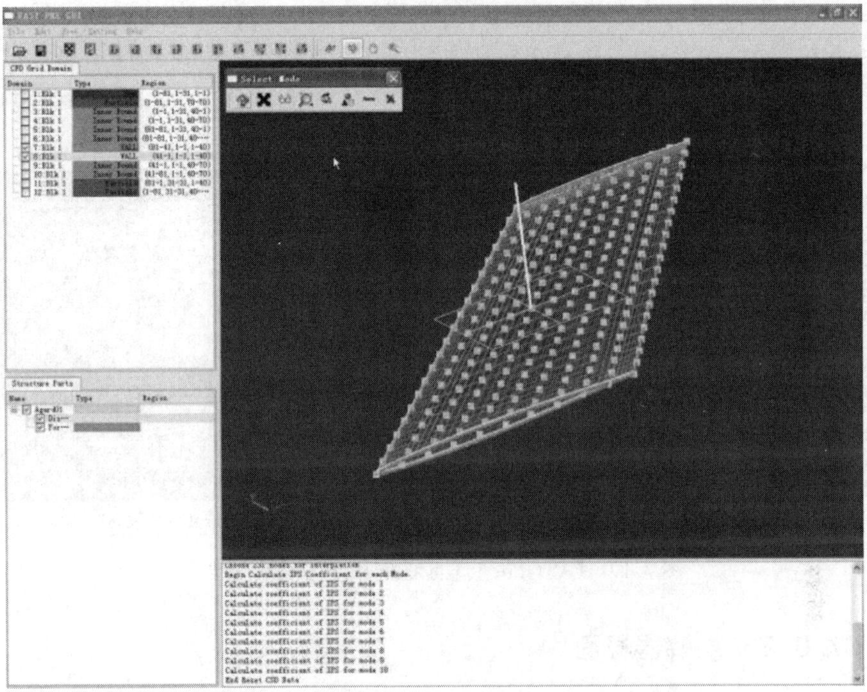

图 7.17　拾取操作模式

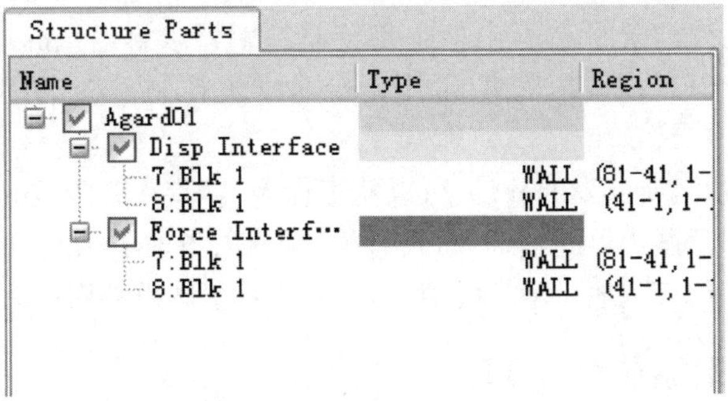

图 7.18　所建立的插值界面在 GUI 中的显示

中选择需要的模态，设定力的插值界面与位移的插值界面是否一致，可以输入筛选插值点时的间距（小于此间距的相邻两个结果认为是一个点，只筛选其中一个），可以设置法向方向，插值的方向沿此法向，这样就可以将 IPS 插值做到任意方向。设置完成之后单击 OK 按钮，程序后台自己将插值系数按模态计算完成，并将计算结果显示在主界面的输出窗口中。

设置完毕之后可以点击 Edit 菜单下的预览菜单，进入预览模式。界面上出现各阶模态广义位移的设置窗口，如图 7.19 所示。输入想要的广义位移值后点 Preview，在显示窗口中显示变形之后的结果，7－19(a)，(b)分别显示了 Agard 445.6 机翼第一阶与第二阶模态广义位移取 0.1 的结果。同时程序后台也自动完成了全场网格变形的计算，如果出现负体积或者相邻网格点之间出来缝隙，会在输出窗口中给出提示。

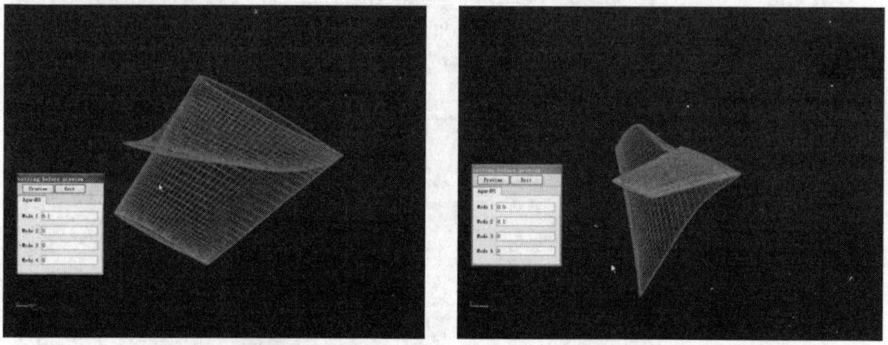

(a) 第一阶广义位移取 0.1　　(b) 第二阶广义位移取 0.1

图 7.19　FAST Pre 上显示的网格变形的预览结果

7.3.2　求解器界面

为了方便用户的使用，设计完成了如图 7.20 所示的求解器界面，界面上由上到下依次为标量栏、菜单栏、主显示区域（分为四个部分，右上部分占据界面大部分，用于曲线与云图的显示，右下部分是求解器求解信息的输出窗口，左上部分显示结构、CFD 模型的信息，左下部分是求解控制面板，用于开始/暂停求解过程）。

采用本课题组所开发的软件，可以使工程人员简单、方便地解决工程上的气动弹性问题，如颤振边界的求解、动载荷的提取等，省时省力。可以输出上云图与曲线显示模型，直观地显示求解结果，无须依赖于国外的商业后处理软件。

7.3.3　数据显示与处理

这是属于 CFD 的后处理工作中的重要部分，所有的 CFD 后处理软件如 Tec-

图 7.20　求解器主界面

plot、fieldView 等都具备此功能，而且大多数 CFD 求解器（如 Fluent、CFD + + 等）的界面上也提供了云图显示的功能。本课题组所开发的软件同样提供这样的功能。图 7.21 显示了求解器输出的残值曲线、CFD/CSD 求解过程中的动态响应曲线等信息，这一部分工作虽然比较繁琐，但是从技术上来说比较简单，无须赘言。

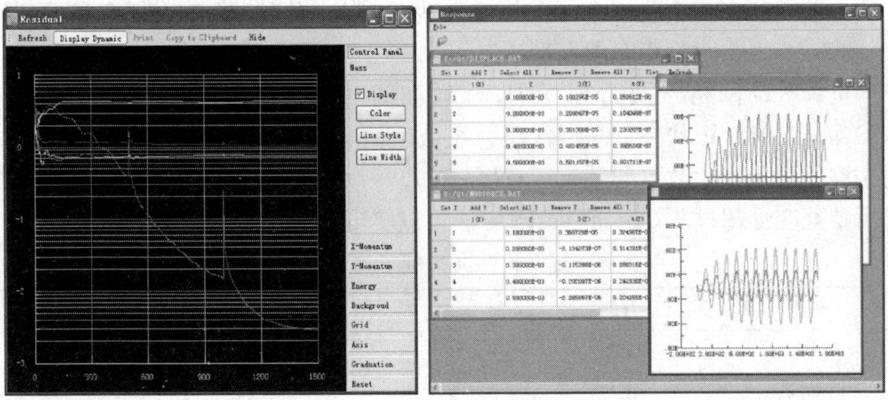

图 7.21　曲线与数据的显示

至于等值线与云图的显示，使用 OpenGL 可以简单方便的实现。图 7.22 和图 7.23 给出了搜索得到的二维与三维情况下等值线和云图的情况。

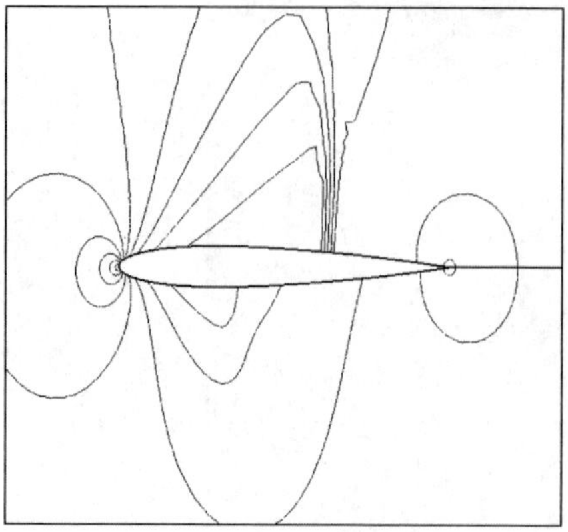

图 7.22　二维等值线图

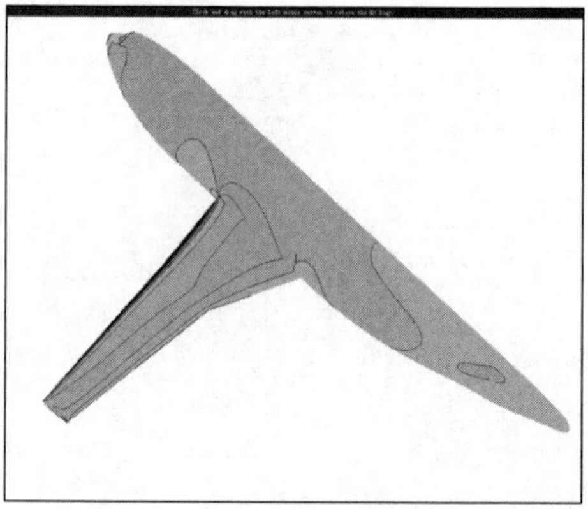

图 7.23　三维等值线图与云图

7.4　基于 CFD/CSD 耦合的气动弹性软件应用

7.4.1　大展弦比机翼静气动弹性分析

1. 机翼静气弹计算模型

对于大展弦比机翼,其主要的气动弹性问题一般不是颤振问题,而是静气动弹性问题,即最终的弹性变形以及变形后对气动性能的影响。本节计算模型选取常规结构的机翼模型,该机翼模型由常规金属材料的梁、肋板、蒙皮等部件构成,机翼半展长为 8.79m。图 7.24 为机翼的有限元模型,包含 48 个梁单元,119 个肋板单元和 224 个蒙皮单元。表 7.3 为机翼的前四阶模态的频率和振型形式,图 7.25 为前四阶模态的振型图。

机翼气动网格维数为 81 × 31 × 70,如图 7.26 所示。图 7.27 为 $Ma_\infty = 0.78, \alpha = 2.0°$ 计算状态下的定常压力系数云图。图 7.28 为采用 IPS 方法将结构振型插值到气动节点的效果示意图,图 7.29 为物面变形后的网格变形图,此时翼梢处变形超过 1.0m,证明 TFI 方法可以实现较大尺度的变形。

表 7.3　机翼模态参数

阶次	1	2	3	4
频率/Hz	5.22	21.03	42.70	46.96
振型形式	一阶弯曲	二阶弯曲	一阶扭转	三阶弯曲

2. 基于 CFD/CSD 耦合的静气动弹性分析

气动弹性计算状态取 $Ma_\infty = 0.78, \alpha = 2.0°$,飞行高度分别为 $H = 5\text{km}$、10km、15km、20km。如图 7.30 是不同高度下机翼气动弹性响应曲线,结构响

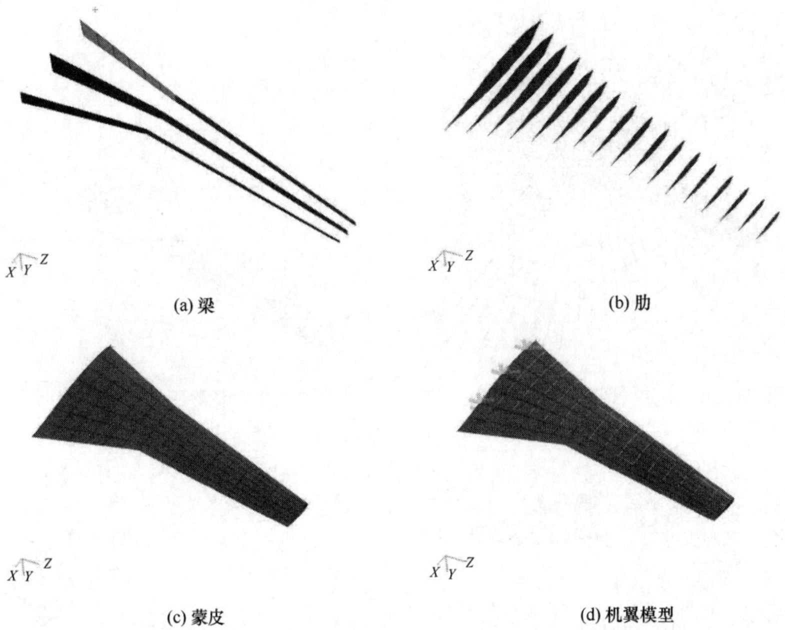

(a) 梁　(b) 肋　(c) 蒙皮　(d) 机翼模型

图 7.24　机翼结构有限元模型

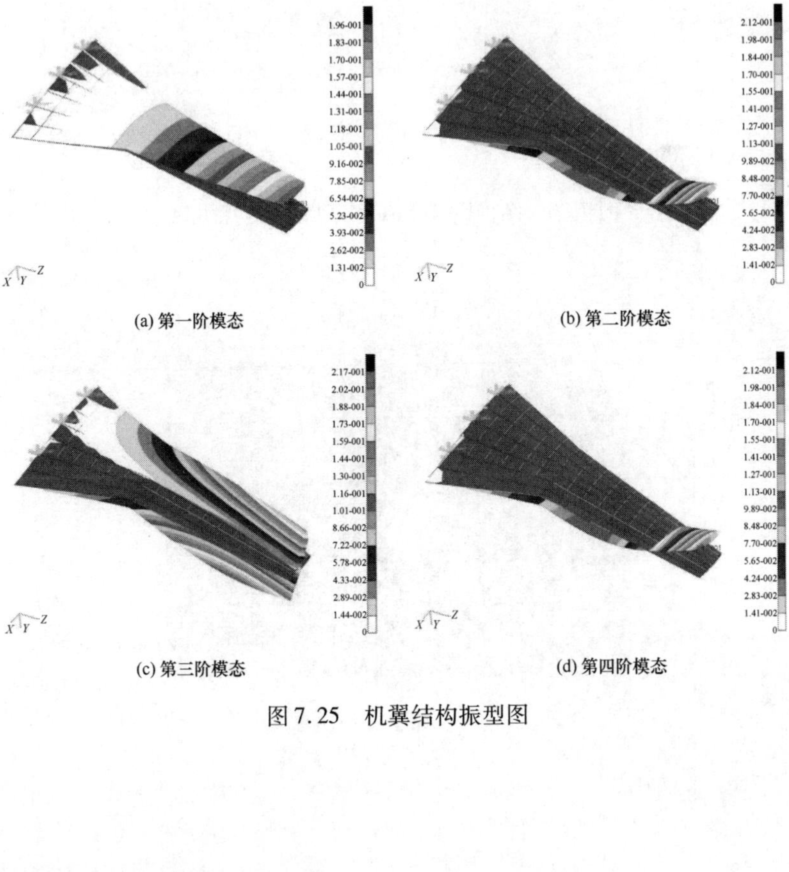

(a) 第一阶模态　(b) 第二阶模态　(c) 第三阶模态　(d) 第四阶模态

图 7.25　机翼结构振型图

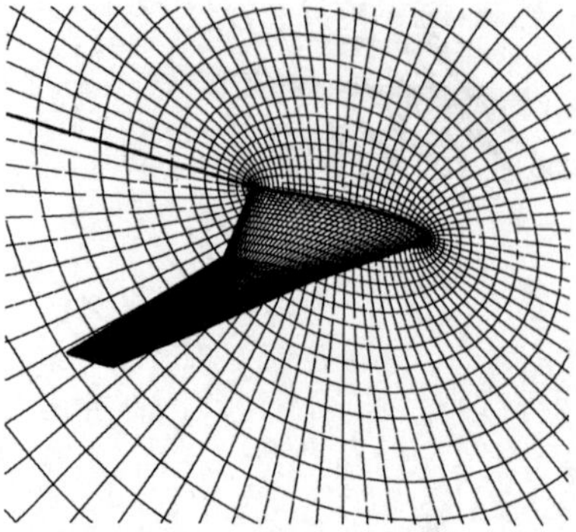

图 7.26 机翼气动网格示意

图 7.27 定常压力系数云图

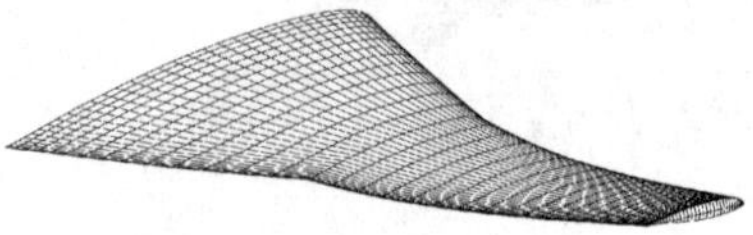

(a) 第一阶模态

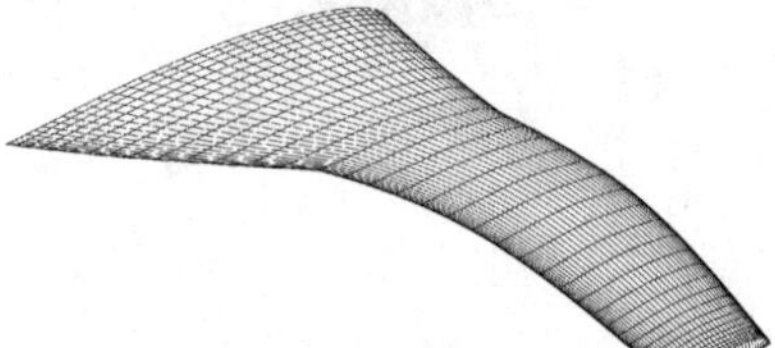

(b) 第二阶模态

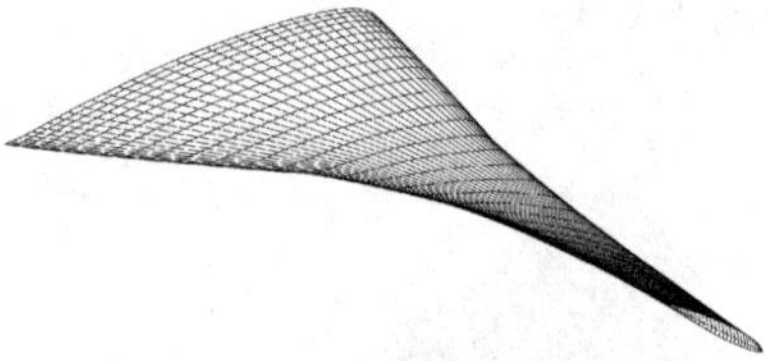

(c) 第三阶模态

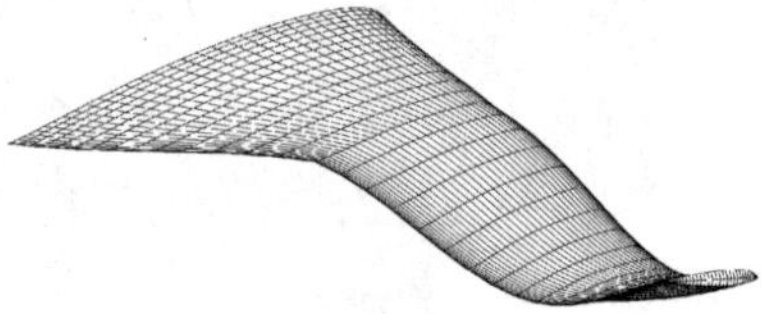

(d) 第四阶模态

图 7.28 结构振型插值到气动网格节点示意

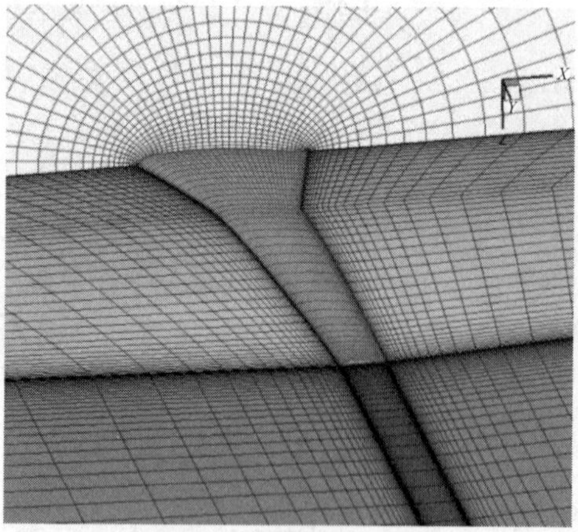

图 7.29 网格变形示意图

应表现为收敛,但在收敛过程中有一定的超调,采用 CFD/CSD 耦合分析方法可以有效地考虑结构收敛过程中的超调现象,从图 7.30 中可以看出随着飞行高度的增加,机翼进入平衡状态的时间越长,振荡越剧烈,收敛变形值越小。图 7.31 分别显示了 5km 和 20km 飞行高度下机翼变形情况和压力分布图。

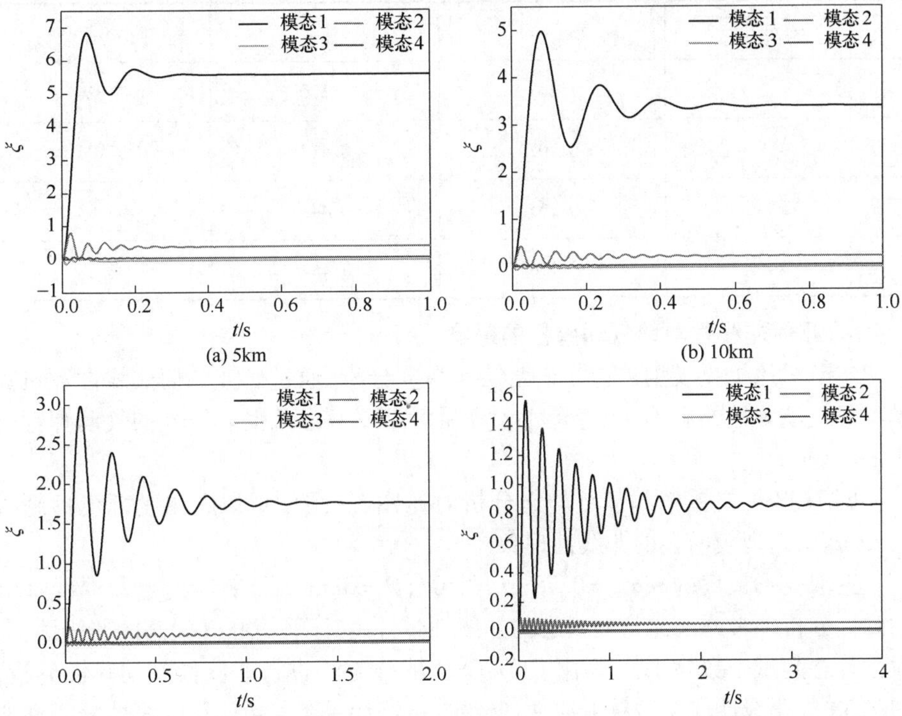

(a) 5km (b) 10km

(c) 15km (d) 20km

图 7.30 不同高度机翼结构响应曲线

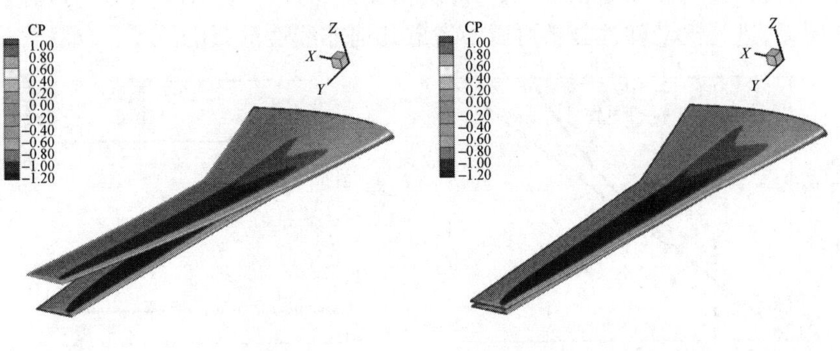

(a) 5km时机翼变形及压力分布图 (b) 20km时机翼变形及压力分布图

图 7.31 不同高度机翼变形图

表7.4给出了弹性变形后的升力系数 C_{Le} 以及 C_{Le} 与刚性状态下的升力系数 C_{Lr} 比值,可以看出在相同马赫数下,飞行高度越高,或者说飞行动压越小,升力系数损失越小。

表 7.4　不同高度机翼升力损失比较

H/km	变形/m	C_{Le}	C_{Le}/C_{Lr}/%
5	1.167	0.370	77.24
10	0.707	0.417	87.06
15	0.365	0.448	93.53
20	0.176	0.464	96.87

3. 几何非线性对静气动弹性的影响

本节对该机翼模型进行非线性气动弹性分析,通过研究几何非线性对机翼模型静气动弹性的影响,探讨在什么情况下需要考虑几何非线性的气动弹性分析的问题。

图7.32为机翼梢部节点静态分析对比图,从图中可以看出梢部变形超过1.0m开始出现较明显的非线性现象。

选取变形最大的 $Ma_\infty = 0.78, \alpha = 2.0°, H = 5\text{km}$ 为计算状态进行非线性气动弹性分析。考虑三阶弯曲模态的非线性弹性力,不考虑扭转模态的非线性,非线性静态测试个数为19。采用CFD/CSD耦合方法进行非线性气动弹性分析,图7.33为非线性广义位移响应曲线,图7.34为一阶广义位移的线性分析和非线性分析比较,图7.35为实际变形的线性分析和非线性分析比较图,从图中可以看出由于机翼变形基本在线性变形范围内,非线性分析结果与线性分析结果几乎一致,翼梢变形相差在1%左右,说明在这个变形范围内,机翼的几何非线性不明显,进行气动弹性分析可以不考虑几何非线性的影响。

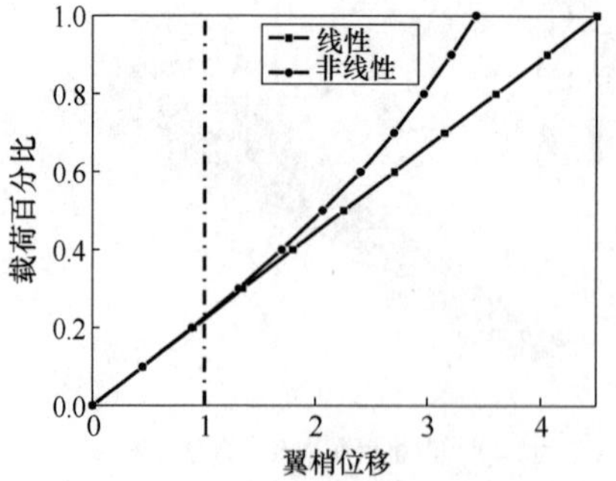

图7.32　机翼梢部节点静态分析对比

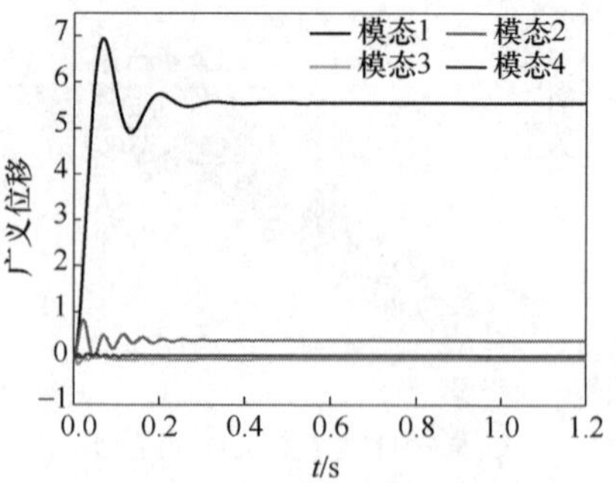

图7.33　非线性广义位移响应曲线

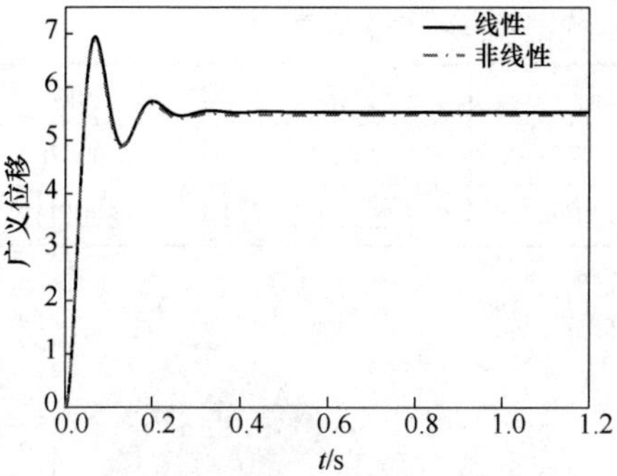

图 7.34　一阶广义位移比较

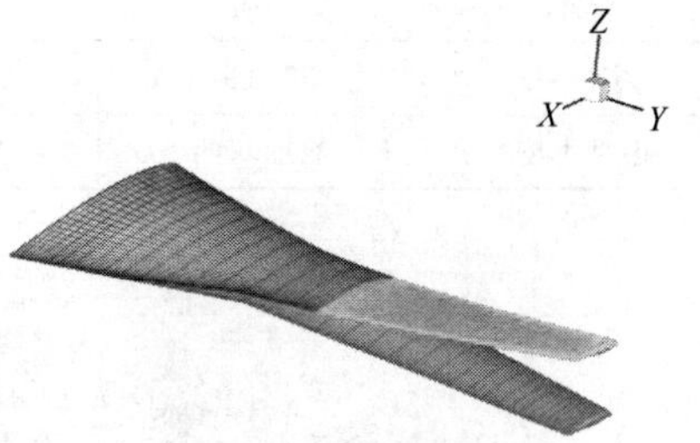

图 7.35　实际位移比较

7.4.2　超声速气动舵面颤振分析

导弹的气动弹性问题一般出现在气动控制面上，其控制面一般采用全动舵形式，舵面通过舵轴与弹身连接，由于舵轴系统的弹性作用，导弹气动舵面的气动弹性现象比较突出，容易发生颤振现象。因此，一般需要着重对导弹舵面进行颤振分析。本小节采用基于 Volterra 级数的气动弹性降阶模型对一小展弦比超声速导弹气动舵面进行颤振分析。

1. 舵面颤振计算模型

舵面的结构有限元模型图 7.36 所示，舵轴采用梁单元模拟，通过 MPC 与舵面连接，边界条件为舵轴根部固支。前四阶模态的频率和振型形式如表 7.5 所列，前两阶模态为舵轴的模态，分别为舵轴弯曲和舵轴扭转，三、四阶模态为舵面弹性变形模态，分别为舵面弯曲和扭转。图 7.37 为前四阶模态的振型图。

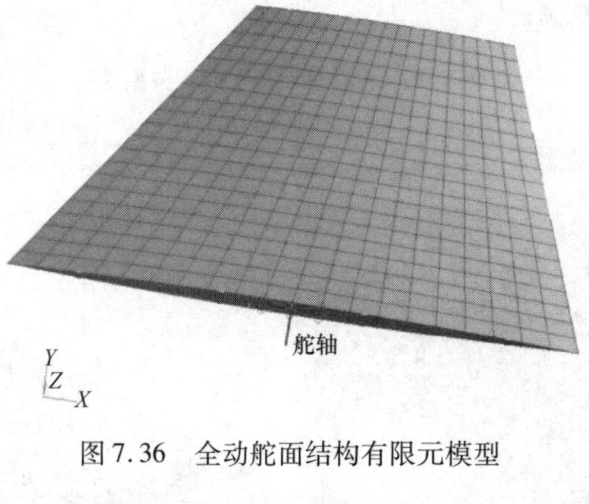

图 7.36　全动舵面结构有限元模型

气动网格采用 O－H 型拓扑结构，维数为 81 × 31 × 64，如图 7.38 所示。先对舵面进行定常气动力计算，图 7.39 为 $Ma_{\infty} = 2.0$，$\alpha = 0.0°$时定常流场表面压力系数云图。图 7.40 为采用 IPS 将结构振型数据插值到气动节点上的示意

表 7.5　全动舵前四阶模态频率及振型类型

模态	一阶	二阶	三阶	四阶
频率/Hz	32.356	52.97	300.87	430.78
振型类型	舵轴弯曲	舵轴扭转	舵面弯曲	舵面扭转

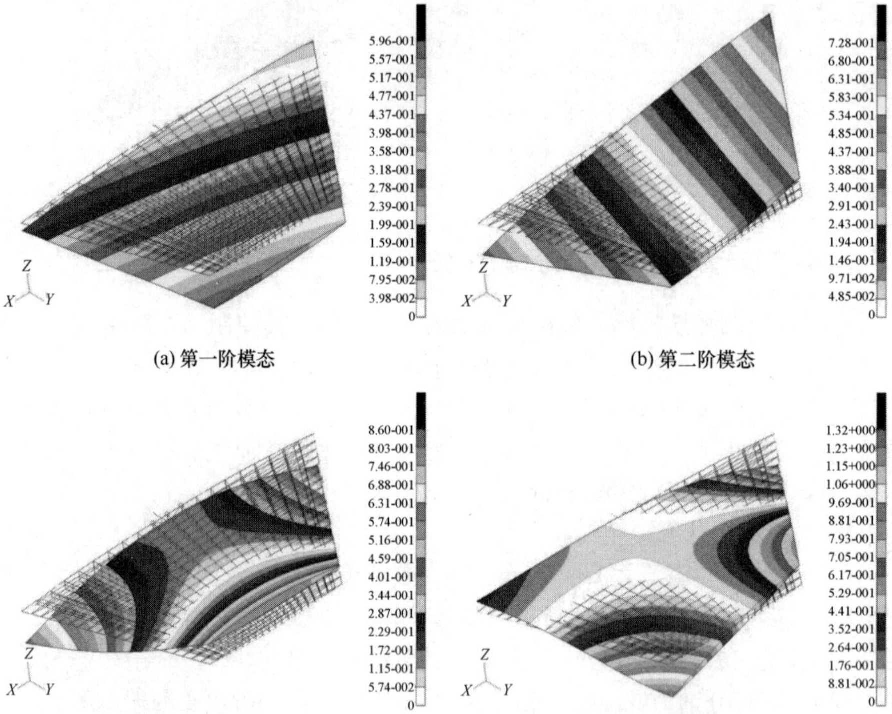

(a) 第一阶模态　(b) 第二阶模态

(a) 第三阶模态　(b) 第四阶模态

图 7.37　舵面前四阶模态振型图

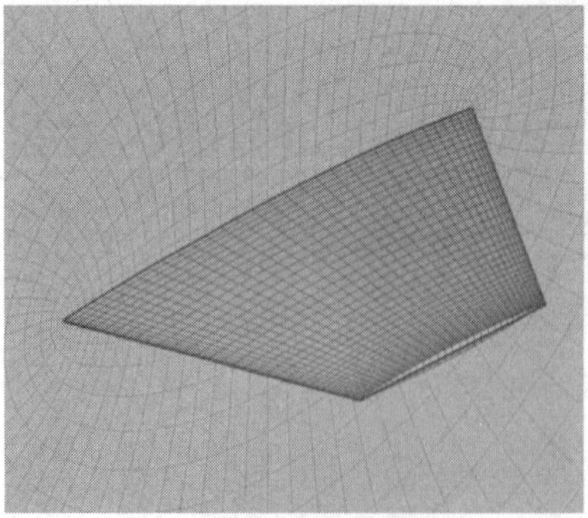

图 7.38　舵面气动网格示意图

图 7.39　舵面定常表面流场

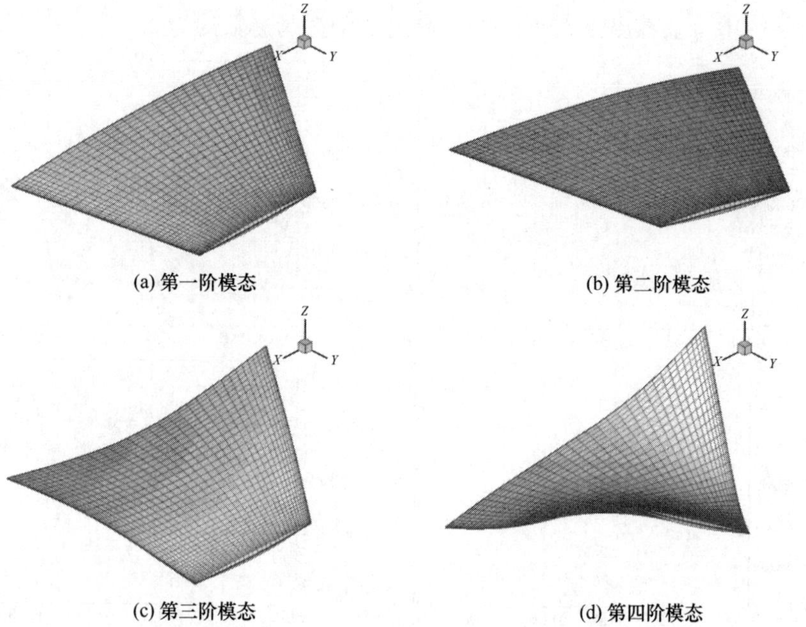

图 7.40　舵面气动网格振型插值示意图

图,从图中可以看出插值效果较好,其中前两阶为舵轴模态,舵面弹性变形不明显,第三、四阶为舵面模态,弹性变形后的舵面表面气动网格非常光滑。

2. 基于降阶模型的颤振分析

采用基于 Volterra 级数的降阶模型对该舵面进行颤振分析。首先验证降阶模型的精度,图 7.41 显示了 $Ma_\infty=2.0$ 状态下,给一阶模态施加一个频率为 32.356Hz 的强迫正弦振动

$$\xi_1=0.0001\sin(2\pi\times 32.356\times t)$$

时的前四阶模态力的 CFD/CSD 计算结果与降阶模型结果的比较。从图中可以观察到前四阶广义气动力的 ERA/ROM 解和 CFD/CSD 耦合计算解在幅值和相位上吻合得非常好,可以满足气动弹性分析的精度。图 7.42 为由降阶模型计算得到的 $Ma_\infty=2.0$ 时的等幅响应曲线,颤振动压为 236.15kPa,为了进一步验证降阶模型计算结果的精度,在该状态下采用 CFD/CSD 耦合验证计算结果。图 7.43为颤振动压(236.15kPa)下,舵面前两阶广义位移随时间的变化的降阶模型计算结果和 CFD/CSD 计算结果的比较情况,同样吻合的非常好,证明该降阶模型拥有较高的精度,计算结果可靠。用同样方法计算马赫数 1.7 ~ 2.5 的颤振动压,表 7.6 为马赫数 1.7 ~ 2.5 对应的颤振动压。为了得到导弹在 2km 高度的颤振动压,将不同马赫数的颤振动压与 2km 不同马赫数的飞行动压进行比

较，图7.44为马赫数从1.7到2.5时舵面的颤振动压以及2km高度飞行动压比较图，从图中可以看出该舵面在2km高度的颤振马赫数约为2.18。

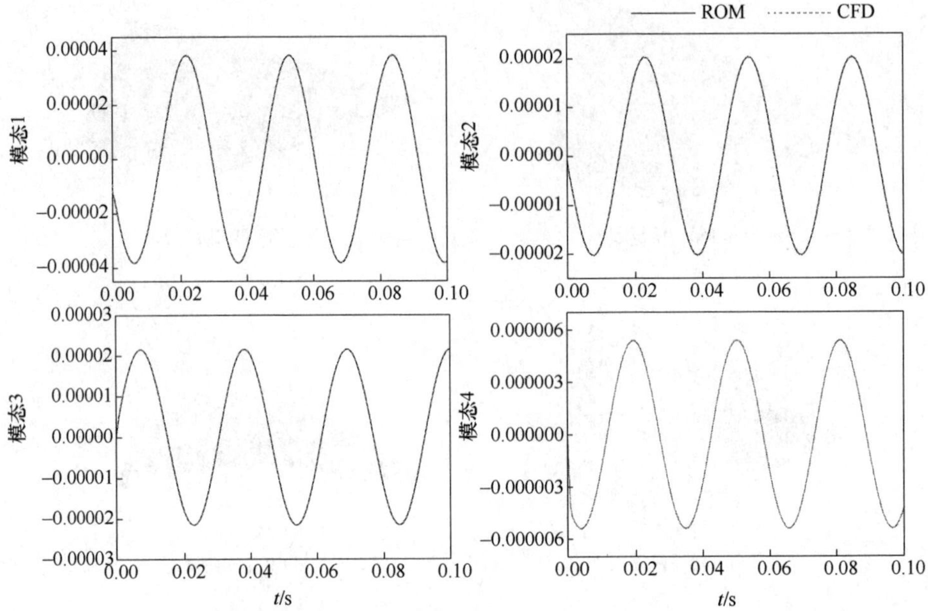

图7.41　一阶模态正弦运动模态力比较

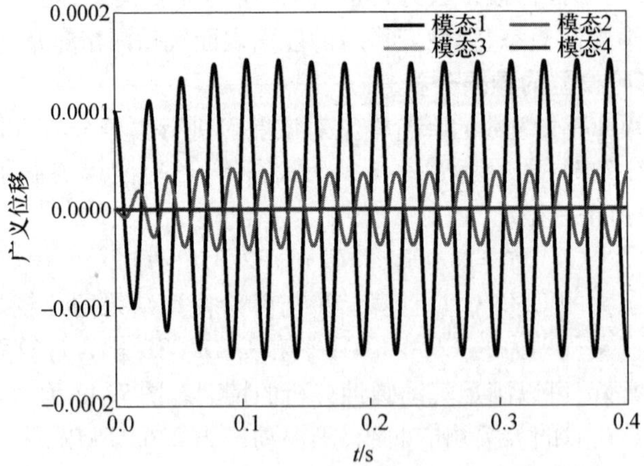

图7.42　$Ma_\infty = 2.0$ 等幅响应曲线（$Q_f = 236.15\text{kPa}$）

表7.6　各马赫数下的颤振动压

Ma_∞	1.7	1.8	1.9	2.0	2.1	2.2	2.3	2.4	2.5
Q_f/kPa	184.52	202.21	219.51	236.15	252.06	267.55	276.05	294.84	308.18

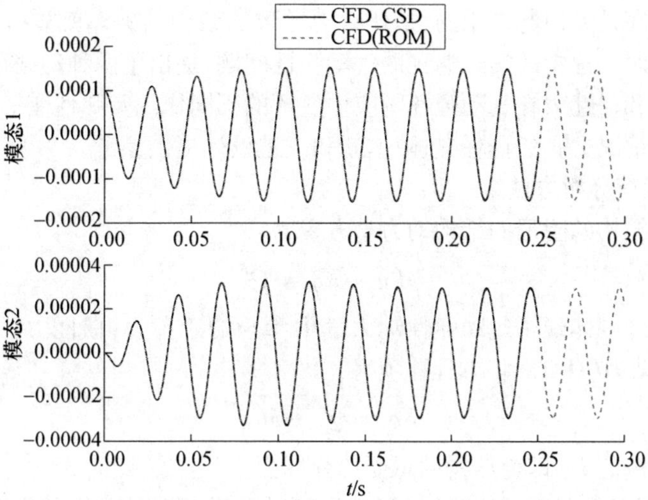

图 7.43　前两阶广义位移结果比较

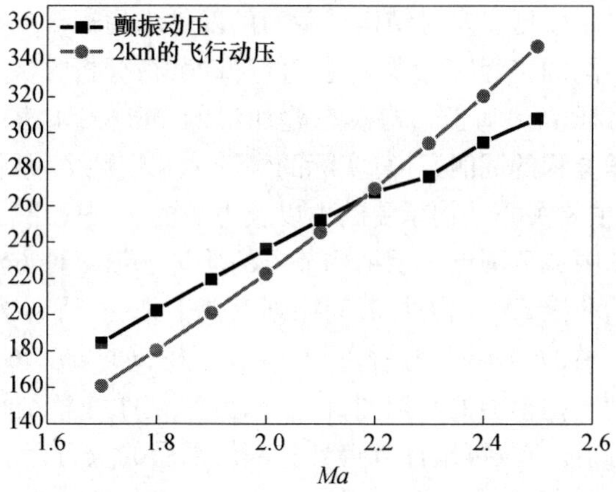

图 7.44　颤振动压与 2km 高度飞行动压比较曲线

7.4.3　气动弹性动载荷分析

气动弹性问题从根本上讲是载荷问题,动载荷的计算是结构动态设计的关键技术之一,可以为结构响应计算、结构动态设计及故障分析提供可靠的依据。因此,气动弹性分析不仅需要确定飞行器的颤振边界,还应该分析结构在弹性响应过程中的动态载荷。

众所周知,气动弹性发散时会导致飞行器结构的破坏,对于静气弹领域的扭转发散现象比较简单,即气动载荷过大导致升力面结构发生扭转破坏,但是对于颤振而言,由于气动力、惯性力和弹性力的共同参与导致的结构破坏,这时候分析这些力到底是如何起作用的,是什么力导致的结构的破坏就显得非常有必要了。本节针对工程中的实际遇到的气动弹性问题,提出了两种动载荷分析方法,分析气动力和惯性力在气动弹性响应中发挥的不同作用及弹性变形过程中各部件应力变化情况,为飞行器的故障诊断和改进设计提供参考。

1. 动载荷分析方法

不考虑结构的阻尼的结构动力学方程为

$$M\ddot{q} + Kq = \boldsymbol{Q}^F \tag{7.1}$$

方程中分别体现了气动弹性动力学中参与的三种力:惯性力($M\ddot{q}$),弹性力(Kq),气动力(Q^F)。将方程移项得

$$Kq = \boldsymbol{Q}^F - M\ddot{q} \tag{7.2}$$

方程左侧的 Kq 即为结构的承受的弹性力。

因此,可以分别通过计算气动力和惯性力来分析结构承受的弹性力,气动力由 CFD 程序求解,惯性力由有限元节点质量乘以该节点的运动加速度得到。计算得到力以后可以根据需要对结构承载力的部件求力矩。

本节根据不同的工程实际需求提出两种动载荷分析方法。第一种方法是将结构的质量信息插值到基于结构模态叠加法的 CFD/CSD 耦合系统中,在推进广义结构动力学方程的同时,计算实际的气动力和惯性力,从而得到结构受到的力和力矩,对于主要关心结构承受的力以及力矩的工程应用可以采用该方法,如图 7.45 所示,图中黄色圆点表示结构节点的质量。第二种方法是将结构气动弹性响应过程中的非定常气动力按时间序列存储下来,插值到结构表面节点,再在 CSD 软件中对完整的结构模型进行瞬态响应分析,如图 7.46 所示,图中箭头表示气动力插值到结构模型的示意图,由于该方法是在完整结构模型中进行瞬态响应分析的,因此该方法可以计算得到各部件承受的应力等信息。

图 7.45　将结构质量信息插值到气动网格示意图

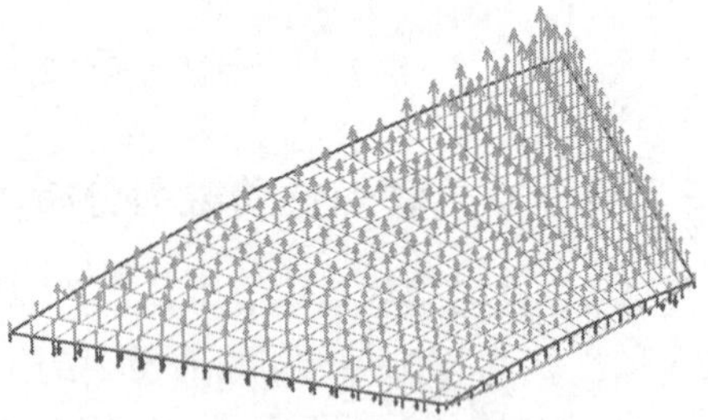

图 7.46　将气动力插值到结构表面网格示意图

2. 动载荷分析算例

在 $Ma_\infty = 2.18$, $\alpha = 2.0°$, $Q_f = 264.48\text{kPa}$ 状态下,对上节中描述的舵面进行

CFD/CSD 耦合时域计算,分析结构在非定常气动力作用下的变形响应,其结构瞬态位移响应如图 7.47 所示。动压刚好为该马赫数下的颤振动压,结构响应表现为大振幅的等幅振荡,与降阶模型的计算结果吻合,由于攻角的存在结构响应往一边偏,且响应幅值较大。图 7.48 为各时刻舵面的变形及压力系数云图,从图中可以看出舵面气动弹性响应的表现主要为舵轴的弯曲和扭转,与颤振分析结果相符。

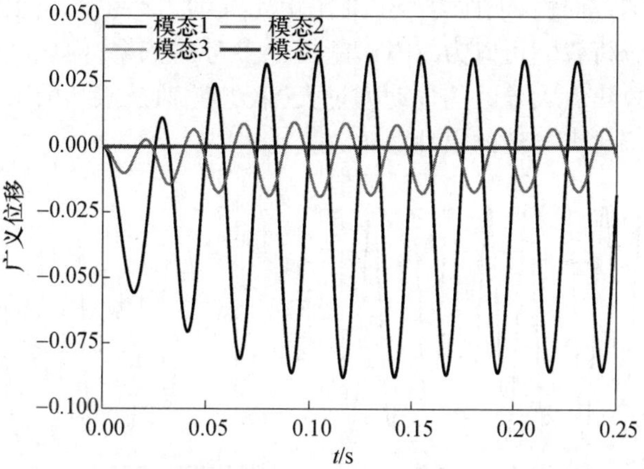

图 7.47　$Ma_\infty=2.0, \alpha=2.0°$舵面等幅响应曲线

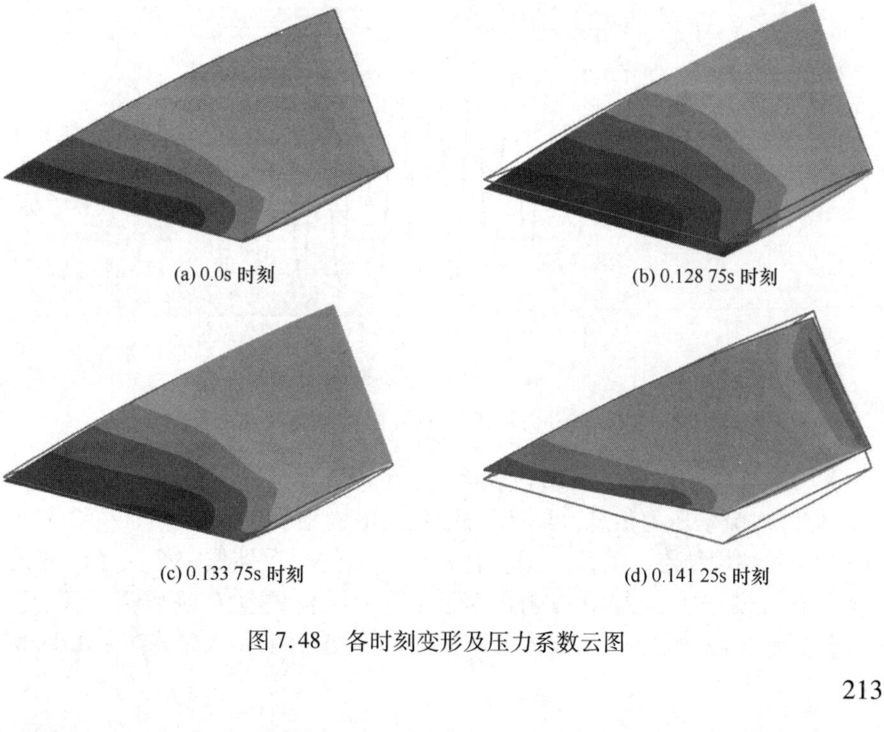

图 7.48　各时刻变形及压力系数云图

采用第一种方法进行动载荷分析，分解出气动力和惯性力，图 7.49 为舵面法向气动力及其在舵轴根部产生的弯矩和扭矩随时间变化的曲线；图 7.50 为舵面惯性力及其在舵轴根部产生的弯矩和扭矩随时间变化的曲线；图 7.51 为总力及总弯矩和总扭矩随时间变化的曲线；表 7.7 为气动力、惯性力以及总力在舵面上的力、弯矩、扭矩的波动幅值。从中可以看出由于攻角的存在，气动力带有明显的方向性；气动力和惯性力基本在一个量级上，由于气动力的方向性，导致总力也存在一定的方向性；惯性力产生的扭矩比气动力产生的扭矩要高一个数量级。通过以上分析我们可以为故障诊断提供参考的依据，假如舵轴由于弯曲折断可以判断为攻角太大导致的气动力过大，假如舵轴是扭断的可以判断为气动弹性过程中振幅过大导致的惯性力过大。

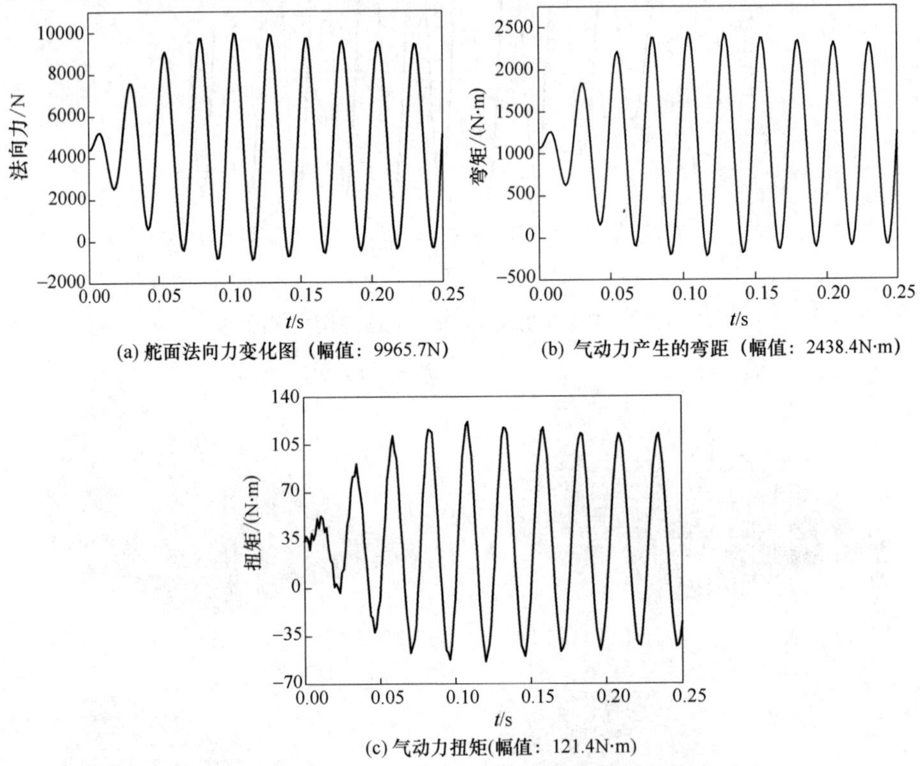

(a) 舵面法向力变化图（幅值：9965.7N） (b) 气动力产生的弯距（幅值：2438.4N·m）

(c) 气动力扭矩(幅值：121.4N·m)

图 7.49　气动力及其弯矩和扭矩随时间变化曲线

采用第二种方法分析舵面动载荷，进行 CFD/CSD 耦合分析时每隔 0.00125s 存储一次流场压力信息，再将压力信息插值到结构结点上。图 7.52 显示了 0.10375s 时结构结点上的受力图。将各个时刻的力存储成一个关于时间的场加载到结构模型上进行瞬态响应分析，得到结构的动态响应以及动应力。图 7.53显示了舵面稍部后缘结点位移随时间的变化图，最大位移约为 0.055m。

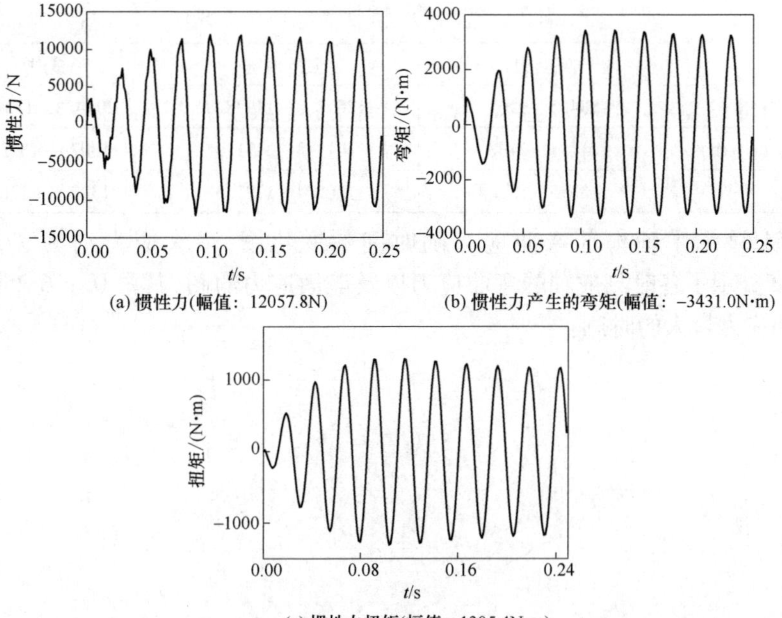

(a) 惯性力(幅值：12057.8N)
(b) 惯性力产生的弯矩(幅值：−3431.0N·m)
(c) 惯性力扭矩(幅值：1305.4N·m)

图 7.50 惯性力及其弯矩和扭矩随时间变化曲线

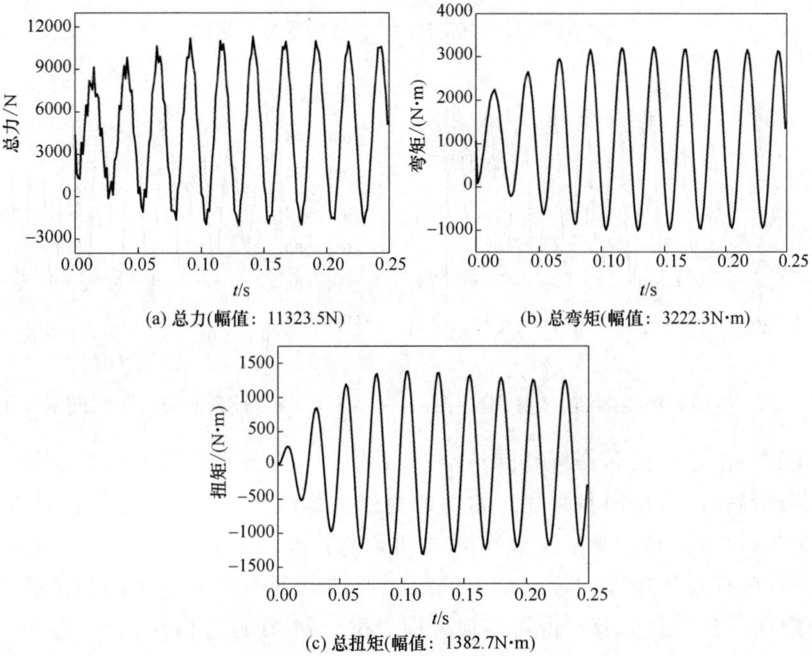

(a) 总力(幅值：11323.5N)
(b) 总弯矩(幅值：3222.3N·m)
(c) 总扭矩(幅值：1382.7N·m)

图 7.51 总力及总弯矩和总扭矩随时间变化曲线

表 7.7　气动力、惯性力、总力比较

	气动力	惯性力	总力
力/N	-884.5 ~ 9965.7	-12017.8 ~ 11938.8	-2044.8 ~ 11323.5
弯矩/(N·m)	-217.7 ~ 2438.4	-3415.3 ~ 3431.0	-1007.7 ~ 3222.3
扭矩/(N·m)	-53.5 ~ 121.4	-1305.4 ~ 1291.5	-1309.7 ~ 1382.7

图 7.54 显示了轴根部弯曲应力随时间的变化图，最大应力约为 774MPa，图 7.55显示了各时刻舵轴的弯曲应力以及舵面应力的图，其中 0.116 25s 为舵轴弯曲应力最大的时刻。

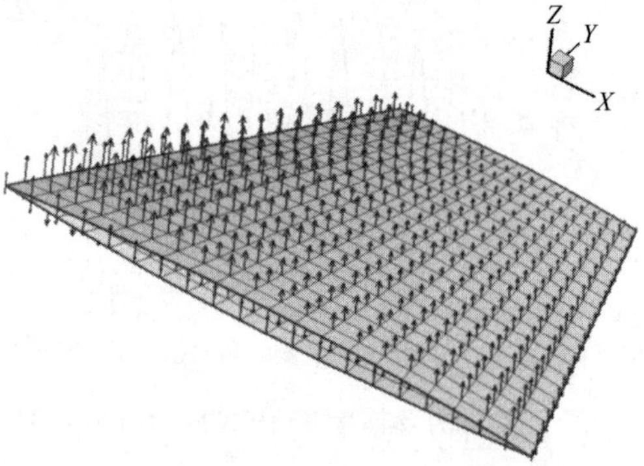

图 7.52　$t = 0.103\ 75$s 时舵结构受力矢量图

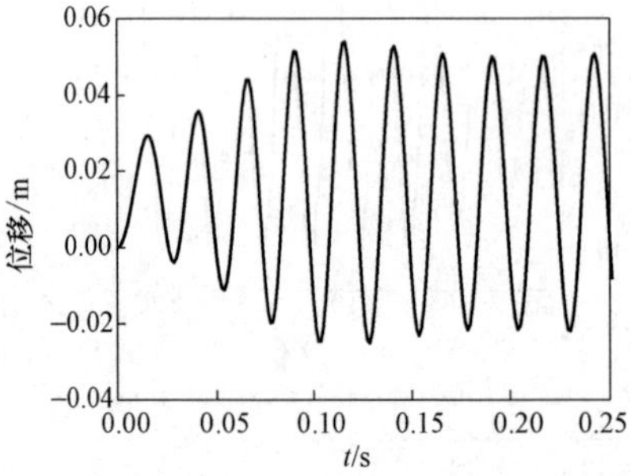

图 7.53　舵面后缘稍部结点位移响应图

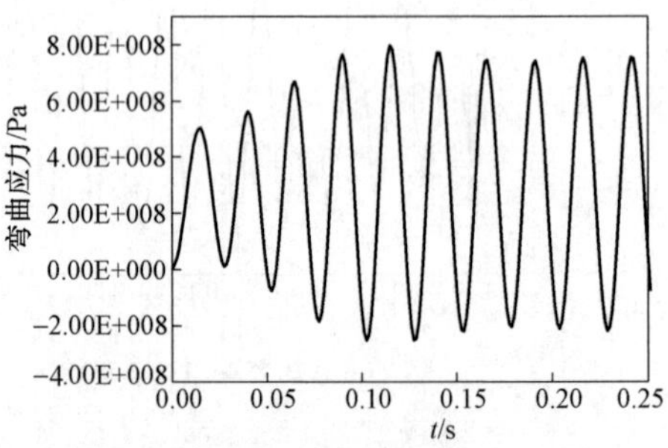

图 7.54　轴弯曲应力随时间变化图

工程中由于无法获得气动弹性响应过程中的瞬态非定常气动力和惯性力，因此传统动强度分析时常采用定常气动力的 1.5 倍左右作为动强度设计外力值进行分析，该方法有时无法反映实际的动载荷状况。下面分别将定常气动力和气动弹性响应过程中非定常气动力的最大值加载到模型上进行静力分析，并与 CFD/CSD 耦合动载荷分析得到的最大应力值(774MPa)进行比较。

将定常气动力加载到模型上进行静力分析，结果如图 7.56 所示，其舵轴根部弯曲应力为 262MPa。将气动弹性响应过程中的非定常气动力最大值加载到

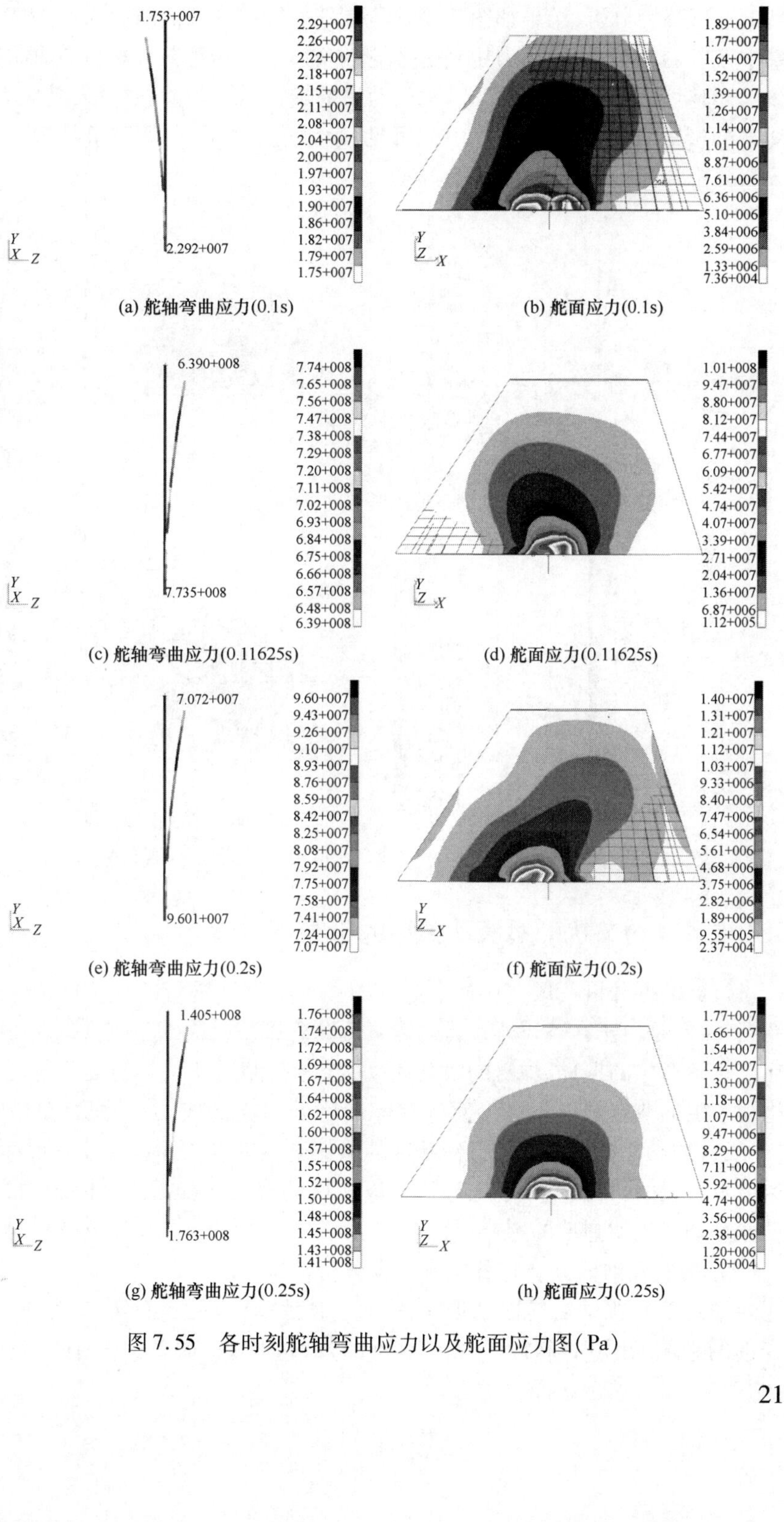

(a) 舵轴弯曲应力(0.1s)　(b) 舵面应力(0.1s)

(c) 舵轴弯曲应力(0.11625s)　(d) 舵面应力(0.11625s)

(e) 舵轴弯曲应力(0.2s)　(f) 舵面应力(0.2s)

(g) 舵轴弯曲应力(0.25s)　(h) 舵面应力(0.25s)

图 7.55　各时刻舵轴弯曲应力以及舵面应力图(Pa)

模型上进行静力分析,结果如图 7.57 所示,其舵轴根部弯曲应力为 594MPa。从结果中可以看出定常气动力下静态分析舵轴应力为动态分析的舵轴应力的 33.9% ,即使采用响应过程中非定常气动力的最大值进行静态分析,其应力也仅为动态分析最大值的 76.7% 。由此可见,动强度分析时必须采用 CFD/CSD 耦合方法分析气弹响应过程中的结构应力。

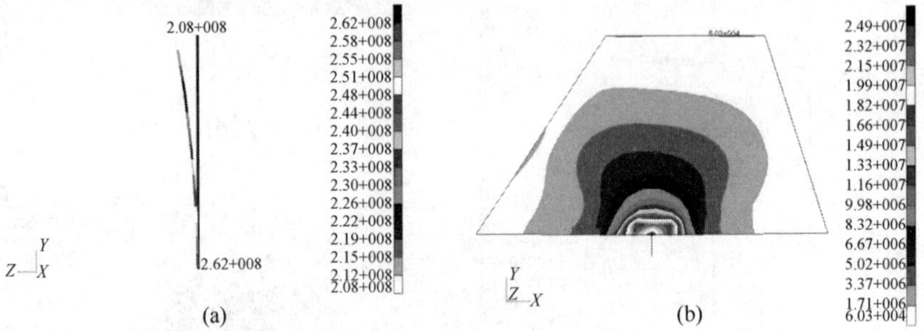

图 7.56　定常气动力下舵轴哇弯曲应力与舵面应力图(Pa)

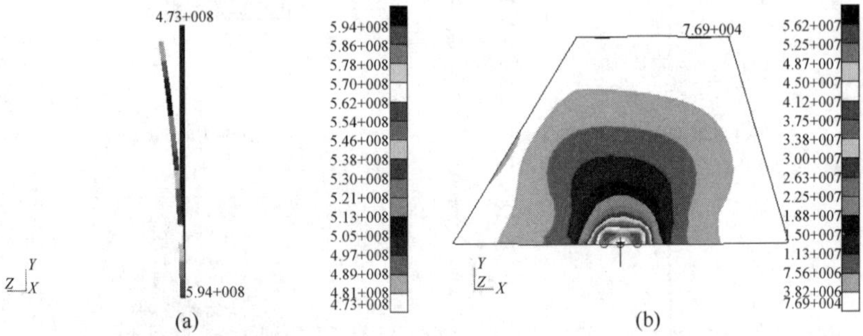

图 7.57　最大气动力下舵轴弯曲应力和舵面应力图(Pa)

7.4.4　动态扰动对气动弹性的影响

飞行器颤振分析一般是在某个指定的飞行状态下进行的,不考虑飞行器的刚性运动,但是由于在飞行器飞行过程会受到各种扰动而产生刚性运动,例如导弹在飞行中产生的振动,弹身的滚转扰动,导弹俯仰运动引起的攻角变化等,这些扰动产生的非定常气动力会对导弹舵面等升力面的气动弹性稳定性产生影响,一般这种影响都会降低飞行器部件的颤振动压。因此,需要进行动态扰动对颤振边界影响的研究,本小节以导弹的滚转扰动对舵面颤振边界的影响为例分析动性扰动对气动弹性的影响。

1. 动态扰动对气动弹性分析方法及分析模型

导弹的滚转扰动对舵面来说是一种外部激励,假设这种外部激励不受弹性变形的影响,在短时间内是以它本身的规律(频率、幅值)作用的。这时候舵面的运动的就会包含两部分,一部分是动态扰动带来的刚性运动,一部分是弹性变形带来的弹性运动,这两部分运动都会影响作用于舵面上的非定常气动力。

将动态扰动的刚性运动按其运动规律加载到舵面上,再进行 CFD/CSD 耦合的气动弹性分析,此时 CFD 系统里计算得到的气动力就包含了动态扰动的影响。通过扰动幅值和扰动频率两个参数定义导弹的滚转扰动。舵面的节点的扰动可表示为

$$disp = \frac{A}{(2\pi f)^2} \cdot \frac{D+R}{R} \cdot \sin(2\pi ft) \tag{7.3}$$

式中,A 为舵根部的扰动加速度幅值;f 为滚转扰动的频率;R 为导弹半径;D 为舵面节点离舵根部的距离。

图 7.58 为全动折叠舵面的有限元模型,对舵面进行模态分析,选取前四阶模态进行气动弹性分析,表 7.8 为舵面模态分析结果,图 7.59 为舵面前四阶模态的振型图,从图中可以看出前两阶模态为舵轴弯曲和舵轴扭转,表征的是舵轴的弹性变形,后两阶为舵面弯曲和舵面扭转。采用全弹气动网格进行分析,图 7.60为气动网格及局部表面气动网格图,图 7.61 为将振型插值到舵面气动网格的预览图。

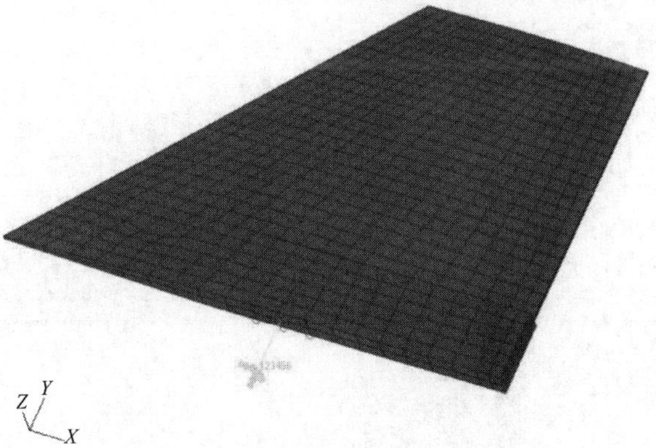

图 7.58 全动折叠舵面有限元模型

表 7.8 全动折叠舵模态分析结果

模态	一阶	二阶	三阶	四阶
频率/Hz	50	77.25	248.5	323.95
振型	舵轴弯曲	舵轴扭转	舵面弯曲	舵面扭转

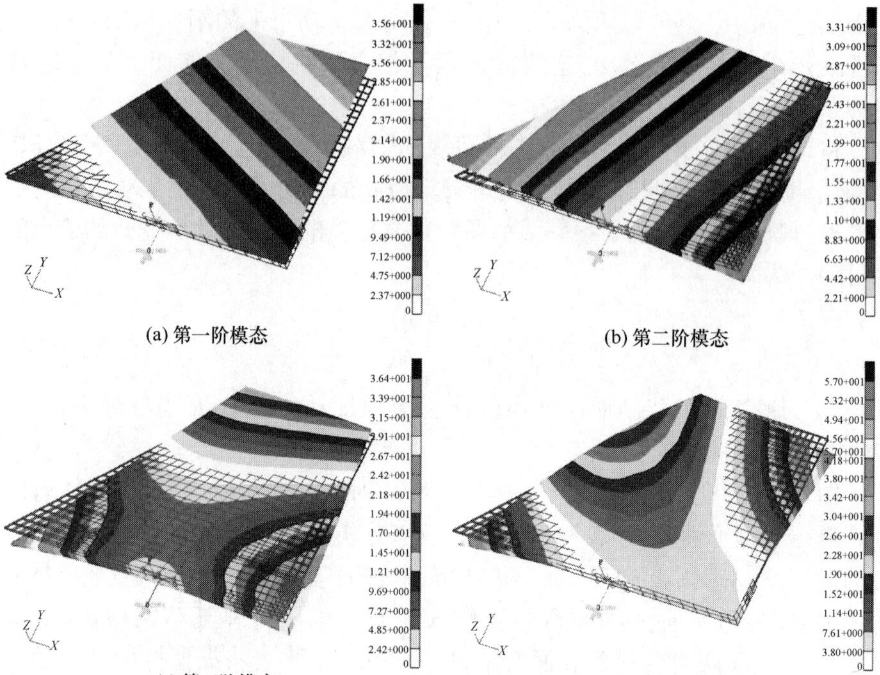

(a) 第一阶模态　(b) 第二阶模态

(c) 第三阶模态　(d) 第四阶模态

图 7.59　折叠舵面前四阶振型图

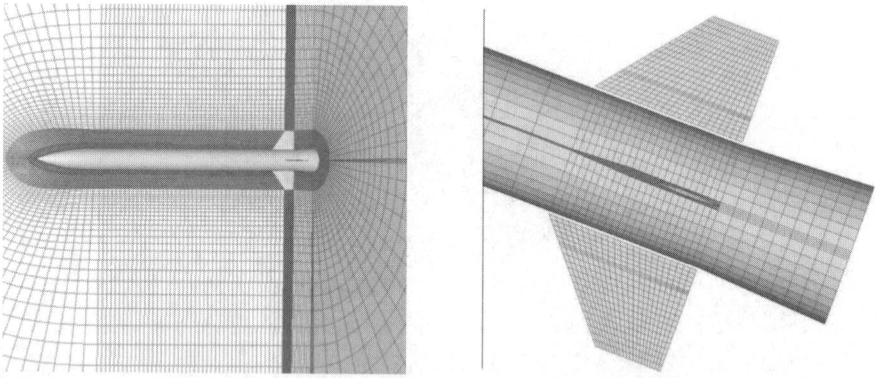

(a) 动态扰动分析气动网格　(b) 局部表面气动网格

图 7.60　气动网格及局部表面气动网格图

2. 不同马赫数下动态扰动的影响

本节研究同一滚转扰动在不同马赫数下对颤振边界的影响，导弹滚转扰动的最大过载为 1.5g，滚转频率为 66Hz，研究马赫数 2.0 ~ 3.0 滚转扰动对颤振动压的影响。将滚转扰动作为一个强迫运动加入到 CFD/CSD 耦合系统中，观察前四阶广义位移在气动载荷作用下的响应历程。分别计算无扰动颤振动压和滚

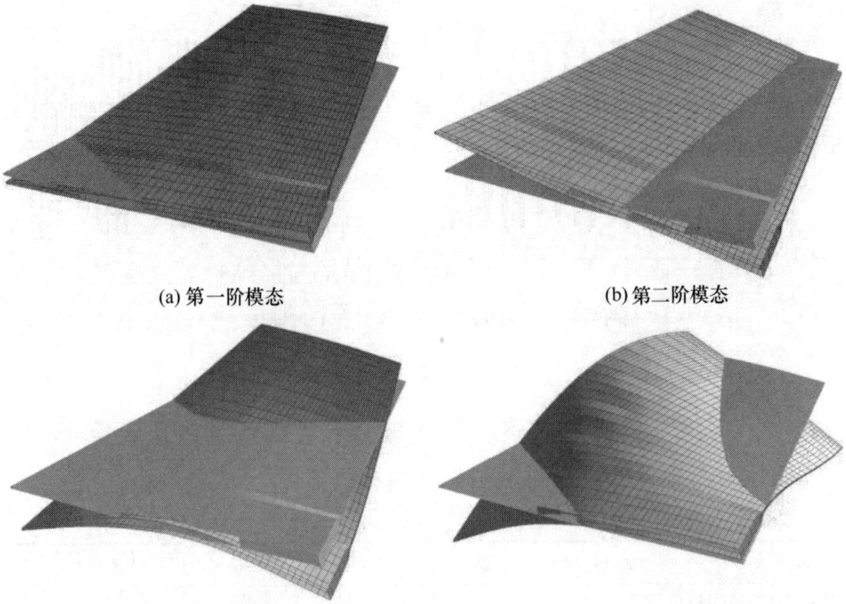

(a) 第一阶模态　(b) 第二阶模态

(c) 第三阶模态　(d) 第四阶模态

图 7.61　振型插值预览图

转扰动下的颤振动压。图 7.62 和图 7.63 分别显示了 $Ma_\infty=2.0$ 和 $Ma_\infty=2.2$ 时无扰动颤振动压的颤振响应曲线和滚转扰动颤振动压下的颤振响应曲线。

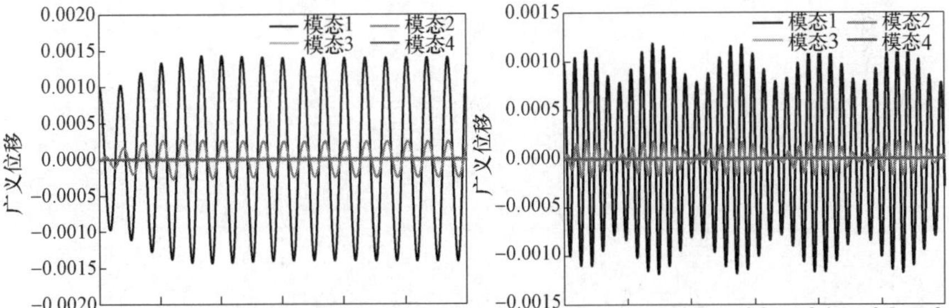

(a) 无扰动等幅响应曲线(Q_f=339kPa)　(b) 滚转扰动下等幅响应曲线(Q_f=288.5kPa)

图 7.62　$Ma_\infty=2.0$ 等幅响应曲线比较

从图中可以看出滚转扰动会员导致舵面的颤振动压下降，且加入滚转扰动后结构响应形式表现为明显的节拍状，响应包含两个明显的频率：颤振频率和扰动频率，另外滚转扰动也会降低结构的颤振频率，由原来的 61Hz 降低到 57.6Hz。

表 7.9 和图 7.64 为各马赫数下舵面无扰动颤振动压与滚转扰动颤振动压

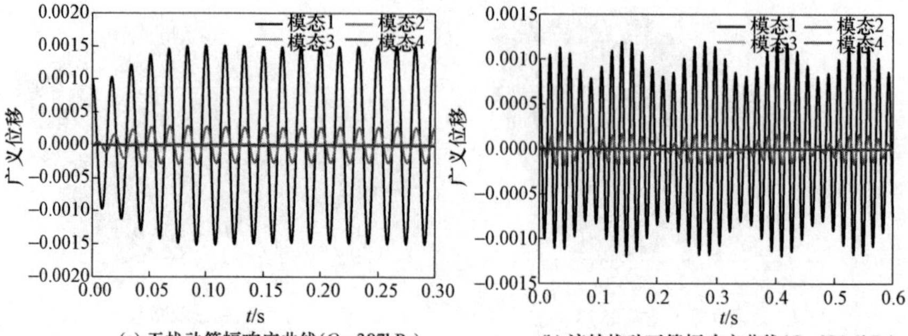

(a) 无扰动等幅响应曲线(Q_f=387kPa)　(b) 滚转扰动下等幅响应曲线(Q_f=327.5kPa)

图 7.63　$Ma_\infty=2.2$ 等幅响应曲线比较

的比较，从图表中可以看出在滚转扰动激励下舵面颤振动压下降 14.9% ~ 18.3%，下降百分数随着马赫数的增加而增加。

表 7.9　舵面无扰动颤振动压与滚转扰动颤振动压的比较

马赫数	2.0	2.2	2.4	2.6	2.8	3.0
无扰动颤振动压/kPa	339	387	432	477.3	521.5	562
扰动颤振动压/kPa	288.5	327.5	363	397	430	459
颤振动压降低/%	14.9	15.4	16.0	16.8	17.5	18.3

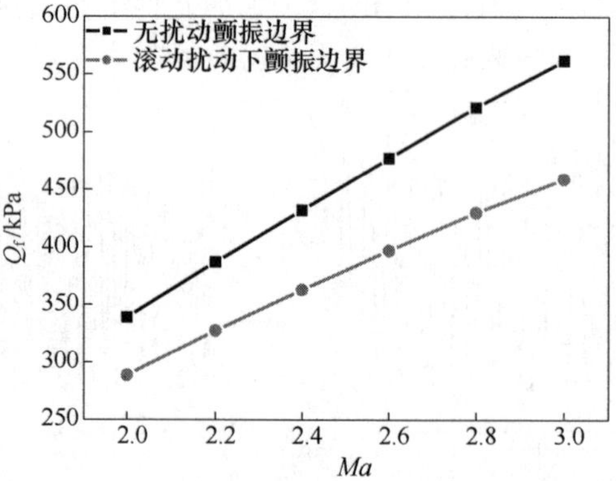

图 7.64　无扰动颤振动压与滚转扰动下颤振动压比较

3. 动态扰动参数的影响

本节研究不同滚转扰动参数对颤振动压的影响，在马赫数 2.5 下对舵面进行 66Hz、60Hz、55Hz 频率、过载为 0.5g、1.0g、1.5g 滚转扰动对舵面颤振动压影响的研究。表 7.10 为不同滚转扰动下舵面的颤振动压。图 7.65 为 2.5 马赫数下无扰动下舵面颤振等幅振荡形式（Q_f = 475kPa）；图 7.66 ~ 图 7.68 分别为 66Hz、60Hz 和 55Hz 滚转扰动不同过载下舵面的颤振形式。从图中可以看出频率变化对颤振动压有一定的影响，越接近舵面颤振频率(57Hz)，舵面颤振动压下降越大；扰动过载主要影响舵面的等幅振荡形式，过载越大，拍状越明显。

表7.10 2.5马赫数下不同频率和过载滚转激励下的颤振动压(无扰动颤振动压475kPa)

Q_f/kPa 过载 频率/Hz	0.5g	1.0g	1.5g
66	395	395	395
60	390	390	390
55	390	390	390

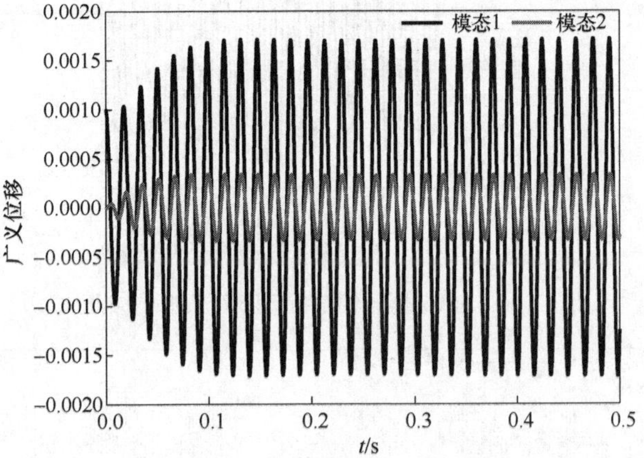

图7.65 $Ma_\infty=2.5$ 无扰动颤振响应曲线($Q_f=475$kPa)

7.4.5 复杂外形飞行器气动弹性分析

目前气动弹性分析主要都是针对机翼、舵面等单独升力面部件，特别是基于CFD/CSD耦合的气动弹性分析方法，由于方法比较复杂，涉及结构建模、CFD网格划分以及插值和动网格等多个方面的问题。从单独部件到复杂外形飞行器全机气动弹性分析技术的发展一直比较缓慢。复杂外形飞行器气动弹性分析的建模原理与单独升力面等简单外形部件基本一致，但在实际操作中会带来很多新的问题，主要包括：①适合CFD/CSD耦合气动弹性分析的复杂外形气动网格分块策略；②涉及多个弹性部件的分块插值技术；③复杂外形多块网格的动网格技术等。本章针对复杂外形飞行器算例对上述三个问题的解决方案进行了研究，提出用于复杂外形飞行器气动弹性分析的气动网格分块策略，并对耦合程序中的插值和动网格模块进行改进，使之能适应复杂外形飞行器的气动弹性分析。

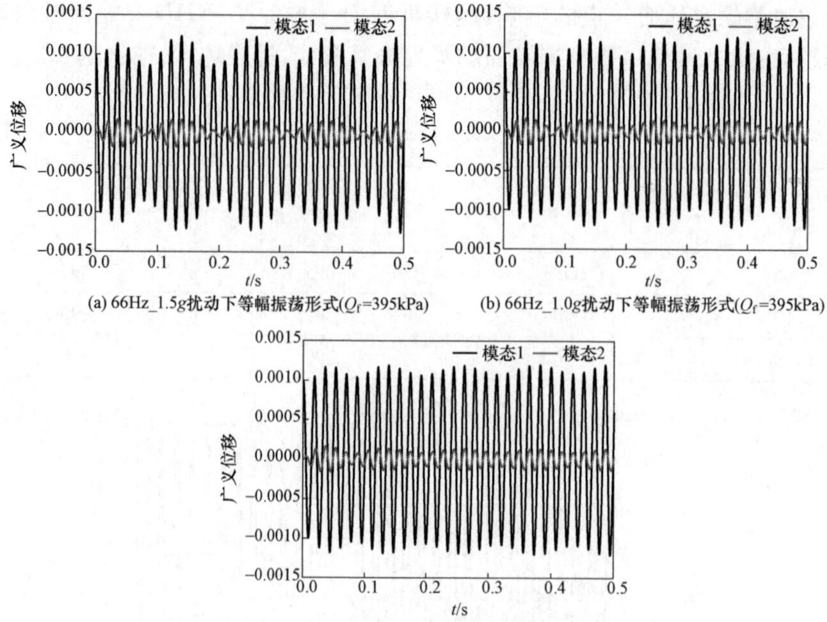

(a) 66Hz_1.5g扰动下等幅振荡形式(Q_f=395kPa)

(b) 66Hz_1.0g扰动下等幅振荡形式(Q_f=395kPa)

(c) 66Hz_0.5g扰动下等幅振荡形式(Q_f=395kPa)

图 7.66　66Hz 不同幅值扰动下的颤振响应曲线

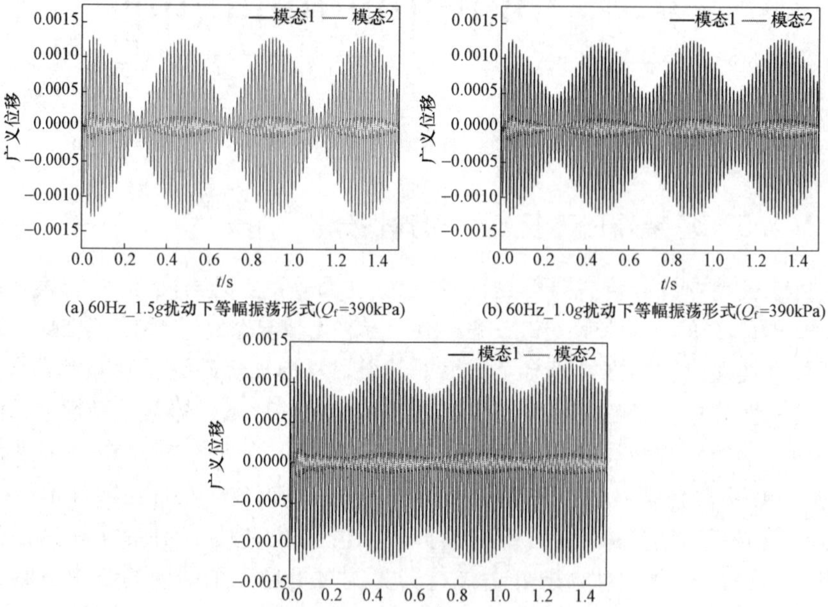

(a) 60Hz_1.5g扰动下等幅振荡形式(Q_f=390kPa)

(b) 60Hz_1.0g扰动下等幅振荡形式(Q_f=390kPa)

(c) 60Hz_0.5g扰动下等幅振荡形式(Q_f=390kPa)

图 7.67　60Hz 不同幅值扰动下的颤振响应曲线

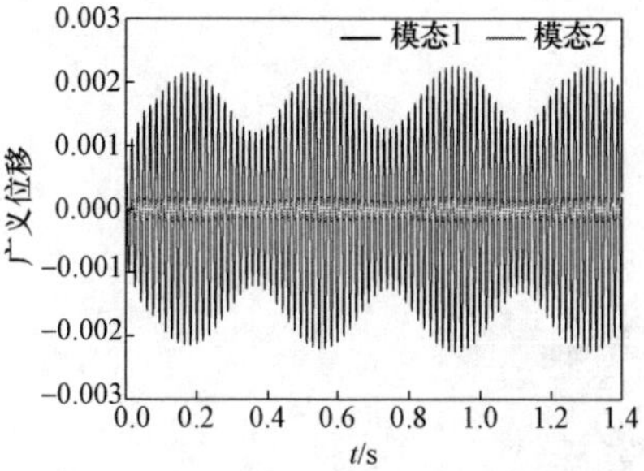

(a) 55Hz_1.5g扰动下等幅振荡形式(Q_f=390kPa)

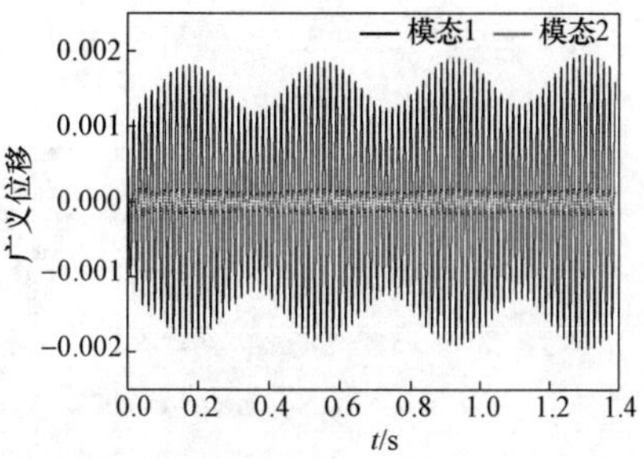

(b) 55Hz_1.0g扰动下等幅振荡形式(Q_f=390kPa)

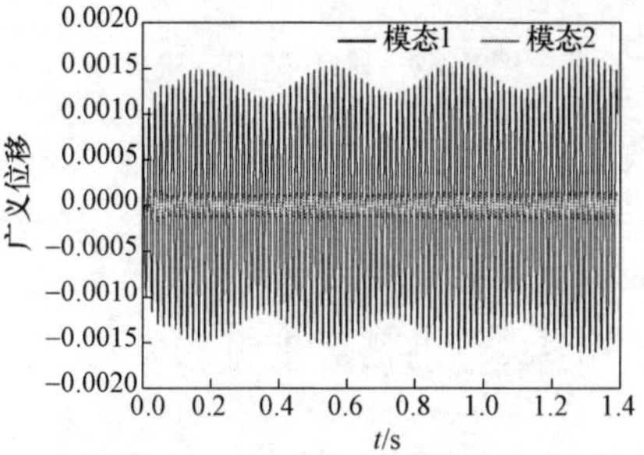

(c) 55Hz_0.5g扰动下等幅振荡形式(Q_f=390kPa)

图 7.68 55Hz 不同幅值扰动下的颤振响应曲线

1. 复杂外形飞行器气动弹性分析策略

1）网格分块策略

采用 CFD/CSD 耦合方法进行复杂外形飞行器气动弹性分析时,最困难的就是建立一套合适的气动网格,网格建立得不合理往往会给网格变形带来很大的困难,甚至可能出现变形后网格质量不符合要求或直接出现网格负体积导致计算无法进行等情况。因此,在网格生成阶段就必须考虑气动弹性分析过程中网格拓扑结构对网格变形的影响以及可能发生的网格变形情况,使气动网格满足以下要求:①网格变形容易实现;②能承受较大的网格变形;③变形以后能保持较好的网格质量。本节主要讨论结构化网格的分块策略。

由于 TFI 变形网格技术的特点是将物面网格节点的变形位移插值到非物面边界上。所以在网格设计的时候,尽可能的将与物面对应的面设计为远场或对称面等非物面边界,从而避免将一块物面的变形插值到其他物面上;用最少的网格块划分和最简单的网格体之间的关系使网格变形块易于实现。

网格分块的主要原则是网格总块数尽量少,单个弹性部件对应的网格块尽量简单。以如图 7.69 所示外形的典型双吊舱发动机布局的民用飞机为例,说明复杂外形飞行器进行全机气弹分析的网格分块策略。

根据飞机外形建立 CFD 网格,由于民用飞机的飞行姿态比较稳定,在分

图 7.69　典型民用飞机外形图

析中不考虑侧滑等飞行条件，为了提高计算效率采用半模网格进行计算。综合考虑网格变形的效率和质量，在网格建立初期就考虑网格拓扑结构对动网格的影响，基本原则为网格的块数尽量少，图 7.70 为气动网格全场拓扑结构示意图，网格块数为 16 块，总网格数量为 117 万。图 7.71 为飞机表面网格（半模对称）。

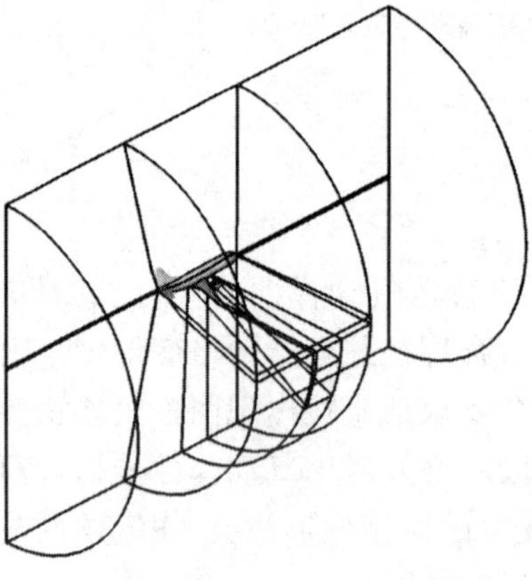

图 7.70　气动网格全场拓扑结构图

图 7.71　气动表面网格（半模对称）

飞机结构的弹性部件主要为机身、机翼和平尾三个部分，进行网格划分时还要注意其与某个弹性部件直接相关的网格块宜尽量简单，图 7.72 为与机翼直接相关的网格块，为了能实现较大的网格变形，尽量将物面对应到远场网格。

在保证网格易于实现网格变形的同时还需要考虑网格质量，通过定常计算检验气动网格的质量，图 7.73、图 7.74 为马赫数 0.6、2°攻角定常计算的残差收敛曲线和表面压力分布云图。从图中可以看出定常计算过程中残差收敛较快，收敛后表面流场稳定，说明网格质量较好，能达到 CFD/CSD 耦合系统对气动力高收敛性的要求。

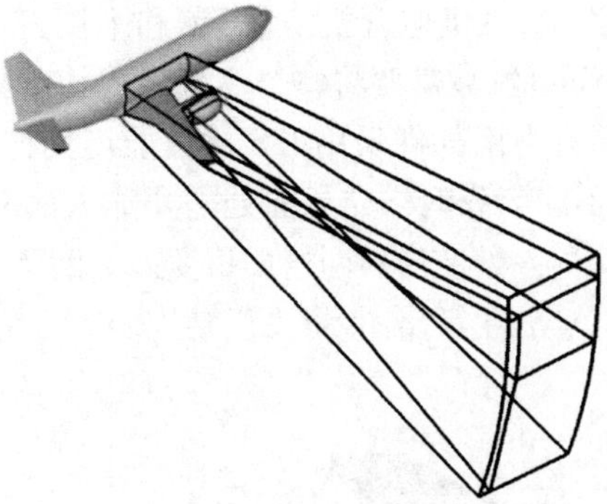

图 7.72　与机翼变形直接相关的网格块示意图

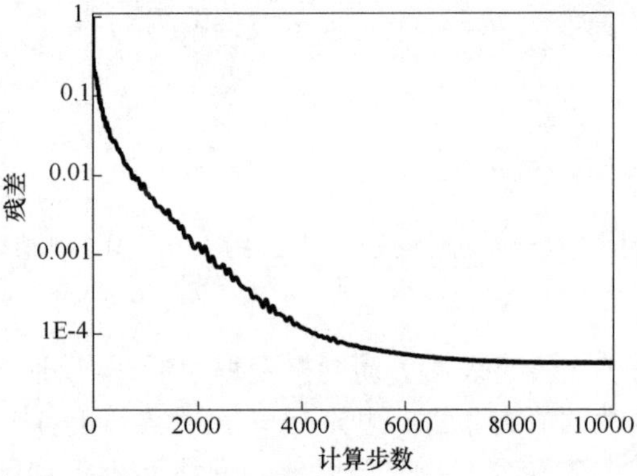

图 7.73　定常 CFD 计算残差收敛曲线($Ma_\infty=0.6, \alpha=2.0°$)

图 7.74　定常 CFD 计算表面压力分布云图($Ma_\infty=0.6, \alpha=2.0°$)

2）分块插值策略

复杂外形飞行器均由几个主要的部件组成,不同形式的部件由于其外形及其模态存在显著的差异,采用某一种插值方法往往无法满足插值精确性的要求。

以本节中的民用飞机为例,飞机包含机身、机翼和平尾三个弹性部件,这三个部分的弹性变形是完全不同的,故需要将整个飞机分成相应的三个部分进行分块插值:机翼、平尾等平板形升力面部件采用 IPS 插值能得到比较好的插值精度,机身采用 CVT 插值。对于不同部分网格交界面处需要加入误差控制器防止不同插值方法产生的误差导致交界面处变形后网格质量变差。图 7.75 和图 7.76 为分块插值时气动网格和结构节点分块策略图,将飞机结构分成三个部分进行分块插值。

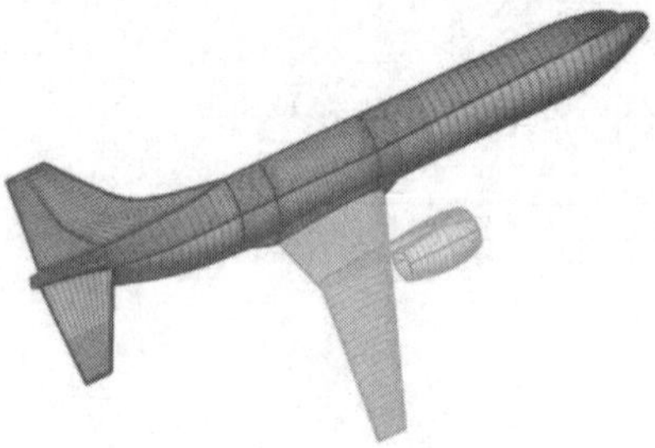

图 7.75　分块插值气动节点示意图

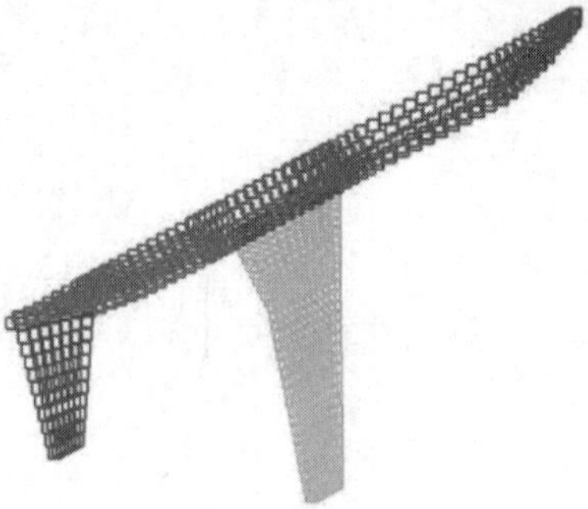

图 7.76　分块插值结构节点示意图

3）动网格策略

通过分块插值确定飞机表面气动网格变形以后,需要通过 TFI 线插值把网格块的角点变形线性插值到非物面边界上,求出边界线上各个节点的位移量;然后通过 TFI 面插值将边界线上的变形插值到网格面内得到网格面内节点的变形。对于面内有多个弹性部件的情况其 TFI 插值的方法与仅有单个弹性部件的情况基本一致,只是网格线插值和面插值的顺序和策略复杂一些。图 7.77 以单个弹性部件和两个弹性部件为例显示了线插值和面插值顺序上的不同,图 7.77(a)为典型的单个弹性部件的插值顺序,一般要进行 4 次线插值和 3 次面插值;图 7.77(b)为比较典型的两个弹性部件的插值顺序,需要进行 7 次线插值和 5

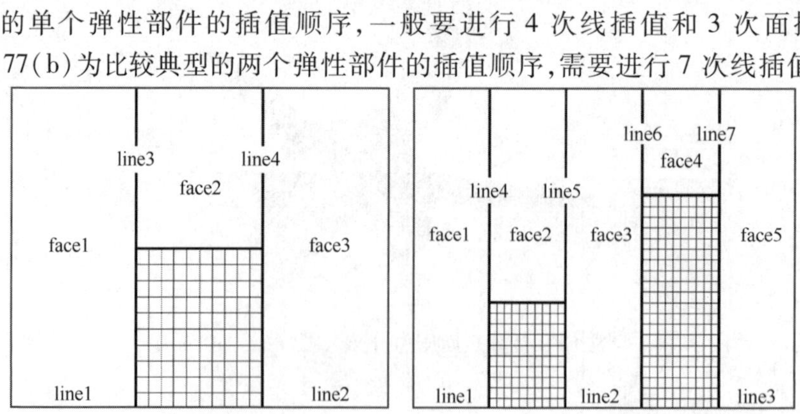

(a) 单个弹性部件　　(b) 两个弹性部件

图 7.77　块内不同数量弹性部件网格插值顺序示意图

次面插值。对于其他形式的多个弹性部件的情况可以根据实际分布情况选择合理的顺序。

图 7.78、图 7.79 为假设给飞机一个较大的弹性变形后的表面网格变形图和采用 TFI 动网格技术以后网格块变形情况,从图中可以看出在较大弹性变形的情况下,飞行器表面网格光滑,变形后网格质量较好,不会出现负体积等情况,说明该网格能够满足气动弹性分析的需要,而实际分析过程中的弹性变形远没有图示的那么大。

图 7.78　表面网格变形预览图

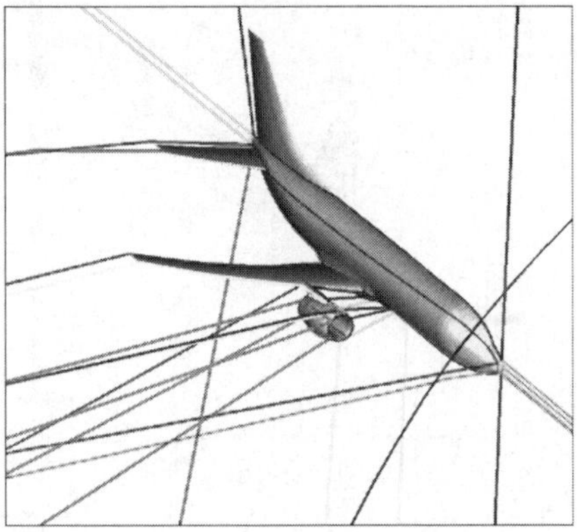

图 7.79　动网格效果示意图

2. 民用飞机气动弹性分析

1）结构建模与分析

对上一节中的典型双吊舱发动机布局的民用飞机进行气动弹性分析,气弹分析时考虑全机弹性。根据飞机 CAD 模型建立的有限元模型如图 7.80 所示,对有限元模型进行模态分析,本节仅对飞机起飞阶段和巡航状态进行气动弹性分析,不考虑转弯等倾斜状态,故模态选取时仅考虑对称模态,表 7.11 为模型分析的前四阶对称模态的频率和主要振型形式,图 7.81 为前四阶模态振型图,从图中可以看出前四阶对称模态包含了机翼一阶弯曲、二阶弯曲及一阶扭转以及

图 7.80　民用飞机结构有限元模型

平尾和机身的主要振型。

表 7.11　模态选择:仅选择对称振型

模态	7	10	18	20
频率/Hz	2.4	7.0	24.4	25.9
振型形式	机翼一弯	机翼二弯	机身+机翼+尾翼	机翼一扭

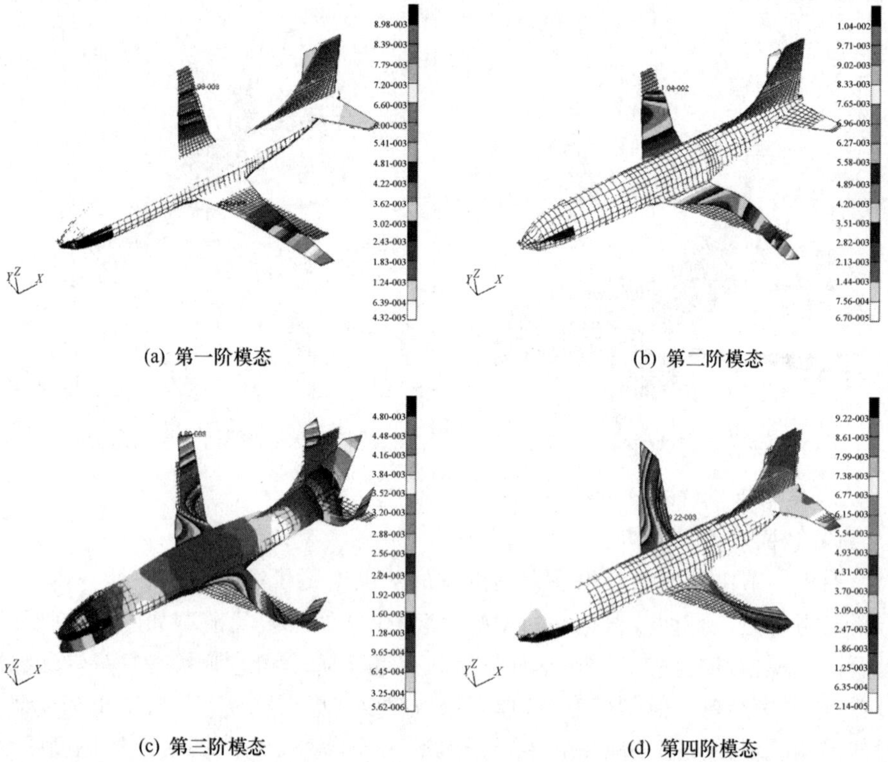

(a) 第一阶模态　(b) 第二阶模态

(c) 第三阶模态　(d) 第四阶模态

图 7.81　民用飞机前四阶振型示意图

将飞机分为机身、机翼、平尾三个模块分别进行插值,选取的结构节点数分别为:机身 384 个节点、机翼 341 个节点、平尾 77 个节点,机身采用 CVT 插值,机翼和平尾采用 IPS 插值。图 7.82 为将各阶模态振型插值到气动网格的变形预览图。

2)气动弹性分析

首先分析飞机起飞过程中气动弹性效应最严重时的飞行状态,以马赫数 0.6、10°攻角、海平面高度作为气弹分析状态。图 7.83 为定常残差收敛曲线,图 7.84 为定常表面压力系数分布图。对飞机进行 CFD/CSD 耦合气动弹性分析,

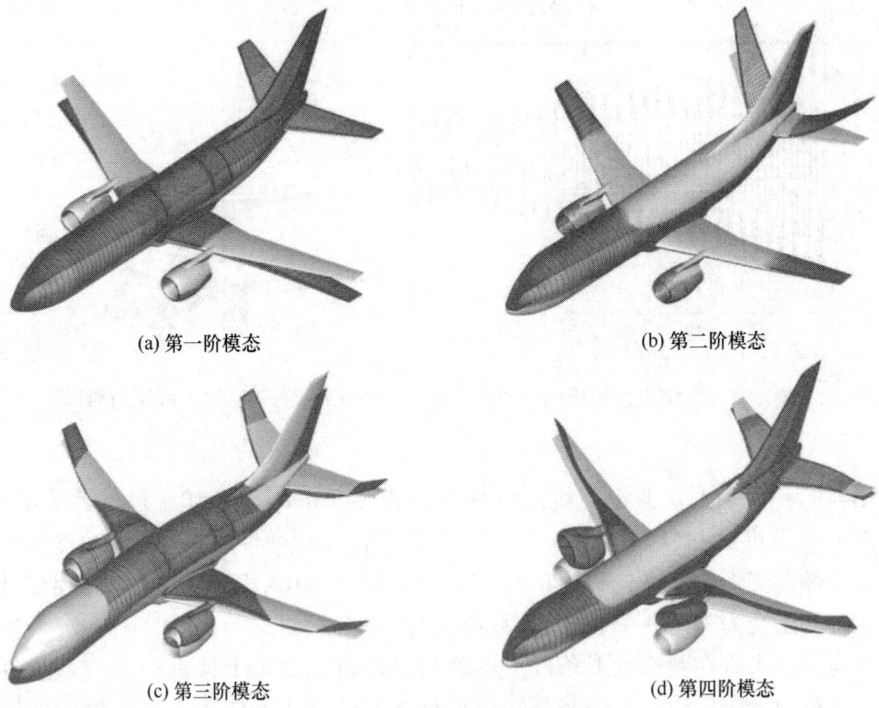

(a) 第一阶模态　(b) 第二阶模态

(c) 第三阶模态　(d) 第四阶模态

图 7.82　民用飞行振型插值效果预览图

图 7.85 为结构广义位移响应曲线,图 7.86 为响应过程中最大变形及变形后表面压力系数图,此时翼梢变形约为 0.21m。

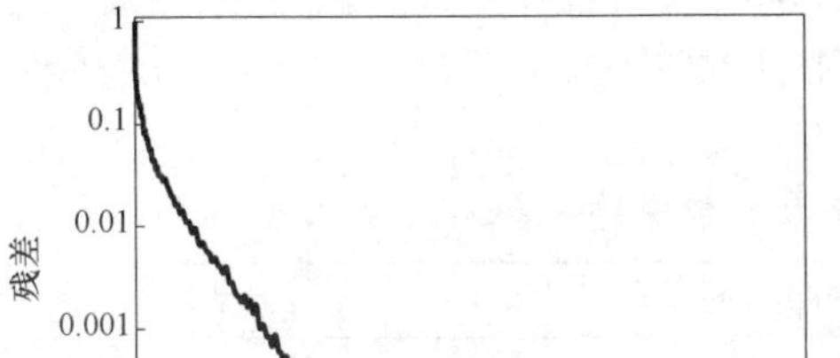

图 7.83　定常 CFD 计算残差收敛曲线（$Ma_{\infty}=0.6$,$\alpha=10.0°$）

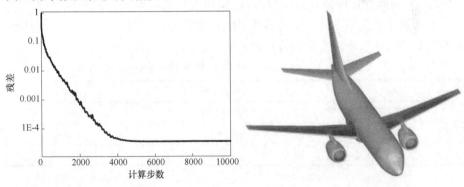

图 7.84　定常 CFD 计算表面压力系数云图（$Ma_{\infty}=0.6$,$\alpha=10.0°$）

接下来分析飞机巡航状态下气动弹性变形对升力系数的影响,并对飞机进行型架外形设计,使飞机发生弹性变形后巡航状态的升力系数能达到与刚性外

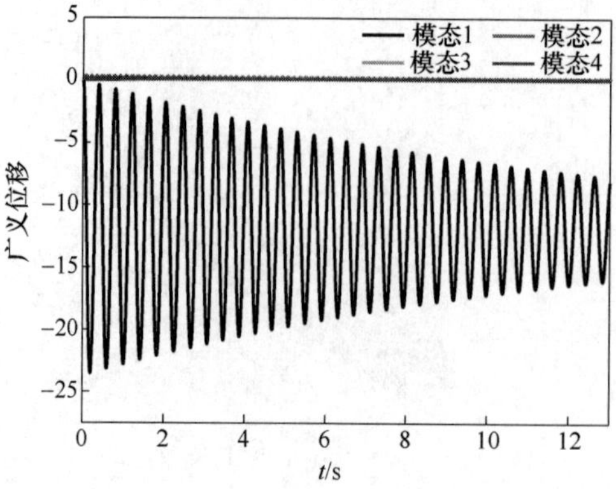

图 7.85　民用飞机结构响应图

图 7.86　民用飞机气动弹性最大变形图

形相当的升力系数。假设飞机巡航状态为 $Ma_\infty = 0.8$，$\alpha = 2.0°$，首先计算刚性条件下该飞机的升力系数为 1.19258，之后进行气动弹性分析得到在该状态下的收敛弹性变形的广义位移为（−2.3，−0.07，0.007，0.005），弹性变形条件下的升力系数为 1.190 63，升力系数损失约为 −0.16%。

为了使飞机在弹性变形条件下达到与刚性设计状态下接近的升力系数，可以在飞机设计阶段设计一个与弹性变形反方向的预变形作为飞机的型架外形，从而使飞机发生弹性变形后外形刚好与原刚性设计状态保持一致，因此应给飞机一个广义位移为（2.3，0.07，−0.007，−0.005）的变形作为飞机的型架外形，在该型架外形的基础上对飞机进行气动弹性分析，变形后飞机的升力系数为 1.192 575，与刚性条件的升力系数接近，说明采用这种设计方法达到的飞机型架外形能很好地抵消飞机弹性变形带来的升力损失。表 7.12 为刚性外形、弹性变形以及型架外形弹性变形后的升力系数比较。

表 7.12　升力系数比较

状态	升力系数	升力损失
刚性外形	1.192 58	—
弹性变形	1.190 63	−0.16%
型架外形弹性变形	1.192 575	−0.0004%

参 考 文 献

[1] 伏欣 H W. 气动弹性力学原理. 沈克扬,译. 上海:上海科学技术文献出版社,1982.

[2] 陈桂彬,等. 气动弹性设计基础. 北京:北京航空航天大学出版社,2004.

[3] Mayuresh J P. Nonlinear aeroelastic analysis of joined – wing aircraft. AIAA Paper,2003 – 1487.

[4] Dmitriev V G, Shkadov L M, Denisov V E. The flying – wing concept – chances and risks. AIAA Paper, 2003 – 2887.

[5] Navazi H M, Haddadpour H. Aero – thermoelastic stability of functionally graded plates. Journal of Composite Structures,2006 (10):1016.

[6] Dowell E, Tang D. Nonlinear aeroelasticity and unsteady aerodynamics. AIAA Paper,2002 – 0003,2002.

[7] Chae S,Hodges D H. Dynamics and aeroelastic analysis of missiles. AIAA Paper,2003 – 1968, 2003.

[8] Bae Jae – Sung, Seigler T M, Inman D J. Aerodynamic and aeroelastic considerations of a variable – span morphing wing. AIAA Paper,2004 – 1726,2004.

[9] Narendra Khot. A method for enhancement of the rolling maneuver of a flexible wing. AIAA Paper,96 – 1391 – CP, 1996.

[10] Lahidjani M H S,Haddadpour H. Nonlinear behavior of a high flexibility wing with long span considering large deflection. AIAA Paper,2004 – 1943, 2004.

[11] Bhardwaj M K, A CFD/CSD interaction methodology for aircraft wing. Virginia:Virginia Polytechnic Institute and state University,1997.

[12] Dowell E, Edwards J, Strganac T W. Nonlinear aeroelasticity. AIAA Paper,2003 – 1816, 2003.

[13] Kamakoti R. Fluid – structure interaction for aeroelastic applications. Progress in Aerospace Sciences,2004 (40): 535 – 558.

[14] Schuster D M, Liu D D, Huttsell L J. Computational aeroelasticity: success, progress, challenge. AIAA Paper,2003 – 1725, 2003.

[15] Baum J D, Luo H, Mestreau E L,et al. Recent developments of a coupled CFD/CSD methodology. AIAA Paper,01 – 31097, 2001.

[16] Lucia D J, Beran P S, Silva W A. Reduced – order modeling: new approaches for computational physics . Progress in Aerospace Sciences,2004(40):51 – 117.

[17] Lee D H, Weisshaar T A. Aeroelastic studies on a folding wing configuration. AIAA Paper 2005 – 1996, 2005.

[18] Lee D H, Chen P C. Nonlinear aeroelastic studies on a folding wing configuration with freeplay hinge nonlinearity. AIAA Paper,2006 – 1734, 2006.

[19] Pitt D M, Goodman C E. Famuss: a new aeroservoelsatic modeling tool. AIAA Paper – 92 – 2395 – CP, 1992.

[20] Simpson J, Suleman A, Cooper J. Review of european research project active aeroelastic aircraft structures (3AS). IFASD – 05 International Forum on Aeroelasticity and Structural Dynamics, Munich,

Germany, 2005.
[21] 梁强. 复杂流场的非定常气动力计算以及气动弹性研究. 西安:西北工业大学,2003,9.
[22] 程芳. 机翼跨声速颤振的频域计算. 南京:南京航空航天大学,2004.
[23] Cunnigham H J. Modern wing flutter analysis by computational fluid dynamics methods. Journal of Aircraft, 1988,25(10):962 -968.
[24] Schuster D M, Vadyak J, Atta E. Static aeroelastic analysis of fighter aircraft using a three - dimensional navier - stokes algorithm . Journal of Aircraft, 1990,27(9):820 -825.
[25] Guruswamy G. A New modular approach for tightly coupled Fluid/Structure analysis. AIAA Paper,2004 - 4547, 2004.
[26] Strganac T W, Cizmas P G, Nichkawde C, et al. Aeroelastic analysis for future air vehicle concepts using a fully nonlinear methodology. AIAA Paper,2005 - 2171,2005.
[27] Snyder R D. Hur J Y, Strong D D, et al. Aeroelastic analysis of a high - altitude long - endurance joined - wing aircraft. AIAA Paper,2005 - 1948, 2005.
[28] Attar P J, Gordnier R E. Aeroelastic prediction of the limit cycle oscillations of a cropped delta wing. AIAA Paper,2005 - 1915, 2005.
[29] Wang Z, Chen P C, Liu D D. Time domain nonlinear aeroelastic analysis for hale wings. AIAA Paper, 2006 - 1640, 2006.
[30] Degand C. Moving grids for nonlinear dynamic aeroelastic simulations. Colorado: University of Colorado,2001.
[31] Kholodar D B, Morton S A, Cummings R M. Deformation of unstructured viscous grids. AIAA Paper, 2005 -926, 2005.
[32] Guruswamy G. Unsteady aerodynamic and aeroelastic calculations for wings using Euler equations . AIAA Journal, 1990,28:461 -469.
[33] Liu F, Cai J, Zhu Y. Calculation of wing flutter by coupled fluid - structure method . Journal of Aircraft, 2001, 38(2):334 -342.
[34] Sheta E, Harrand V, Thompson D, et al. Computational and experimental investigation of limit cycle oscillations of nonlinear aeroelastic systems . Journal of Aircraft, 2002, 39(1):133 - 141.
[35] Huang W. Practical aspects of formulation and solution of moving mesh partial differential equations . Journal of Computional Physics, 2000,171:753 -775.
[36] Wong A, Tsai H, Cai J, et al. Unsteady flow calculations with a multi - block moving mesh algorithm. AIAA Paper,2000 - 1002, 2000.
[37] Martineau D G, Georgala J M. A mesh movement algorithm for high quality generalised meshes. AIAA Paper,2004 -614, 2004.
[38] Gao W. Deforming mesh for computational aeroelasticity using a nonlinear elastic boundary element method. AIAA Paper,2001 - 1579, 2001.
[39] Relvas A, Suleman A. A stable and efficient nonlinear aeroelastic method using moving frames. AIAA Paper,2005 -2290, 2005.
[40] Hurka J, Ballmann J. Elastic panels in transonic flow. AIAA Paper,2001 -2722, 2002.
[41] Gordnier R E, Visbal M R. Development of a three - dimensional viscous aeroelastic solver for nonlinear panel flutter. AIAA Paper,2000 -2337, 2000.
[42] Farhat C, Pierson K, Degand C. CFD based simulation of the unsteady aeroelastic response of a maneuve-

ring vehicle. AIAA Paper,2000 – 0899, 2000.

[43] Claude Y Lepage, Wagdi G Habashi. Conservative interpolation of aerodynamic loads for aeroelastic computations. AIAA Paper,2000 – 1449.

[44] Guruswamy G P. A review of numerical fluids/structures interface methods for computations using high – fidelity equations . Computers and Structures, 2002, 80: 31 – 41.

[45] Kim Y H, Kim J E. A new hybrid interpolation method using surface tracking, fitting and smoothing function applied for aeroelasticity. AIAA Paper,2005 – 2347, 2005.

[46] Silva W A, Bartels R E. Development of Reduced – order models for aeroelastic analysis and flutter prediction using the cfl3dv6. 0 code. AIAA Paper,2002 – 1596, 2002.

[47] Marzocca P, Silva W A, Librescu L. Open/closed – loop nonlinear aeroelasticity for airfoils via volterra series approach. AIAA Paper,2002 – 1484, 2002.

[48] Thomas J P, Dowell E H, Hall K C. Nonlinear inviscid aerodynamic effects on transonic divergence, flutter and limit cycle oscillations. AIAA Paper,2001 – 1209, 2001.

[49] Roy J P, Liu T. Extracting dynamic loads from optical deformation measurements. AIAA Paper,2006 – 2187, 2006.

[50] Hong M S, Kuruvila G, Bhatia K G. Evaluation of CFL3D for unsteady pressure and flutter predictions. AIAA Paper,2003 – 1923, 2003.

[51] Hayes W B, Goodman C E. F/A – 18E/F super hornet flutter clearance program. AIAA Paper,2003 – 1940, 2003.

[52] Raveh D E, Levy Y. CFD – Based Aeroelastic response of an active aeroelastic wing. AIAA Paper,2004 – 1515, 2004.

[53] Shearer C M, Cesnik C E S. Nonlinear flight dynamics of very flexible aircraft. AIAA Paper,2005 – 5805, 2005.

[54] Udrescu R. Nonlinear thermoelastic stress analysis of panels exposed to high – speed flow effects. AIAA Paper,2002 – 1690, 2002.

[55] Friedmann P P, McNamara J J, Thuruthimattam B J. Hypersonic aerothermoelasticity with application to reusable launch vehicles. AIAA Paper,2003 – 7014, 2003.

[56] McNamara J J, Friedmann P P, Powell K G. Aeroelastic and aerothermoelastic vehicle behavior in hypersonic flow. AIAA Paper,2005 – 3305, 2005.

[57] Kirn Y, Kim J, Jeon Y. Multidisciplinary aerodynamic – structural design optimization of supersonic fighter wing using response surface methodology. AIAA Paper,2002 – 0322, 2002.

[58] Bernardini G, Mastroddi F. Multidisciplinary design optimization for the preliminary design of aeronautical configurations. AIAA Paper,2004 – 1544, 2004.

[59] Peigin Sergey, Epstein Boris. A hybrid approach to multiconstraint aerodynamic optimization driven by full navier – stokes computations. AIAA Paper,2005 – 4855, 2005.

[60] 刘儒勋,舒其望. 计算流体力学的若干新方法. 北京:科学出版社,2003.

[61] 阎超. 计算流体力学方法及应用. 北京:北京航空航天大学出版社,2006.

[62] Jameson N,Schmidt W,Turkel E. Numerial solution of the euler equations by finite volume methods using runge – kutta time stepping schemes. AIAA Paper,81 – 1259.

[63] Van Leer B. Flux vecter splitting for euler equations. Lecture Notes in Physics,1982,170:507 – 512.

[64] Yoon S, Jameson A. Lower – Upper symmetric – gauss – seidel method for the euler and navier – stokes

equations. AIAA Paper,87 – 0600, 1987.

[65] Lai K L, Tsai H M. Application of spline matrix for mesh deformation with dynamic multi – block grids. AIAA Paper,2003 – 3514, 2003.

[66] 侯新录. 结构分析中的有限元法与程序设计. 北京:中国建材工业出版社,2004:158 – 162.

[67] 凌道盛,徐兴. 非线性有限元及程序. 杭州:浙江大学出版社,2004:177 – 180.

[68] Belytschko T, Hsieh B J. Application of higher order corotational stretch theories to nonlinear finite element analysis . Computer & Structure,1979, 11:175 – 182.

[69] Pacoste C. Co – rotational flat facet triangular elements for shell instability analysis. Comput. Methods Appl. Mech. Engrg . ,1998,156:75 – 110.

[70] William T. Yeager Jr, Raymond G Kvaternik. A historical overview of aeroelasticity branch and transonic dynamics tunnel contributions to rotorcraft technology and development. August 2001, NASA/TM – 2001 – 211054.

[71] Timothy J Cowan, Andrew S Arena Jr. Development of a discrete – time aerodynamic model for cfd – based aeroelastic analysis. AIAA – 99 – 0765.

[72] Jeffrey P Thomas, Earl H Dowell, Keneth C Hall. Modeling limit cycle oscillation behavior of the F – 16 fighter using a harmonic balance approach. AIAA 2004 – 1696.

[73] Dowell E,Tang D. Nonlinear aeroelasticity and unsteady aerodynamics. AIAA – 2002 – 0003.

[74] Étienne S, Pelletier D, Garon A. A monolithic formulation for unsteady fluid – structure interaction. AIAA 2006 – 694, Reno, NV, United States: AIAA Aerospace sciences meeting conference & exhibit, 44rd, 2006.

[75] Farhat C, Lesoinne M. Two efficient staggered algorithms for the serial and parallel solution of three – dimensional nonlinear transient aeroelastic problems. Comput. Methods Appl. Mech. Engrg, 2000, 182: 499 – 515.

[76] Serge Pipeno, Charbel Farhat, Bernaard Larrouturou. Partioned procedures for the transient solution of coupled aeroelastic problems Part I: Model problem, theory and two – dimensional application. Comput. Methods Appl. Mech. Engrg, 1995, 124:79 – 112.

[77] Serge Pipeno, Charbel Farhat. Partioned procedures for the transient solution of coupled aeroelastic problems Part II: energy transfer analysis and three – dimensional applications. Comput. Methods Appl. Mech. Engrg, 2001, 190:3147 – 3170.

[78] 蒋跃文,张伟伟,叶正寅 . 基于 CFD 技术的流场/结构时域耦合求解方法研究 . 振动工程学报, 2007,20(4):396 – 400.

[79] 窦怡彬,徐敏 . 时域 CFD/CSD 耦合方法能量精度分析及应用 . 噪声与振动控制, 2012,31(6):62 – 68.

[80] Kari Appa. Finite – surface spline. Aircraft Journal,1989,26(5):495 – 496.

[81] Robert L, Harder, Robert N. Desmarais, interpolation using surface splines. Journal of Aircraft,1972,9 (2): 189 – 191.

[82] 李立州, 王婧超, 吕震宙, 等 . 学科间载荷参数空间插值传递方法 . 航空动力学报,2007,22(7): 1050 – 1054.

[83] 岳珠峰, 李立州,等 . 航空发动机涡轮叶片多学科设计优化 . 北京:科学出版社,2007.

[84] Lizhou Li, Zhenzhou Lu, Jingchao Wang, et al. Turbine Blade Temperature Transfer Using the Load Surface Method. Computer – Aided Design,2007,39:494 – 505.

[85] Goura G S L, Badcock K J, et al. A Data exchange method for fluid – structure interaction problems. The Aeronautical Journal, 2001:215 – 221.

[86] Sorin Munteanu, John Rajadas, Changho Nam, et al. A volterra kernel reduced – order model approach for nonlinear aeroelastic analysis. AIAA 2005 – 1854.

[87] Timothy J Cowan, Andrew S Arena Jr. Accelerating cfd – based aeroelastic predictions using system identification. AIAA – 98 – 4152.

[88] Thuan Lieu, Charbel Farhat, Michel Lesoinne. POD – based aeroelastic analysis of a complete f – 16 configuration: rom adatpation and demonstration. AIAA 2005 – 2295.

[89] Willem Cazemier. Proper orthogonal decomposition and low dimensional models for turbulent flows. Ph. D dissertation of Rijksuniversiteit Groningen.

[90] Willcox K, Peraire J. Balanced model reduction via the proper orthogonal decomposition. AIAA Journal, 2002,40(11).

[91] 姚伟刚,徐敏,叶茂. 基于特征正交分解的模型降阶技术. 力学学报,2010,42(4):637 – 644.

[92] Yao W G, Xu M, Chen Z M. A novel model reduction method based on balanced trunctaion. Science in China, Series E Technological Sciences,2009,52(11).

[93] Jeffrey P Thomas, Earl H Dowell, Kenneth C Hall. Three – dimensional transonic aeroelasitcity using proper orthogonal decomposition based reduced order models. AIAA 2001 – 1526.

[94] John S R Anttonen, Paul I King. The accuracy of pod – based reduced – order models with deforming grids. AIAA 2001 – 2541.

[95] Chen P C, et el. Nonlinear reduced order modeling of limit cycle oscillations of aircraft wings. AFRL – SR – BL – TR – 00 – 0643.

[96] Taehyoun Kim. Efficient reduced – order system identification for linear systems with mulitple inputs. AIAA Journal,2005,43(7).

[97] Taehyoun Kim, et al. Aeroelastic model reduction for affordable computational fluid dynamics – based flutter analysis. AIAA Journal,2005,43(12).

[98] Lieu T, Farhat C, Lesoinne M. Reduced – order fluid/structure modeling of a complete aircraft configuration . Comput. Methods Appl. Mech. Engrg. ,2006,195: 1244 – 1257.

[99] Lesoinne M, Farhat C. CFD – based aeroelastic eigensolver for the subsonic, transonic, and supersonic regimes. Journal of Aircraft,2001,38(4): 628 – 635.

[100] Beran P, Lucia D, Pettit C. Reduced – order modeling of limit – cycle oscillation for aeroelastic systems. J. Fluid. Struct. ,2004,19(5): 575 – 590.

[101] Liou M S,Leer B Van. Choice of implicit and explicit operators for the upwind differencing method. AIAA paper 88 – 0624.

[102] Meng – Sing Liou, Christopher J Steffen, JR. A new flux splitting scheme. Journal of Computational Physics,1993,107:23 – 29.

[103] Liou Meng – Sing. A sequel to AUSM: AUSM + . Journal of Computational Physics, 1996, 129: 364 – 382.

[104] Liou Meng – Sing. A sequel to AUSM, Part II: AUSM + – up for all speeds. Journal of Computational Physics,2006,214:137 – 170.

[105] Kim K H, Chongam Kim,Rho O H. Methods for the Accurate computations of hypersonic flows I. AUSMPW + Scheme. Journal of Computational Physics,2001,174,38 – 80.

[106] Jameson A, Schmidt W, Turkel E. Numerical solutions of the euler equations by finite volume methods using runge – kutta time – stepping schemes. AIAA Paper,81 – 1259, 1981.

[107] Blazek J. Compuational fluid dynamics: principles and applications. Oxford: Elsevier science Ltd, Kidlington,2001.

[108] Richard M Beam, Warming R F. An implicit finite – difference algorithm for hyperbolic systems in conservation – law form. Journal of Computational Physics,1976,22:87 – 110.

[109] Joseph L Steger. Implicit finite – difference simulation of flow about arbitrary two – dimensional geometries. AIAA Journal,1978,16(7).

[110] Pulliam T H, Chaussee D S. A diagonal form of an implicit approximate – factorization algorithm. Journal of Computational Physics,1981,39:347 – 363.

[111] Seokkwan Yoon. Lower – upper symmetric – gauss – seidel method for the euler and navier – stokes equations. AIAA Journal,1988,26(19).

[112] Hiroyuki Nishida, Taku Nonomura. ADI – SGS scheme on ideal magnetohydrodynamics. Journal of Computational Physics,2009,228:3182 – 3188.

[113] Chen R F, Wang Z J. Fast, block lower – upper symmetric Gauss – Seidel scheme for arbitrary grids. AIAA Journal, 2000,38(12).

[114] Demirdzic I, Peric M. Finite volume method for prediction of fluid flow in arbitrarily shaped domains with moving boundaries. International Journal for Numerical Methods in Fluids,1990,10:771 – 790.

[115] 王刚,雷博琪,叶正寅. 一种基于径向基函数的非结构混合网格变形技术. 西北工业大学学报,2011,29,5:783 – 788.

[116] Morton S A, Melville R B, Visbal M R. Accuracy and coupling issues of aeroelastic Navior – Stokes solutions of deforming meshes. AIAA paper no. 97 – 1085, in: Proceedings of the 38th AIAA Structures, Sturctural Dynamics and Materials Conference, Kissimmee, Florida, 7 – 10 April 1997.

[117] Bohbot J, Garnier J, Toumit S, et al. Computation of the flutter boundary of an airfoil with a parallel Navier – Stokes solver. AIAA 2001 – 0572. 39th AIAA Aerospace Sciences Meeting Conference & Exhibit, January 8 – 11, 2001/ Reno, Nevada.

[118] Charbel Farhat, Michel Lesoinne, Nathan Maman. Mixed explicit/implicit time integration of coupled aeroelastic problems: three – field formulation, geometric conservation and distributed solution. International journal for numerical methods in fluids,1995,21:807 – 835.

[119] 窦怡彬,徐敏,安效民,等. 高超声速舵面颤振分析. 工程力学,2009,26(11):232 – 237.

[120] Strganac T W, Mook D T. Numerical model of unsteady subsonic aeroelastic behavior. AIAA Journal, 1990,28:903 – 909.

[121] Pramono E, Weeratunga S K. Aeroelastic computations for wings through direct coupling on disturbed – memory MIMD parallel computers. AIAA paper no. 94 – 0095, in: Proceedings of the 32nd Aerospace Sciences Meeting and Exhibit, January 10 – 13, 1994/Reno, Nevada.

[122] 安效民,徐敏,陈士橹. 一种新的界面映射推进方法及其在气动弹性力学中的应用. 宇航学报,2008,29(15):1473 – 1479.

[123] Lesoinne M, Farhat C. Higher – order subiteration – free staggered algorithm for nonlinear transient aerelastic problems. AIAA Journal,1998,36(9):1754 – 1757.

[124] 刘占生,张云峰. 非线性壁板颤振计算的子循环预测校正方法研究. 航空动力学报,2007,22(5):761 – 767.

[125] 张云峰,刘占生. 基于子循环—样条插值预测校正方法的流固耦合分析. 机械工程学报,2008,44(2):62-67.
[126] Van Zuijlen A H, Bosscher S, Bijl H. Two level algorithms for partitioned fluid - structure interaction computations. Comput. Methods Appl. Mech. Engrg. ,2007,196:1458-1470.
[127] Prananta B B, Hounjet M H L. Two-dimensioal transonic aeroelastic analysis using thin-layer navier-stokers methods. Journal of Fluids and Structures,1998, 12, Article No. fl980167.
[128] Alonso, Juan J, Jameson, et al. Fully implicit - time marching aeroelastic solutions. AIAA-1994-0056.
[129] Richard J Prazenica. Wavelet - based Volterra series representations of nonlinear dynamical systems. Florida: University of Florida, 2002.
[130] Rick Lind, Richard J Prazenica, Martin J Brenner. Estimating nonlinearity using Volterra kernels in feedback with linear models. AIAA-2003-1406.
[131] 姜波, 杨军, 张尔扬. 稀疏自适应 Volterra 滤波的 QRD-RLS 算法. 信号处理, 2008, 24(4): 595-599.
[132] Robert D Nowak. Random and pseudorandom inputs for Volterra filter identification. IEEE Transactions on Signal Processing,1994,42(8):2124-2135.
[133] Onur Toker. Pseudorandom multilevel sequences: spectral properties and identification of Hammerstein systems. IMA Journal of Mathematical Control and Information, 2004,21:183-205.
[134] 李蕾红,陆秋海,任革学. 特征系统实现算法的识别特性研究及算法的推广. 工程力学,2002,19(1):109-114.
[135] Rosenfeld A, Kak A C. Digital Picture Processing. Academic Press,1982.
[136] Preeisendorfer R W. Principle Component Analysis in Meterology and Oceanography. Elsevier,1988.
[137] Krysl P, Lall S, Marsden J E. Dimensional model reduction in nonlinear finite element dynamics of solids and structures. International Journal for Numerical Methods In Engineering,2001,51:479-504.
[138] Tang L, Chen P C, Liu D D, et al. Proper orthogonal decomposition and response surface method for TPS/RLV structural design and optimization: X-43 case study. AIAA Paper,2005-839.
[139] 李勇. 基于 Volterra 级数的非定常气动力和气动弹性分析. 西安:西北工业大学,2007:1-82.
[140] 史忠军. CFD/CSD 耦合接口技术研究. 西安:西北工业大学,2003.
[141] 陈刚. 非定常气动力降阶模型及其应用,西安:西北工业大学,2004:1-59.
[142] 安效民. CFD/CSD 耦合求解气动弹性研究. 西安:西北工业大学,2006:1-83.
[143] 曾宪昂. 模型降阶技术在气动弹性中的应用研究. 西安:西北工业大学,2007:1-80.
[144] 窦怡彬. 基于 CFD/CSD 耦合的二维受热壁板颤振特性研究. 西安:西北工业大学,2009:1-73.
[145] 安效民. 基于 CFD/CSD 耦合求解的非线性气动弹性研究. 西安:西北工业大学,2009:1-137.
[146] 刘浩. 热气动弹性建模技术研究. 西安:西北工业大学,2012:1-90.
[147] 陈浩. 高超声速升力部件的气动热弹性分析. 西安:西北工业大学,2013.
[148] 陈涛. 基于多变量有限元的非线性气动弹性建模研究. 西安:西北工业大学,2014.
[149] 张斌. 基于 DES 的复杂流动计算技术研究. 西安:西北工业大学,2014.
[150] 周罡刚. 非线性气动弹性数值模拟研究. 西安:西北工业大学,2012.
[151] 蔡天星. 基于 CFD/CSD 耦合的飞行器气动弹性研究. 西安:西北工业大学,2009.
[152] 徐敏,安效明,陈士橹. 一种 CFD/CSD 耦合计算方法. 北京航空航天大学. 首届全国航空航天领域中的力学问题学术研讨会论文集(上册). 北京:北京航空航天大学,2004:5.

[153] 安效民,徐敏,陈士橹. 多场耦合求解非线性气动弹性的研究综述. 力学进展,2009,3:284 - 298.
[154] 陈刚,李跃明,闫桂荣,等. 基于POD降阶模型的气动弹性快速预测方法研究. 宇航学报,2009,5:1765 - 1769,1796.
[155] 窦怡彬,徐敏,安效民,等. 高超声速舵面颤振分析. 工程力学,2009,11:232 - 237.
[156] 安效民,徐敏,陈士橹. 二阶时间精度的CFD/CSD耦合算法研究. 空气动力学学报,2009,5:547 - 552.
[157] 徐敏,安效民,陈士橹. 一种CFD/CSD耦合计算方法. 航空学报,2006,1:33 - 37.
[158] 徐敏,史忠军,陈士橹. 一种流体 - 结构耦合计算问题的网格数据交换方法. 西北工业大学学报,2003,5:532 - 535.
[159] 史忠军,徐敏,陈士橹. 动网格生成技术. 空军工程大学学报(自然科学版),2003,1:61 - 64.
[160] 徐敏,陈士橹. CFD/CSD耦合计算研究. 应用力学学报,2004,2:33 - 36,161.
[161] 徐敏,陈刚,陈士橹,等. 基于非定常气动力低阶模型的气动弹性主动控制律设计. 西北工业大学学报,2004,6:748 - 752.
[162] 姚伟刚,徐敏. 基于Volterra级数降阶模型的气动弹性分析. 宇航学报,2008,6:1711 - 1716.
[163] 曾宪昂,徐敏,安效民,等. 基于CFD/CSD耦合算法的机翼颤振分析. 西北工业大学学报,2008,1:79 - 82.
[164] 安效民,徐敏,陈士橹. 一种新的界面映射推进方法及其在气动弹性力学中的应用. 宇航学报,2008,5:1473 - 1479.
[165] 徐敏,安效民,曾宪昂,等. 基于BPOD的气动弹性降阶及其在主动控制中的应用. 中国科技论文在线,2008,10:781 - 786.
[166] 谢亮,徐敏,张斌,等. 基于径向基函数的高效网格变形算法研究. 振动与冲击,2013,10:141 - 145.
[167] 谢亮,徐敏,安效民,等. 基于径向基函数的网格变形及非线性气动弹性时域仿真研究. 航空学报,2013,7:1501 - 1511.
[168] 裴曦,徐敏,韩冰. CFD/CSD耦合声气动弹性时域仿真研究. 振动工程学报,2013,4:583 - 590.
[169] 安效民,徐敏. 一种几何大变形下的非线性气动弹性求解方法. 力学学报,2011,1:97 - 104.
[170] 姚伟刚,徐敏,陈志敏. 一种高效的流场反设计计算法研究. 工程力学,2011,2:44 - 48.
[171] 窦怡彬,徐敏,蔡天星,等. 基于CFD/CSD耦合的二维壁板颤振特性研究. 工程力学,2011,6:176 - 181,188.
[172] 姚伟刚,徐敏,陈志敏. 一种高效气动弹性虚拟仿真建模技术研究. 系统仿真学报,2011,6:1073 - 1076.
[173] 安效民,徐敏,陈士橹. 基于CR理论的近似能量守恒算法在壳元中的应用. 西北工业大学学报,2011,2:205 - 211.
[174] 蔡天星,徐敏,郭敏杰,等. 基于CFD/CSD的大展弦比机翼气动弹性研究. 强度与环境,2011,3:19 - 23.
[175] 曾晓彬,徐敏. 超声速巡航弹俯冲攻击制导控制一体化设计. 计算机仿真,2011,11:22 - 25.
[176] 窦怡彬,徐敏. 时域CFD/CSD耦合方法能量精度分析及应用. 噪声与振动控制,2011,6:62 - 68.
[177] 陈刚,李跃明,闫桂荣,等. 基于降阶模型的气动弹性主动控制律设计. 航空学报,2010,1:12 - 18.
[178] 姚伟刚,徐敏,叶茂. 基于特征正交分解的非定常气动力建模技术. 力学学报,2010,4:637 - 644.
[179] 徐敏,李勇,曾宪昂,等. 基于Volterra级数的非定常气动力降阶模型. 强度与环境,2007,5:22 - 28.

[180] 徐敏,张宁川. 基于气动(气动噪声)/结构耦合仿真研究. 强度与环境,2012,1:12 - 17.
[181] 刘浩,徐敏,叶茂. 基于特征正交分解的跨声速流场重构和翼型反设计方法研究. 空气动力学学报,2012,4:539 - 545.
[182] 裴曦,徐敏. 基于 CFD/CSD 耦合的声气动弹性时域仿真. 工程力学,2012,9:380 - 384.
[183] 郭东,徐敏,陈士橹. 基于网格速度法的非定常流场模拟和动导数计算. 西北工业大学学报,2012,5:784 - 788.
[184] 陈涛,徐敏. 温度载荷对壁板动力学特性的影响. 强度与环境,2014,1:23 - 31.

内 容 简 介

本书取材于作者学科组多年的研究成果,介绍当代最新的非线性气动弹性模拟和载荷分析的理论方法与计算,阐释非线性气动弹性数值模拟所需的关键技术和CFD/CSD耦合求解的基本原理,主要内容包括:非定常气动力求解技术、几何非线性结构动力学求解技术、CFD/CSD耦合插值与动网格技术、CFD/CSD耦合系统设计、气动弹性系统降价技术。此外,书中还介绍了基于CFD/CSD耦合计算软件的设计技术,并与实际应用相结合,给出了基于CFD/CSD耦合的工程应用算例。

本书可作为高等院校航空相关专业研究生的教学用书,也可供力学、航空航天、土木工程等专业及其相关领域的科技工作者和研究生参考。

With the increasing flight speed and applications of light - weight structural material, nonlinear aeroelastic and related load analysis problems become eminent in aerocraft design. The book focuses on the state - of - art of computational methods for nonlinear aeroelasticity and loads analysis. The materials included in this book originates from decades' research efforts and achievements of the author's group. It presents key techniques and fundamental principles for CFD/CSD coupling in temporal domain for aeroelastic problems. It includes discussions on the fundamentals of CFD and CSD, interpolation and mesh moving technique for the data exchange on the coupling interface, design for CFD/CSD coupling system, reduced order modeling of aeroelastic systems. The final chapter of the book covers essentials of CFD/CSD coupling software design, and wide - range applications for aeroelastic problems using CFD/CSD coupling techniques.

The book can be used as an advanced textbook by aeronautical engineering departments for graduate courses. It can also be used as a professional reference by mechanical, aeronautical, and civil engineers in industry and government.

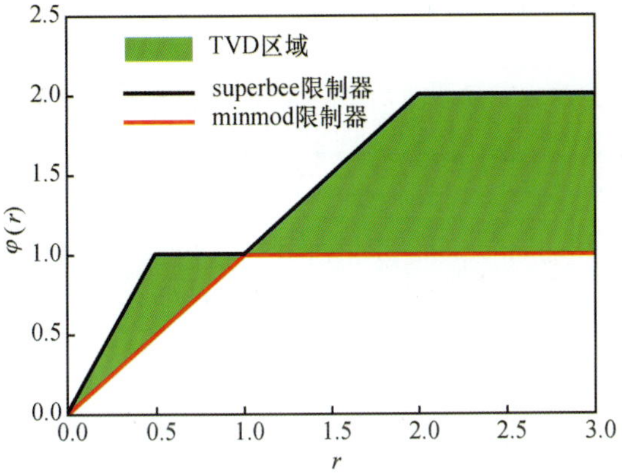

图 2.2 限制器 TVD 区域

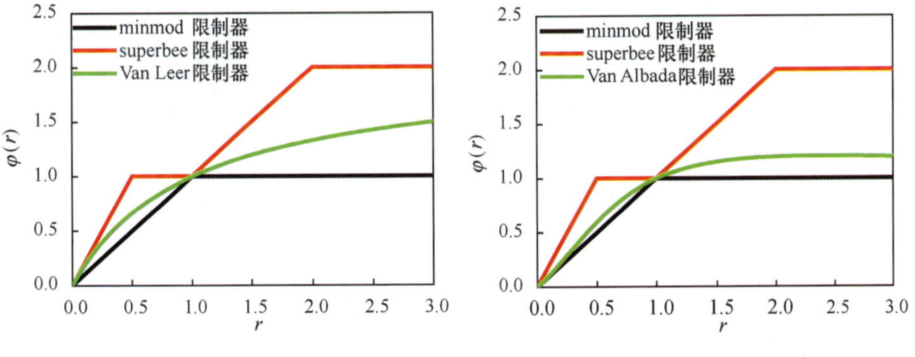

图 2.3 Van Leer 和 Van Albada 限制器通过 TVD 区域情况

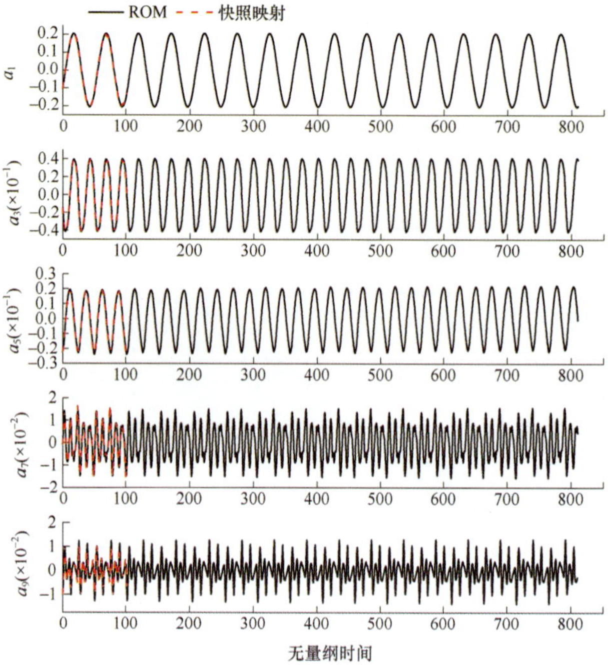

图 6.29　直接映射和校正后的降阶模型积分计算得到的 POD 基映射系数比较

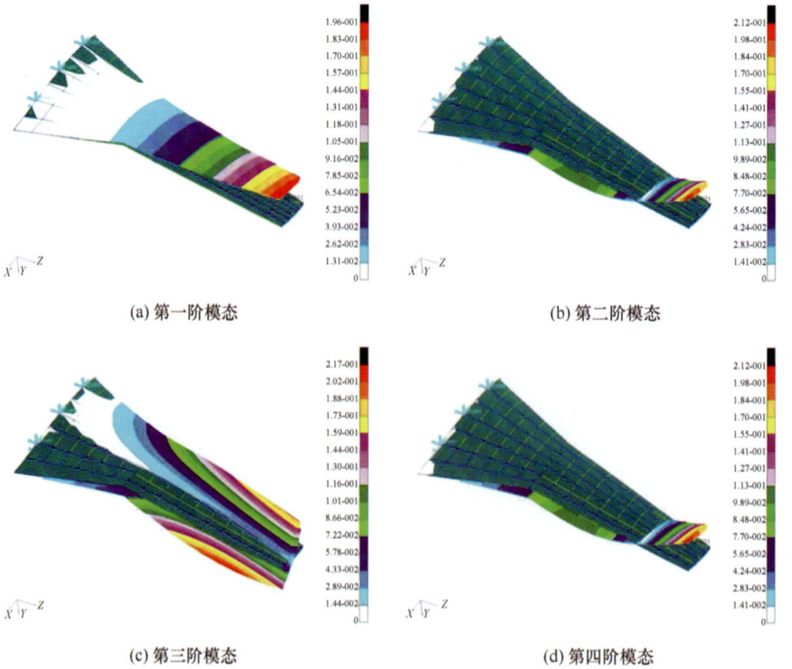

(a) 第一阶模态

(b) 第二阶模态

(c) 第三阶模态

(d) 第四阶模态

图 7.25　机翼结构振型图

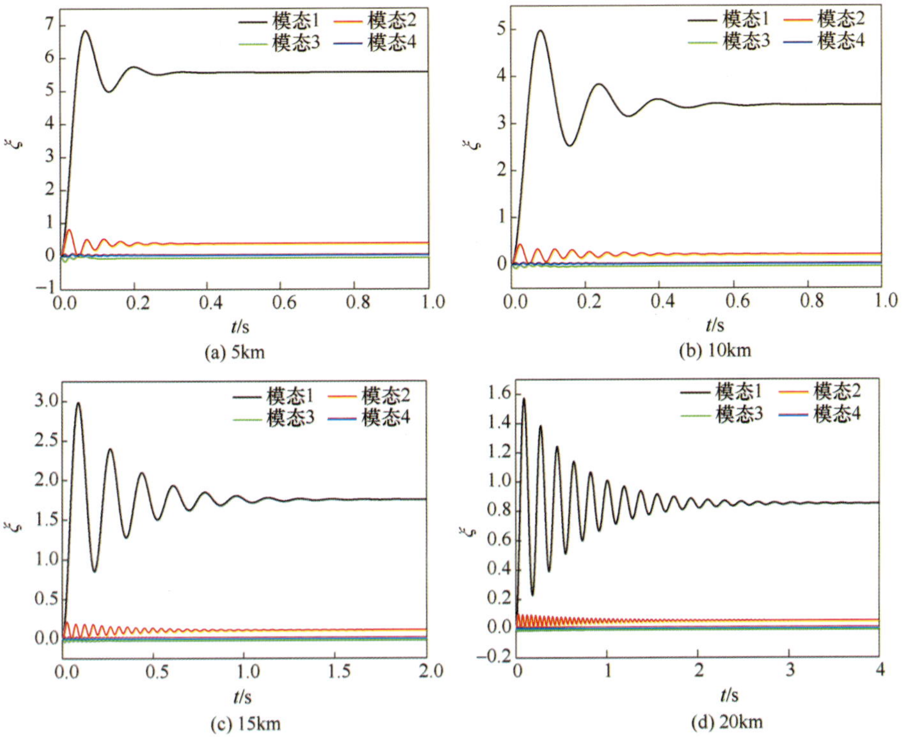

(a) 5km　(b) 10km　(c) 15km　(d) 20km

图 7.30　不同高度机翼结构响应曲线

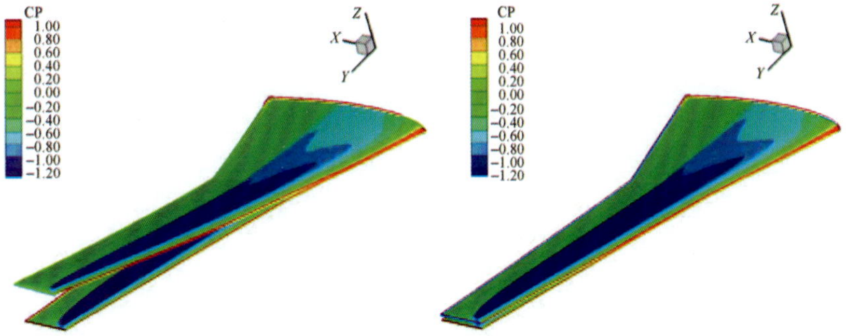

(a) 5km时机翼变形及压力分布图　(b) 20km时机翼变形及压力分布图

图 7.31　不同高度机翼变形图

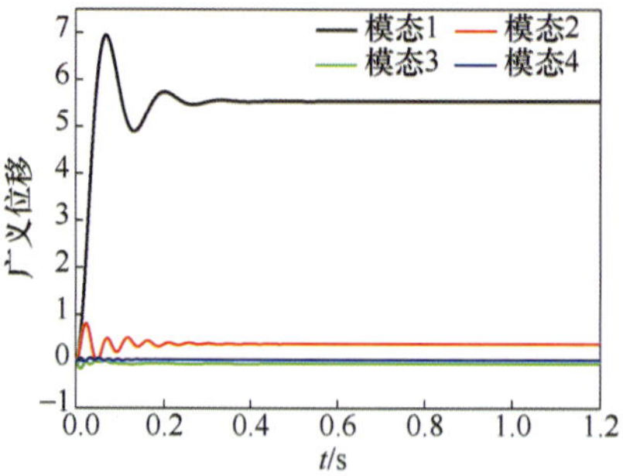

图 7.33　非线性广义位移响应曲线

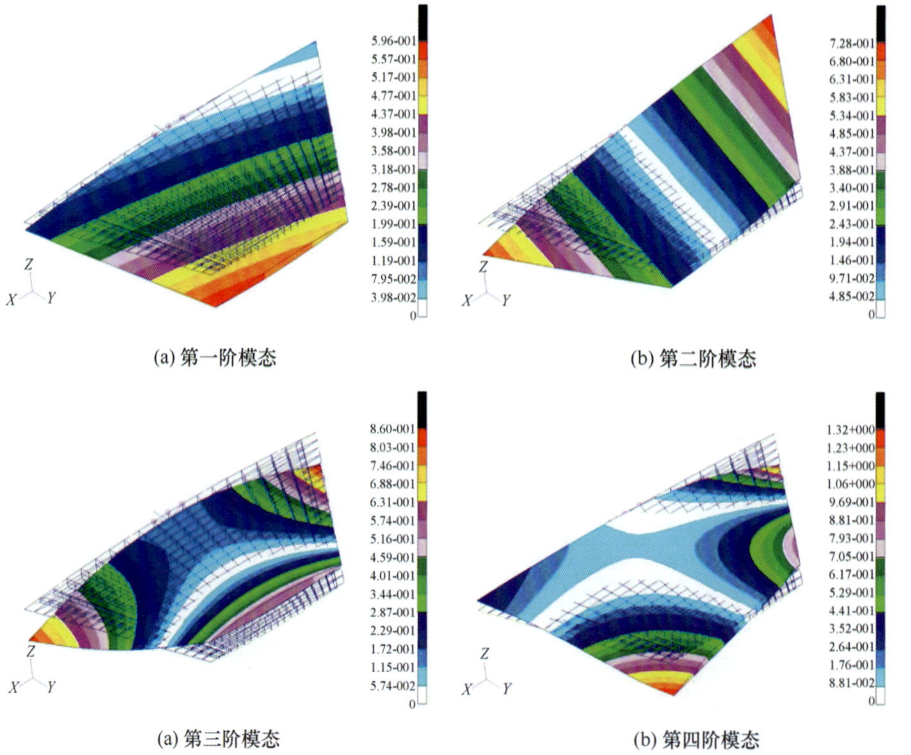

(a) 第一阶模态　　(b) 第二阶模态

(a) 第三阶模态　　(b) 第四阶模态

图 7.37　舵面前四阶模态振型图

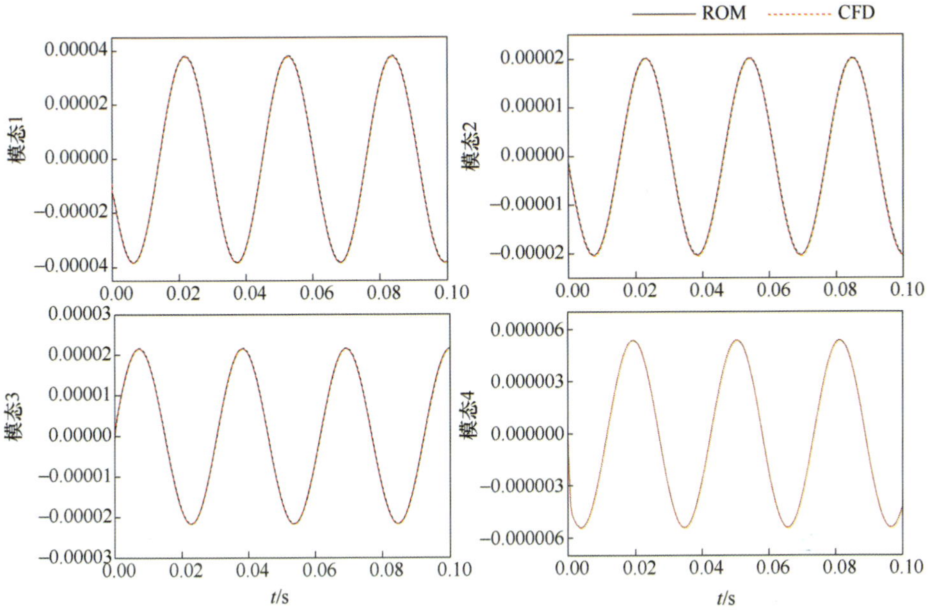

图 7.41　一阶模态正弦运动模态力比较

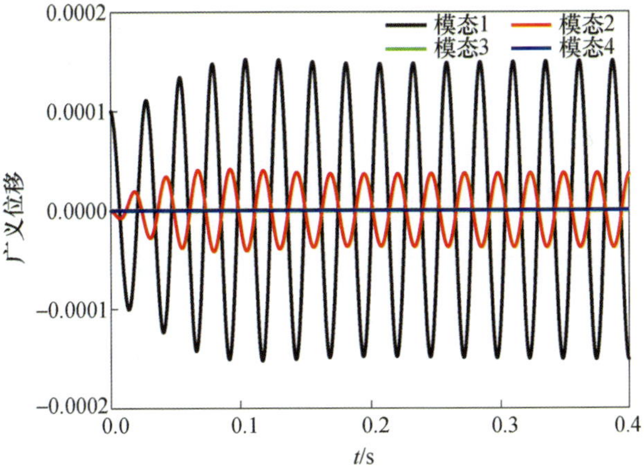

图 7.42　$Ma_{\infty}=2.0$ 等幅响应曲线（$Q_f=236.15$kPa）

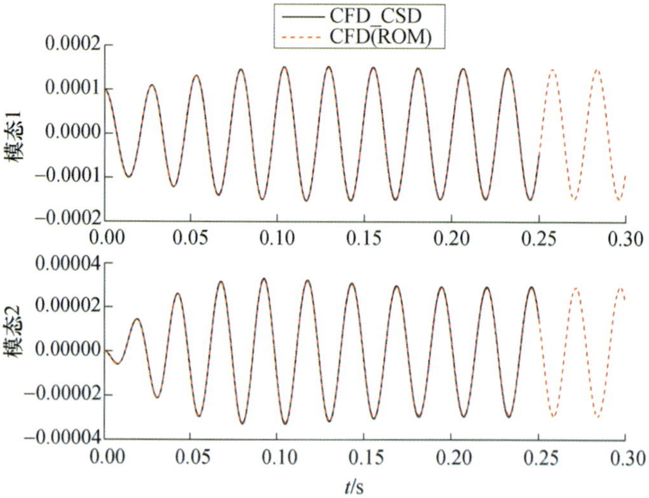

图 7.43　前两阶广义位移结果比较

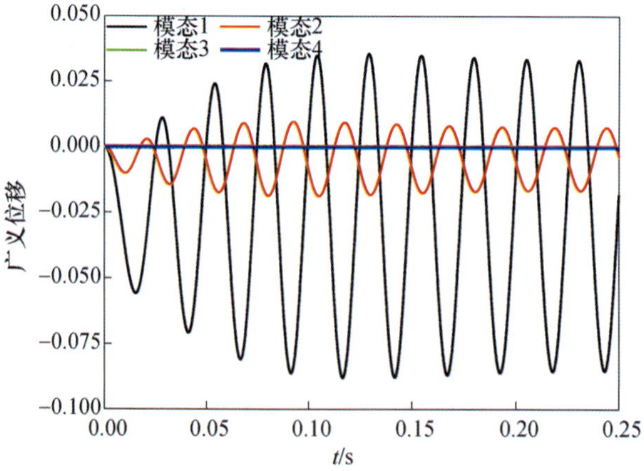

图 7.47　$Ma_{\infty}=2.0, \alpha=2.0°$舵面等幅响应曲线

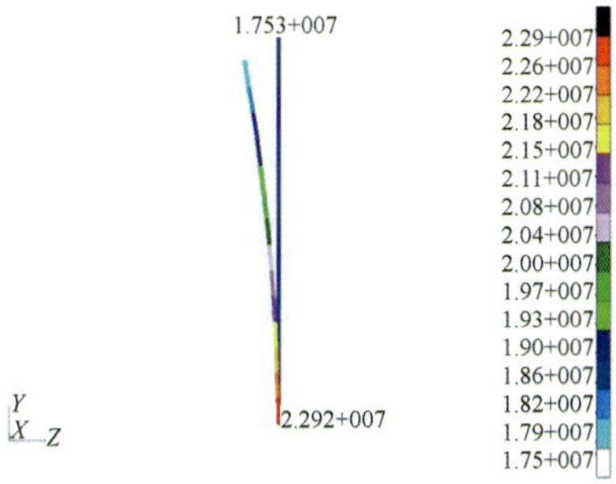

(a) 舵轴弯曲应力(0.1s)

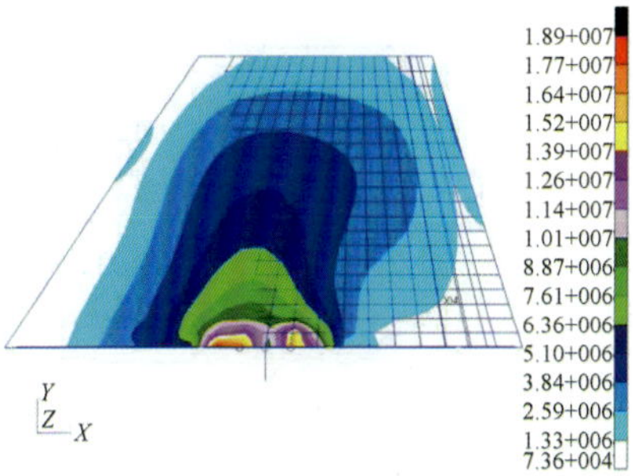

(b) 舵面应力(0.1s)

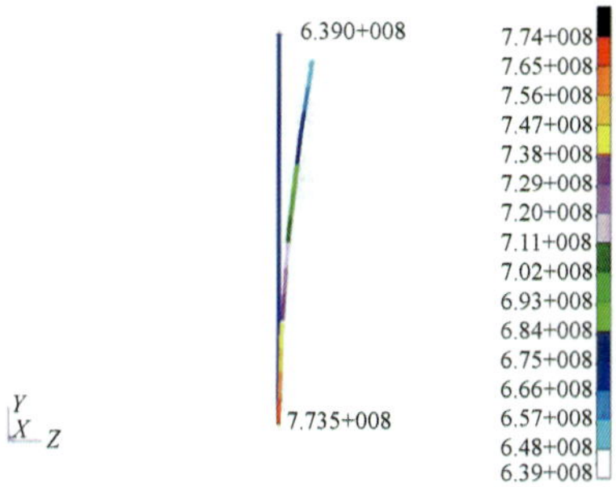

(c) 舵轴弯曲应力(0.11625s)

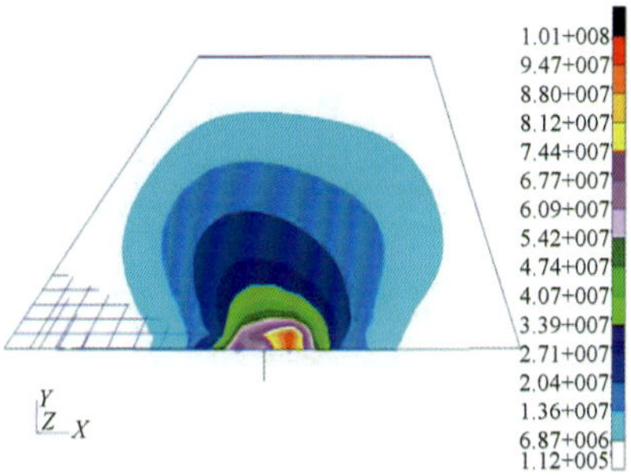

(d) 舵面应力(0.11625s)

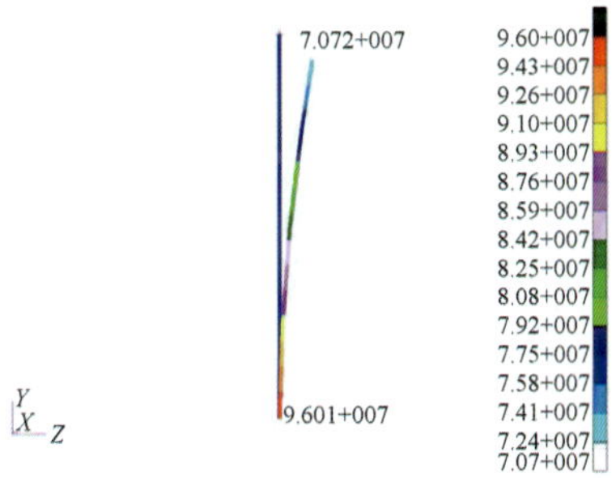

(e) 舵轴弯曲应力(0.2s)

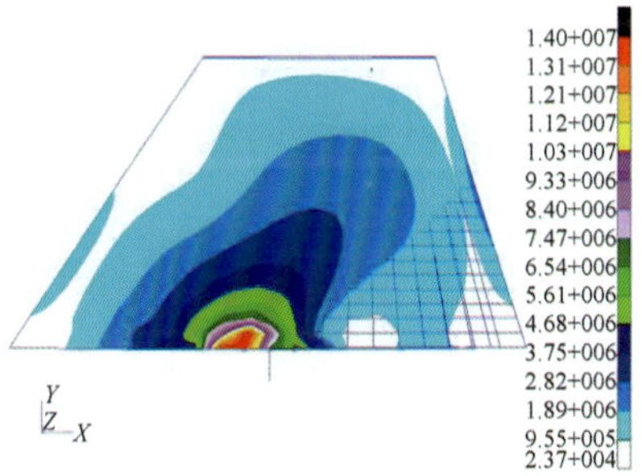

(f) 舵面应力(0.2s)

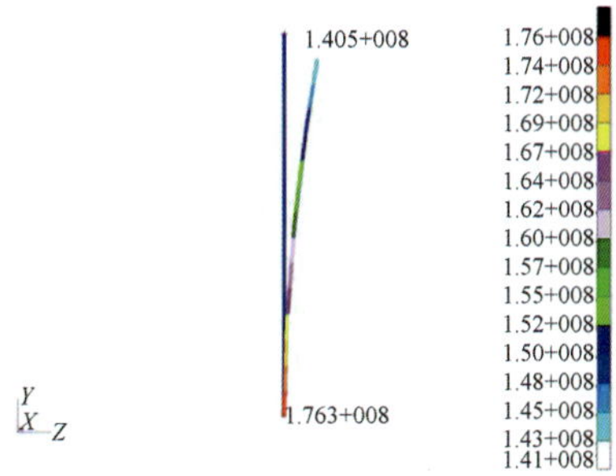

(g) 舵轴弯曲应力(0.25s)

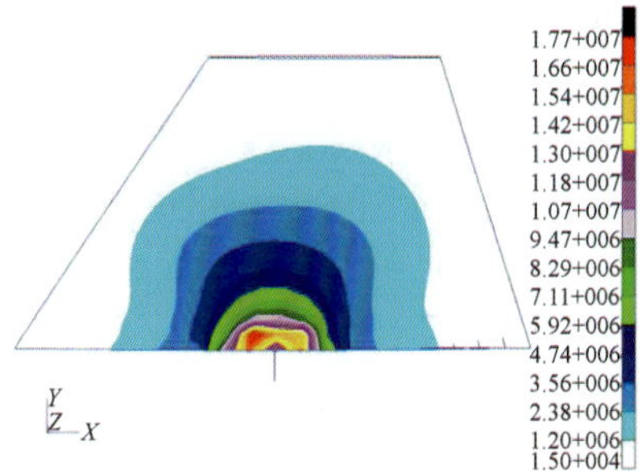

(h) 舵面应力(0.25s)

图 7.55　各时刻舵轴弯曲应力以及舵面应力图(Pa)

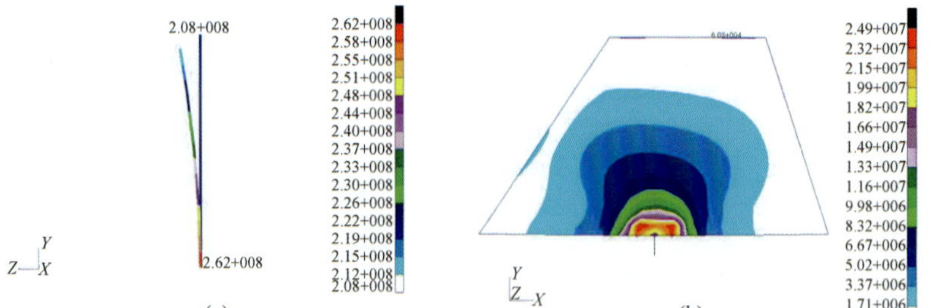

(a) (b)

图 7.56 定常气动力下舵轴哇弯曲应力与舵面应力图(Pa)

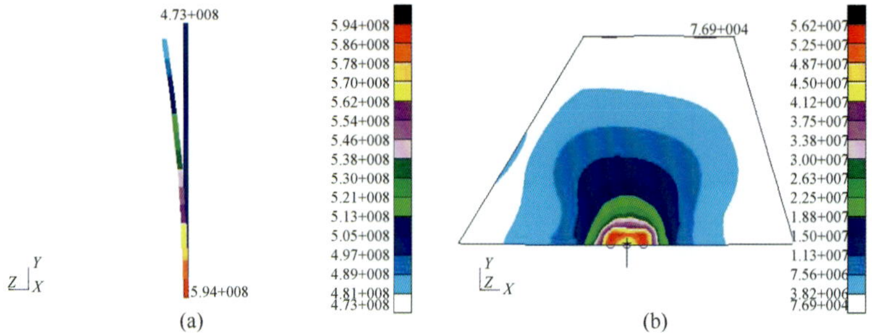

(a) (b)

图 7.57 最大气动力下舵轴弯曲应力和舵面应力图(Pa)

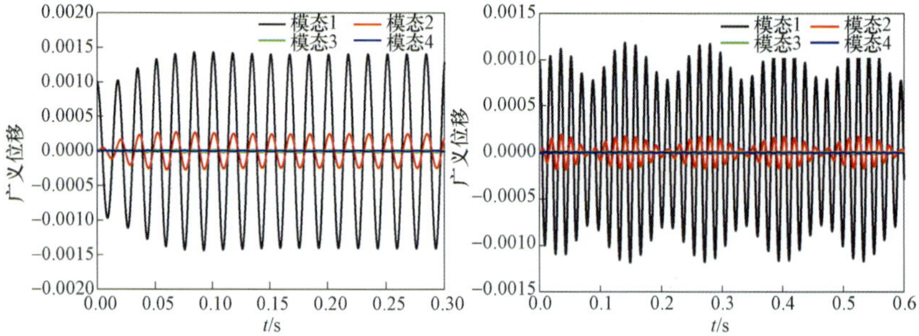

(a) 无扰动等幅响应曲线(Q_f=339kPa) (b) 滚转扰动下等幅响应曲线(Q_f=288.5kPa)

图 7.62 $Ma_\infty=2.0$ 等幅响应曲线比较

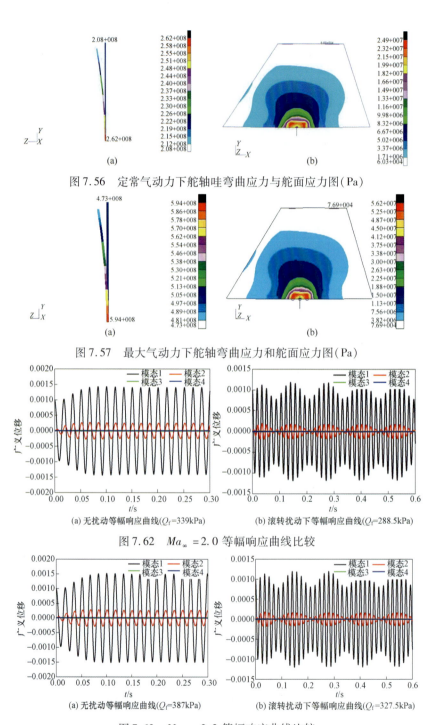

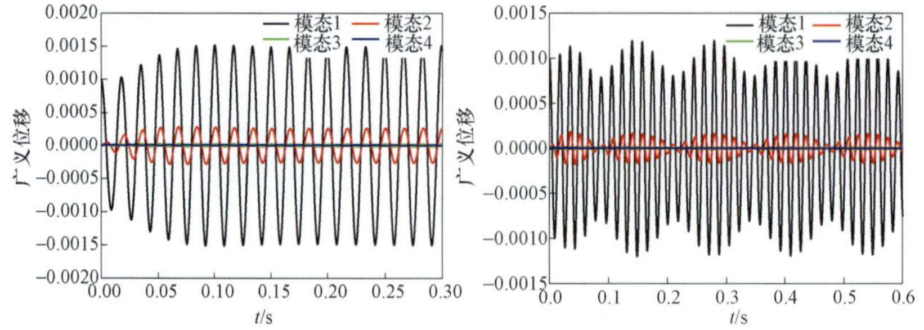

(a) 无扰动等幅响应曲线(Q_f=387kPa) (b) 滚转扰动下等幅响应曲线(Q_f=327.5kPa)

图 7.63 $Ma_\infty=2.2$ 等幅响应曲线比较

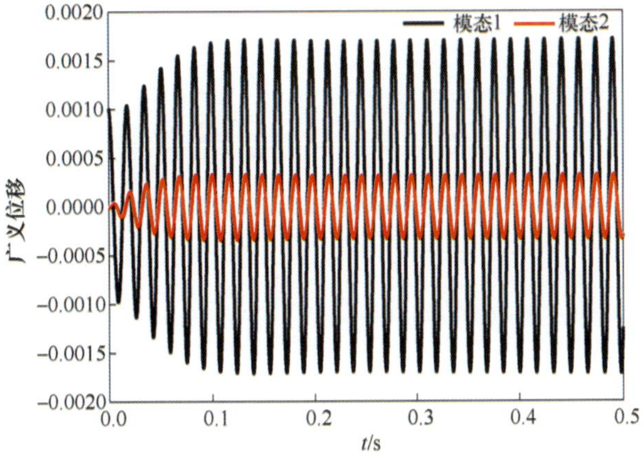

图 7.65　$Ma_\infty=2.5$ 无扰动颤振响应曲线（$Q_f=475\text{kPa}$）

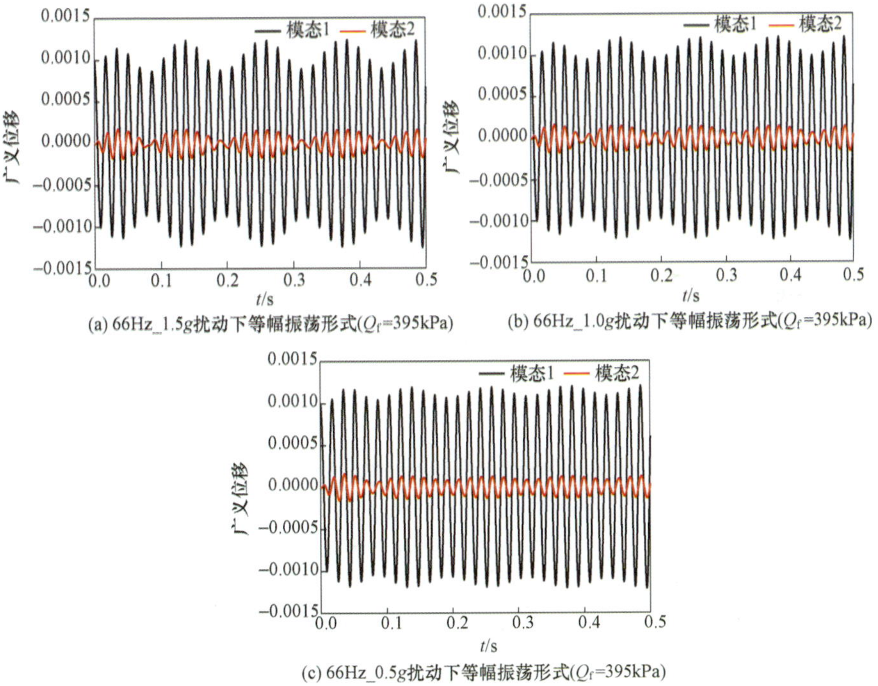

(a) 66Hz_1.5g扰动下等幅振荡形式(Q_f=395kPa)

(b) 66Hz_1.0g扰动下等幅振荡形式(Q_f=395kPa)

(c) 66Hz_0.5g扰动下等幅振荡形式(Q_f=395kPa)

图 7.66　66Hz 不同幅值扰动下的颤振响应曲线

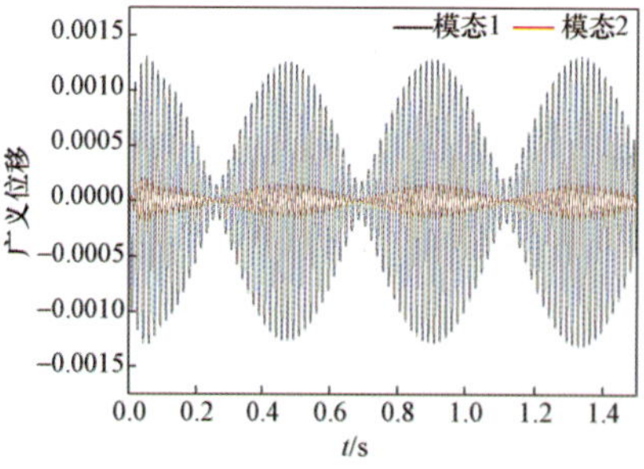

(a) 60Hz_1.5g扰动下等幅振荡形式(Q_f=390kPa)

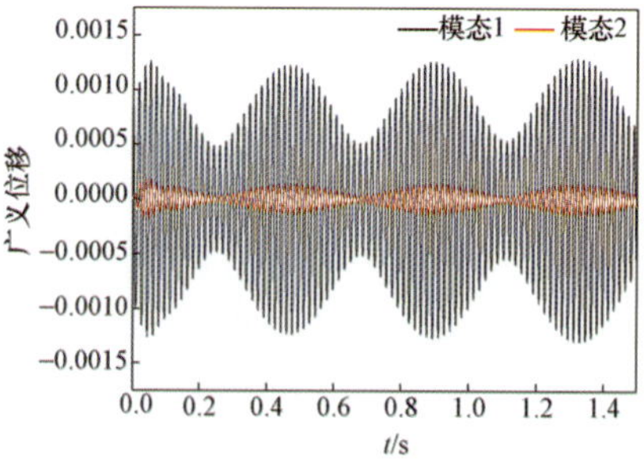

(b) 60Hz_1.0g扰动下等幅振荡形式(Q_f=390kPa)

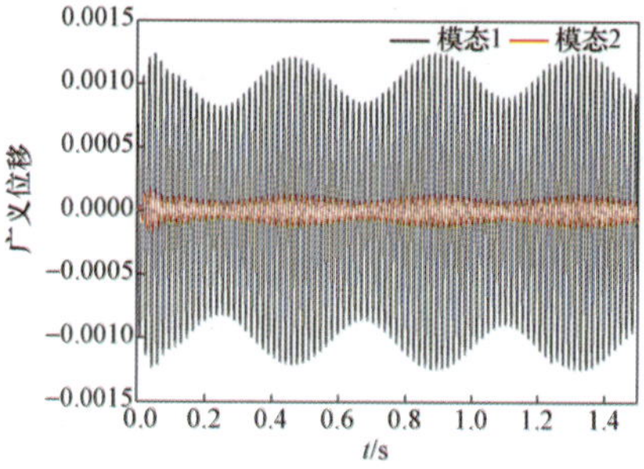

(c) 60Hz_0.5g扰动下等幅振荡形式(Q_f=390kPa)

图 7.67　60Hz 不同幅值扰动下的颤振响应曲线

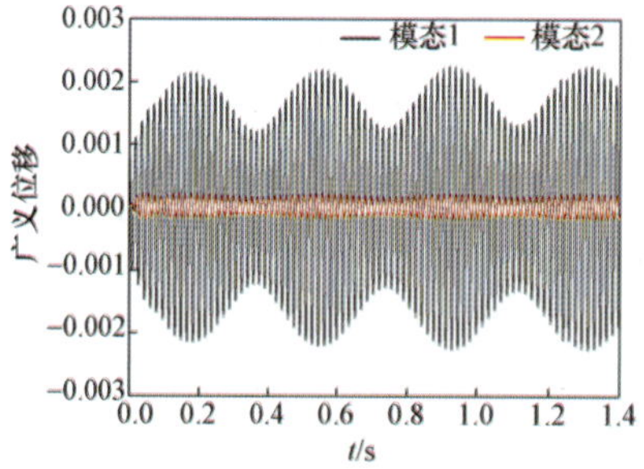

(a) 55Hz_1.5g扰动下等幅振荡形式(Q_f=390kPa)

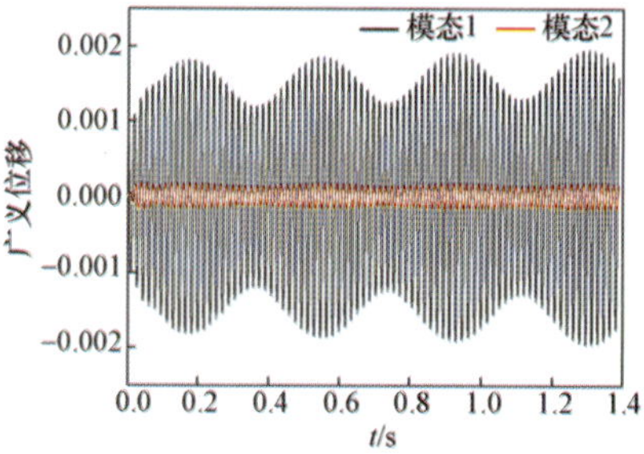

(b) 55Hz_1.0g扰动下等幅振荡形式(Q_f=390kPa)

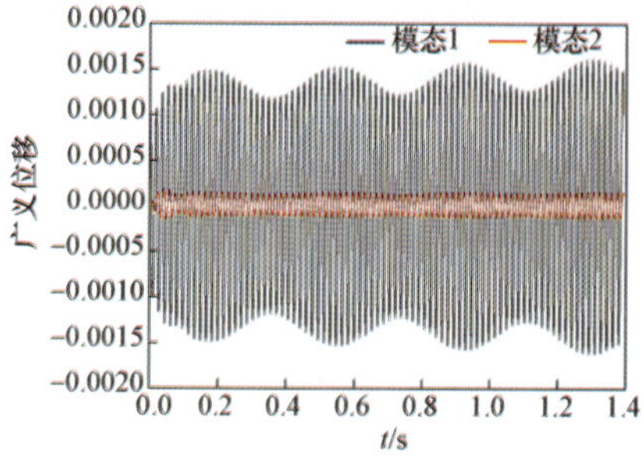

(c) 55Hz_0.5g扰动下等幅振荡形式(Q_f=390kPa)

图 7.68　55Hz 不同幅值扰动下的颤振响应曲线

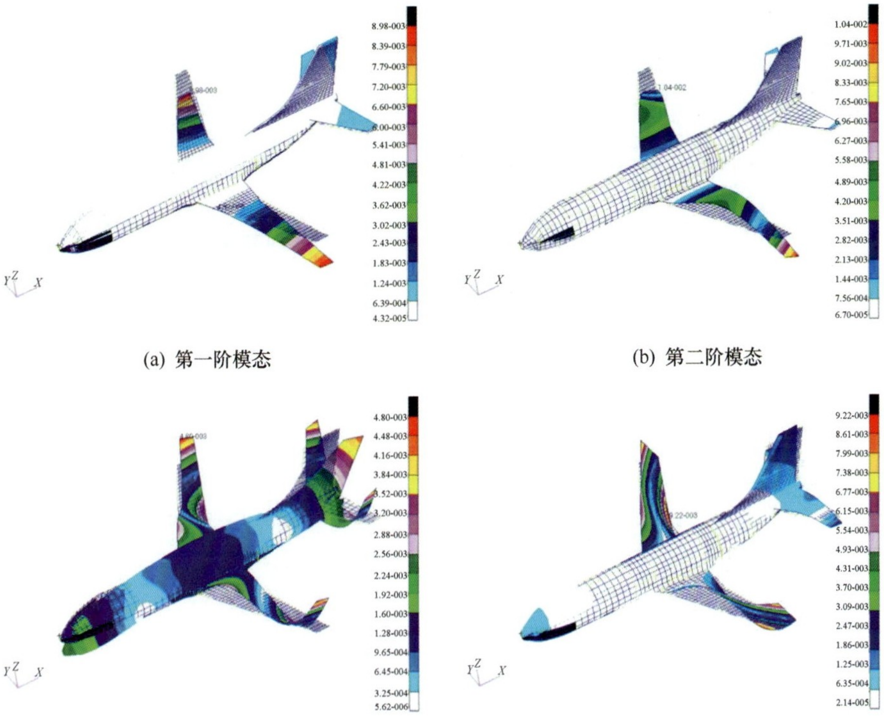

(a) 第一阶模态　　(b) 第二阶模态

(c) 第三阶模态　　(d) 第四阶模态

图 7.81　民用飞机前四阶振型示意图

图 7.84　定常 CFD 计算表面压力系数云图($Ma_\infty = 0.6, \alpha = 10.0°$)

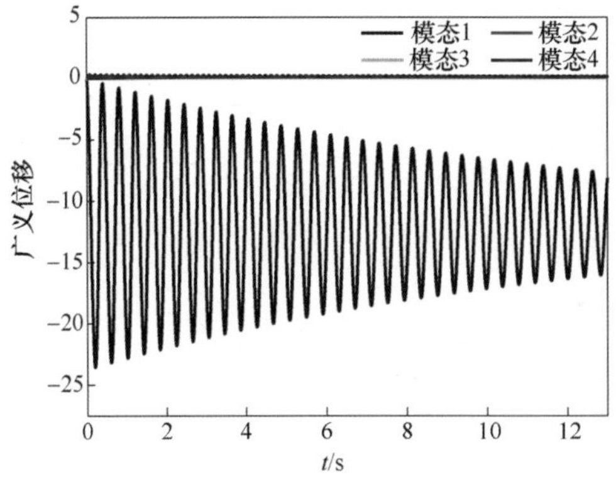

图 7.85　民用飞机结构响应图

图 7.86　民用飞机气动弹性最大变形图